"十二五"职业教育国家规划教材

经全国职业教育教材审定委员会审定

普通高等专科教育机电类系列教材

机械工业出版社精品教材

工 厂 供 电

第2版

主编　刘介才

参编　霍　平

机械工业出版社

本书是"十二五"职业教育国家规划教材，适用于高职高专电气自动化、电气技术等专业，亦可供有关工程技术人员参考。

　　本书为适应高职高专教育培养目标的要求，加强了工厂供电系统运行维护和简单设计计算所需实际技能知识的讲述。本书注重介绍和贯彻我国现行的技术规范标准，以增强学生的规范意识。本书还注意介绍供电技术方面的最新发展，以扩展学生的知识视野。本书在文字叙述上力求深入浅出，通俗易懂，插图力求简明清晰，做到图文并茂，便于自学。

　　全书共分十章，包括工厂供电概论，工厂变配电所及其一次系统，工厂的电力负荷及其计算，短路电流计算及变配电所电气设备选择，工厂电力线路及其选择计算，工厂供电系统的过电流保护，工厂供电系统的二次回路和自动装置，防雷、接地及电气安全，节约用电、计划用电及供电系统的运行维护，工厂的电气照明。

　　为便于教学，本书每章前列有内容提要，每章末附有复习思考题和习题，书末附有习题参考答案。为便于学生更准确地理解有关电气设备符号和物理量下角标符号的含义，本书在其首次出现时加注了英文，并在本书前面列有中英文含义对照的字符表。

　　本教材配有电子课件和习题详解。凡使用本书作为授课教材的教师或学校，可向出版社免费索取，联系电话为010-88379375，或登录机械工业出版社网站下载。

图书在版编目（CIP）数据

工厂供电/刘介才主编. —2版. —北京：机械工业出版社，2014.12（2025.1重印）

"十二五"职业教育国家规划教材　普通高等专科教育机电类系列教材　机械工业出版社精品教材

ISBN 978-7-111-48399-1

Ⅰ.①工…　Ⅱ.①刘…　Ⅲ.①工厂-供电-高等职业教育-教材　Ⅳ.①TM727.3

中国版本图书馆 CIP 数据核字（2014）第 249220 号

机械工业出版社（北京市百万庄大街22号　邮政编码100037）
策划编辑：于　宁　责任编辑：于　宁　王宗锋
版式设计：赵颖喆　责任校对：任秀丽　胡艳萍
责任印制：邰　敏
北京富资园科技发展有限公司印刷
2025年1月第2版·第19次印刷
184mm×260mm·23.5印张·568千字
标准书号：ISBN 978-7-111-48399-1
定价：54.90元

电话服务

客服电话：010-88361066
　　　　　010-88379833
　　　　　010-68326294

网络服务

机　工　官　网：www.cmpbook.com
机　工　官　博：weibo.com/cmp1952
金　书　网：www.golden-book.com
机工教育服务网：www.cmpedu.com

封底无防伪标均为盗版

前　言

本书是"十二五"职业教育国家规划教材，是普通高等专科教育机电类系列教材《工厂供电》（2009年出版）的修订版，由刘介才主编，霍平参编。本书主要作为高职高专电气自动化、电气技术等专业的专业课教材，亦可供有关工程技术人员参考。

全书共分十章。第一章是工厂供电概论，首先讲述工厂供电的意义、要求及课程任务，然后简要介绍一些典型的工厂供电系统及其电源和负荷的基本知识，接着重点讲述电力系统的中性点运行方式和低压配电系统的接地型式，最后讲述电力系统的电压标准和电能质量问题，为学习本课程奠定初步的基础。第二章至第九章，依次讲述工厂变配电所及其一次系统，工厂的电力负荷及其计算，短路电流计算及变配电所电气设备选择，工厂电力线路及其选择计算，工厂供电系统的过电流保护，工厂供电系统的二次回路和自动装置，防雷、接地及电气安全，节约用电、计划用电及供电系统的运行维护。第十章是这次修订补充的工厂的电气照明。

为适应高职高专教育以培养实际技能为主的要求，本书很注重工厂供电技术方面的最新标准规范的介绍，以增强学生的规范意识。因此这次修订，着重根据我国近年来新颁的一系列国家标准，例如 GB 50052—2009《供配电系统设计规范》、GB 50053—2013《20kV 及以下变电所设计规范》、GB 50054—2011《低压配电设计规范》、GB 50057—2010《建筑物防雷设计规范》、GB 50171—2012《电气装置安装工程　盘、柜及二次回路接线施工及验收规范》等，对原书中有关内容进行了修订。另外，为扩大学生的知识视野，根据近年来供电技术的发展，对原书中有关部分适当进行了补充。例如讲电力系统和电力网时，简要地补充介绍了"智能电网"的概念；讲电力变压器时，简要地补充介绍了非晶合金铁心配电变压器；讲二次回路的直流操作电源时，着重介绍了最新通用的免维护蓄电池和高频开关直流系统；讲电光源时，也简要地补充介绍了近年来兴起的 LED（发光二极管）照明光源。

为便于教学，本书仍然在每章前列有内容提要，每章末附有复习思考题和习题，书末附有与教学相关的资料数据图表，并附有各章的习题参考答案。为便于学生更准确地理解有关电气设备符号和物理量下角标符号的含义，本书在其首次出现时加注了英文，并在本书前面列有其中英文含义对照的字符表。

本书在文字叙述上力求深入浅出，通俗易懂，而且尽量配以简明清晰的插图，做到图文并茂，便于自学。

在本书的修订过程中得到不少单位和个人的大力支持和帮助，特别是上海大学的胡祖梁教授，他对本书的修订和出版一直很关心和支持，并提出过一些宝贵的意见和建议，谨在此表示衷心的谢意！

为便于教学，由霍平制作了本教材的电子课件，由刘介才编写了章末习题详解。凡需要本书课件和习题详解的任课教师或学校，可直接向出版社免费索取。联系电话为010-88379375。

限于编者水平，书中错漏难免，敬请使用本书的师生和读者批评指正，我们不胜感激！

编　者

目 录

本书常用字符表

一、电气设备的文字符号 (中英文对照)

文字符号	中文含义	英文含义	旧符号
A	装置	Device	Z
A	放大器	Amplifier	FD
APD	备用电源自动投入装置	Auto-put-into device of reserve-source	BZT
ARD	自动重合闸装置	Auto-reclosing device	ZCH
C	电容；电容器	Capacitance；Capacitor	C
EPS	应急电源	Emergency power supply	EPS
F	避雷器	Arrester	BL
FD (L)	跌开式熔断器（负荷型）	Dropping fuse（load-type）	DR
FE	排气式避雷器	Expulsion-type lightning arrester	PB
FE	熔体	Fuse element	RT
FG	保护间隙	Protective gap	JX
FMO	金属氧化物避雷器	Metal-oxide lightning arrester	BL
FU	熔断器	Fuse	RD
FV	阀式避雷器	Valve-type lightning arrester	BL
G	发电机	Generator	F
GN	绿色指示灯	Green indicator lamp	LD
HL	指示灯，信号灯	Indicator lamp，Signal lamp	XD
K	继电器；接触器	Relay；Contactor	J；C，JC
KA	电流继电器	Current relay	LJ
KAR	重合闸继电器	Auto-reclosing relay	CHJ
KG	瓦斯（气体）继电器	Gas relay	WSJ
KH	热继电器	Heating relay	RJ
KM	中间继电器；接触器	Medium relay；Contactor	ZJ；C，JC
KO	合闸接触器	Closing（ON）contactor	HC
KS	信号继电器	Signal relay	XJ
KT	时间继电器	Time-delay relay	SJ
KV	电压继电器	Voltage relay	YJ
L	电感；电抗器	Inductance；Reactor	L；DK
LED	发光二极管	Light Emitting Diode	—
M	电动机	Motor	D
N	中性线	Neutral wire	N
PA	电流表	Ammeter	A
PE	保护线	Protective wire	—
PEN	保护中性线	Protective neutral wire	—
PJ	有功电能表	Active energy meter	Wh

（续）

文字符号	中 文 含 义	英 文 含 义	旧符号
PJR	无功电能表	Reactive energy meter	Varh
PV	电压表	Voltmeter	V
Q	开关	Switch	K
QF	断路器	Circuit-breaker	DL
QK	刀开关	Knife-switch	DK
QL	负荷开关	Load-switch	FK
QM	手动操作机构辅助触头	Auxiliary contact of manual operating mechanism	—
QS	隔离开关	Disconnecting, disconnector	GK
QV	电子（晶体管）开关	Electro switch（VT）	—
R	电阻；电阻器	Resistance；Resistor	R
RCD	漏电（剩余电流）保护器	Residual current protective device	—
RD	红色指示灯	Red indicator lamp	HD
RP	电位器	Potential meter	W
S	电力系统；起辉器	Power system；Glow starter	XT；S
SA	控制开关；选择开关	Control switch；Selector switch	KK；XK
SB	按钮	Push-button	AN
SPD	电涌保护器	Surge protective device	—
SQ	限位（位置、行程）开关	Limit switch	XK
SVC	静止无功补偿装置	Static var compensator	—
SVG	静止无功电源	Static var generator	—
T	变压器	Transformer	B
TA	电流互感器	Current transformer（CT）	LH
TAN	零序电流互感器	Neutral-current transformer	LLH
TM	电力变压器	Power transformer	B
TV	电压互感器	Voltage（potential）transformer（PT）	YH
U	变流器；整流器	Converter；Rectifier	BL；ZL
UPS	不间断电源	Uninter rupted power source	UPS
V, VC	控制回路用电源整流器	Rectifier for control circuit supply	KZL
V, VD	二极管	Diode	D
V, VT	晶体管	Transistor	T
W	母线；导线	Busbar；Wire	M；XL
WA	辅助小母线	Auxiliary small-busbar	FM
WAS	事故音响信号小母线	Accident sound signal small-busbar	SYM
WB	母线	Busbar	M
WC	控制小母线	Control small-busbar	KM
WF	闪光信号小母线	Flash-light signal small-busbar	SM
WFS	预告信号小母线	Forecast signal small-busbar	YXM
WH	白色指示灯	White indicator lamp	BD
WL	灯光信号小母线	Lighting signal small-busbar	DM
WL	线路	Line	XL

（续）

文字符号	中文含义	英文含义	旧符号
WO	合闸电源小母线	Switch-on source small-busbar	HM
WS	信号电源小母线	Signal source small-busbar	XM
WV	电压小母线	Voltage small-busbar	YM
X	电抗	Reactance	X
X	端子板	Terminal board	—
XB	连接片；切换片	Link；Switching block	LP；QP
YA	电磁铁	Electromagnet	DC
YE	黄色指示灯	Yellow indicator lamp	UD
YO	合闸线圈	Closing operation coil	HQ
YR	跳闸线圈，脱扣器	Opening operation coil；Release	TQ

二、物理量下角标的文字符号（中英文对照）

文字符号	中文含义	英文含义	旧符号
a	年	annual, year	n
a	有功	active	yg
Al	铝	Aluminum	Al，L
al	允许	allowable	yx
av	平均	average	pj
C	电容；电容器	capacitance；capacitor	C
c	计算；持续	calculate；continuous	Js；cs
c	顶棚，天花板	ceiling	DP
cab	电缆	cable	L
cr	临界	critical	lj
Cu	铜	Copper	Cu，T
d	需要	demand	x
d	基准	datum	j
d	差动	differential	cd
dsq	不平衡	disequilibrium	bp
E	地；接地	earth；earthing	d；jd
e	设备	equipment	S，SB
e	有效的	efficient	yx
ec	经济的	economic	j，ji
eq	等效的	equivalent	dx
es	电动稳定	electrodynamic stable	dw
f	形状	form	x
f	地板	floor	DB
FE	熔体	fuse element	RT
Fe	铁	Iron	Fe
FU	熔断器	Fuse	RD

(续)

文字符号	中文含义	英文含义	旧符号
h	高度	height	h
h	谐波	harmonic	—
i	任一数目	arbitrary number	i
i	电流	current	i
ima	假想	imaginary	jx
K	继电器	relay	J
k	短路	short-circuit（sc）	d
L	电感	inductance	L
L	负荷，负载	load	H, fz
L	灯	lamp	D
l	线路，线	line	xl, x
l	长延时	long-delay	l
M	电动机	motor	D
m	最大，幅值	maximum	m
man	人工的	manual	rg
max	最大	maximum	zd
min	最小	minimum	zx
N	标称，额定	nominal, rated	e
n	数目	number	n
nat	自然的	natural	zr
np	非周期性的	non-periodic	f-zq
oc	断路，开路	open circuit	dl
oh	架空线路	over-head line	K
OL	过负荷	over-load	gf, gh
op	动作	operate	dz
OR	过电流脱扣器	over-current release	TQ
p	有功功率	active power	yg
p	周期性的	periodic	zq
p	保护	protect	bh
pk	尖峰	peak	jf
q	无功功率	reactive power	wg
qb	速断	quick break	sd
QF	断路器	circuit breaker	DL
r	无功	reactive	wg
re	返回，复归	return, reset	f, fh
rel	可靠	reliability	k
S	系统	system	XT
s	短延时	short-delay	d
saf	安全	safety	aq
sh	冲击	shock, impulse	cj

（续）

文字符号	中文含义	英文含义	旧符号
st	启动，起动	start	qd
step	跨步	step	kb
T	变压器	transformer	B
t	时间	time	t
TA	电流互感器	current transformer	LH
tou	接触	touch	jc
TR	热脱扣器	thermal release	RT
TV	电压互感器	voltage（potential）transformer	YH
u	电压	voltage	u
w	接线，结线	wiring	JX
w	工作	work	gz
w	墙壁	wall	QB
WL	导线，线路	wire，line	XL
x	某一数值	a number	x
XC	［触头］接触	contact	jc
α	吸收	absorption	α
ρ	反射	reflection	ρ
τ	透射	transmission	τ
θ	温度	Temperature	θ
Σ	总和	total，sum	Σ
φ	相	phase	Xg
0	零、无、空	zero，nothing，empty	0
0	停止、停歇	stoping	0
0	每（单位）	per（unit）	0
0	中性线；零线	neutral；wire	0
0	起始	initial	0
0	周围（环境）	ambient	0
0	瞬时	instantaneous	0
30	半小时［最大］	30min［maximum］	30

第一章

工厂供电概论

本章概述与工厂供电有关的一些基本知识和基本问题,为学习本课程奠定一个初步的基础。首先简述工厂供电的意义、要求及本课程的任务,然后简要介绍一些典型的工厂供电系统及其电源和负荷的基本知识,接着重点讲述电力系统的中性点运行方式和低压配电系统的接地型式,最后讲述电力系统的电压和电能质量问题。

◆◆◆ 第一节 工厂供电的意义、要求及课程任务 ◆◆◆

工厂供电(plant power supply)是指工厂所需电能的供应和分配,也称工厂配电。

众所周知,电能是现代工业生产的主要能源和动力。电能既易于由其他形式的能量转换而来,也易于转换为其他形式的能量以供应用。电能的输送和分配既简单经济,又便于控制、调节和测量,有利于实现生产过程自动化,而且现代社会的信息技术和其他高新技术无一不是建立在电能应用的基础之上的。因此电能在现代工业生产及整个国民经济生活中应用极为广泛。

在工厂里,电能虽然是工业生产的主要能源和动力,但是它在产品成本中所占的比重一般很小(除电化学加工等工业外)。例如在机械工业中,电费开支仅占产品成本的5%左右。从投资额来看,一般机械工厂在供电设备上的投资,也仅占总投资的5%左右。因此电能在工业生产中的重要性,并不在于它在产品成本中或投资总额中所占比重多少,而是在于工业生产实现电气化以后,可以大大增加产量,提高产品质量,提高劳动生产率,降低生产成本,减轻工人的劳动强度,改善工人的劳动条件,有利于实现生产过程自动化。从另一方面来说,如果工厂供电突然中断,则可能对工业生产造成严重的后果。例如某些对供电可靠性要求很高的工厂,即使是极短时间的停电,也会引起重大设备损坏,或引起大量产品报废,甚至可能发生重大的人身事故,给国家和人民带来经济上甚至政治上的重大损失。因此,做好工厂供电工作对于发展工业生产,实现工业现代化,具有十分重要的意义。

工厂供电工作要很好地为工业生产服务,切实保证工厂生产和生活用电的需要,并做好节能和环境保护工作,就必须达到以下基本要求:

(1) 安全 在电能的供应、分配和使用中,要注意环境保护,特别要防止发生人身事故和设备事故。

(2) 可靠 应满足电能用户对供电可靠性(即连续供电)的要求。

(3) 优质 应满足电能用户对电压和频率等的质量要求。

(4) 经济 供电系统的投资要少,运行费用要低,并尽可能地节约电能和减少有色金属消耗量。

此外，在供电工作中，应合理地处理局部和全局、当前和长远等关系，既要照顾局部和当前的利益，又要有全局观念，能顾全大局，适应发展。例如计划用电问题，就不能只考虑一个单位的局部利益，更要有全局观念。

本课程的任务，主要是讲述中小型工厂内部的电能供应和分配问题，使学生初步掌握中小型工厂供电系统运行维护和简单设计计算所必需的基本理论和基本知识，为今后从事工厂供用电技术工作奠定一定的基础。

◆◆◆ 第二节　工厂供电系统及其电源和负荷的基本知识 ◆◆◆

一、工厂供电系统概况

一般中型工厂的电源进线电压是 6～10kV。电能先经高压配电所（High-voltage Distribution Substation，缩写 HDS）集中，再由高压配电线路将电能分送到各车间变电所（Shop Transformer Substation，缩写 STS），或由高压配电线路直接供给高压用电设备。车间变电所内装设有配电变压器，将 6～10kV 的高压电降为一般低压用电设备所需的电压，如 220/380V（220V 为相电压，380V 为线电压），然后由低压配电线路将电能分送给各用电设备使用。

图 1-1 是一个比较典型的中型工厂供电系统简图。该图未绘出各种开关电器（除母线和低压联络线上装设的联络开关外），而且只用一根线来表示三相线路，即绘成单线图的形式。

从图 1-1 可以看出，该厂的高压配电所有两条 10kV 的电源进线，分别接在高压配电所的两段母线上。这两段母线间装有一个分段隔离开关（又称联络隔离开关），形成所谓的"单母线分段制"。在任一条电源进线发生故障或进行检修而被切除后，可以利用分段隔离开关的闭合，由另一条电源进线恢复对整个配电所特别是其中的重要负荷的供电。这类接线的配电所通常的运行方式是：分段隔离开关闭合，整个配电所由一条电源进线供电，其电源通常来自公共电网（电力系统），而另一条电源进线作为备用，通常这备用电源从邻近单位取得。

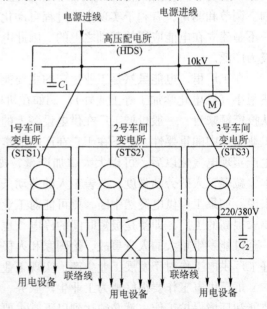

图 1-1　中型工厂供电系统简图

图 1-1 所示高压配电所有四条高压配电线，供电给三个车间变电所。其中 1 号车间变电所和 3 号车间变电所都只装有一台配电变压器，而 2 号车间变电所装有两台，并分别由两段母线供电，其低压侧又采取单母线分段制，因此对重要的低压用电设备可由两段母线交叉供电。各车间变电所的低压侧，设有低压联络线相互连接，以提高供电系统运行的可靠性和灵活性。此外，该高压配电所还有一条高压配电线，直接供电给一组高压电动机；另有一条高压配电线，直接与一组并联电容器相

连。3 号车间变电所低压母线上也连接有一组并联电容器。这些并联电容器都是用来补偿无功功率、提高功率因数的。

图 1-2 是图 1-1 所示中型工厂供电系统的平面布线示意图。

对于大型工厂及某些电源进线电压为 35kV 及以上的中型工厂，一般经两次降压，也就是电源进厂以后，先经总降压变电所（Head Step-down Substation，缩写 HSS），其中装有较大容量的电力变压器，将 35kV 及以上的电源电压降为 6～10kV 的配电电压，然后通过高压配电线将电能送到各个车间变电所，也有的经高压配电所再送到车间变电所，最后经配电变压器降为一般低压用电设备所需的电压。其简图如图 1-3 所示。

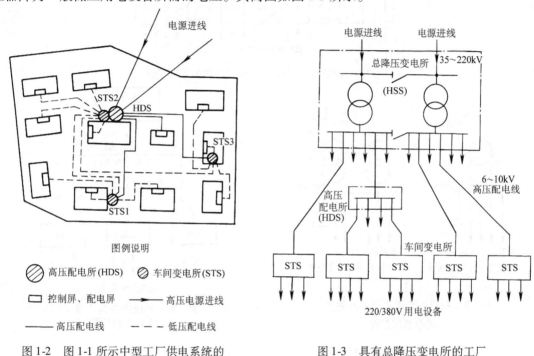

图 1-2　图 1-1 所示中型工厂供电系统的
平面布线示意图

图 1-3　具有总降压变电所的工厂
供电系统简图

有些同样是 35kV 进线的工厂，只经一次降压，即 35kV 线路直接引入靠近负荷中心的车间变电所，经车间变电所的配电变压器直接降为低压用电设备所需的电压，如图 1-4 所示。这种供电方式，称为高压深入负荷中心的直配方式。这种直配方式，可以省去一级中间变压，从而简化了供电系统接线，节约了投资和有色金属用量，降低了电能损耗和电压损耗，提高了供电质量。然而这要根据厂区的环境条件是否满足 35kV 架空线路深入负荷中心的"安全走廊"要求而定，否则不宜采用，以确保供电安全。

对于小型工厂，由于其容量一般不大于 1000kVA 或稍多，因此通常只设一个降压变电所，将 6～10kV 电压降为低压用电设备所需的电压，如图 1-5 所示。

当工厂所需容量不大于 160kVA 时，一般采用低压电源进线，可直接由公共低压电网供电。因此工厂只需设一个低压配电间，如图 1-6 所示。

由以上分析可知，**配电所的任务是接受电能和分配电能，不改变电压；而变电所的任务是接受电能、变换电压和分配电能。**供电系统中的母线（busbar），又称汇流排，其任务是汇集和分配电能。而工厂供电系统，是指从电源线路进厂起到高低压用电设备进线端止的整个电路系统，包括工厂内的变配电所和所有的高低压供配电线路。

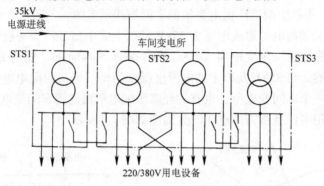

图1-4　高压深入负荷中心的工厂供电系统简图

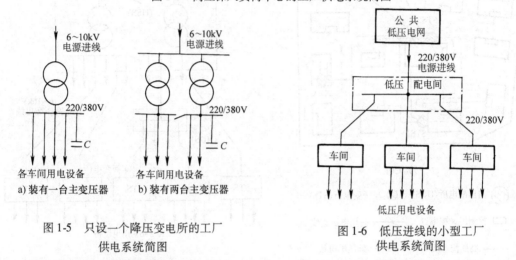

图1-5　只设一个降压变电所的工厂
　　　供电系统简图

图1-6　低压进线的小型工厂
　　　供电系统简图

二、工厂供电系统电源简介

由于电能的生产、输送、分配和使用的全过程，实际上是在同一瞬间实现的，彼此相互影响，因此除了应了解工厂供电系统概况外，还需了解工厂供电系统电源方向的发电厂和电力系统及工厂自备电源的一些基本知识。

（一）发电厂

发电厂（power plant）又称发电站，是将自然界蕴藏的各种一次能源转换为电能（二次能源）的工厂。

发电厂按其所利用的能源不同，分为水力发电厂、火力发电厂、核能发电厂以及太阳能发电厂、风力发电厂、地热发电厂等。

1. 水力发电厂

水力发电厂简称水电厂或水电站，它利用水流的位能来生产电能。当控制水流的闸门打开时，水流沿进水管进入水轮机蜗壳室，冲动水轮机，带动发电机发电。其能量转换过程是：

$$\boxed{水流位能} \xrightarrow{\text{水轮机}} \boxed{机械能} \xrightarrow{\text{发电机}} \boxed{电能}$$

由于水电站的发电容量与水电站所在地点上下游的水位差（即落差，又称水头）及流过水轮机的水量（即流量）的乘积成正比，所以建造水电站，必须用人工的办法来提高水位。最常用的提高水位的办法，是在河流上建造一道很高的拦河坝，形成水库，提高上游水位，使坝的上下游形成尽可能大的落差，水电站就建在拦河坝的后边。这类水电站称为坝后式水电站。我国一些大型水电站，包括长江三峡水电站都属于这种类型。另一种提高水位的办法，是在具有相当坡度的弯曲河段上游，筑一低坝，拦住河水，然后利用沟渠或隧道，将上游水流直接引至建设在弯曲河段末端的水电站。这类水电站，称为引水式水电站。还有一类水电站，是上述两种方式的综合，由高坝和引水渠道分别提高一部分水位，这类水电站称为混合式水电站。另外还有一种利用海洋潮汐能的潮汐水电站，是在有潮汐的海湾或河口筑起水坝，形成水库，涨潮时蓄水，落潮时放水，利用潮汐能驱动水轮发电机发电。

水电站建设的初投资较大，建设周期较长，但发电成本较低，仅为火电发电成本的 1/3～1/4；而且水电属于清洁、可再生的能源，有利于环境保护，同时水电建设通常还兼有防洪、灌溉、航运、水产养殖和旅游等多项功能。我国的水力资源十分丰富（特别是我国的西南地区），居世界首位，因此我国确定要大力发展水电，并实施"西电东送"工程，以促进整个国民经济的发展。

2. 火力发电厂

火力发电厂简称火电厂或火电站，它利用燃料的化学能来生产电能。我国的火电厂以燃煤为主。为了提高燃煤效率，都将煤块粉碎成煤粉燃烧。煤粉在锅炉的炉膛内充分燃烧，将锅炉内的水烧成高温高压的蒸汽，推动汽轮机带动发电机旋转发电。其能量转换过程是：

$$\boxed{\text{燃料化学能}} \xrightarrow{\text{锅炉}} \boxed{\text{热能}} \xrightarrow{\text{汽轮机}} \boxed{\text{机械能}} \xrightarrow{\text{发电机}} \boxed{\text{电能}}$$

现代火电厂一般都根据节能减排和环保要求，考虑了"三废"（废水、废气、废渣）的综合利用或循环使用。有的不仅发电，而且供热。兼供热能的火电厂称为热电厂。

火电建设的重点是煤炭基地的坑口电站。我国一些严重污染环境的低效火电厂，已按节能减排的要求陆续予以关停，火电发电量在整个发电量中的比重已逐年降低。

3. 核能发电厂

核能（原子能）发电厂通称核电站，它主要是利用原子核的裂变能来生产电能。其生产过程与火电厂基本相同，只是以核反应堆（俗称原子锅炉）代替燃煤锅炉，以少量的核燃料代替大量的煤炭。其能量转换过程是：

$$\boxed{\text{核裂变能}} \xrightarrow{\text{核反应堆}} \boxed{\text{热能}} \xrightarrow{\text{汽轮机}} \boxed{\text{机械能}} \xrightarrow{\text{发电机}} \boxed{\text{电能}}$$

由于核能是巨大的能源，而且核电也是比较安全和清洁的能源，所以世界上很多国家都很重视核电建设，核电在整个发电量中的比重逐年增长。我国在 20 世纪 80 年代就确定要适当发展核电，并已陆续兴建了秦山、大亚湾、岭澳等多座大型核电站。但是核电站的选址不能处于地震带，以防地震引发核泄漏，污染环境，危害人类健康。

4. 太阳能发电、风力发电和地热发电简介

（1）太阳能发电　它利用太阳辐射的光能或热能来生产电能。利用太阳光能发电，也称"光伏发电"，是通过光电转换元件（如光电池等）直接将太阳光能转换为电能。这已广泛应用在人造地球卫星和宇航装置上。现在在太阳光照比较充足的地区建筑物上也得到了广泛应用。我国现在已是世界上光伏产品的最大生产国。利用太阳热能发电，可分直接转换和间接转换两种方式。温差发电、热离子发电和磁流体发电，均属于热电直接转换；而通过集热装置和热交换器加热给水，使之变为蒸汽，推动汽轮发电机发电，这与火力发电相同，属于间接转换发电。太阳能发电厂应建在常年日照时间较长的地方。太阳能是一种十分安全、经济、没有污染而且是取之不尽的能源。我国的太阳能资源也相当丰富，利用太阳能发电大有可为。

（2）风力发电　它建在有丰富风力资源的地方，利用风力的动能来生产电能。风能是一种取之不尽的清洁、价廉和可再生的能源，因此我国确定要大力发展。但是风能的能量密度较小，因此单机容量不可能很大；而且它是一种具有随机性和不稳定性的能源，因此风力发电必须配备一定的蓄电装置，以保证其连续供电。

（3）地热发电　它建在有足够地热资源的地方，利用地球内部蕴藏的大量地热资源来生产电能。地热发电不消耗燃料，运行费用低。它不像火力发电那样，要排出大量灰尘和烟雾，因此地热还是属于比较清洁的能源。但是地下水和蒸汽中大多含有硫化氢、氨和砷等有害物质，因此对其排出的废水要妥善处理，以免污染环境。

（二）电力系统

为了充分利用动力资源，减少燃料运输，降低发电成本，因此有必要在有水力资源的地方建造水电厂，而在有燃料资源的地方建造火电厂。但这些有动力资源的地方，往往离用电中心较远，所以必须用高压输电线路进行远距离输电，如图 1-7 所示。

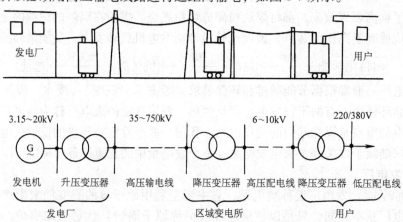

图 1-7　从发电厂到用户的送电过程示意图

由各级电压的电力线路将一些发电厂、变电所和电力用户联系起来的一个发电、输电、变电、配电和用电的整体，称为电力系统（power system）。图 1-8 是一个大型电力系统简图。

电力系统中各级电压的电力线路及其联系的变电所，称为电力网或电网（power network）。习惯上，电网或系统往往以电压等级来区分，如说 10kV 电网或 10kV 系统。这里所说的电网或系统，实际上是指某一电压等级的相互联系的整个电力线路。

电网可按电压高低和供电范围大小分为区域电网和地方电网。区域电网的范围大，电压一般在 220kV 及以上。地方电网的范围较小，最高电压一般不超过 110kV。工厂供电系统就属于地方电网的一种。

电力系统加上发电厂的动力部分及其热能系统和热能用户，就称为动力系统。

现在各国建立的电力系统越来越大，甚至建立跨国的电力系统或联合电网。我国规划，到2020年，要在做到水电、火电、核电和新能源合理利用和开发的基础上，初步建成全国统一的智能电网，实现电力资源在全国范围内的合理配置和可持续发展。

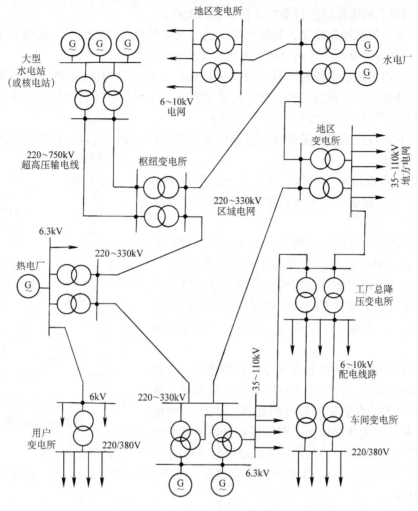

图 1-8　大型电力系统简图

智能电网（smart grids）是建立在集成的、高速双向通信网络的基础上，通过先进的电子信息技术、设备控制技术及决策支持系统技术的应用，实现电网的安全、可靠、优质、经济高效和环保的目标。智能电网的主要特征是在它出现故障时反应快、自动修复能力强，而且其节能减排的效果好，可更好地满足电能用户对其电能供应的要求。

建立大型电力系统或智能电网，可以更经济合理地利用动力资源（首先是充分利用水力、风力、太阳能等资源），减少燃料运输费用，减少电能消耗和温室气体排放，改善环境条件，降低发电成本，保证电能质量（即电压和频率合乎规范要求），并大大提高供电可靠性，有利于整个国民经济的持续发展。

（三）工厂的自备电源简介

对于工厂的重要负荷，一般要求在正常供电电源之外，还应设置应急自备电源。最常用的自备电源是柴油发电机组。对于重要的计算机系统等，则还须另设不停电电源（亦称不间断电源，Uninterrupted Power Supply，缩写 UPS）或应急电源（Emengency Power Supply，缩写 EPS）。

1. 采用柴油发电机组的自备电源

采用柴油发电机组作应急自备电源具有下列优点：

1）柴油发电机组操作简便，起动迅速。当公共电网供电中断时，一般能在 10 ~ 15s 的短时间内起动并接上负荷，这是汽轮发电机组无法做到的。

2）柴油发电机组效率较高（其热效率可达 30% ~ 40%），功率范围大（从几千瓦至几千千瓦），且体积较小、重量较轻，便于搬运和安装。特别是在高层建筑中，采用体型紧凑的高效柴油发电机组作备用电源是最为合适的。

3）柴油发电机组的燃料是柴油，它储存和运输都很方便。这是以煤为燃料的汽轮发电机组所无法相比的。

4）柴油发电机组运行可靠，维护方便。作为应急的备用电源，可靠性是非常重要的指标。运行如果不可靠，就谈不上"应急"。

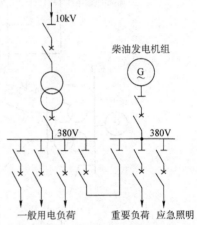

柴油发电机组也有运行中噪声和振动较大、过载能力较小等缺点。因此在柴油发电机房的选址和布置上，应该考虑减小其对周围环境的影响，尽量采取减振和消声的措施。在选择机组容量时，应根据应急负荷的要求留有一定的裕量；投运时，应避免过负荷和特大冲击负荷的影响。

图 1-9　采用柴油发电机组作备用电源的主接线图

柴油发电机组按起动控制方式分，有普通型、自动型和全自动化型等。作为应急电源，应选自起动型或全自动化型。自起动型柴油发电机组在公共电网停电时，能自行起动；全自动化型，则不仅在公共电网停电时能自行起动，而且在公共电网恢复供电时能使柴油发电机组自动退出运行。

图 1-9 是采用快速自起动型柴油发电机组作备用电源的主接线图，正常供电电源为 10kV 公共电网。

2. 采用交流不停电电源或应急电源的自备电源

交流不停电电源（UPS）和应急电源（EPS）都主要由整流器（UR）、逆变器（UV）和蓄电池组（GB）等三部分组成，其示意图如图 1-10 所示。

公共电网正常供电时，交流电源经晶闸管整流器（UR）转换为直流，对蓄电池组（GB）充电。当公共电网突然停电时，电子开关（QV）在保护装置作用下进行切换，使 UPS 或 EPS 投入工作，蓄电池组（GB）放电，经逆变器 UV 转换为交流电，恢复对重要负荷的供电。

必须说明：UPS 为"在线式"，其工作电源与重要负荷的工作电源在同一线路上。正常情况下，UPS 与重要负荷同时运行；在重要负荷的工作电源故障停电时，UPS 可不间断地给重要负荷供电。而 EPS 为"离线式"，其工作电源与重要负荷的工作

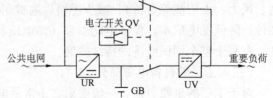

图 1-10　不停电电源（UPS）和应急电源（EPS）组成示意图

电源是分开的。在重要负荷的正常供电电源故障停电时，EPS则通过切换装置迅速投入，恢复对重要负荷的供电，但有短暂的停电。

UPS和EPS较之柴油发电机组，具有体积小、效率高、无噪声、无振动、维护费用低、可靠性高等优点，但其容量相对较小。UPS主要用于电子计算机中心、工业自动控制中心等重要场所。EPS主要用于可短暂停电的应急照明系统、消防装置等场所。

三、工厂电力负荷简介

电力负荷又称为电力负载，有两种含义：一是指耗用电能的用电设备或用户，如重要负荷、一般负荷、动力负荷、照明负荷等；二是指用电设备或用户耗用的功率或电流大小，如轻负荷（轻载）、重负荷（重载）、空负荷（空载）、满负荷（满载）等。电力负荷的具体含义视具体情况而定。

（一）工厂电力负荷的分级

电力负荷根据其对供电可靠性的要求及中断供电在对人身安全、经济损失上所造成的影响程度，按 GB 50052—2009《供配电系统设计规范》规定，分为以下三级：

1. 一级负荷

符合下列情况之一时，应视为一级负荷：①中断供电（注：指事故停电，不含计划停电，下同）将造成人身伤害者。②中断供电将在经济上造成重大损失者，例如重大设备损坏、大量产品报废、用重要原料生产的产品大量报废、国民经济中重点企业的连续生产过程被打乱需要长时间才能恢复等。③中断供电将影响重要用电单位的正常工作，例如重要交通枢纽、重要通信枢纽、重要宾馆、大型体育场馆、经常用于国际活动的大量人员集中的公共场所等用电单位中的重要电力负荷。

在一级负荷中，当中断供电将造成人员伤亡或重大设备损坏或发生中毒、爆炸和火灾等情况的负荷，以及特别重要场所的不允许中断供电的负荷，应视为一级负荷中特别重要的负荷。

2. 二级负荷

符合下列情况之一时，应视为二级负荷：①中断供电将在经济上造成较大损失者，例如主要设备损坏、大量产品报废、连续生产过程被打乱需较长时间才能恢复、重点企业大量减产等。②中断供电将影响较重要用电单位的正常工作，例如交通枢纽、通信枢纽等用电单位中的重要电力负荷，以及中断供电将造成大型影剧院、大型商场等较多人员集中的重要的公共场所秩序混乱者。

3. 三级负荷

所有不属于一级和二级负荷者，应为三级负荷。

（二）各级电力负荷对供电电源的要求

1. 一级负荷对供电电源的要求

一级负荷属重要负荷，应由在安全供电方面互不影响的两条电路即"双重电源"供电；当一个电源发生故障时，另一个电源不应同时受到损坏。

一级负荷中特别重要的负荷，除由双重电源供电外，还应增设应急电源，并严禁将其他负荷接入应急供电系统。而且设备供电电源的切换时间，应满足设备允许中断供电的要求。可作为应急电源的有：①独立于正常电源的发电机组，如柴油发电机组；②供电网络中独立于正常电源的专用馈电线路；③蓄电池；④干电池。

2. 二级负荷对供电电源的要求

二级负荷也属重要负荷，但其重要程度次于一级负荷。二级负荷宜由两回线路供电。在负荷较小或地区供电条件困难时，二级负荷可由一回 6kV 及以上专用的架空线路供电。

3. 三级负荷对供电电源的要求

三级负荷属不重要负荷，对供电电源无特殊要求。

◈◈◈ 第三节　电力系统中性点运行 ◈◈◈
方式及低压配电系统接地型式

一、电力系统的中性点运行方式

在三相交流电力系统中，作为供电电源的发电机和变压器的中性点有三种运行方式：①中性点不接地；②中性点经阻抗接地；③中性点直接接地。前两种合称为小接地电流系统，亦称中性点非有效接地系统，或称中性点非直接接地系统。后一种中性点直接接地系统，称为大接地电流系统，亦称为中性点有效接地系统。

我国 3～66kV 的电力系统，特别是 3～10kV 系统，一般采用中性点不接地的运行方式。如果单相接地电流大于一定值时（3～10kV 系统中单相接地电流大于 30A，20kV 及以上系统中单相接地电流大于 10A 时），则应采用中性点经消弧线圈接地的运行方式或低电阻接地的运行方式。我国 110kV 及以上的电力系统，则都采用中性点直接接地的运行方式。

电力系统中电源中性点的不同运行方式，对电力系统的运行，特别是在系统发生单相接地故障时有明显的影响，而且将影响系统二次侧的继电保护和监测仪表的选择与运行，因此有必要予以研究。

（一）中性点不接地的电力系统

图 1-11 是电源中性点不接地的电力系统在正常运行时的电路图和

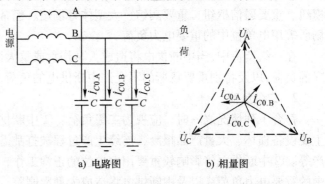

a) 电路图　　b) 相量图

图 1-11　正常运行时的中性点不接地的电力系统

相量图[○]。为了使讨论问题简化，假设图 1-11a 所示三相系统的电源电压和线路参数 R、L、C 都是对称的，而且将相线与大地之间存在的分布电容用一个集中电容 C 来表示，而相线之间存在的电容因对讨论的问题没有影响则予以略去。

系统正常运行时，三个相的相电压 $\dot{U}_A$、$\dot{U}_B$、$\dot{U}_C$ 是对称的，三个相的对地电容电流 $\dot{I}_{C0}$ 也是平衡的，如图 1-11b 所示。因此三个相的电容电流的相量和为零，地中没有电流流过。

○　原国标 GB 4728.11—1985《电气图用图形符号　电力、照明和电信布置》中附件规定：交流系统电源的一、二、三相，分别标 L1、L2、L3，而设备端一、二、三相分别标 U、V、W。现国标 GB/T 4728.11—2008《电气简图用图形符号　第 11 部分：建筑安装平面布置图》已将此附件取消。其他现行国标关于三相交流的相序代号大多采用国际通用的 A、B、C。本书的所有电路图和相量图，不分电源端和设备端，均统一采用 A、B、C 为三相交流相序代号，特此说明。[29]

各相的对地电压，就是各相的相电压。

当系统发生单相接地故障时，假设是 C 相接地，如图 1-12a 所示。这时 C 相对地电压为零，而 A 相对地电压 $\dot{U}'_A = \dot{U}_A + (-\dot{U}_C) = \dot{U}_{AC}$，B 相对地电压 $\dot{U}'_B = \dot{U}_B + (-\dot{U}_C) = \dot{U}_{BC}$，如图 1-12b 所示。由图 1-12b 的相量图可知，C 相接地时，完好的 A、B 两相对地电压都由原来的相电压升高到线电压，即升高为原对地电压的 $\sqrt{3}$ 倍。

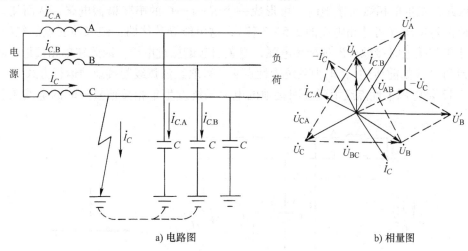

a) 电路图　　　　　　　　　　　　　　　b) 相量图

图 1-12　单相接地时的中性点不接地的电力系统

当 C 相接地时，系统的接地电流（电容电流）$\dot{I}_C$ 应为 A、B 两相对地电容电流之和，即

$$\dot{I}_C = -(\dot{I}_{C.A} + \dot{I}_{C.B}) \tag{1-1}$$

由图 1-12b 的相量图可知，$\dot{I}_C$ 在相位上超前 $\dot{U}_C$ 90°；而在量值上，由于 $I_C = \sqrt{3} I_{C.A}$，而 $I_{C.A} = U'_A / X_C = \sqrt{3} U_A / X_C = \sqrt{3} I_{C0}$，因此

$$I_C = 3 I_{C0} \tag{1-2}$$

即单相接地电容电流为系统正常运行时相线对地电容电流的 3 倍。

由于线路对地的电容 C 不好准确计算，因此 I_{C0} 和 I_C 也不好根据 C 值来精确地确定。

中性点不接地系统中的单相接地电流通常采用下列经验公式计算

$$I_C = \frac{U_N(l_{oh} + 35 l_{cab})}{350} \tag{1-3}$$

式中，I_C 为系统的单相接地电容电流（A）；U_N 为系统额定电压（kV）；l_{oh} 为同一电压 U_N 的具有电气联系的架空线路（over-head line）总长度（km）；l_{cab} 为同一电压 U_N 的具有电气联系的电缆线路（cable line）总长度（km）。

必须指出：当中性点不接地系统中发生单相接地故障时，三相用电设备的正常工作并未受到影响，因为线路的线电压无论其相位和量值均未发生变化，这从图 1-12b 的相量图可以看出。因此该系统中的三相用电设备仍能照常运行。但是这种存在单相接地故障的系统不允许长期运行，以免再有一相发生接地故障时，形成两相接地短路，使故障扩大。因此在中性点不接地系统中，应装设专门的单相接地保护（参看第六章第五节）或绝缘监视装置（参看第七章第三节)。当系统发生单相接地故障时,发出报警信号,提醒供电值班人员注意,及时处理;当危及人身和设备安全时,则单相接地保护应动作于跳闸,切除故障线路。

(二) 中性点经消弧线圈接地的电力系统

上述中性点不接地的电力系统有一种故障情况比较危险,即在发生单相接地故障时如果接地电流较大,将在接地故障点出现断续电弧。由于电力线路既有电阻 R、电感 L,又有电容 C,因此在发生单相弧光接地时,可形成一个 $R—L—C$ 的串联谐振电路,从而使线路上出现危险的过电压(可达相电压的 $2.5 \sim 3$ 倍),这可能导致线路上绝缘薄弱点的绝缘击穿。为了防止单相接地时接地点出现断续电弧,避免引起谐振过电压,因此在单相接地电容电流大于一定值时(如前所述),电力系统中性点必须采取经消弧线圈接地的运行方式。

图 1-13 是电源中性点经消弧线圈接地的电力系统发生单相接地故障时的电路图和相量图。

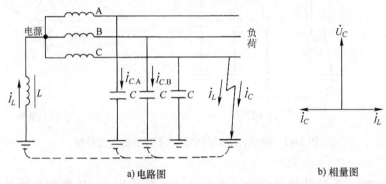

图 1-13　中性点经消弧线圈接地的电力系统发生单相接地故障

消弧线圈实际上就是一个可调的铁心电感线圈,其电阻很小,感抗很大。

当系统发生单相接地故障时,通过接地点的电流为接地电容电流 $\dot{I}_C$ 与通过消弧线圈 L 的电感电流 $\dot{I}_L$ 之和。由于 $\dot{I}_C$ 超前 $\dot{U}_C$ 90°,而 $\dot{I}_L$ 滞后 $\dot{U}_C$ 90°,因此 $\dot{I}_L$ 与 $\dot{I}_C$ 在接地点相互补偿。当 $\dot{I}_L$ 与 $\dot{I}_C$ 的量值差小于发生电弧的最小电流(称为最小生弧电流)时,电弧就不会产生,也就不会出现谐振过电压了。

在电源中性点经消弧线圈接地的三相系统中,与中性点不接地的系统一样,在系统发生单相接地故障时允许短时间(一般规定为2h)继续运行,但应有保护装置在接地故障时及时发出报警信号。运行值班人员应抓紧时间积极查找故障,予以消除;在暂时无法消除故障时,应设法将重要负荷转移到备用电源线路上去。如发生单相接地会危及人身和设备安全时,则单相接地保护应动作于跳闸,切除故障线路。

中性点经消弧线圈接地的电力系统,在单相接地时,其他两相对地电压也要升高到线电压,即升高为原对地电压的 $\sqrt{3}$ 倍。

(三) 中性点直接接地或经低电阻接地的电力系统

图 1-14 是电源中性点直接接地的电力系统发生单相接地故障时的电路图。这种系统的单相接地,即通过接地中性点形成单相短路 $k^{(1)}$。单相短路电流 $I_k^{(1)}$ 比线路的正常负荷电流大得多,因此在系统发生单相短路时保护装置应动作于跳闸,切除短路故障,使系统的其他部分恢复正常运行。

中性点直接接地的系统发生单相接地故障时，其他两完好相的对地电压不会升高，这与上述中性点非直接接地的系统不同。因此中性点直接接地系统中的供用电设备绝缘只需按相电压考虑，无需按线电压考虑。这对 110kV 及以上的超高压系统是很有经济技术价值的。因为高压电器特别是超高压电器，其绝缘问题是影响电器设计和制造的关键问题。电器绝缘要求的降低，不仅降低了电器的造价，而且改善了电器的性能。因此我国 110kV 及以上超高压系统的电源中性点通常都采取直接接地的运行方式。在低压配电系统中，我国广泛应用的 TN 系统及国外应用较广的 TT 系统，均为中性点直接接地系统。TN 系统和 TT 系统在发生单相接地故障时，一般

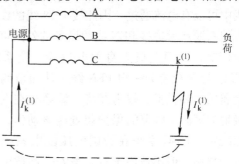

图 1-14　中性点直接接地的电力系统
发生单相接地故障

能使保护装置迅速动作，切除故障部分，比较安全。如果再加装漏电保护器（参看第八章第三节），则人身安全更有保障。

在现代化城市电网中，由于广泛采用电缆取代架空线路，而电缆线路的单相接地电容电流远比架空线路的大 [由式 (1-3) 可以看出]，因此采取中性点经消弧线圈接地的方式往往也无法完全消除接地故障点的电弧，从而无法抑制由此引起的危险的谐振过电压。因此，我国有的城市（例如北京市）的 10kV 城市电网中性点采取低电阻接地的运行方式。它接近于中性点直接接地的运行方式，必须装设动作于跳闸的单相接地故障保护。在系统发生单相接地故障时，迅速切除故障线路，同时系统的备用电源投入装置动作，投入备用电源，恢复对重要负荷的供电。由于这类城市电网，通常都采用环网供电方式，而且保护装置完善，因此供电可靠性是相当高的。

二、低压配电系统的接地型式

我国 220/380V 低压配电系统，广泛采用中性点直接接地的运行方式，而且引出有中性线（Neutral wire，代号 N）、保护线（Protective wire，代号 PE）或保护中性线（PEN wire，代号 PEN）。

中性线（N 线）的功能：一是用来接其额定电压为系统相电压的单相用电设备；二是用来传导三相系统中的不平衡电流和单相电流；三是用来减小负荷中性点的电位偏移。

保护线（PE 线）的功能：它是用来保障人身安全、防止发生触电事故的接地线。系统中所有设备的外露可导电部分（指正常不带电但故障时可能带电的易被触及的导电部分，例如设备的金属外壳、金属构架等）通过保护线接地，可在设备发生接地故障时减少触电危险。

保护中性线（PEN 线）的功能：它兼有中性线（N 线）和保护线（PE 线）的功能。PEN 线在我国通称为"零线"，俗称"地线"。

低压配电系统，按接地型式不同，分为 TN 系统、TT 系统和 IT 系统。

（一）TN 系统

TN 系统的中性点直接接地，所有设备的外露可导电部分均接公共的保护线（PE 线）或公共的保护中性线（PEN 线）。这种接公共 PE 线或 PEN 线的方式，通称"接零"。TN 系

统又分TN-C系统、TN-S系统和TN-C-S系统，如图1-15所示。

（1）TN-C系统　如图1-15a所示，其中的N线与PE线全部合并为一根PEN线。PEN线中可以有电流通过，因此接PEN线的设备相互间会产生电磁干扰。如果PEN线断线，还可使断线点后边接PEN线的设备的外露可导电部分带电，从而造成人身触电危险。该系统由于PE线与N线合为一根PEN线，从而节约了有色金属用量和投资，较为经济。该系统在发生单相接地故障时，线路的保护装置应该动作，切除故障线路。TN-C系统在我国低压配电系统中应用最为普遍，但不适用于对人身安全和抗电磁干扰要求高的场所。

（2）TN-S系统　如图1-15b所示，其中的N线与PE线全部分开，设备的外露可导电部分均接PE线。由于PE线中没有电流通过，因此设备之间不会产生电磁干扰。PE线断线时，正常情况下，也不会使断线点后边接PE线的设备外露可导电部分带电；但在断线点后边有设备发生一相接壳故障时，将使断线点后边其他所有接PE线的设备外露可导电部分带电，而造成人身触电危险。该系统在发生单相接地故障时，线路的保护装置应该动作，切除故障线路。该系统在有色金属消耗量和投资方面较之TN-C系统有所增加。TN-S系统现在广泛用于对安全要求较高的场所（如浴室和居民住宅等处）及对抗电磁干扰要求高的数据处理和精密检测等实验场所。

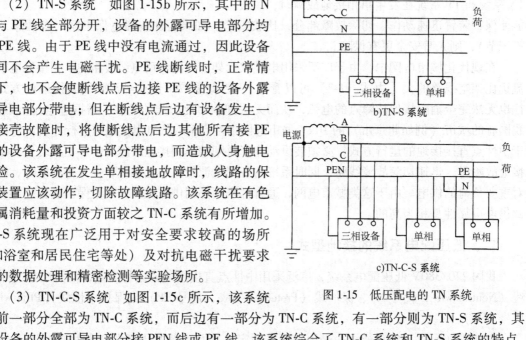

a)TN-C 系统

b)TN-S 系统

c)TN-C-S 系统

图1-15　低压配电的TN系统

（3）TN-C-S系统　如图1-15c所示，该系统的前一部分全部为TN-C系统，而后边有一部分为TN-C系统，有一部分则为TN-S系统，其中设备的外露可导电部分接PEN线或PE线。该系统综合了TN-C系统和TN-S系统的特点，因此比较灵活，对安全要求和对抗电磁干扰要求高的场所采用TN-S系统，而其他一般场所则采用TN-C系统。

（二）TT系统

TT系统的中性点直接接地，而其中设备的外露可导电部分均各自经PE线单独接地，如图1-16所示。

由于TT系统中各设备的外露可导电部分的接地PE线彼此是分开的，互无电气联系，因此相互之间不会发生电磁干扰问题。该系统如发生单相接地故障，则形成单相短路，线路的保护装置应动作于跳闸，切除故障线路。但是该系统如因绝缘不良而引

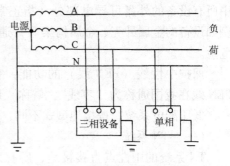

图1-16　低压配电的TT系统

起漏电时，由于漏电电流较小可能不足以使线路的过电流保护动作，从而可使漏电设备的外露可导电部分长期带电，增加了触电的危险。因此该系统必须装设灵敏度较高的漏电保护装置（参看第八章第三节），以确保人身安全。该系统适用于对安全要求及对抗干扰要求较高的场所。这种配电系统在国外应用较为普遍，现在我国也开始推广应用。国家标准 GB 50096—2011《住宅设计规范》就规定：住宅供电系统"应采用 TT、TN-C-S 或 TN-S 接地方式"。

（三）IT 系统

IT 系统的中性点不接地，或经高阻抗（约 1000Ω）接地。该系统没有 N 线，因此不适用于接额定电压为系统相电压的单相设备，只能接额定电压为系统线电压的单相设备和三相设备。该系统中所有设备的外露可导电部分均经各自的 PE 线单独接地，如图 1-17 所示。

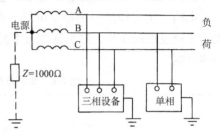

图 1-17　低压配电的 IT 系统

由于 IT 系统中设备外露可导电部分的接地 PE 线也是彼此分开的，互无电气联系，因此相互之间也不会发生电磁干扰问题。

由于 IT 系统中性点不接地或经高阻抗接地，因此当系统发生单相接地故障时，三相设备及接线电压的单相设备仍能照常运行。但是在发生单相接地故障时，应发出报警信号，以便供电值班人员及时处理，消除故障。

IT 系统主要用于对连续供电要求较高及有易燃易爆危险的场所，特别是矿山、井下等场所的供电。

◇◇◇　第四节　电力系统的电压与电能质量　◇◇◇

一、概述

电力系统中的所有设备，都是在一定的电压和频率下工作的。电压和频率是衡量电能质量的两个基本参数。

我国一般交流电力设备的额定频率为 50Hz，此频率通称为"工频"（工业频率）。原电力工业部 1996 年发布施行的《供电营业规则》规定：在电力系统正常情况下，工频的频率偏差一般不得超过 ±0.5Hz。如果电力系统容量达到 300 万 kW 或以上时，频率偏差则不得超过 ±0.2Hz。在电力系统非正常状况下，频率偏差不应超过 ±1Hz。但是频率的调整，主要依靠发电厂调整发电机的转速来实现。

对工厂供电系统来说，提高电能质量主要是提高电压质量。电压质量是按照国家标准或规范对电力系统电压的偏差、波动、波形及其三相的对称性（平衡性）等的一种质量评估。

电压偏差是指电气设备的端电压与其额定电压之差，通常以其对额定电压的百分值来表示。

电压波动是指电网电压有效值（方均根值）连续快速地变动。**电压波动值以用户公共供电点的在时间上相邻的最大与最小电压方均根值之差对电网额定电压的百分值来表示。**电压波动的频率用单位时间内电压波动（变动）的次数来表示。

电压波形的好坏，以其对正弦波形畸变的程度来衡量。

三相电压的平衡情况，以其不平衡度来衡量。

二、三相交流电网和电力设备的额定电压

按 GB/T 156—2007《标准电压》规定，我国三相交流电网和电力设备的额定电压如表
1-1 所示。表中的电力变压器一、二次绕组额定电压，是依据我国电力变压器标准产品规格
确定的。

（一）电网（电力线路）的额定电压

电网（电力线路）的额定电压（标称电压）等级，是国家根据国民经济发展的需要和
电力工业发展的水平，经全面的技术经济分析后确定的，它是确定各类电力设备额定电压的
基本依据。

表 1-1   我国三相交流电网和电力设备的额定电压

分类	电网和用电设备额定电压 / kV	发电机额定电压 / kV	电力变压器额定电压 / kV	
			一次绕组	二次绕组
低压	0.38	0.40	0.38	0.40
	0.66	0.69	0.66	0.69
高压	3	3, 15	3, 3.15	3.15, 3.3
	6	6.3	6, 6.3	6.3, 6.6
	10	10.5	10, 10.5	10.5, 11
	—	13.8, 15.75, 18, 20, 22, 24, 26	13.8, 15.75, 18, 20, 22, 24, 26	—
	35	—	35	38.5
	66	—	66	72.5
	110	—	110	121
	220	—	220	242
	330	—	330	363
	500	—	500	550
	750	—	750	825（800）
	1000	—	1000	1100

（二）用电设备的额定电压

由于电力线路运行时（有电流通过时）要产生电压降，所以线路上各点的电压略有不
同，如图 1-18 中虚线所示。但是批量生产的用电设备，其额定电压不可能按使用处线路的
实际电压来制造，而只能按线路首端与末端的平均电压即电网的额定电压 U_N（N 为英文
nominal 的缩写）来制造。因此用电设备的额定电压规定与同级电网的额定电压相同。

但是在此必须指出：按 GB/T 11022—2011《高压开关设备和控制设备标准的共同技术
要求》规定，高压开关设备和控制设备的额定电压按其允许的最高工作电压来标注，即其
额定电压不得小于它所在系统可能出现的最高电压，如表 1-2 所示。我国现在生产的高压设

备大多已按此新规定标注。

表 1-2　系统的额定电压、最高电压和高压设备的额定电压　　（单位：kV）

系统额定电压	系统最高电压	高压开关、互感器及支柱绝缘子的额定电压	穿墙套管额定电压	熔断器额定电压
3	3.5	3.6	—	3.5
6	6.9	7.2	6.9	6.9
10	11.5	12	11.5	12
35	40.5	40.5	40.5	40.5

（三）发电机的额定电压

由于电力线路允许的电压偏差一般为 ±5%，即整个线路允许有 10% 的电压损耗，因此为了维持线路的平均电压在额定电压值，线路首端（电源端）的电压应较线路额定电压高 5%，而线路末端电压则较线路额定电压低 5%，如图 1-18 所示。所以发电机额定电压按规定应高于同级电网（线路）额定电压 5%。

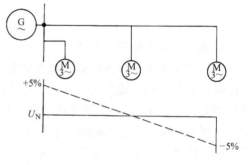

图 1-18　用电设备和发电机的额定电压

（四）电力变压器的额定电压

1. 电力变压器一次绕组的额定电压

分两种情况：①当变压器直接与发电机相连时，如图 1-19 中的变压器 T1，其一次绕组额定电压应与发电机额定电压相同，即高于同级电网额定电压 5%；②当变压器不与发电机相连而是连接在线路上时，如图 1-19 中的变压器 T2，则可将它看作是线路的用电设备，因此其一次绕组额定电压应与电网额定电压相同。

2. 电力变压器二次绕组的额定电压

亦分两种情况：①变压器二次侧供电线路较长，如为较大的高压电网时，如图 1-19 中的变压器 T1，其二次绕组额定电压应比相连电网额定电压高 10%，其中有 5% 是用于补偿变压器满负荷运行时绕组内部的约 5% 的电压降，因为变压器二次绕组的额定电压是指变压器一次绕组加上额定电压时二次绕组开路的电压；此外，变压器满负荷时输出的二次电压还要高于电网额定电压 5%，以补偿线路上的电压损耗。②变压器二次侧供电线路不长，如为低压电网或直接供电给高低压用电设备时，如图 1-19 中的变压器 T2，其二次绕组额定电压只需高于电网额定电压 5%，仅考虑补偿变压器满负荷时绕组内部 5% 的电压降。

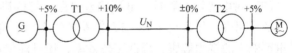

图 1-19　电力变压器的额定电压

（五）电压高低的划分

我国现在统一以 1000V（或略高，如 GB 1497—1985《低压电器基本标准》规定：交流 50Hz、额定电压 1200V 及以下或直流额定电压 1500V 及以下的电器，属于其标准所指的低压电器）为界线来划分电压的高低，如表 1-1 所示，即：

低压——指额定电压在 1000V 及以下者。

高压——指额定电压在 1000V 以上者。

此外，尚有细分为特低压、低压、中压、高压、超高压和特高压者：50V 及以下的交流电压为特低压；1000V 及以下为低压；1000V 至 10kV（或 35kV）为中压；35kV（或以上）至 110kV（或 220kV）为高压；220kV（或 330kV）及以上为超高压；800kV（或 1000kV）以上为特高压。不过这种电压高低的划分，除"特低压"为 GB 50054—2011《低压配电设计规范》新规定的以外，其他尚无统一标准，因此划分的界线并不十分明确。

三、电压偏差与电压调整

（一）电压偏差的有关概念

1. 电压偏差的含义

电压偏差又称电压偏移，是指给定瞬间设备的端电压 U 与设备额定电压 U_N 之差对额定电压 U_N 的百分比值，即

$$\Delta U\% = \frac{U - U_N}{U_N} \times 100\% \tag{1-4}$$

2. 电压对设备运行的影响

（1）对异步电动机的影响　当异步电动机端电压较其额定电压低 10% 时，由于转矩 M 与端电压 U 的二次方成正比（$M \propto U^2$），因此其实际转矩将只有额定转矩的 81%，而负荷电流将增大 5% ~ 10% 以上，温升将增高 10% ~ 15% 以上，绝缘老化程度将比规定增加一倍以上，从而明显地缩短电动机的使用寿命。而且由于转矩减小，转速下降，不仅会降低生产效率，减少产量，而且会影响产品质量，增加废次品。当其端电压较其额定电压偏高时，负荷电流和温升也将增加，绝缘相应受损，对电动机同样不利，也要缩短其使用寿命。

（2）对同步电动机的影响　当同步电动机的端电压偏高或偏低时，由于转矩也要按电压二次方成正比变化，因此同步电动机的电压偏差，除了不会影响其转速外，其他如对转矩、电流和温升等的影响，均与异步电动机相同。

（3）对电光源的影响　电压偏差对白炽灯的影响最为显著。当端电压降低 10% 时，白炽灯的使用寿命将延长 2 ~ 3 倍，但发光效率将下降 30% 以上，灯光明显变暗，照度降低，严重影响人的视力健康，降低工作效率，还可能增加事故。当其端电压升高 10% 时，发光效率将提高 1/3，但其使用寿命将大大缩短，只有原来的 1/3 左右。电压偏差对荧光灯及其他气体放电灯的影响不像对白炽灯那样明显，但也有一定的影响。当其端电压偏低时，灯管不易启燃。如果多次反复启燃，则灯管寿命将大受影响；而且电压降低时，照度下降，影响工作。当其电压偏高时，灯管寿命又要缩短。

3. 允许的电压偏差

GB 50052—2009《供配电系统设计规范》规定，在系统正常运行情况下，用电设备端子处的电压偏差允许值（以额定电压的百分数表示）宜符合下列要求：

1）电动机：±5%。

2）电气照明：在一般工作场所为 ±5%；对于远离变电所且面积较小的一般工作场所，难以满足上述要求时，可为 +5%，-10%；应急照明、道路照明和警卫照明等，为 +5%，-10%。

3）其他用电设备：当无特殊规定时为 ±5%。

（二）电压调整的措施

为了满足用电设备对电压偏差的要求，供电系统必须采取相应的电压调整措施。

（1）正确选择无载调压型变压器的电压分接头或采用有载调压变压器　我国工厂供电系统中应用的 6～10kV 电力变压器，一般为无载调压型，其高压绕组（一次绕组）有 $U_{1N}\pm5\%\,U_{1N}$ 的电压分接头，并装设有无载调压分接开关，如图 1-20 所示。如果设备端电压偏高，则应将分接开关换接到 +5% 的分接头，以降低设备端电压。如果设备端电压偏低，则应将分接开关换接到 -5% 的分接头，以升高设备端电压。但是这只能在变压器无载条件下进行调节，使设备端电压较接近于设备额定电压，而不能按负荷的变动实时地自动调节电压。如果用电负荷中有的设备对电压偏差要求严格，采用无载调压型变压器满足不了要求，而这些设备单独装设调压装置在技术经济上又不合理时，可以采用有载调压型变压器，使之在负荷情况下自动调节电压，保证设备端电压的稳定。

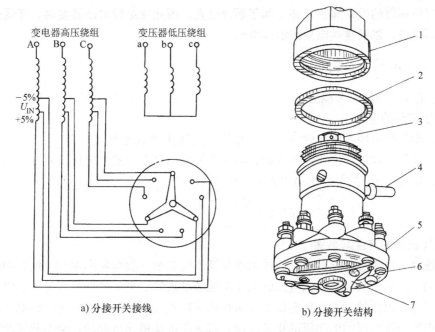

a) 分接开关接线　　　　　　　　　　b) 分接开关结构

图 1-20　电力变压器的分接开关

1—帽　2—密封垫圈　3—操动螺母　4—定位钉　5—绝缘底座　6—静触头　7—动触头

（2）合理减小系统的阻抗　由于供电系统中的电压损耗与系统中各元件包括变压器和线路的阻抗成正比，因此可考虑减少系统的变压级数、适当增大导线电缆的截面积或以电缆取代架空线等来减小系统阻抗，降低电压损耗，从而减小电压偏差，达到电压调整的目的。但是增大导线电缆的截面积及以电缆取代架空线，要增加线路投资，因此应进行技术经济的分析比较，合理时才采用。

（3）合理改变系统的运行方式　在一班制或两班制的工厂或车间中，工作班的时间内，负荷重，往往电压偏低，因此需要将变压器高压绕组的分接头调在 -5% 的位置上。但是采用这种方法，到工作班以外的时间负荷减轻时，电压就会过高。这时如能切除变压器，改用与相邻变电所相连的低压联络线供电，既可减少这台变压器的电能损耗，又可由于投入低压联络线而增加线路的电压损耗，从而降低所出现的高电压。对于两台变压器并列运行的变电所，在负荷轻时切除一台变压器，同样可以起到降低过高电压的作用。

（4）尽量使系统的三相负荷均衡 在有中性线的低压配电系统中，如果三相负荷分布不均衡，则将使负荷端中性点电位偏移，造成有的相电压升高，从而增大线路的电压偏差。为此，应使三相负荷分布尽可能均衡，以降低电压偏差。

（5）采用无功功率补偿装置 电力系统中由于存在大量的感性负荷，如电力变压器、异步电动机、电焊机、高频炉和气体放电灯等，因此会出现相位滞后的无功功率，导致系统的功率因数降低及电压损耗和电能损耗增大。为了提高系统的功率因数，降低电压损耗和电能损耗，可采用并联电容器或同步补偿机，使之产生相位超前的无功功率，以补偿系统中相位滞后的无功功率。这些**专门用于补偿无功功率的并联电容器和同步补偿机，统称为无功补偿设备**。由于并联电容器具有安装简便、运行维护方便、有功损耗小、组装灵活和便于扩充等优点，因此在工厂供电系统中获得了广泛的应用。但**必须指出，采用专门的无功补偿设备，虽然电压调整的效果显著，却增加了额外投资，因此在进行电压调整时，应优先考虑前面所述各项措施**，以提高供电系统的经济效果。

四、电压波动及其抑制

（一）电压波动的有关概念

1. 电压波动的含义

电压波动是指电网电压有效值（方均根值）连续快速地变动。

电压波动值，以用户公共供电点的在时间上相邻的最大与最小电压有效值 U_{max} 与 U_{min} 之差对电网额定电压 U_N 的百分比值来表示，即

$$\delta U\% = \frac{U_{max} - U_{min}}{U_N} \times 100\% \tag{1-5}$$

2. 电压波动的产生与危害

电压波动是由于负荷急剧变动的冲击性负荷所引起的。负荷急剧变动，使电网的电压损耗相应变动，从而使用户公共供电点的电压出现波动现象。例如电动机的起动、电焊机的工作，特别是大型电弧炉和大型轧钢机等冲击性负荷的投入运行，均会引起电网电压的波动。

电网电压波动可影响电动机的正常起动，甚至使电动机无法起动；会引起同步电动机的转子振动；可使电子设备和电子计算机无法正常工作；可使照明灯光发生明显的闪变，严重影响视觉，使人无法正常生产、工作和学习。因此，GB/T 12326—2008《电能质量 电压波动和闪变》规定了电力系统和电压波动和闪变的限值。

（二）电压波动的抑制措施

抑制电压波动可采取下列措施：

1）对负荷变动剧烈的大型电气设备，采用专用线路或专用变压器单独供电。这是最简便有效的办法。

2）设法增大供电容量，减小系统阻抗，例如将单回路线路改为双回路线路，或将架空线路改为电缆线路等，使系统的电压损耗减小，从而减小负荷变动时引起的电压波动。

3）在系统出现严重的电压波动时，减少或切除引起电压波动的负荷。

4）对大容量电弧炉的炉用变压器，宜由短路容量较大的电网供电，一般是选用更高电压等级的电网供电。

5）对大型冲击性负荷，如果采取上列措施仍达不到要求，则可装设能"吸收"冲击性

无功功率的静止型无功补偿装置（Static Var Compensator，缩写 SVC）。SVC 是一种能吸收随机变化的冲击性无功功率和动态谐波电流的无功补偿装置，其类型有多种，而以自饱和电抗器型（SR 型）的效能最好，其电子元器件少，可靠性高，反应速度快，维护方便经济，且我国一般变压器厂均能制造，是最适于在我国推广应用的一种 SVC。

五、电网谐波及其抑制

（一）电网谐波的有关概念

1. 电网谐波的含义

谐波（harmonic）是指对周期性非正弦交流量进行傅里叶级数分解所得到的大于基波频率整数倍的各次分量，通常称为高次谐波，而基波是指其频率与工频（50Hz）相同的分量。

向公用电网注入谐波电流或在公用电网中产生谐波电压的电气设备，称为谐波源。

就电力系统中的三相交流发电机发出的电压来说，可认为其波形基本上是正弦量，即电压波形中基本上无直流和谐波分量。但是由于电力系统中存在着各种各样的谐波源，特别是大型变流设备和电弧炉等的日益广泛应用，使得谐波干扰成了当前电力系统中影响电能质量的一大"公害"，亟待采取对策。

2. 谐波的产生与危害

电网谐波的产生，主要在于电力系统中存在各种非线性元件。因此，即使电力系统中电源的电压波形为正弦波，也会由于非线性元件的存在，使得电网中总有谐波电流或电压存在。产生谐波的电气元件很多，例如荧光灯等气体放电灯、异步电动机、电焊机、变压器、感应电炉和逆变电源（交流变频器）等，都要产生谐波电流或电压。最为严重的是大型晶闸管变流设备和大型电弧炉，它们产生的谐波电流最为突出，是造成电网谐波的主要因素。

谐波对电气设备的危害很大。谐波电流通过变压器，可使变压器铁心损耗明显增加，从而使变压器出现过热，缩短其使用寿命。谐波电流通过交流电动机，不仅会使电动机的铁心损耗明显增加，而且会使电动机转子发生振动现象，严重影响机械加工的产品质量。谐波对电容器的影响更为突出，谐波电压加在电容器两端时，由于电容器对于谐波的阻抗很小，因此电容器很容易过负荷甚至烧毁。此外，谐波电流可使电力线路的电能损耗和电压损耗增加；可使计量电能的感应式电能表计量不准确；可使电力系统发生电压谐振，从而在线路上引起过电压，有可能击穿线路设备的绝缘；还可能造成系统的继电保护和自动装置发生误动作；并可对附近的通信设备和通信线路产生信号干扰。因此 GB/T 14549—2008《电能质量　公用电网谐波》对谐波电压限值和谐波电流允许值均作了规定。

（二）电网谐波的抑制

抑制电网谐波，可采取下列措施：

（1）三相整流变压器采用 Yd 或 Dy 联结　由于 3 次及 3 的整数倍次谐波在三角形联结的绕组内形成环流，而星形联结的绕组内不可能产生 3 次及 3 的整数倍次谐波电流，因此采用 Yd 或 Dy 联结的三相整流变压器，能使注入电网的谐波电流中消除 3 次及 3 的整数倍次的谐波电流。又由于电力系统中的非正弦交流电压或电流通常是正、负两半波对时间轴是对称的，不含直流分量和偶次谐波分量，因此采用 Yd 或 Dy 联结的整流变压器后，注入电网的谐波电流只有 5、7、11…等次谐波。这是抑制高次谐波最基本的方法。

（2）增加整流变压器二次侧的相数　整流变压器二次侧的相数越多，整流波形的脉波数越多，其次数低的谐波被消去的也越多。例如，整流相数为 6 相时，出现的 5 次谐波电流为基波电流的 18.5% ，7 次谐波电流为基波电流的 12% 。如果整流相数增加到 12 相时，则出现的 5 次谐波电流降为基波电流的 4.5% ，7 次谐波电流降为基波电流的 3% ，都差不多减少了 75% 。由此可见，增加整流相数对高次谐波抑制的效果相当显著。

（3）使各台整流变压器二次侧互有相位差多台相数相同的整流装置并列运行时，使其整流变压器的二次侧互有适当的相位差，这与增加二次侧的相数效果相类似，也能大大减少注入电网的高次谐波。

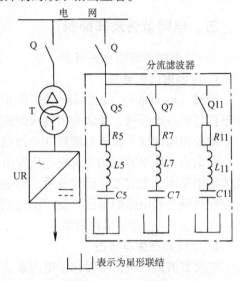

（4）装设分流滤波器　在大容量静止"谐波源"（如大型晶闸管整流器）与电网的连接处，装设如图 1-21 所示的分流滤波器，使滤波器的各组 R—L—C 回路分别对需要消除的 5、7、11…等次谐波进行调谐，使之发生串联谐振。由于串联谐振回路的阻抗极小，从而使这些次数的谐波电流被它分流吸收而不致注入到公用电网中去。

图 1-21　装设分流滤波器吸收高次谐波

（5）选用 Dyn11 联结的三相配电变压器　由于 Dyn11 联结的变压器高压绕组为三角形联结，使 3 次及 3 的整数倍次的高次谐波在绕组内形成环流而不致注入到高压电网中去，从而抑制了高次谐波。

（6）其他抑制谐波的措施　例如限制电力系统中接入的变流设备和交流调压装置的容量，或提高对大容量非线性设备的供电电压，或者将"谐波源"与不能受干扰的负荷电路从电网的接线上分开，都有助于谐波的抑制或消除。

六、三相不平衡及其改善

（一）三相不平衡的产生及其危害

在三相供电系统中，如果三个相的电压或电流幅值或有效值不相等，或者三个相的电压或电流相位差不为 120°时，则称此三相电压或电流不平衡。

三相供电系统在正常运行方式下出现三相不平衡的主要原因是三相负荷的不平衡。

不平衡的三相电压或电流，按对称分量法，可分解为正序分量、负序分量和零序分量。由于负序分量的存在，就使三相系统中的三相异步电动机在产生正向转矩的同时，还产生一个反向转矩，从而降低电动机的输出转矩，并使电动机绕组电流增大，温升增高，缩短电动机的使用寿命。对三相变压器来说，由于三相电流不平衡，当最大相电流达到变压器额定电流时，其他两相却低于额定值，从而使变压器容量不能得到充分利用。对多相整流装置来说，三相电压不对称，将严重影响多相触发脉冲的对称性，使整流装置产生较大的谐波，进一步影响电能质量。

（二）电压不平衡度及其允许值

电压不平衡度，用电压负序分量的方均根值 U_2 与电压正序分量的方均根值 U_1 的百分比值来表示，即

$$\varepsilon U\% = \frac{U_2}{U_1} \times 100\% \tag{1-6}$$

GB/T 15543—2008《电能质量　三相电压允许不平衡度》规定：

1）电压不平衡度正常允许2%，短时不超过4%。

2）接于公共连接点的每个用户电压不平衡度一般不得超过1.3%，短时不超过2.6%。

（三）改善三相不平衡的措施

（1）使三相负荷均衡分配　在进行供配电设计和设备安装时，应尽量使三相负荷均衡分配。三相系统中各相装设的单相用电设备容量之差应不超过15%。

（2）使不平衡负荷分散连接　尽可能将不平衡负荷接到不同的供电点，以减少其集中连接造成电压不平衡度可能超过允许值的问题。

（3）将不平衡负荷接入更高电压的电网　由于更高电压的电网具有更大的短路容量，例如电网短路容量大于负荷容量50倍时，就能保证连接点的电压不平衡度小于2%。

（4）采用三相平衡化装置　三相平衡化装置包括具有分相补偿功能的静止型无功补偿装置（SVC）和静止无功电源（Static Var Generator，缩写SVG）。SVG基本上不用储能元件，而是充分利用三相交流电的特点，使能量在三相之间及时转移来实现补偿。与SVC相比，SVG可大大减小平衡化装置的体积和材料消耗，而且响应速度快，调节性能好，它综合了无功补偿、谐波抑制和改善三相不平衡的优点，是值得推广应用的一种先进产品。

七、工厂供配电电压的选择

（一）工厂供电电压的选择

工厂供电的电压主要取决于当地电网的供电电压等级，同时也要考虑工厂用电设备的电压、容量和供电距离等因素。由于在同一输送功率和输送距离条件下，供电电压越高，则线路电流越小，从而使线路导线或电缆截面积越小，可减少线路的投资和有色金属消耗量。各级电压电力线路合理的输送功率和输送距离见表1-3。

表1-3　各级电压电力线路合理的输送功率和输送距离

线路电压/kV	线路结构	输送功率/kW	输送距离/km
0.38	架空线	≤100	≤0.25
0.38	电缆	≤175	≤0.35
6	架空线	≤1000	≤10
6	电缆	≤3000	≤8
10	架空线	≤2000	6～20
10	电缆	≤5000	≤10
35	架空线	2000～10000	20～50
66	架空线	3500～30000	30～100
110	架空线	10000～50000	50～150
220	架空线	100000～500000	200～300

《供电营业规则》规定：供电企业（指供电电网）供电的额定电压，低压有单相220V，

三相 380V；高压有 10kV、35（66）kV、110kV、220kV。并规定：除发电厂直配电压可采用 3kV 或 6kV 外，其他等级的电压应逐步过渡到上述额定电压。如果用户需要的电压等级不在上列范围，则应自行采用变压措施解决。用户需要的电压等级在 110kV 及以上时，其受电装置应作为终端变电所设计，其方案需经省电网经营企业审批。

（二）工厂高压配电电压的选择

工厂供电系统的高压配电电压主要取决于工厂高压用电设备的电压和容量、数量等因素。

工厂采用的高压配电电压通常为 10kV。如果工厂拥有相当数量的 6kV 用电设备，或者供电电源电压就是从邻近发电厂取得的 6.3kV 直配电压，则可考虑采用 6kV 作为工厂的高压配电电压。如果不是上述情况，或者 6kV 用电设备不多时，则应仍用 10kV 作为高压配电电压，而少数 6kV 用电设备则通过专用的 10/6.3kV 变压器单独供电。3kV 不能作为高压配电电压。如果工厂有 3kV 用电设备，则应通过 10/3.15kV 变压器单独供电。

如果当地电网供电电压为 35kV，而厂区环境条件又允许采用 35kV 架空线路和较经济的 35kV 电气设备时，则可考虑采用 35kV 作为高压配电电压深入工厂各车间负荷中心，并经车间变电所直接降为低压用电设备所需的电压。这种高压深入负荷中心的直配方式，可以省去一级中间变压，大大简化供电系统接线，节约投资和有色金属，降低电能损耗和电压损耗，提高供电质量，因此有一定的推广价值。但必须考虑厂区要有满足 35kV 架空线路深入各车间负荷中心的"安全走廊"，以确保安全。

（三）工厂低压配电电压的选择

工厂的低压配电电压一般采用 220/380V，其中线电压 380V 接三相动力设备及额定电压为 380V 的单相用电设备，相电压 220V 接额定电压为 220V 的照明灯具和其他单相用电设备。但某些场合宜采用 660V 或 1140V 作为低压配电电压，例如在矿井下，其负荷中心往往离变电所较远，因此为保证负荷端的电压水平而采用 660V 甚至 1140V 电压配电。采用 660V 或 1140V 配电，较之采用 380V 配电，可以减少线路的电压损耗，提高负荷端的电压水平，而且能减少线路的电能损耗，降低线路的投资和有色金属消耗量，增大供电范围，提高供电能力，减少变压点，简化配电系统。因此提高低压配电电压有明显的经济效益，是节电的有效措施之一，这在世界各国已成为发展趋势。但是将 380V 升高为 660V，需电器制造部门乃至其他有关部门全面配合，我国目前尚难实现。目前，660V 电压只限于采矿、石油和化工等少数企业中采用，1140V 电压只限于井下采用。至于 220V 电压，现已不作为三相配电电压，只作为单相配电电压和单相用电设备的额定电压。

复习思考题

1-1 工厂供电对工业生产有何重要作用？对工厂供电工作有哪些基本要求？

1-2 工厂供电系统包括哪些范围？变电所和配电所的任务有什么不同？什么情况下可采用高压深入负荷中心的直配方式？

1-3 水电厂、火电厂和核电站各利用什么能源？太阳能发电、风力发电和地热发电各有何特点？

1-4 什么叫电力系统、电力网和动力系统？建立大型电力系统和智能电网有哪些好处？

1-5 工厂电力负荷按其重要程度分为哪几级？各级负荷对供电电源有何要求？

1-6 三相交流电力系统的电源中性点有哪些运行方式？中性点非直接接地系统与中性点直接接地系统在发生单相接地故障时各有什么特点？

1-7　低压配电系统中的中性线（N 线）、保护线（PE 线）和保护中性线（PEN 线）各有哪些功能？

1-8　什么叫 TN-C 系统、TN-S 系统、TN-C-S 系统、TT 系统和 IT 系统？各有哪些特点？各适用于哪些场合？

1-9　我国规定的"工频"是多少？对其频率偏差有何要求？

1-10　衡量电能质量的两个基本参数是什么？电压质量包括哪些方面要求？

1-11　用电设备的额定电压为什么规定等于电网（线路）额定电压？为什么现在同一 10kV 电网的高压开关，额定电压有 10kV 和 12kV 两种规格？

1-12　发电机的额定电压为什么规定要高于同级电网额定电压 5%？

1-13　电力变压器的额定一次电压，为什么规定有的要高于相应的电网额定电压 5%，有的又可等于相应的电网额定电压？而其额定二次电压，为什么规定有的要高于相应的电网额定电压 10%，有的又可只高于相应的电网额定电压 5%？

1-14　电网电压的高低如何划分？什么叫低压和高压？什么是中压、高压、超高压和特高压？

1-15　什么叫电压偏差？电压偏差对异步电动机和照明光源各有哪些影响？有哪些调压措施？

1-16　什么叫电压波动？电压波动对交流电动机和照明光源各有哪些影响？有哪些抑制措施？

1-17　电力系统中的高次谐波是如何产生的？有什么危害？有哪些消除或抑制措施？

1-18　三相不平衡度如何表示？如何改善三相不平衡的状况？

1-19　工厂供电系统的供电电压如何选择？工厂的高压配电电压和低压配电电压各如何选择？

习　题

1-1　试确定图 1-22 所示供电系统中变压器 T1 和线路 WL1、WL2 的额定电压。

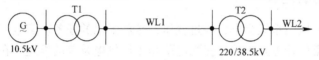

图 1-22　习题 1-1 的供电系统

1-2　试确定图 1-23 所示供电系统中发电机和各变压器的额定电压。

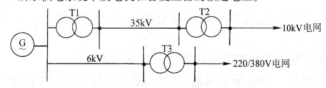

图 1-23　习题 1-2 的供电系统

1-3　某厂有若干车间变电所，互有低压联络线相连。其中有一车间变电所，装有一台无载调压型配电变压器，高压绕组有 +5% U_N、U_N、-5% U_N 三个电压分接头。现调在主分接头 U_N 的位置运行。但白天生产时，变电所低压母线电压只有 360V，而晚上不生产时，低压母线电压又高达 410V。问该变电所低压母线的昼夜电压偏差范围（%）为多少？宜采取哪些改善措施？

1-4　某 10kV 电网，其架空线路总长度为 40km，电缆线路总长度为 25km。试求此中性点不接地的电力系统发生单相接地故障时的接地电容电流，并判断该系统的中性点是否需要改为经消弧线圈接地。

第二章
工厂变配电所及其一次系统

本章首先介绍工厂变配电所的任务和类型，然后重点讲述工厂变配电所的一次设备和主接线图，对电力变压器、互感器和高低压一次设备着重介绍其功能、结构特点和基本原理，对主接线图着重介绍其基本要求及一些典型接线。最后讲述工厂变配电所的所址选择、布置、结构及其安装图。本章是本课程的重点，也是从事工厂变配电所运行、维护和设计必备的基础知识。

◆◆◆ 第一节 工厂变配电所的任务和类型 ◆◆◆

一、变配电所的任务

变电所担负着从电力系统受电，经过变压，然后配电的任务。配电所担负着从电力系统受电，然后直接配电的任务。显然，变配电所是工厂供电系统的枢纽，在工厂中占有特殊重要的地位。

二、变配电所的类型

工厂变电所分为总降压变电所和车间变电所，不过中小型工厂一般不设总降压变电所。

车间变电所按其主变压器的安装位置来分，有下列类型：

（1）车间附设变电所 变电所变压器室的一面墙或几面墙与车间建筑的墙共用，变压器室的大门朝车间外开。如果按变压器室位于车间的墙内还是墙外，还可进一步分为内附式（如图2-1中的1、2）和外附式（如图2-1中的3、4）。

（2）车间内变电所 变压器室位于车间内的单独房间内，变压器室的大门朝车间内开（如图2-1中的5）。

（3）露天（或半露天）变电所 变压器安装在车间外面抬高的地面上（如图2-1中的6）。变压器上方没有任何遮蔽物的，称为露天式；变

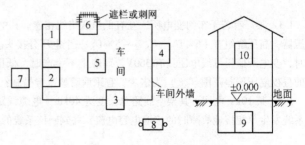

图2-1 车间变电所的类型

1、2—内附式 3、4—外附式 5—车间内式 6—露天或半露天式
7—独立式 8—杆上式 9—地下式 10—楼上式

压器上方设有顶板或挑檐的，称为半露天式。

（4）独立变电所　整个变电所设在与车间建筑有一定距离的单独建筑物内（如图 2-1 中的 7）。

（5）杆上变电所　变压器安装在室外的电杆上，亦称杆上变电台（如图 2-1 中的 8）。

（6）地下变电所　整个变电所设置在地下（如图 2-1 中的 9）。

（7）楼上变电所　整个变电所设置在楼上（如图 2-1 中的 10）。

（8）成套变电所　由电器制造厂按一定接线方案成套制造、现场装配的变电所，又称组合式或箱式变电所。

（9）移动式变电所　整个变电所装在可移动的车上。

上述的车间附设变电所、车间内变电所、独立变电所、地下变电所和楼上变电所，均属于室内型（户内式）变电所。露天、半露天变电所和杆上变电所，则属于室外型（户外式）变电所。成套变电所和移动式变电所，则室内型和室外型均有。

在负荷较大的多跨厂房、负荷中心位于厂房中央且环境许可时，可采用车间内变电所。车间内变电所位于车间的负荷中心，可以缩短低压配电距离，从而降低电能损耗和电压损耗，减少有色金属消耗量，因此这种变电所的技术经济指标比较好。但是变电所建在车间内部，要占一定的生产面积，因此对一些生产面积比较紧凑或生产流程要经常调整、设备也要相应变动的生产车间不太适合；而且其变压器室门朝车间内开，对生产的安全有一定的威胁。这种车间内变电所在大型冶金企业中采用较多。

生产面积比较紧凑或生产流程要经常调整、设备也要相应变动的生产车间，宜采用车间附设变电所的型式。至于是采用内附式还是外附式，要视具体情况而定。内附式要占一定的生产面积，但离负荷中心比外附式稍近一些，而从建筑外观来看，内附式一般也比外附式好。外附式不占或少占车间生产面积，而且其变压器室在车间的墙外，比内附式更安全一些。因此，内附式和外附式各有所长。这两种型式的变电所，在机械类工厂中比较普遍。

露天或半露天变电所比较简单经济，通风散热好，因此只要周围环境条件正常，无腐蚀性、爆炸性气体和粉尘的场所均可以采用。这种型式的变电所在工厂的生活区及小厂中较为常见。但是这种型式的变电所的安全可靠性较差，在靠近易燃易爆物质的厂房附近及大气中含有腐蚀性或爆炸性物质的场所不能采用。

独立变电所建筑费用较高，因此，除非各车间的负荷相当小且分散，或需远离易燃易爆和有腐蚀性物质的场所可以采用外，一般车间变电所不宜采用。电力系统中的大型变配电站和工厂的总变配电所，则一般采用独立式。

杆上变电所（台）最为简单经济，一般用于容量在 315kVA 及以下的变压器，而且多用于为生活区供电。

地下变电所的通风散热条件较差，湿度较大，建筑费用也较高，但比较安全，且不碍观瞻。这种型式的变电所在一些高层建筑、地下工程和矿井中采用。

楼上变电所适用于高层建筑。这种变电所要求结构尽可能轻、安全，其主变压器通常采用无油的干式变压器，也有不少采用成套变电所。

移动式变电所主要用于坑道作业及临时施工现场供电。

工厂的高压配电所应尽可能与邻近的车间变电所合建，以节约建筑费用。

◈◈◈ 第二节 电力变压器和互感器 ◈◈◈

一、电力变压器及其分类

电力变压器（power transformer，文字符号为 T 或 TM）是变电所中最关键的一次设备，其主要功能是将电力系统的电压升高或降低，以利于电能的合理输送、分配和使用。

电力变压器按变压功能分，有升压变压器和降压变压器。工厂变电所都采用降压变压器。终端变电所的降压变压器也称为配电变压器。

电力变压器按容量系列分，有 R8 容量系列和 R10 容量系列。所谓 R8 容量系列，是指容量等级是按 $R8 = \sqrt[8]{10} \approx 1.33$ 倍数递增的。我国老的变压器容量等级采用 R8 系列，容量等级如 100kVA、135kVA、180kVA、240kVA、320kVA、420kVA、560kVA、750kVA 和 1000kVA 等。所谓 R10 容量系列，是指容量等级是按 $R10 = \sqrt[10]{10} \approx 1.26$ 倍数递增的。R10 系列的容量等级较密，便于合理选用，是 IEC（国际电工委员会）推荐的。我国新的变压器容量等级采用这种 R10 系列，容量等级如 100kVA、125kVA、160kVA、200kVA、250kVA、315kVA、400kVA、500kVA、630kVA、800kVA 和 1000kVA 等。

电力变压器按相数分，有单相和三相两大类。工厂变电所通常都采用三相变压器。

电力变压器按调压方式分，有无载调压（又称无激磁调压）和有载调压两大类。工厂变电所大多采用无载调压变压器。但在用电负荷对电压水平要求较高的场所，也有采用有载调压变压器的。

电力变压器按绕组（线圈）导体材质分，有铜绕组和铝绕组两大类。工厂变电所过去大多采用较价廉的铝绕组变压器，但现在低损耗的铜绕组变压器得到了越来越广泛的应用。

电力变压器按绕组型式分，有双绕组变压器、三绕组变压器和自耦变压器。工厂变电所一般采用双绕组变压器。

电力变压器按绕组绝缘及冷却方式分，有油浸式、干式和充气式（SF_6）等变压器。其中油浸式变压器，又有油浸自冷式、油浸风冷式、油浸水冷式和强迫油循环冷却式等。工厂变电所大多采用油浸自冷式变压器。

电力变压器按铁心材质分，有普通硅钢片铁心变压器和非晶合金铁心变压器两大类。后者的铁心损耗更小，更节能。

电力变压器按用途分，有普通电力变压器、全封闭变压器和防雷变压器等。工厂变电所大多采用普通电力变压器，只在易燃易爆场所及对安全要求特高的场所采用全封闭变压器，在多雷地区采用防雷变压器。

二、电力变压器的结构、型号和联结组别

（一）电力变压器的结构和型号

电力变压器的基本结构包括铁心和绕组两大部分。绕组又分高压绕组和低压绕组或一次绕组和二次绕组等。

图 2-2 是普通三相油浸式电力变压器的结构图。

图 2-3 是环氧树脂浇注绝缘的三相干式电力变压器的结构图。

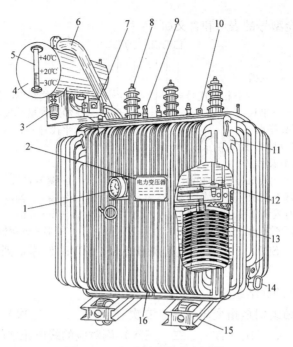

图 2-2 三相油浸式电力变压器

1—信号温度计 2—铭牌 3—吸湿器 4—储油柜（油枕） 5—油位指示器（油标） 6—防爆管
7—瓦斯（气体）继电器 8—高压出线套管和接线端子 9—低压出线套管和接线端子 10—分接开关
11—油箱及散热油管 12—铁心 13—绕组及绝缘 14—放油阀 15—小车 16—接地端子

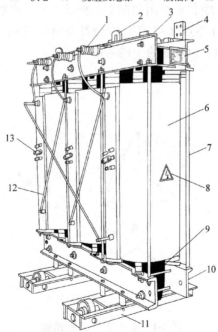

图 2-3 环氧树脂浇注绝缘的三相干式电力变压器

1—高压出线套管 2—吊环 3—上夹件 4—低压出线接线端子 5—铭牌 6—环氧树脂
浇注绝缘绕组(内低压,外高压) 7—上下夹件拉杆 8—警示牌 9—铁心 10—下夹件
11—小车(底座) 12—高压绕组相间连接导杆 13—高压分接头连接片

普通电力变压器全型号的表示和含义如下：

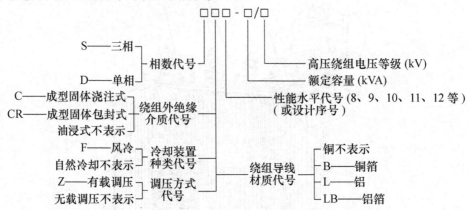

附录表 1 列出 S9、SC9、S11-M·R 及 SBH15-M、SCBH15 等系列配电变压器的主要技术数据，供参考。

（二）电力变压器的联结组别

电力变压器的联结组别是指变压器一、二次（或一、二、三次）绕组因采取不同的联结方式而形成变压器一、二次（或一、二、三次）侧对应的线电压之间不同的相位关系。

1. 常用配电变压器的联结组别

6～10kV 配电变压器（二次电压为 220/380V）有 Yyn0（即 Y/Y_0-12）和 Dyn11（即 △/Y_0-11）两种常用的联结组。

变压器 Yyn0 联结组的接线和示意图如图 2-4 所示。其一次线电压与对应的二次线电压之间的相位关系，如同时钟在零点（12 点）时分针与时针的相互关系一样。图中一、二次绕组标注有黑点"·"的端子为对应的"同名端"。

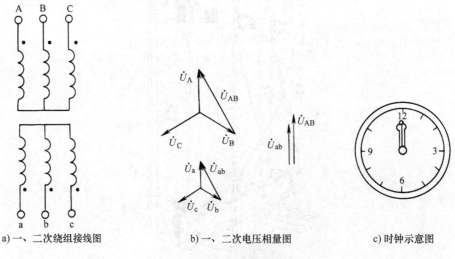

a）一、二次绕组接线图　　　b）一、二次电压相量图　　　c）时钟示意图

图 2-4　变压器 Yyn0 联结组

变压器 Dyn11 联结组的接线和示意图如图 2-5 所示。其一次线电压与对应的二次线电压之间的相位关系，如同时钟在 11 点时分针与时针的相互关系一样。

我国过去的配电变压器差不多全采用 Yyn0 联结。近 20 年来，Dyn11 联结的配电变压器得到了推广应用。配电变压器采用 Dyn11 联结较之采用 Yyn0 联结有下列优点：

1）对 Dyn11 联结的变压器来说，其 $3n$ 次（n 为正整数）谐波电流在其三角形联结的一次绕组内形成环流，从而不致注入公共的高压电网中去，这较之一次绕组接成星形的 Yyn0 联结的变压器更有利于抑制电网中的高次谐波。

2）Dyn11 联结变压器的零序阻抗较之 Yyn0 联结变压器的零序阻抗小得多$^{\ominus}$，从而更有利于低压单相接地短路故障保护的动作及故障的切除。

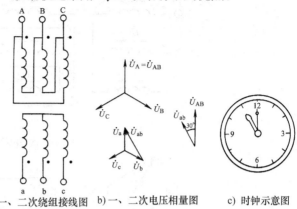

a) 一、二次绕组接线图　　b) 一、二次电压相量图　　c) 时钟示意图

图 2-5　变压器 Dyn11 联结组

3）当低压侧接用单相不平衡负荷时，由于 Yyn0 联结变压器要求低压中性线电流不超过低压绕组额定电流的 25%，因而严重限制了其接用单相负荷的容量，影响了变压器设备能力的充分发挥。为此，GB 50052—2009《供配电系统设计规范》规定：在低压系统中，宜选用 Dyn11 联结变压器。Dyn11 联结变压器低压侧中性线电流允许达到低压绕组额定电流的 75% 以上，其承受单相不平衡负荷的能力远比 Yyn0 联结的变压器大。在现代供配电系统中单相负荷急剧增长的情况下，推广应用 Dyn11 联结变压器就显得更有必要。

但是，由于 Yyn0 联结变压器一次绕组的绝缘强度要求比 Dyn11 联结变压器稍低，从而制造成本稍低，因此在 TN 和 TT 系统中由单相不平衡负荷引起的低压中性线电流不超过低压绕组额定电流的 25%、且其一相的电流在满载时不致超过额定值时，仍可选用 Yyn0 联结变压器。

2. 防雷变压器的联结组别

防雷变压器通常采用 Yzn11 联结组，如图 2-6a 所示，其正常时的电压相量图如图 2-6b 所示。其结构特点是每一铁心柱上的二次绕组都分为两个匝数相等的绕组，而且采用曲折形（Z 形）联结。

正常工作时，一次线电压 $\dot{U}_{AB} = \dot{U}_A - \dot{U}_B$，二次线电压 $\dot{U}_{ab} = \dot{U}_a - \dot{U}_b$，其中 $\dot{U}_a = \dot{U}_{a1} - \dot{U}_{b2}$，$\dot{U}_b = \dot{U}_{b1} - \dot{U}_{c2}$。由图 2-6b 知，$\dot{U}_{ab}$ 与 $-\dot{U}_B$ 同相，而 $-\dot{U}_B$ 滞后 $\dot{U}_{AB}$ 330°，即 $\dot{U}_{ab}$ 滞后 $\dot{U}_{AB}$ 330°。在钟表中 1 个小时的角度为 30°，因此该变压器的联结组号为 330°/30° = 11，即联结组为 Yzn11。

$\ominus$　单相接地故障的切除，决定于单相接地短路电流的大小，而此单相接地短路电流等于相电压除以单相短路回路的计算阻抗，计算阻抗为其正序、负序和零序之和的 1/3。如果不计电阻只计电抗时，Dyn11 联结变压器的零序电抗 $X_0 = X_1$，X_1 为变压器的正序电抗，亦即变压器电抗 X_T；而 Yyn0 联结变压器的零序电抗 $X_0 = X_1 + X_{\mu 0}$，$X_{\mu 0}$ 为变压器的励磁电抗。由于 $X_{\mu 0} \gg X_1$，故 Dyn11 联结变压器的 X_0 比 Yyn0 联结变压器的 X_0 小得多，因此 Dyn11 联结变压器的单相接地短路电流比 Yyn0 联结变压器的单相接地短路电流大得多，以致 Dyn11 联结变压器更有利于低压单相接地短路故障的保护和切除。

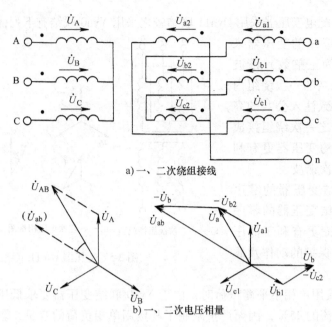

a) 一、二次绕组接线

b) 一、二次电压相量

图2-6　Yzn11联结的防雷变压器

当雷电过电压沿变压器二次侧（低压侧）线路侵入时，由于变压器二次侧同一芯柱上的两个绕组的电流方向正好相反，其磁动势相互抵消，因此过电压不会感应到一次侧（高压侧）线路上去。同样地，假如雷电过电压沿变压器一次侧（高压侧）线路侵入时，由于变压器二次侧（低压侧）同一芯柱上的两个绕组的感应电动势相互抵消，二次侧也不会出现过电压。由此可见，采用Yzn11联结的变压器有利于防雷。在多雷地区宜选用这类防雷变压器。

三、电流互感器和电压互感器

（一）互感器及其主要功能

电流互感器（Current Transformer，缩写CT，文字符号TA），又称为仪用变流器。电压互感器（Voltage Transformer，或Potential Transformer，缩写PT，文字符号TV），又称为仪用变压器。它们合称仪用互感器，简称互感器。从基本结构和原理来说，互感器就是一种特殊变压器。

互感器的功能主要是：

（1）用来使仪表、继电器等二次设备与主电路绝缘　这既可避免主电路的高电压直接引入仪表、继电器等二次设备，又可防止仪表、继电器等二次设备的故障影响主电路，提高一、二次电路的安全性和可靠性，并有利于人身安全。

（2）用来扩大仪表、继电器等二次设备的应用范围　例如用一只5A的电流表，通过不同电流比的电流互感器就可测量任意大的电流。同样，用一只100V的电压表，通过不同电压比的电压互感器就可测量任意高的电压。而且由于采用了互感器，可使二次仪表、继电器等设备的规格统一，有利于设备的批量生产。

（二）电流互感器

1. 电流互感器的基本结构原理和接线方案

电流互感器的基本结构原理如图 2-7 所示。它的结构特点是：一次绕组匝数很少，导体较粗，有的电流互感器（例如母线式）还没有一次绕组，而是利用穿过其铁心的一次电路（如母线）作为一次绕组（相当于匝数为1）；其二次绕组匝数很多，导体较细。其接线特点是：一次绕组串联在被测的一次电路中，而二次绕组则与仪表、继电器等的电流线圈串联，形成一个闭合回路。由于这些电流线圈的阻抗很小，因此电流互感器工作时其二次回路接近于短路状态。二次绕组的额定电流一般为5A。

电流互感器的一次电流 I_1 与其二次电流 I_2 之间有下列关系

$$I_1 \approx \frac{N_2}{N_1}I_2 \approx K_i I_2 \qquad (2\text{-}1)$$

式中，N_1、N_2 分别为电流互感器一、二次绕组匝数；K_i 为电流互感器的电流比，一般表示为其一、二次额定电流之比，即 $K_i = I_{1N}/I_{2N}$，例如100A/5A。

电流互感器在三相电路中的几种常见接线方案如图 2-8 所示。

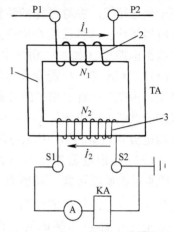

图 2-7 电流互感器
1—铁心 2——次绕组
3—二次绕组

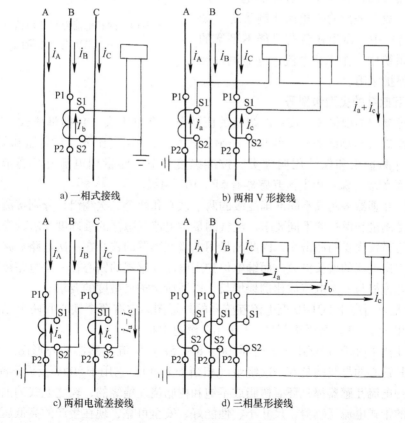

a) 一相式接线

b) 两相 V 形接线

c) 两相电流差接线

d) 三相星形接线

图 2-8 电流互感器的接线方案

（1）一相式接线（图2-8a） 电流线圈通过的电流反应一次电路相应的电流。通常用于负荷平衡的三相电路（如低压动力电路）中，供测量电流、电能或接过负荷保护装置之用。

（2）两相V形接线（图2-8b） 也称为不完全星形接线。在继电保护装置中称为两相三继电器接线。这种接线在中性点不接地的三相三线制电路中（如6~10kV电路中），广泛用于测量三相电流、电能及作为过电流继电保护之用。由图2-9所示相量图可知，两相V形接线的公共线上的电流为 $\dot{I}_a + \dot{I}_c = -\dot{I}_b$，反应的是未接电流互感器的那一相的电流。

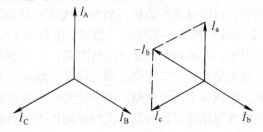

图2-9　两相V形接线电流互感器的
　　　一、二次电流相量图

（3）两相电流差接线（图2-8c） 由图2-10所示相量图可知，互感器二次侧公共线上电流为 $\dot{I}_a - \dot{I}_c$，其量值为相电流的 $\sqrt{3}$ 倍。这种接线适于中性点不接地的三相三线制电路中（如6~10kV中）作过电流保护之用。在继电器保护装置中，此接线称为两相一继电器接线。

（4）三相星形接线（图2-8d） 这种接线中的三个电流线圈，正好反应各相的电流，广泛用在负荷一般不平衡的三相四线制系统（如低压TN系统）中，也用在负荷可能不平衡的三相三线制系统中，作三相电流、电能测量及过电流继电保护之用。

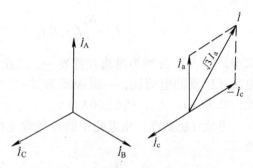

图2-10　两相电流差接线电流互感器的
　　　一、二次电流相量图

2. 电流互感器的类型和型号

电流互感器的类型很多。按一次绕组的匝数分，有单匝式（包括母线式、芯柱式和套管式）和多匝式（包括线圈式、线环式和串级式）。按一次电压分，有高压和低压两大类。按用途分，有测量用和保护用两大类。按准确度级分，测量用电流互感器有0.1、0.2、0.5、1、3、5等级，保护用电流互感器有5P、10P两级。

高压电流互感器多制成不同准确度级的两个铁心和两个二次绕组，分别接测量仪表和继电器，以满足测量和保护的不同要求。电气测量对电流互感器的准确度要求较高，且要求在一次电路短路时仪表受的冲击小，因此测量用电流互感器的铁心在一次电路短路时应易于饱和，以限制二次电流的增长倍数。而继电保护用电流互感器的铁心在一次电路短路时不应饱和，使二次电流能与一次电流成比例地增长，以适应保护灵敏度的要求。

图2-11是户内高压LQJ-10型电流互感器的外形图。它有两个铁心和两个二次绕组，分别为0.5级和3级，0.5级用于测量，3级用于继电保护。

图2-12是户内低压LMZJ1-0.5型（500~800/5A）电流互感器的外形图。它不含一次绕组，穿过其铁心的母线就是其一次绕组（相当于1匝）。它用于500V及以下配电装置中。

以上两种电流互感器都是环氧树脂或不饱和树脂浇注绝缘的，较之老式的油浸式和其他非树脂绝缘的干式电流互感器，尺寸小、性能好、安全可靠，现在生产的高低压成套配电装置中差不多都采用这类新型电流互感器。

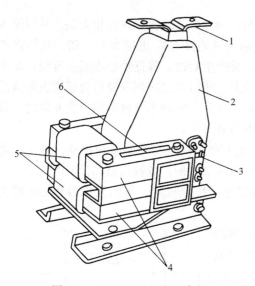

图 2-11　LQJ-10 型电流互感器

1——次接线端子　2——次绕组（树脂浇注）

3—二次接线端子　4—铁心　5—二次绕组

6—警示牌（上写"二次侧不得开路"等字样）

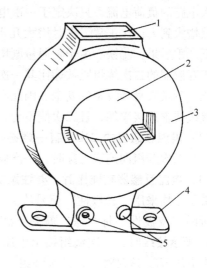

图 2-12　LMZJ1-0.5 型电流互感器

1—铭牌　2——次母线穿孔

3—铁心，外绕二次绕组，树脂浇注

4—安装板　5—二次接线端子

电流互感器全型号的表示和含义如下：

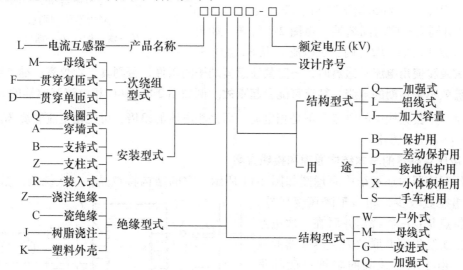

附录表 2 列出 LQJ-10 型电流互感器的主要技术数据，供参考。

3. 电流互感器的使用注意事项

（1）**电流互感器在工作时其二次侧不得开路**　电流互感器正常工作时，由于其二次回路串联的是电流线圈，阻抗很小，因此接近于短路状态。根据磁动势平衡方程式 $\dot{I}_1 N_1 - \dot{I}_2 N_2 = \dot{I}_0 N_1$（电流方向参看图 2-7）可知，其一次电流 I_1 产生的磁动势 $\dot{I}_1 N_1$，绝大部分被二次电流 I_2 产生的磁动势 $\dot{I}_2 N_2$ 所抵消，所以总的磁动势 $\dot{I}_0 N_1$ 很小，励磁电流（即空载电流）I_0 只有一次电流 I_1 的百分之几，很小。但是，当二次侧开路时，$I_2 = 0$，这时迫使 $I_0 = I_1$，而 I_1

35

是一次电路的负荷电流，只决定于一次电路的负荷，与互感器二次负荷变化无关，从而使 I_0 要突然增大到 I_1，比正常工作时增大几十倍，使励磁磁动势 $I_0 N_1$ 也增大几十倍。这样将产生如下严重后果：①铁心由于磁通量剧增而过热，并产生剩磁，降低铁心准确度等级；②由于电流互感器的二次绕组匝数远比其一次绕组匝数多，所以在二次侧开路时会感应出危险的高电压，危及人身和设备的安全。因此电流互感器工作时二次侧不允许开路。在安装时，其二次接线要求连接牢靠，且二次侧不允许接入熔断器和开关。

（2）**电流互感器的二次侧有一端必须接地**　互感器二次侧有一端必须接地，是为了防止其一、二次绕组间绝缘击穿时，一次侧的高电压窜入二次侧，危及人身和设备的安全。

（3）**电流互感器在连接时，要注意其端子的极性**　按照规定，我国互感器和变压器的绕组端子，均采用"减极性"标号法。

所谓"减极性"标号法，就是互感器或变压器按图 2-13 所示接线时，一次绕组接上电压 U_1，二次绕组感应出电压 U_2。这时将一、二次绕组一对同名端短接，则在其另一对同名端测出的电压为 $U = |U_1 - U_2|$。

用"减极性"法所确定的"同名端"，实际上就是"同极性端"，即在同一瞬间，两个对应的同名端同为高电位，或同为低电位。

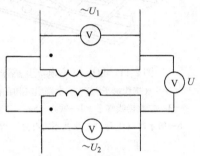

图 2-13　互感器和变压器的
"减极性"判别法
U_1—输入电压　U_2—输出电压

GB 1208—2006《电流互感器》规定：一次绕组端子标 P1、P2，二次绕组端子标 S1、S2，其中 P1 与 S1、P2 与 S2 分别为对应的同名端。由图 2-7 可知，如果一次电流 I_1 从 P1 流向 P2，则二次电流 I_2 从 S2 流向 S1。

在安装和使用电流互感器时，一定要注意其端子的极性，否则其二次仪表、继电器中流过的电流就不是预期的电流，甚至可能引起事故。例如图 2-8b 中 C 相电流互感器的 S1、S2 如果接反，则公共线中的电流就不是相电流，而是相电流的 $\sqrt{3}$ 倍，可能使电流表烧坏。

（三）电压互感器

1. 电压互感器的基本结构原理和接线方案

电压互感器的基本结构原理图如图 2-14 所示。它的结构特点是：一次绕组匝数很多，二次绕组匝数较少，相当于降压变压器。其接线特点是：一次绕组并联在一次电路中，而二次绕组则并联仪表、继电器的电压线圈。由于电压线圈的阻抗一般都很大，所以电压互感器工作时其二次侧接近于空载状态。二次绕组的额定电压一般为 100V。

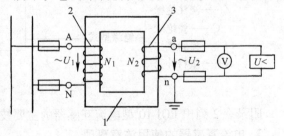

图 2-14　电压互感器
1—铁心　2——次绕组　3—二次绕组

电压互感器的一次电压 U_1 与其二次电压 U_2 之间有下列关系：

$$U_1 \approx \frac{N_1}{N_2} U_2 \approx K_u U_2 \tag{2-2}$$

式中，N_1、N_2 分别为电压互感器一、二次绕组的匝数；K_u 为电压互感器的电压比，一般表示为其一、二次额定电压比，即 $K_u = U_{1N}/U_{2N}$，例如 10000V/100V。

电压互感器在三相电路中有如图 2-15 所示的几种常见的接线方案。

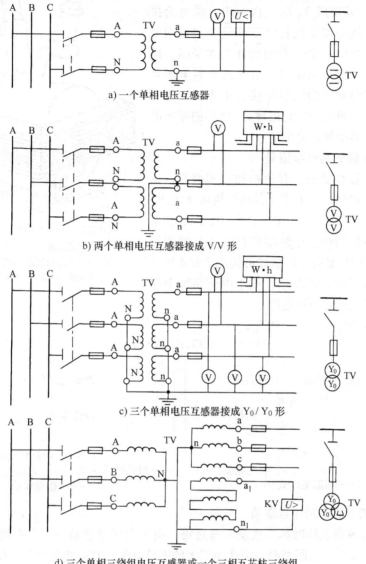

a) 一个单相电压互感器

b) 两个单相电压互感器接成 V/V 形

c) 三个单相电压互感器接成 Y_0/Y_0 形

d) 三个单相三绕组电压互感器或一个三相五芯柱三绕组
电压互感器接成 $Y_0/Y_0/\llcorner$（开口三角）形

图 2-15　电压互感器的接线方案

（1）一个单相电压互感器的接线（图 2-15a）　供仪表、继电器接于一个线电压。

（2）两个单相电压互感器接成 V/V 形（图 2-15b）　供仪表、继电器接于三相三线制电路的各个线电压，广泛用在工厂变配电所的 6～10kV 高压配电装置中。

（3）三个单相电压互感器接成 Y_0/Y_0 形（图 2-15c）　供电给要求线电压的仪表、继电器，并供电给接相电压的绝缘监视电压表。由于小接地电流电力系统在一次电路发生单相接地故障时，另两个完好相的相电压要升高到线电压，所以绝缘监视电压表要按线电压选择，否则在一次电路发生单相接地故障时，电压表有可能被烧毁。

（4）三个单相三绕组电压互感器或一个三相五芯柱三绕组电压互感器接成 $Y_0/Y_0/\triangle$（开口三角）形（图 2-15d） 其接成 Y_0 的二次绕组，供电给接线电压的仪表、继电器及接相电压的绝缘监视用电压表；接成 $\triangle$（开口三角）形的辅助二次绕组，接电压继电器。一次电压正常时，由于三个相电压对称，因此开口三角形两端的电压接近于零。当某一相接地时，开口三角形两端将出现近 100V 的零序电压，使电压继电器动作，发出信号。

2. 电压互感器的类型和型号

电压互感器按相数分，有单相和三相两类。按绝缘及其冷却方式分，有干式（含环氧树脂浇注式）和油浸式两类。图 2-16 是应用广泛的 JDZJ-10 型单相三绕组、环氧树脂浇注绝缘的户内电压互感器外形图。三个 JDZJ-10 型电压互感器可按图 2-15d 所示 $Y_0/Y_0/\triangle$（开口三角）形联结，供小电流系统中作电压、电能测量及绝缘监视之用。

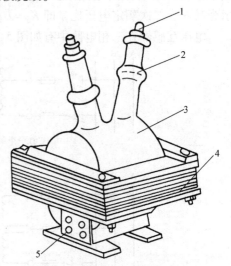

图 2-16 JDZJ-10 型电压互感器
1——次接线端子 2—高压绝缘套管
3—一、二次绕组，树脂浇注绝缘
4—铁心 5—二次接线端子

电压互感器全型号的表示和含义如下：

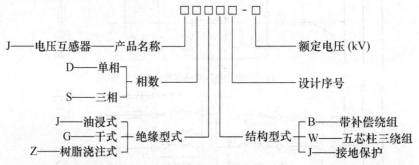

3. 电压互感器的使用注意事项

（1）**电压互感器工作时其二次侧不得短路** 由于电压互感器一、二次绕组都是在并联状态下工作的，如果二次侧短路，将产生很大的短路电流，有可能烧毁互感器，甚至影响一次电路的安全运行。因此电压互感器的一、二次侧都必须装设熔断器进行短路保护。

（2）**电压互感器的二次侧有一端必须接地** 这与电流互感器二次侧有一端必须接地的目的相同，也是为了防止当一、二次绕组间的绝缘击穿时，一次侧的高压窜入二次侧，危及人身和设备的安全。

（3）**电压互感器在连接时也应注意其端子的极性** GB 1207—2006《电磁式电压互感器》规定：单相电压互感器的一、二次绕组端子标以 A、N 和 a、n，端子 A 与 a、N 与 n 各为对应的"同名端"或"同极性端"。而三相电压互感器，一次绕组端子分别标 A、B、C、N，二次绕组端子分别标 a、b、c、n，A 与 a、B 与 b、C 与 c 及 N 与 n 分别为"同名端"或"同极性端"，其中 N 和 n 分别为一、二次三绕组的中性点。电压互感器连接时，端子极性错误也是不允许的。

（四）互感器结构类型的补充介绍

（1）组合式电流电压互感器　由电流互感器和电压互感器组合而成，多装设于高压计量柜。它有 V/V 和 Y/Y 两种接线方式，用以计量三相负荷平衡或不平衡时的电能。

（2）电子式互感器　由连接到供电系统和二次转换器的一个或多个电流或电压的电子传感器组成，主要用于供电系统电气量的测量及各类输入或输出变频电量的电气设备检测试验。

◇◇◇　第三节　高低压一次设备　◇◇◇

一、一次设备的分类及设备运行中的电弧问题与灭弧方法

（一）一次设备的分类

变配电所中承担输送和分配电能任务的电路，称为一次电路，或称主电路、主接线（主结线）。一次电路中所有的电气设备，称为一次设备或一次元件。

一次设备按其功能来分，可分以下几类：

（1）变换设备　其功能是按电力系统运行的要求改变电压或电流、频率等，例如电力变压器、电流互感器、电压互感器和变频机等。

（2）控制设备　其功能是按电力系统运行的要求来控制一次电路的通、断，例如各种高低压开关设备。

（3）保护设备　其功能是用来对电力系统进行过电流和过电压等的保护，例如熔断器和避雷器等。

（4）补偿设备　其功能是用来补偿电力系统中的无功功率，提高系统的功率因数，例如并联电力电容器等。

（5）成套设备　它是按一次电路接线方案的要求，将有关一次设备及控制、指示、监测和保护一次电路的二次设备组合为一体的电气装置，例如高压开关柜、低压配电屏、动力和照明配电箱等。

本节只介绍高低压熔断器、高低压开关和高低压开关柜（屏、箱）等。

（二）电气设备运行中的电弧问题与灭弧方法

电弧是电气设备运行中出现的一种强烈的电游离现象，其特点是光亮很强和温度很高。电弧的产生对供电系统的安全运行有很大的影响。首先，电弧延长了电路开断的时间。在开关分断短路电流时，开关触头上的电弧就延长了短路电流通过电路的时间，使短路电流危害的时间延长，这可能对电路设备造成更大的损坏。同时，电弧的高温可能烧损开关的触头，烧毁电气设备和导线电缆，还可能引起电路弧光短路，甚至引发火灾和爆炸事故。此外，强烈的弧光可能损伤人的视力，严重的可致人眼失明。因此，开关设备在结构设计上要保证分断操作时电弧能迅速地熄灭。为此，在讲述高低压一次设备之前，有必要先简单介绍电弧产生与熄灭的原理和灭弧的方法。

1. 电弧的产生

开关触头在分断电流时之所以会产生电弧，根本原因在于触头本身及其周围介质中含有

大量可被游离的电子。这样，当分断的触头之间存在着足够大的外施电压的条件下，就有可能发生强烈的电游离而产生电弧。

产生电弧的游离方式有：

（1）热电发射　当开关触头分断电流时，其阴极表面由于大电流逐渐收缩集中而出现炽热的光斑，温度很高，从而使触头表面分子中外层电子吸收足够的热能而发射到触头间隙中去，形成自由电子。

（2）高电场发射　开关触头分断之初，电场强度很大。在这种高电场的作用下，触头表面的电子可能被强拉出来，使之进入触头间隙的介质中去，也形成自由电子。

（3）碰撞游离　当触头间隙存在着足够大的电场强度时，其中的自由电子将以相当大的动能向阳极运动，电子在高速运动中碰撞到中性质点（介质分子），就可能使中性质点中的电子游离出来，从而使中性质点分解为带电的正离子和自由电子。这些被碰撞游离出来的带电质点在电场力的作用下，继续参加碰撞游离，结果使触头间介质中的离子数越来越多，形成"雪崩"现象。当离子浓度足够大时，介质被击穿而发生电弧。

（4）高温游离　电弧的温度很高，表面温度达 3000～4000℃，弧心温度可高达 10000℃。在如此高温下，电弧中的中性质点可游离为正离子和自由电子（据研究，一般气体在 9000～10000℃ 发生游离，而金属蒸气在 4000℃ 左右即发生游离），从而进一步加强了电弧中的游离。触头越分开，电弧越大，高温游离也越显著。

由于上述各种游离的综合作用，使得触头在分断电流时产生电弧并得以维持。

2. 电弧的熄灭

要使电弧熄灭，必须使触头中的去游离率大于游离率，即电弧中离子消失的速率大于离子产生的速率。

熄灭电弧的去游离方式有：

（1）正负带电质点的"复合"　复合就是正负带电质点重新结合为中性质点。这与电弧中的电场强度、温度及电弧截面积等因素有关。电弧中的电场强度越弱，电弧温度越低，电弧截面积越小，则其中带电质点的复合越强。此外，复合与电弧接触的介质性质也有关系。如果电弧接触的表面为固体介质，则由于较活泼的电子先使介质表面带一负电位，带负电位的介质表面就吸引电弧中的正离子而造成强烈的复合。

（2）正负带电质点的"扩散"　扩散就是电弧中的带电质点向周围介质中扩散开去，从而使电弧区域的带电质点减少。扩散的原因，一是由于电弧与周围介质的温度差，另一是由于电弧与周围介质的离子浓度差。扩散也与电弧截面积有关。电弧截面积越小，离子扩散也越强。

上述带电质点的复合和扩散，都使电弧中的离子数减少，即去游离增强，从而有助于电弧的熄灭。

3. 开关电器中常用的灭弧方法

（1）速拉灭弧法　迅速拉长电弧，可使弧隙的电场强度骤降，离子的复合迅速增强，从而加速电弧的熄灭。这种灭弧方法是开关电器中普遍采用的最基本的一种灭弧方法。高压开关中装设强有力的断路弹簧，目的就在于加快触头的分断速度，迅速拉长电弧。

（2）冷却灭弧法　降低电弧的温度，可使电弧中的高温游离减弱，正负离子的复合增强，有助于电弧的加速熄灭。这种灭弧方法在开关电器中也应用普遍，同样是一种基本的灭弧方法。

（3）吹弧灭弧法　利用外力（如气流、油流或电磁力）来吹动电弧，使电弧加速冷却，同时拉长电弧，降低电弧中的电场强度，使离子的复合和扩散增强，从而加速电弧的熄灭。按吹弧的方向分，有横吹和纵吹两种，如图2-17所示。按外力的性质分，有气吹、油吹、电动力吹和磁力吹等方式。低压刀开关被迅速拉开其闸刀时，不仅迅速拉长了电弧，而且其电流回路产生的电动力作用于电弧，使之加速拉长，如图2-18所示。有的开关装有专门的磁吹线圈来吹弧，如图2-19所示。也有的开关利用铁磁物质（如钢片）来吸弧，如图2-20所示，这相当于反向吹弧。

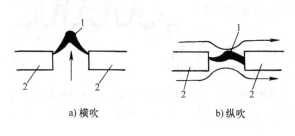

a) 横吹　　　　　　　b)纵吹

图 2-17　吹弧方式
1—电弧　2—触头

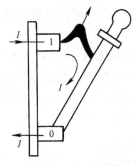

图 2-18　电动力吹弧（刀开关断开时）

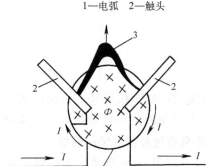

图 2-19　磁力吹弧
1—磁吹线圈　2—灭弧触头　3—电弧

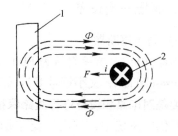

图 2-20　铁磁吸弧
1—钢片　2—电弧

（4）长弧切短灭弧法　由于电弧的电压降主要降落在阴极和阳极上，其中阴极电压降又比阳极电压降大得多，而弧柱（电弧的中间部分）的电压降是很小的，因此如果利用金属栅片（通常采用钢栅片）将长弧切割成若干短弧，则电弧上的电压降将近似地增大若干倍。当外施电压小于电弧上的电压降时，电弧就不能维持而迅速熄灭。图2-21所示为钢灭弧栅（又称去离子栅），当电弧在其电流回路本身产生的电动力及铁磁吸力的共同作用下进入钢灭弧栅内时，就被切割为若干短弧，使电弧电压降大大增加，同时钢片还有冷却降温作用，从而加速电弧的熄灭。

（5）粗弧分细灭弧法　将粗大的电弧分成若

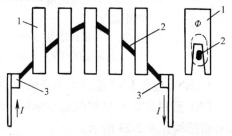

图 2-21　钢灭弧栅对电弧的作用
1—钢栅片　2—电弧　3—触头

干平行的细小的电弧，使电弧与周围介质的接触面增大，改善电弧的散热条件，降低电弧的温度，使电弧中离子的复合和扩散都得到增强，从而使电弧迅速熄灭。

（6）狭沟灭弧法　使电弧在固体介质所形成的狭沟中燃烧。由于电弧的冷却条件改善，使电弧的去游离增强，同时介质表面的复合也比较强烈，从而使电弧迅速熄灭。有的熔断器的熔管内填充石英砂，就是利用狭沟灭弧原理。有一种用耐弧的陶瓷材料制成的绝缘灭弧栅，如图 2-22 所示，也同样利用了狭沟灭弧原理。

（7）真空灭弧法　真空具有较高的绝缘强度。如果将触头装在真空容器内，则在电弧电流过零时就能立即熄灭而不致复燃。真空断路器就是利用真空灭弧法的原理制造的。

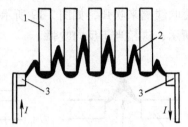

图 2-22　绝缘灭弧栅对电弧的作用
1—绝缘栅片　2—电弧　3—触头

（8）六氟化硫（SF_6）灭弧法　SF_6 气体具有优良的绝缘性能和灭弧性能，其绝缘强度约为空气的 3 倍，其绝缘强度恢复的速度约为空气的 100 倍。六氟化硫断路器就是利用 SF_6 作绝缘和灭弧介质的，从而获得较高的断流容量和灭弧速度。

在现代的电气开关设备中，常常根据具体情况综合利用上述灭弧法来达到迅速灭弧的目的。

二、高压一次设备

（一）高压熔断器

熔断器（fuse，文字符号为 FU）是一种在电路电流超过规定值并经一定时间后，使其熔体（fuse-element，文字符号 FE）熔断而分断电流、断开电路的一种保护电器。**熔断器的功能主要是对电路和设备进行短路保护，有的熔断器还具有过负荷保护的功能。**

工厂供电系统中，室内广泛采用 RN1、RN2 等型高压管式熔断器，室外则广泛采用 RW4-10、RW10-10（F）等型高压跌开式熔断器和 RW10-35 等型高压限流熔断器。

高压熔断器全型号的表示和含义如下：

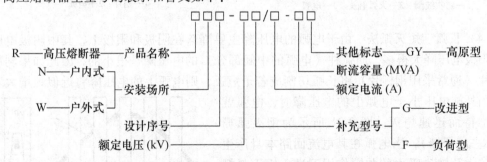

1. RN1 型和 RN2 型户内高压管式熔断器

RN1 型和 RN2 型的结构基本相同，都是瓷质熔管内填充石英砂填料的密封管式熔断器，其外形结构如图 2-23 所示。

RN1 型主要用作高压电路和设备的短路保护，并能起过负荷保护的作用。其熔体要通过主电路的大电流，因此其结构尺寸较大，额定电流可达 100A。而 RN2 型只用作高压电压互感器一次侧的短路保护。由于电压互感器二次侧全部连接阻抗很大的电压线圈，致使它接近于空载工作，其一次电流很小，因此 RN2 型的结构尺寸较小，其熔体额定电流一般为0.5A。

RN1 型、RN2 型熔断器熔管的内部结构如图 2-24 所示。由图可知，熔断器的工作熔体（铜熔丝）上焊有小锡球。锡是低熔点金属，过负荷时锡球受热首先熔化，包围铜熔丝，铜锡分子相互渗透而形成熔点较铜的熔点低的铜锡合金，使铜熔丝能在较低的温度下熔断，这就是所谓"冶金效应"。它使熔断器能在不太大的过负荷电流和较小的短路电流下动作，从而提高了保护灵敏度。又由图可知，该熔断器采用多根熔体并联，熔断时产生多根并行的细小电弧，使粗弧分细从而加速电弧的熄灭。而且该熔断器熔管内填充有石英砂，熔体熔断时产生的电弧完全在石英砂内燃烧，因此其灭弧能力很强，能在短路后不到半个周期内即短路电流未达到冲击值 i_{sh}（参见第四章第二节）之前就能完全熄灭电弧，切断短路电流，从而使熔断器本身及其所保护的电气设备不必考虑短路冲击电流的影响，因此这种熔断器属于"限流"熔断器。

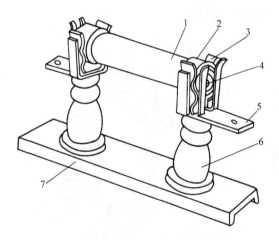

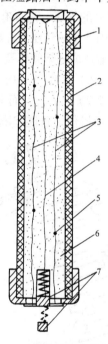

图 2-23　RN1 型、RN2 型高压管式熔断器
1—瓷熔管　2—金属管帽　3—弹性触座　4—熔断
指示器　5—接线端子　6—支柱瓷绝缘子
7—底座

图 2-24　RN1 型、RN2 型熔断器熔管的内部结构
1—管帽　2—瓷管　3—工作熔体　4—指示熔体
5—锡球　6—石英砂填料　7—熔断指示器
（虚线表示熔断指示器在熔体熔断时弹出）

当短路电流或过负荷电流通过熔断器的熔体时，工作熔体熔断后，指示熔体相继熔断，其红色的熔断指示器弹出，如图 2-24 中虚线所示，给出熔断指示信号。

2. RW4 型和 RW10（F）型户外高压跌开式熔断器

跌开式熔断器（drop-out fuse，其文字符号一般型用 FD，负荷型用 FDL），又称跌落式熔断器，广泛用于环境正常的室外场所。其功能是，既可作 6～10kV 线路和设备的短路保护，又可在一定条件下，直接用高压绝缘操作棒（俗称令克棒，参看图 8-40）来操作熔管的分合，兼起高压隔离开关的作用。一般的跌开式熔断器如 RW4-10（G）型等，只能在无负荷下操作，或通断小容量的空载变压器和空载线路等，其操作要求与后面即将介绍的高压隔离开关相同。而负荷型跌开式熔断器如 RW10-10（F）型，则能带负荷操作，其操作要求则与后面将要介绍的高压负荷开关相同。

图2-25是RW4-10（G）型跌开式熔断器的基本结构。这种跌开式熔断器串接在线路上。正常运行时，其熔管上端的动触头借熔体的张力拉紧后，利用绝缘操作棒将此动触头推入上静触头内锁紧，同时下动触头与下静触头也相互压紧，从而使电路接通。当线路上发生短路时，短路电流使熔体熔断，形成电弧。熔管（消弧管）内壁由于电弧烧灼而分解出大量气体，使管内气压剧增，并沿管道形成强烈的气流纵向吹弧，使电弧迅速熄灭。熔管的上动触头因熔体熔断后失去张力而下翻，使锁紧机构释放熔管，在触头弹力及熔管自重的作用下，回转跌开，造成明显可见的断开间隙。

这种跌开式熔断器还采用了"逐级排气"的结构。其熔管上端在正常时是被一薄膜封闭的，可以防止雨水浸入。在分断小的短路电流时，由于熔管上端封闭而形成单端排气，使管内保持足够大的气压，这样有助于熄灭小的短路电流所产生的电弧。而在分断大的短路电流时，由于管内产生的气压大，致使上端薄膜冲开而形成两端排气，这样有助于防止分断大的短路电流时可能造成的熔管爆裂，从而较好地解决了自产气熔断器分断大小故障电流的矛盾。

RW10-10（F）型跌开式熔断器是在一般跌开式熔断器的上静触头上面加装一个简单的灭弧室，如图2-26所示，因而能够带负荷操作。这种负荷型跌开式熔断器既能实现短路保护，又能带负荷操作，且能起隔离开关的作用，因此应用较广。

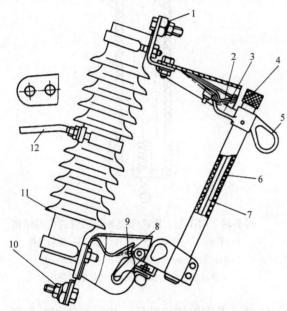

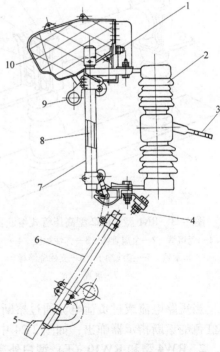

图2-25　RW4-10（G）型跌开式熔断器

1—上接线端子　2—上静触头　3—上动触头
4—管帽（带薄膜）　5—操作扣环
6—熔管（外层为酚醛纸管或环氧玻璃布管，
内套纤维质消弧管）　7—铜熔丝
8—下动触头　9—下静触头　10—下接线端子
11—瓷绝缘子　12—固定安装板

图2-26　RW10-10（F）型跌开式熔断器

1—上接线端子　2—瓷绝缘子　3—固定安装板
4—下接线端子　5—动触头　6、7—熔管
（内消弧管）　8—铜熔体　9—操作扣环
10—灭弧罩（内有静触头）

跌开式熔断器利用电弧燃烧使消弧管内壁分解产生气体来熄灭电弧，即使是负荷型跌开式熔断器加装有简单的灭弧室，其灭弧能力都不强，灭弧速度也不快，不能在短路电流达到

冲击值之前熄灭电弧，因此这种跌开式熔断器属于"非限流"熔断器。

（二）高压隔离开关

高压隔离开关（high-voltage disconnector，文字符号 QS）的功能，主要是用来隔离高压电源，以保证其他设备和线路的安全检修。因此其结构特点是它断开后有明显可见的断开间隙，而且断开间隙的绝缘及相间绝缘都是足够可靠的，能充分保障人身和设备的安全。但是隔离开关没有专门的灭弧装置，因此它不允许带负荷操作。然而可用来通断一定的小电流，如用于通断励磁电流（空载电流）不超过 2A 的空载变压器、电容电流（空载电流）不超过 5A 的空载线路以及电压互感器、避雷器电路等。

高压隔离开关按安装地点，分户内和户外两大类。图 2-27 是 GN8-10 型户内高压隔离开关的外形结构图。

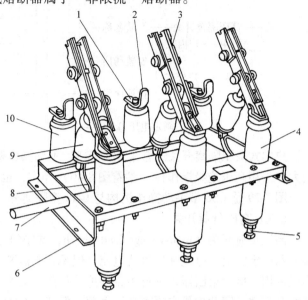

图 2-27 GN8-10 型户内高压隔离开关

1—上接线端子 2—静触头 3—闸刀 4—绝缘套管
5—下接线端子 6—框架 7—转轴 8—拐臂
9—升降瓷绝缘子 10—支柱瓷绝缘子

图 2-28 是 GW2-35 型户外高压隔离开关的外形结构图。

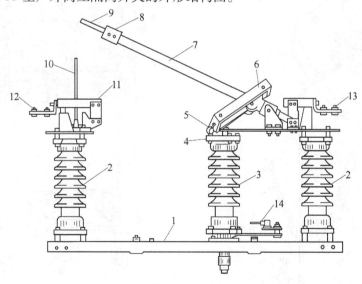

图 2-28 GW2-35 型户外高压隔离开关

1—角钢架 2—支柱瓷绝缘子 3—旋转瓷绝缘子 4—曲柄 5—轴套 6—传动框架
7—管形闸刀 8—工作触头 9、10—灭弧角条 11—插座 12、13—接线端子
14—曲柄传动机构

高压隔离开关全型号的表示和含义如下：

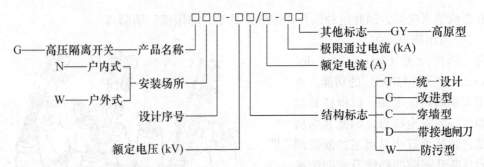

户内式高压隔离开关通常采用 CS6 型[⊖]手动操作机构进行操作，而户外式高压隔离开关则大多采用高压绝缘操作棒（参看图 8-40）操作，也有的通过手动杠杆传动机构操作。

图 2-29 是 CS6 型手动操作机构与 GN8 型隔离开关配合的一种安装方式。

（三）高压负荷开关

高压负荷开关（high-voltage load switch，文字符号为 QL），具有简单的灭弧装置，因而能通断一定的负荷电流和过负荷电流。但是它不能断开短路电流，所以它一般与高压熔断器串联使用，借助熔断器来进行短路保护。负荷开关断开后，与隔离开关一样，也有明显可见的断开间隙，因此也具有隔离高压电源、保证安全检修的功能。

高压负荷开关的类型较多，这里主要介绍一种应用最广的户内压气式高压负荷开关。

图 2-30 是 FN3-10RT 型户内压气式高压负荷开关的外形结构图。

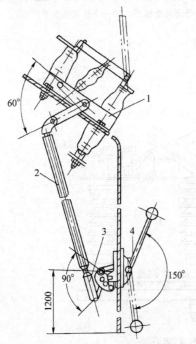

图 2-29　CS6 型手动操作机构与 GN8 型
隔离开关配合的一种安装方式
1—GN8 型隔离开关　2—传动连杆（φ20mm 焊接
钢管）　3—调节杆　4—CS6 型手动操作机构

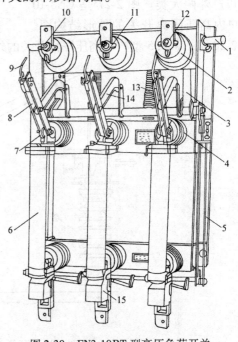

图 2-30　FN3-10RT 型高压负荷开关
1—主轴　2—上绝缘子兼气缸　3—连杆　4—下绝缘子
5—框架　6—RN1 型高压熔断器　7—下触座　8—闸刀
9—弧动触头　10—绝缘喷嘴（内有弧静触头）　11—主静
触头　12—上触座　13—断路弹簧　14—绝缘拉杆
15—热脱扣器

⊖　操作机构型号含义：C—操作机构；3—手动，6—设计序号。

　　由图可以看出，上半部为负荷开关本身，外形与高压隔离开关类似，实际上它也就是在隔离开关的基础上加一个简单的灭弧装置。负荷开关上端的绝缘子就是一个简单的灭弧室，其内部结构如图 2-31 所示。该绝缘子不仅起支柱绝缘子的作用，而且内部是一个气缸，装有由操作机构主轴传动的活塞，其作用类似打气筒。绝缘子上部装有绝缘喷嘴和弧静触头。当负荷开关分闸时，在闸刀一端的弧动触头与绝缘子上的弧静触头之间产生电弧。由于分闸时主轴转动而带动活塞，压缩气缸内的空气而从喷嘴往外吹弧，使电弧迅速熄灭。当然分闸时还有迅速拉长电弧及电流回路本身的电磁吹弧的作用，加强了灭弧。但总的来说，负荷开关的断流灭弧能力是很有限的，只能分断一定的负荷电流和过负荷电流，因此负荷开关不能配置短路保护装置来自动跳闸，但可以装设热脱扣器用于过负荷保护。

　　高压负荷开关全型号的表示和含义如下：

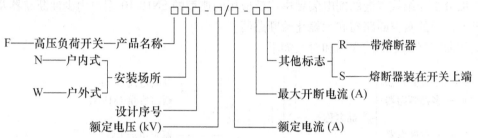

　　上述负荷开关一般配用 CS2 等型手动操作机构进行操作。图 2-32 是 CS2 型手动操作机构的外形及其与 FN3 型负荷开关配合的一种安装方式。

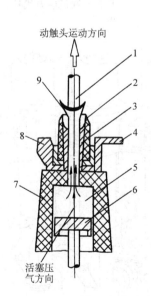

图 2-31　FN3-10 型高压负荷开关的
压气式灭弧装置工作示意图

1—弧动触头　2—绝缘喷嘴　3—弧静触头
4—接线端子　5—气缸　6—活塞　7—上
绝缘子　8—主静触头　9—电弧

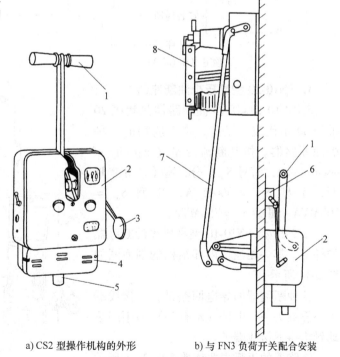

a) CS2 型操作机构的外形　　　b) 与 FN3 负荷开关配合安装

图 2-32　CS2 型手动操作机构的外形及其与
FN3 型负荷开关配合的一种安装方式
1—操作手柄　2—操作机构外壳　3—分闸指示牌（掉牌）　4—脱扣器盒
5—分闸铁心　6—辅助开关（联动触头）　7—传动连杆　8—负荷开关

（四）高压断路器

高压断路器（high-voltage circuit-breaker，文字符号为 QF）的功能是，不仅能通断正常的负荷电流，而且能接通和承受一定时间的短路电流，并能在保护装置作用下自动跳闸，切除短路故障。

高压断路器按其采用的灭弧介质分，有油断路器、真空断路器、六氟化硫（SF₆）断路器以及压缩空气断路器等。其中油断路器又分多油和少油两大类。多油断路器的油量多，其油一方面作为灭弧介质，另一方面又作为相对地（外壳）甚至相与相之间的绝缘介质。少油断路器的油量很少（一般只有几千克），其油只作为灭弧介质，其外壳通常是带电的。过去，35kV 及以下的户内配电装置中大多采用少油断路器。而现在大多采用真空断路器，也有的采用六氟化硫断路器，压缩空气断路器一直应用很少。

下面分别介绍我国老的配电装置中广泛应用的典型的 SN10-10 型户内少油断路器及现在应用日益广泛的真空断路器和六氟化硫断路器。

高压断路器全型号的表示和含义如下：

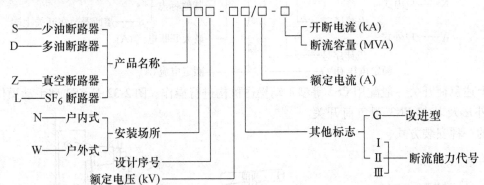

1. **SN10-10 型高压少油断路器**

SN10-10 型高压少油断路器是我国 20 世纪 80 年代统一设计、推广应用的一种少油断路器。按其断流容量（capacity of open circuit，符号 S_{oc}）分，有Ⅰ、Ⅱ、Ⅲ型，Ⅰ型 S_{oc} = 300MVA，Ⅱ型 S_{oc} = 500MVA，Ⅲ型 S_{oc} = 750MVA。

图 2-33 是 SN10-10 型高压少油断路器的外形，其一相油箱内部结构的剖面图如图 2-34 所示。

这种断路器的导电回路是：上接线端子→静触头→导电杆（动触头）→中间滚动触头→下接线端子。

断路器的灭弧主要依赖于图 2-35 所示的灭弧室。图 2-36 是灭弧室灭弧工作示意图。

断路器分闸时，动触头（导电杆）向

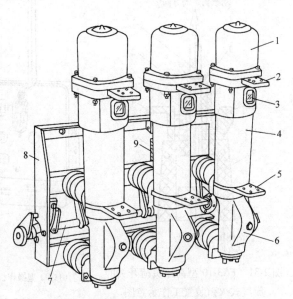

图 2-33　SN10-10 型高压少油断路器
1—铝帽　2—上接线端子　3—油标　4—绝缘筒　5—下接线端子　6—基座　7—主轴　8—框架　9—断路弹簧

下运动。当动触头离开静触头时，产生电弧，使油分解，形成气泡，导致静触头周围的油压骤然增高，迫使逆止阀（钢球）上升堵住中心孔。这时电弧在近乎封闭的空间内燃烧，从而使灭弧室内的油压迅速增大。当动触头继续向下运动，相继打开一、二、三道灭弧沟及下面的油囊时，油气流强烈地横吹和纵吹电弧。同时由于动触头向下运动，在灭弧室内形成附加油流射向电弧。由于上述油气流的横吹、纵吹及机械运动引起的油吹的综合作用，使电弧熄灭。而且这种断路器分闸时，动触头向下运动，其端部总与下面的新鲜冷油接触，进一步改善了灭弧条件，因此该断路器具有较大的断流容量。

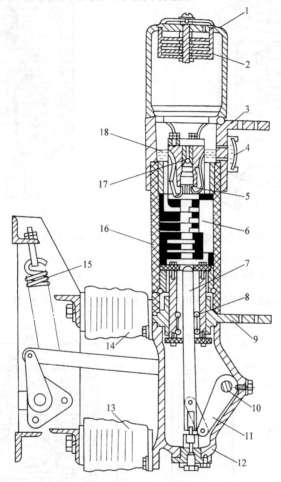

图 2-34　SN10-10 型高压少油断路器一相油箱的内部结构

1—铝帽　2—油气分离器　3—上接线端子　4—油标　5—插座式静触头　6—灭弧室　7—动触头（导电杆）
8—中间滚动触头　9—下接线端子　10—转轴　11—拐臂　12—基座　13—下支柱瓷绝缘子
14—上支柱瓷绝缘子　15—断路弹簧　16—绝缘筒　17—逆止阀　18—绝缘油

　　该断路器油箱上部设有油气分离室，其作用是使灭弧过程中产生的油气混合物旋转分离，气体从油箱顶部的排气孔排出，而油滴则附着在内壁上流回灭弧室。

　　SN10-10 型少油断路器可配用 CS2 等型手动操作机构、CD10 等型电磁操作机构或 CT7 等型弹簧（储能）操作机构。手动操作机构能手动和远距离分闸，但只能手动合闸。由于其结构简单，且为交流操作，因此相当经济实用；但由于其操作速度所限，它操作的断路器断开的短路容量不宜大于100MVA。电磁操作机构能手动和远距离操作断路器的分、合闸，但需直流操作，且要求合闸功率大。弹簧操作机构也能手动和远距离操作断路器的分、合闸，且其操作电源交、直流均可，但机构较复杂，价格较高。如需实现自动合闸或自动重合闸，则必须采用电磁操作机构或弹簧操作机构。由于采用交流操作电源较为简单经济，因此弹簧操作机构的应用越来越广。

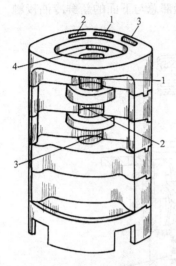

图 2-35 SN10-10 型断路器的灭弧室

1—第一道灭弧沟 2—第二道灭弧沟

3—第三道灭弧沟 4—吸弧铁片

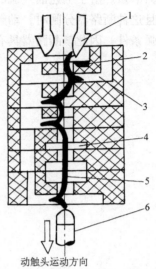

图 2-36 SN10-10 型断路器灭弧室灭弧工作示意图

1—静弧触头 2—吸弧铁片 3—横吹灭弧室

4—纵吹油囊 5—电弧 6—动触头

图 2-37 是 CD10 型电磁操作机构的外形和剖面图，图 2-38 是其分、合闸传动原理示意图。

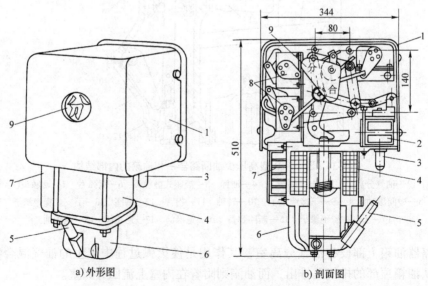

a) 外形图   b) 剖面图

图 2-37 CD10 型电磁操作机构

1—外壳 2—跳闸线圈 3—手动跳闸铁心 4—合闸线圈 5—手动合闸操作手柄

6—缓冲底座 7—接线端子排 8—辅助开关 9—分合闸指示器

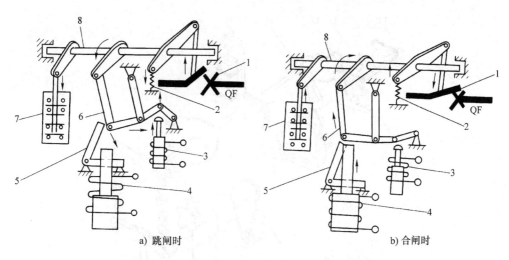

图 2-38 CD10 型电磁操作机构传动原理示意图

1—高压断路器（QF） 2—断路弹簧 3—跳闸线圈（带铁心） 4—合闸线圈（带铁心）

5—L 形搭钩 6—连杆 7—辅助开关 8—操作机构主轴

图 2-39 是 CT7 型弹簧操作机构的外形尺寸图，图 2-40 是其操作机构的内部结构示意图。

2. 高压真空断路器

高压真空断路器是利用"真空"（气压为 $10^{-2} \sim 10^{-6}$ Pa）灭弧的一种断路器，其触头装在真空灭弧室内。由于电弧主要是由强烈的气体游离引起的，而真空中不存在气体游离的问题，所以该断路器的触头断开时很难发生电弧。但是在感性电路中，灭弧速度过快，瞬间切断电流 i 将使 $\mathrm{d}i/\mathrm{d}t$ 极大，从而使电路出现很高的过电压（$u_L = L\mathrm{d}i/\mathrm{d}t$），这对供电系统是很不利的。因此这"真空"不能是绝对的真空，而是能在触头断开时由于电子发射而产生一点电弧，该电弧称为"真空电弧"，它能在电路电流第一次过零时（即半个周期时）熄灭。这样，燃弧的时间短，又不致产生很高的过电压。

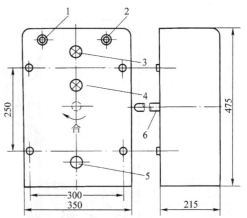

图 2-39 CT7 型弹簧操作机构外形尺寸图

1—合闸按钮 2—分闸按钮 3—储能指示灯

4—分合闸指示灯 5—手动储能转轴 6—输出轴

图 2-41 是 ZN12-12 型户内式真空断路器的外形结构图，其真空灭弧室的结构如图 2-42 所示。真空灭弧室的中部，有一对圆盘状的触头。在触头刚分离时，由于电子发射而产生一点真空电弧。当电路电流过零时，电弧熄灭，触头间隙又恢复原有的真空度和绝缘强度。

真空断路器具有体积小、动作快、寿命长、安全可靠和便于维护检修等优点，但价格较贵。过去主要应用于频繁操作和安全要求较高的场所，而现在已开始取代少油断路器广泛应用在 35kV 及以下的高压配电装置中。

真空断路器配用 CD10 等型电磁操作结构或 CT7 等型弹簧操作机构。

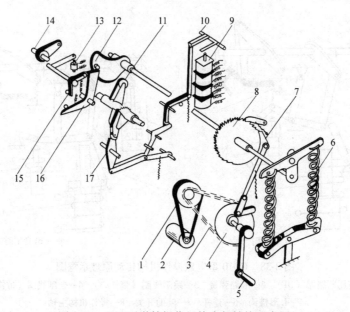

图 2-40　CT7 型弹簧操作机构内部结构示意图

1—传动带　2—储能电动机　3—传动链　4—偏心轮　5—操作手柄　6—合闸弹簧　7—棘爪　8—棘轮　9—脱
扣器　10、17—连杆　11—拐臂　12—偏心凸轮　13—合闸电磁铁　14—输出轴　15—掣子　16—杠杆

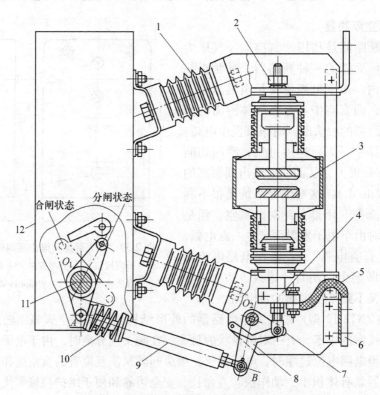

图 2-41　ZN12-12 型户内式真空断路器

1—绝缘子　2—上出线端　3—真空灭弧室　4—出线导电夹　5—出线软连接　6—下出线端
7—万向杆端轴承　8—转向杠杆　9—绝缘拉杆　10—触头压力弹簧　11—主轴　12—操作机构箱
注：双点画线为合闸位置，实线为分闸位置。

3. 高压六氟化硫断路器

六氟化硫（SF$_6$）断路器是利用 SF$_6$ 气体作灭弧和绝缘介质的一种断路器。

SF$_6$ 是一种无色、无味、无毒且不易燃的惰性气体。在 150℃ 以下时，其化学性能相当稳定。但它在电弧高温（高达几千度）作用下要分解出氟（F$_2$），氟有较强的腐蚀性和毒性，且能与触头的金属蒸气化合为一种具有绝缘性能的白色粉末状的氟化物。因此这种断路器的触头一般都设计成具有自动净化功能。上述的分解和化合作用所产生的活性杂质，大部分能在电弧熄灭后几微秒的极短时间内自动还原，而且残余杂质可用特殊的吸附剂（如活性氧化铝）清除，因此对人身和设备都不会有什么危害。SF$_6$ 不含碳元素（C），这对于灭弧和绝缘介质来说，是极为优越的特性。前面所讲的油断路器是用油作灭弧和绝缘介质的，而油在电弧高温作用下要分解出碳（C），使油中的含碳量增高，从而降低了油的绝缘和灭弧性能。因此油断路器在运行中要经常注意检查油色，适时分析油样，必要时要更换新油。而 SF$_6$ 断路器就没有这些麻烦。SF$_6$ 不含氧元素（O），因此它不存在触头氧化的问题。所以 SF$_6$ 断路器较之空气断路器，其触头的磨损较少，使用寿命增长。SF$_6$ 除具有上述优良的物理化学性能外，还具有优良的绝缘性能，在 300kPa 下，其绝缘强度与一般绝缘油的绝缘强度大体相当。SF$_6$ 特别优越的性能是在电流过零时，电弧暂时熄灭后，它具有迅速恢复绝缘强度的能力，从而使电弧难以复燃而很快熄灭。

SF$_6$ 断路器的结构，按其灭弧方式分，有双压式和单压式两类。双压式具有两个气压系统，压力低的作为绝缘，压力高的作为灭弧。单压式只有一个气压系统，灭弧时，SF$_6$ 的气流靠压气活塞产生。单压式的结构简单，LN1、LN2 等型断路器均为单压式。

图 2-43 是 LN2-10 型户内式高压 SF$_6$ 断路器的外形结构图，其灭弧室结构和工作示意图如图 2-44 所示。

由图 2-44 可以看出，断路器的静触头与灭弧室中的压气活塞是相对固定不动的。分闸时，装有动触头和绝缘喷嘴的气缸由断路器操作机构通过连

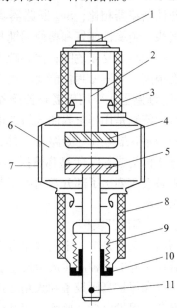

图 2-42　真空断路器的真空灭弧室

1—导电盘　2—导电杆　3—陶瓷外壳　4—静触头
5—动触头　6—真空室　7—屏蔽罩　8—陶瓷外壳
9—金属波纹管　10—导向管　11—触头磨损
指示标记

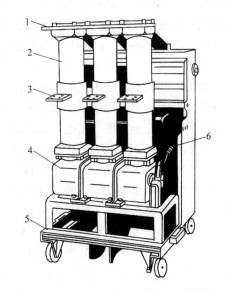

图 2-43　LN2-10 型户内式高压 SF$_6$ 断路器

1—上接线端子　2—绝缘筒（内有气缸和触头）
3—下接线端子　4—操作机构箱　5—小车
6—断路弹簧

杆带动，离开静触头，造成气缸与活塞的相对运动，压缩SF$_6$气体，使之通过喷嘴吹弧，使电弧迅速熄灭。

与油断路器相比，SF$_6$断路器具有断流能力大、灭弧速度快、绝缘性能好和检修周期长等优点，适于频繁操作，且无易燃易爆危险；但其缺点是，要求制造加工的精度很高，对其密封性能要求更严，因此价格较贵。

SF$_6$断路器主要用于需频繁操作及有易燃易爆危险的场所，特别是用作全封闭式组合电器。

SF$_6$断路器与真空断路器一样，也配用CD10等型电磁操作机构或CT7等型弹簧操作机构。

附录表3列出了部分常用高压断路器的主要技术数据，供参考。

（五）高压开关柜

高压开关柜是按一定的线路方案将有关一、二次设备组装在一起的一种高压成套配电装置，在电力系统中作为控制和保护高压设备和线路之用，其中安装有高压开关设备、保护电器、监测仪表和母线、绝缘子等。

高压开关柜有固定式和手车式（移开式）两大类。在一般中小型工厂中普遍采用较为经济的固定式高压开关柜。我国以往大量生产和广泛应用的固定式高压开关柜主要是GG-1A（F）型。这种防误型开关柜装设了防止电气误操作和保障人身安全的闭锁装置，即所谓"五防"：①防止误分、误合断路器；②防止带负荷误拉、误合隔离开关；③防止带电误挂接地线；④防止带接地线或在接地开关闭合时误合隔离开关或断路器；⑤防止人员误入带电间隔区。

图2-45是GG-1A（F）-07S型固定式高压开关柜的结构图，其中断路器为SN10-10型。

手车式（又称移开式）高压开关柜的特点是，高压断路器等主要电气设备是装在可以拉出和推入开关柜的手车上的。高压断路器等设备出现故障需要检修时，可随时将其手车拉出，然后推入同类备用手车，即可恢复供电。因此采用手车式开关柜，较之采用固定式开关柜，具有检修安全方便、供电可靠性高等优点，但其价格较贵。

图2-46是GC□-10（F）型手车式高压开关柜的结构图。

从20世纪80年代以来，我国设计生产了一些符合IEC标准的新型高压开关柜，例如KGN□-10（F）等型固定式金属铠装开关柜、XGN型箱式固定式开关柜、KYN□-10（F）等型移式金属铠装开关柜、JYN□-10（F）等型移式金属封闭间隔型开关柜和HXGN等型环网柜等。其中环网柜适用于10kV环形电网中，在城市电网中得到了广泛应用。

现在新设计生产的环网柜，大多将原来的负荷开关、隔离开关、接地开关的功能，合并为一个"三位置开关"，它兼有通断负荷、隔离电源和接地三种功能，这样可缩小环网柜占用的空间。

图2-47是SM6型高压环网柜的结构图。其中三位置开关被密封在一个充满SF$_6$气体的壳体内，利用SF$_6$进行绝缘和灭弧。三位置开关的接线、外形和触头的三种位置如图2-48所示。

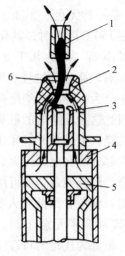

图2-44　SF$_6$断路器灭弧室的结构和工作示意图

1—静触头　2—绝缘喷嘴　3—动触头
4—气缸（连同动触头由操作机构传动）
5—压气活塞（固定）　6—电弧

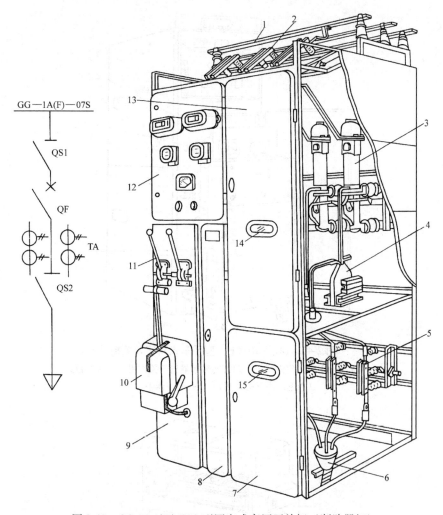

图 2-45　GG-1A（F）-07S 型固定式高压开关柜（断路器柜）

1—母线　2—母线侧隔离开关（QS1，GN8—10 型）　3—少油断路器（QF，SN10—10 型）

4—电流互感器（TA，LQJ—10 型）　5—线路侧隔离开关（QS2，GN6—10 型）　6—电缆头

7—下检修门　8—端子箱门　9—操作板　10—断路器的手动操作机构（CS2 型）

11—隔离开关的操作手柄　12—仪表继电器屏　13—上检修门　14、15—观察窗口

老系列高压开关柜全型号的表示和含义如下：

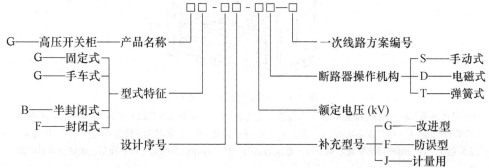

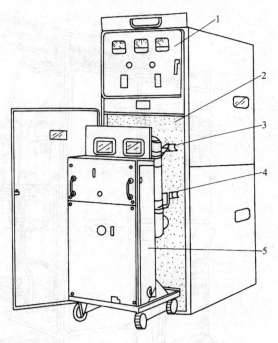

图 2-46　GC□-10（F）型手车式高压开关柜

1—仪表屏　2—手车室　3—上触头（兼起隔离开关作用）　4—下触头
（兼起隔离开关作用）　5—断路器手车

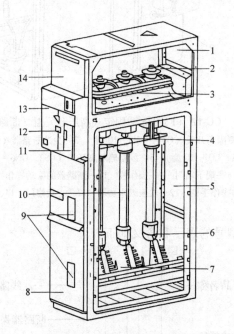

图 2-47　SM6 型高压环网柜

1—母线间隔　2—母线连接垫片　3—三位置开关间隔　4—熔断器熔断联跳开关装置　5—电缆连接与
熔断器间隔　6—电缆连接间隔　7—下接地开关　8—面板　9—熔断器和下接地开关观察窗　10—高
压熔断器　11—熔断器熔断指示器　12—带电指示器　13—操作机构间隔　14—控制、保护和测量间隔

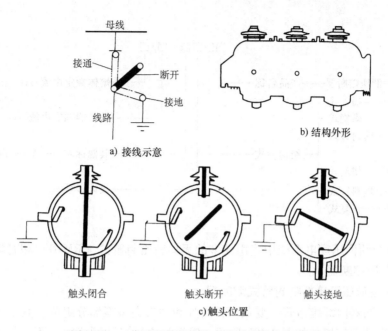

a) 接线示意

b) 结构外形

触头闭合 触头断开 触头接地

c) 触头位置

图 2-48 三位置开关的接线、外形和触头位置图

新系列高压开关柜全型号的表示和含义如下：

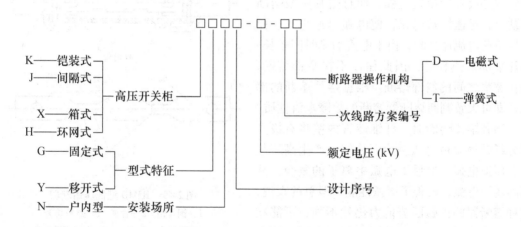

注意：新系列高压开关柜型号中的"额定电压（kV）"，现在一般用其"最高工作电压（kV）"来表示。

三、低压一次设备

（一）低压熔断器

低压熔断器的类型很多，如插入式（RC 型）、螺旋式（RL 型）、无填料密封管式（RM型）、有填料密封管式（RT 型）以及引进技术生产的有填料管式 gF、aM 系列、高分断能力的 NT 型等。

国产低压熔断器全型号的表示和含义如下：

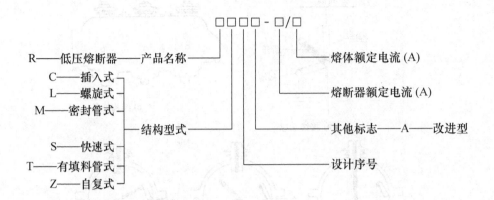

R——低压熔断器——产品名称

C——插入式
L——螺旋式
M——密封管式
　　　　　　　结构型式
S——快速式
T——有填料管式
Z——自复式

熔体额定电流 (A)

熔断器额定电流 (A)

其他标志——A——改进型

设计序号

下面主要介绍低压配电系统中应用较多的无填料密封管式（RM10）和有填料密封管式（RT0）两种低压熔断器。

1. RM10 型低压无填料密封管式熔断器

RM10 型熔断器由纤维熔管、变截面锌熔片和触头底座等部分组成。其熔管结构如图 2-49a 所示，其变截面锌熔片如图 2-49b 所示。锌熔片之所以冲制成宽窄不一的变截面，目的在于改善熔断器的保护性能。短路时，短路电流首先使熔片窄部（阻值较大）加热熔断，使熔管内形成几段串联短弧，而且熔片中段熔断后跌落，迅速拉长电弧，使电弧迅速熄灭。而在过负荷电流通过时，由于电流加热时间较长，熔片窄部散热较好，因此往往不在窄部熔断，而在宽窄之间的斜部熔断。根据熔片熔断的部位，即可大致判断熔断器熔断的故障电流性质。

当其熔片熔断时，纤维熔管内壁将有极少部分纤维物质被电弧烧灼而分解，产生高压气体，压迫电弧，加强了电弧中离子的复合，从而削弱了电弧，改善了灭弧性能。但总的来说，这种熔断器的灭弧断流能力仍然不强，不能在短路电流达到冲击值之前完全熄灭电弧，因此这种熔断器属于非限流熔断器。

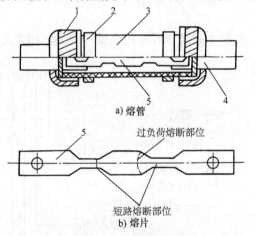

a) 熔管

b) 熔片

图 2-49　RM10 型低压熔断器
1—铜管帽　2—管夹　3—纤维熔管
4—刀形触头（触刀）　5—变截面锌熔片

RM10 型熔断器由于其结构简单、价格低廉及更换熔片方便，因此现在仍较普遍地应用在低压配电装置中。

附录表 4 列出了 RM10 型低压熔断器的主要技术数据和保护特性曲线，供参考。所谓保护特性曲线（又称安秒特性曲线），是指熔断器熔体的熔断时间（单位为 s）与熔体电流（单位为 A）之间的关系曲线，通常绘在对数坐标平面上。

2. RT0 型低压有填料封闭管式熔断器

RT0 型熔断器主要由瓷熔管、栅状铜熔体和触头、底座等部分组成，如图 2-50 所示。其栅状铜熔体由薄铜片冲压弯制而成，具有引燃栅。由于引燃栅的等电位作用，可使熔体在短路电流通过时形成多根并列电弧。同时熔体又具有变截面小孔,可使熔体在短路电流通过时又将长弧分割为多段短弧。而且所有电弧都在石英砂内燃烧,可使电弧中的正负离子强烈复合。因此这种熔断器的灭弧能力很强,属于限流型熔断器。由于该熔断器的栅状铜熔体中段弯曲处具有"锡桥",因此可利用其"冶金效应"来实现其对较小短路电流和过负荷电流的保护。熔体熔断后,有红色的熔断指示器从一端弹出,便于运行人员检视。

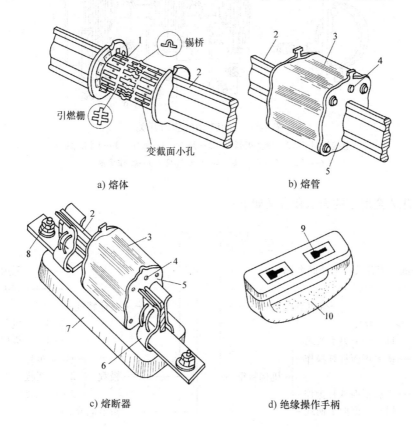

图 2-50 RT0 型低压熔断器
1—栅状铜熔体 2—刀形触头 3—瓷熔管 4—熔断指示器 5—盖板 6—弹性触座
7—瓷质底座 8—接线端子 9—扣眼 10—绝缘拉手手柄

RT0 型熔断器由于保护性能好和断流能力强,因此广泛应用在低压配电装置中。但是其熔体为不可拆式,熔断后需更换整个熔管,不够经济。

附录表 5 列出了 RT0 型低压熔断器的主要技术数据和保护特性曲线,供参考。

(二)低压刀开关和负荷开关

1. 低压刀开关

低压刀开关(low-voltage knife-switch,文字符号为 QK)的类型很多。按其操作方式分,有单投和双投。按其极数分,有单极、双极和三极。按其灭弧结构分,有不带灭弧罩和带灭弧罩两种。不带灭弧罩的刀开关,一般只能在无负荷或小负荷下操作,作为隔离开关使用。带有灭弧罩的刀开关,如图 2-51 所示,则能通断一定的负荷电流。

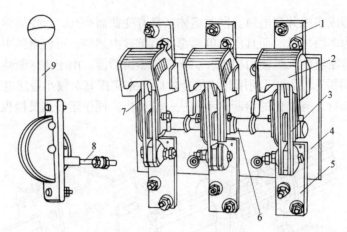

图 2-51　HD13 型低压刀开关

1—上接线端子　2—钢片灭弧罩　3—闸刀　4—底座　5—下接线端子
6—主轴　7—静触头　8—传动连杆　9—操作手柄

低压刀开关全型号的表示和含义如下：

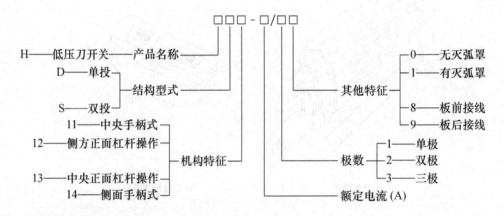

2. 低压熔断器式刀开关

低压熔断器式刀开关又称刀熔开关（fuse-switch，文字符号为 QKF），是一种由低压刀开关与熔断器组合的开关电器。最常见的 HR3 型刀熔开关，就是将 HD 型刀开关的闸刀换以 RT0 型熔断器的具有刀形触头的熔管，如图 2-52 所示。

刀熔开关具有刀开关和熔断器的双重功能。采用这种组合型开关电器，可以简化配电装置的结构，经济实用，因此越来越广泛地在低压配电屏上安装应用。

低压刀熔开关全型号的表示和含义如下：

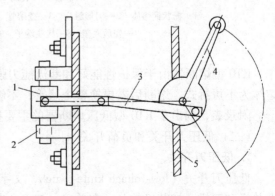

图 2-52　刀熔开关结构示意图

1—RT0 型熔断器的熔体　2—弹性触座　3—传动连杆
4—操作手柄　5—配电屏面板

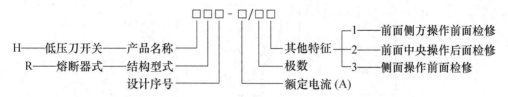

H——低压刀开关——产品名称
R——熔断器式——结构型式
设计序号

其他特征
极数
额定电流 (A)

1——前面侧方操作前面检修
2——前面中央操作后面检修
3——侧面操作前面检修

3. 低压负荷开关

低压负荷开关（low-voltage load switch，文字符号为 QL）是由低压刀开关和熔断器串联组合而成，外装封闭式铁壳或开启式胶盖的开关电器。低压负荷开关具有带灭弧罩刀开关和熔断器的双重功能，既可带负荷操作，又能进行短路保护，但短路熔断后需更换熔体，然后才能恢复供电。

低压负荷开关全型号的表示和含义如下：

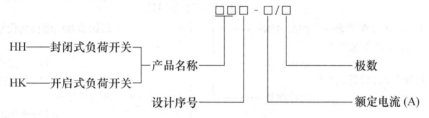

HH——封闭式负荷开关
HK——开启式负荷开关
产品名称
设计序号

极数
额定电流 (A)

（三）低压断路器

低压断路器（low-voltage circuit-breaker，文字符号为 QF）又称低压自动开关，它既能带负荷通断电路，又能在短路、过负荷和低电压（或失压）下自动跳闸，其功能与高压断路器类似，其原理结构和接线如图2-53所示。当线路上出现短路故障时，其过流脱扣器动作，使开关跳闸。如果出现过负荷时，其串联在一次电路上的加热电阻丝加热，使双金属片弯曲，也使开关跳闸。当线路电压严重下降或失压时，其失压脱扣器动作，同样使开关跳闸。如果按下脱扣按钮（图中6或7），则可使开关远距离跳闸。

低压断路器按灭弧介质分，有空气断路器和真空断路器等；按用途分，有配电用断路器、电动机用断路器、照明用断路器和漏电保护用断路器等。

配电用断路器按保护性能分，有非选择型和选择型两类。非选择型断路器一般为瞬时动作，只作短路保护用；也有的为长延时动作，只作过负荷保护用。选择型断路器有

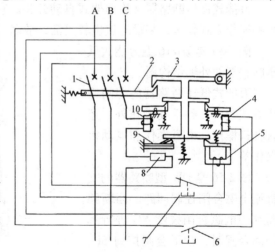

图 2-53　低压断路器的原理结构和接线
1—主触头　2—跳钩　3—锁扣　4—分励脱扣器
5—失压脱扣器　6、7—脱扣按钮　8—加热电阻丝
9—热脱扣器　10—过流脱扣器

两段保护、三段保护和智能化保护。两段保护为瞬时-长延时特性或短延时-长延时特性。三段保护为瞬时-短延时-长延时特性。瞬时和短延时特性适于短路保护，长延时特性适于过负荷保护。图 2-54 为低压断路器的上述三种保护特性曲线。而智能化保护，其脱扣器受微处理器或单片机控制，保护功能更多，选择性更好，这种断路器称为智能型断路器。

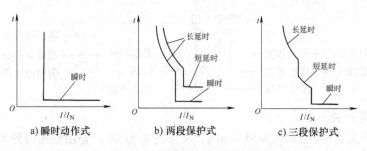

a) 瞬时动作式   b) 两段保护式   c) 三段保护式

图 2-54   低压断路器的保护特性曲线

配电用低压断路器按结构型式分，有万能式和塑料外壳式两大类。

低压断路器全型号的表示和含义如下：

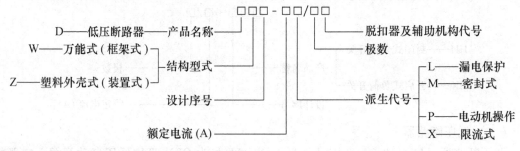

1. 万能式低压断路器

万能式低压断路器又称框架式自动开关。它是敞开地装设在金属框架上的，而其保护方案和操作方式较多，装设地点也较灵活，故名"万能式"或"框架式"。

图 2-55 是 DW16 型万能式低压断路器的外形结构图。

万能式低压断路器的合闸操作方式较多，除手动操作外，还有杠杆操作、电磁操作和电动机操作等。

图 2-56 是 DW 型断路器的交直流电磁合闸控制回路。当断路器利用电磁合闸线圈 YO 进行远距离合闸时，按下合闸按钮 SB，使合闸接触器 KO 通电动作，于是电磁合闸线圈（合闸电磁铁）YO 通电，使断路器 QF 合闸。但是合闸线圈 YO 是按短时大功率设计的，允许通电的时间不得超过 1s，因此在断路器 QF 合闸后，应立即使 YO 断电。这一要求靠时间继电器 KT 来实现。在按下

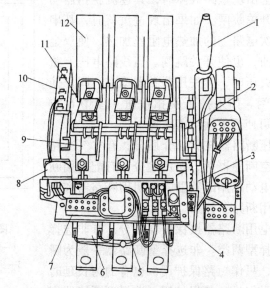

图 2-55   DW16 型万能式低压断路器

1—操作手柄(带电动操作机构) 2—自由脱扣机构 3—失压脱扣器
4—热继电器 5—接地保护用小型电流继电器 6—过负荷保护用
过流脱扣器 7—接地端子 8—分励脱扣器 9—短路保护用过流
脱扣器 10—辅助触头 11—底座 12—灭弧罩(内有主触头)

按钮 SB 时，不仅使接触器 KO 通电，而且同时使时间继电器 KT 通电。KT 线圈通电后，其触头 KT 1-2 在 KO 线圈通电 1s 后（QF 已合闸）自动断开，使 KO 线圈断电，从而保证合闸线圈 YO 通电时间不致超过 1s。

时间继电器 KT 的另一对常开触点 KT 3-4 是用来"防跳"的。当按钮 SB 按下不返回或被粘住而断路器 QF 又闭合在永久性短路故障上时，QF 的过流脱扣器（图 2-56 上未示出）瞬时动作，使 QF 跳闸。这时断路器的联锁触头 QF 1-2 返回闭合。如果没有接入时间继电器 KT 及其常闭触点 KT 1-2 和常开触点 KT 3-4，则合闸接触器 KO 将再次通电动作，使合闸线圈 YO 再次通电，使断路器 QF 再次合闸。但由于线路上还存在着短路故障，因此断路器 QF 又要跳闸，而其联锁触头 QF 1-2 返回时又将使断路器 QF 又一次合闸……。断路器 QF 如此反复地跳、合闸，称为断路器的"跳动"现象，将使断路器的触头烧毁，并将危及整个供电系统，使故障进一步扩大。为此，加装时间继电器常开触点 KT 3-4，如图 2-56 所示。当断路器 QF 因短路故障自动跳闸时，其联锁触头 QF 1-2 返回闭合，但由于在 SB 按下不返回时，时间继电器 KT 一直处于动作状态，其常开触点 KT 3-4 一直闭合，而其常闭触点 KT 1-2 则一直断开，因此合闸接触器 KO 不会通电，断路器 QF 也就不可能再次合闸，从而达到了"防跳"的目的。

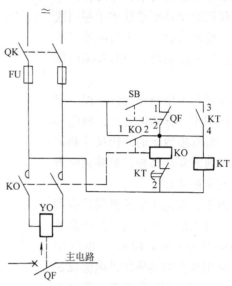

图 2-56　DW 型低压断路器的交直流
电磁合闸控制回路
QF—低压断路器　SB—合闸按钮　KT—时间继电器
KO—合闸接触器　YO—电磁合闸线圈

低压断路器的联锁触头 QF 1-2 用来保证电磁合闸线圈 YO 在 QF 合闸后不致再次误通电。

目前推广应用的万能式低压断路器有 DW15、DW15X、DW16 等型及引进技术生产的 ME、AH 等型。此外还生产有智能型万能式断路器，如 DW48 等型。其中 DW16 型保留了过去广泛使用的 DW10 型结构简单、使用维修方便和价格低廉的特点，而在保护性能方面大有改善，是取代 DW10 型的新产品。

附录表 6 列出部分常用低压断路器的主要技术数据，供参考。

2. 塑料外壳式低压断路器及模数化小型断路器

塑料外壳式低压断路器又称装置式自动开关，其全部机构和导电部分都装设在一个塑料外壳内，仅在壳盖中央露出操作手柄，供手动操作之用，它通常装设在低压配电装置之中。

图 2-57 是 DZ20 型塑料外壳式低压断路器的内部结构图。

DZ 型断路器可根据工作要求装设以下脱扣器：①电磁脱扣器，只作短路保护；②热脱扣器，只作过负荷保护；③复式脱扣器，可同时实现过负荷保护和短路保护。

目前推广应用的塑料外壳式断路器有 DZX10、DZ15、DZ20 等型及引进技术生产的 H、3VE 等型，此外还生产有智能型塑料外壳式断路器，如 DZ40 等型。

塑料外壳式断路器中，有一类是 63A 及以下的小型断路器。由于它具有模数化结构和小型（微型）尺寸，因此通常称为"模数化小型（或微型）断路器"。它现在广泛应用在低压配电系统的终端，作为各种工业和民用建筑特别是住宅中照明线路及小型动力设备、家用电器等的通断控制和过负荷、短路及漏电保护。

模数化小型断路器具有以下优点：体积小，分断能力高，机电寿命长，具有模数化的结构尺寸和通用型卡轨式安装结构，组装灵活方便，安全性能好。

由于模数化小型断路器是应用在家用及类似场所，所以其产品执行的标准为 GB/T 10963《电气附件 家用及类似场所用过电流保护断路器》。其结构适用于未受过专门训练的人员使用，安全性能好，且不能进行维修，即损坏后必须换新。

模数化小型断路器由操作机构、热脱扣器、电磁脱扣器、触头系统和灭弧室等部件组成，所有部件都装在一塑料外壳内，如图 2-58 所示。有的小型断路器还备有分励脱扣器、失压脱扣器、漏电脱扣器和报警触头等附件，供需要时选用，以拓展断路器的功能。

模数化小型断路器的外形尺寸和安装导轨的尺寸如图 2-59 所示。

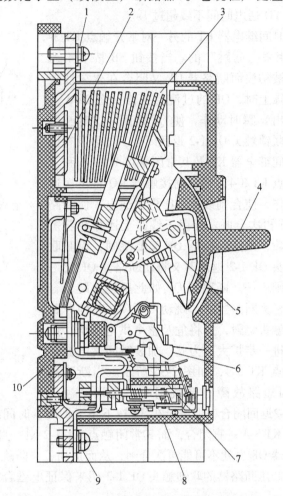

图 2-57　DZ20 型塑料外壳式低压断路器的内部结构
1—引入线接线端子　2—主触头　3—灭弧室（钢片灭弧栅）
4—操作手柄　5—跳钩　6—锁扣　7—过流脱扣器
8—塑料外壳　9—引出线接线端子　10—塑料底座

模数化小型断路器常用的型号有 C45N、DZ23、DZ47、M、K、S、PX200C 等系列。

3. 低压断路器的操作机构

低压断路器的操作机构一般采用四连杆机构，可自由脱扣，如图 2-60 所示。

图 2-60a 是合闸位置：其铰链 9 是稍低于铰链 7 与 8 的连接直线，处于"死点"位置。这时跳钩被锁扣扣住（参看图 2-53），触头处于闭合状态。

图 2-60b 是自由跳闸位置：当脱扣器通电动作时，其铁心顶杆向上运动，使铰链 9 移开"死点"位置，从而在断路弹簧作用下，使断路器脱扣跳闸。

图 2-60c 是准备合闸的"再扣"位置：在断路器自由脱扣跳闸后，如果要重新合闸，必须将操作手柄扳向下边，使跳钩再次被锁扣扣住，从而完成"再扣"的操作，使铰链 9 又

处于"死点"位置。只有这样操作，才能使断路器再次合闸。如果断路器自动跳闸后，不将手柄扳向"再扣"位置，想直接合闸是合不上的。

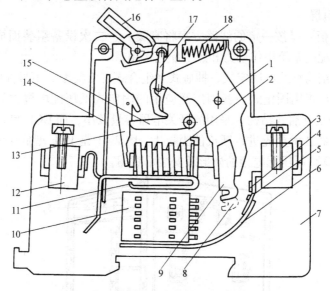

图 2-58　模数化小型断路器的原理结构

1—动触头杆　2—瞬动电磁铁（电磁脱扣器）　3—接线端子　4—主静触头　5—中线静触头　6—弧角
7—塑料外壳　8—中线动触头　9—主动触头　10—灭弧栅片（灭弧室）　11—弧角　12—接线端子
13—锁扣　14—双金属片（热脱扣器）　15—脱扣钩　16—操作手柄　17—连接杆　18—断路弹簧

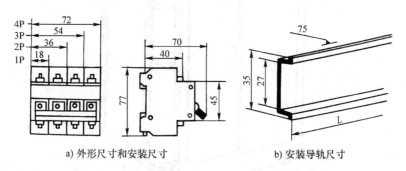

a) 外形尺寸和安装尺寸　　　　　b) 安装导轨尺寸

图 2-59　模数化小型断路器的外形尺寸和安装导轨尺寸

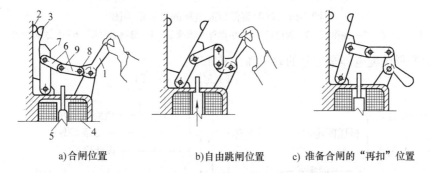

a)合闸位置　　　　b)自由跳闸位置　　　c)准备合闸的"再扣"位置

图 2-60　低压断路器的操作机构原理说明

1—操作手柄　2—静触头　3—动触头　4—脱扣器线圈　5—铁心顶杆　6—连杆　7、8、9—铰链

四、低压配电屏和配电箱

(一) 低压配电屏

低压配电屏（柜）是按一定的线路方案将有关一、二次设备组装而成的一种低压成套配电装置，在低压配电系统中作动力和照明配电之用。

低压配电屏的结构型式有固定式、抽屉式和组合式三大类型。不过抽屉式和组合式价格昂贵，一般中小工厂多用固定式。我国广泛应用的固定式低压配电屏主要有 PGL、GGL 和 GGD 等型。PGL 型是开启式结构，采用的开关电器容量较小，而 GGL 和 GGD 型为封闭式结构，采用的开关电器技术更先进，断流能力更大。图 2-61 是 PGL 型低压配电屏的外形结构图。图 2-62 是 GGD 型低压配电柜的外形及安装示意图。

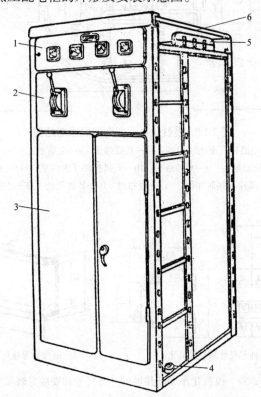

图 2-61　PGL 型低压配电屏的外形结构图

1—仪表板　2—操作板　3—检修门　4—中性母线绝缘子　5—母线绝缘框　6—母线防护罩

现在国产低压配电屏全型号的表示和含义如下：

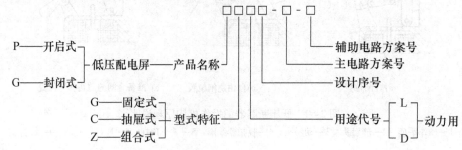

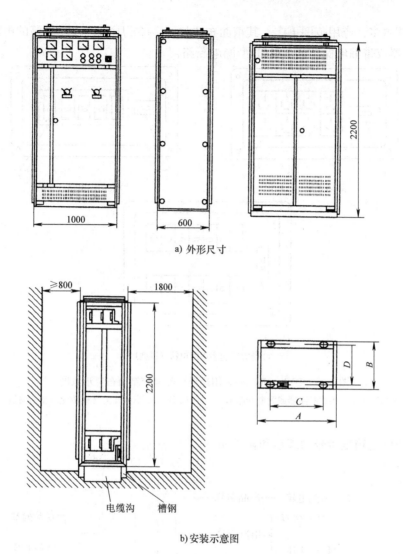

a) 外形尺寸

电缆沟　　槽钢

b)安装示意图

图 2-62　GGD 型低压配电柜的外形及安装示意图

（二）低压配电箱

低压配电箱按其用途分，有动力配电箱和照明配电箱两类。动力配电箱主要用于对动力设备配电，也可向照明设备配电。照明配电箱主要用于照明配电，也可对一些小容量的单相动力设备和家用电器配电。

低压配电箱的类型很多。按其安装方式分，有靠墙式、挂墙（明装）式和嵌入式。靠墙式是靠墙落地安装；挂墙式是明装在墙面上；嵌入式是嵌入墙内安装。现在应用的新型配电箱，一般都采用模数化小型断路器等元件进行组合。例如 DYX（R）型多用途低压配电箱，可用于工业和民用建筑中作低压动力和照明配电之用，具有 XL-3、XL-10、XL-20 等型动力配电箱和 XM-4、XM-7 等型照明配电箱的功能。它有 Ⅰ、Ⅱ、Ⅲ 型。Ⅰ 型为插座箱，装有三相和单相的各种插座，其箱面布置如图 2-63a 所示。Ⅱ 型为照明配电箱，箱内装有 C45 等型模数化小型断路器，其箱面布置如图 2-63b 所示。Ⅲ 型为动力照明多用配电箱，箱内安装的电器元件更多，应用范围更广，其箱面布置如图 2-63c 所示。该配电箱的电源开关采用 DZ20 型断路器或带漏电保护的 DZ15L 型漏电断路器。

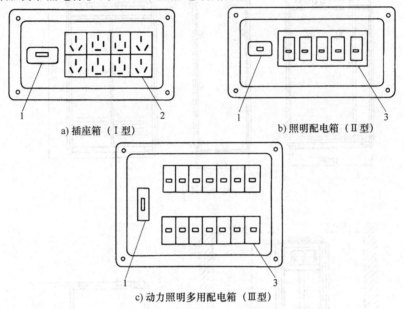

a) 插座箱（Ⅰ型）　　　b) 照明配电箱（Ⅱ型）

c) 动力照明多用配电箱（Ⅲ型）

图 2-63　DYX（R）型多用途低压配电箱箱面布置示意图

1—电源开关（小型断路器或漏电断路器）　2—插座　3—小型开关（模数化小型断路器）

国产低压配电箱全型号的表示和含义如下：

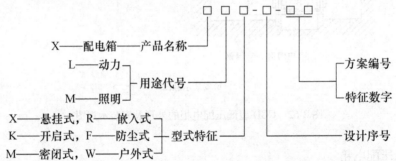

上述 DYX（R）型中的"DY"指"多用途"，"X"指"配电箱"，"R"指"嵌入式"。如果未标"R"，则为"明装式"。

◇◇◇　第四节　工厂变配电所的主接线图　◇◇◇

一、概述

　　主接线图即主电路图，是表示供电系统中电能输送和分配路线的电路图，亦称一次电路图。而用来控制、指示、监视、测量和保护一次电路及其设备运行的电路图，则称为二次电路图或二次接线图，通称二次回路图。二次回路一般是通过电流互感器和电压互感器与主电路相联系的。

对工厂变配电所主接线有下列基本要求：

（1）安全 应符合有关国家标准和技术规范的要求，能充分保障人身和设备的安全。

（2）可靠 应满足电力负荷，特别是其中一、二级负荷对供电可靠性的要求。

（3）灵活 应能适应必要的各种运行方式，便于切换操作和检修，且适应负荷的发展。

（4）经济 在满足上述要求的前提下，尽量使主接线简单，投资少，运行费用低，并节约电能和有色金属消耗量。

主接线图有两种绘制形式：

（1）系统式主接线图 这是按照电力输送的顺序依次安排其中的设备和线路相互连接关系而绘制的一种简图，如图1-1和图2-64等。它全面系统地反映出主接线中电力的传输过程，但是它并不能反映其中各成套配电装置之间相互排列的位置。这种主接线图多用于变配电所的运行中。

（2）装置式主接线图 这是按照主接线中高压或低压成套配电装置之间相互连接关系和排列位置而绘制的一种简图，通常按不同电压等级分别绘制，如图2-65所示。从这种主接线图上可以一目了然地看出某一电压等级的成套配电装置的内部设备连接关系及装置之间相互排列的位置。这种主接线图多在变配电所施工图中使用。

二、高压配电所的主接线图

高压配电所担负着从电力系统受电并向各车间变电所及某些高压用电设备配电的任务。

图2-64是图1-1所示工厂供电系统中高压配电所及其附设2号车间变电所的主接线图。这一高压配电所的主接线方案具有一定的代表性。下面依其电源进线、母线和出线的顺序对此配电所作一分析介绍。

（一）电源进线

该配电所有两路10kV电源进线，一路是架空线路WL1，另一路是电缆线路WL2。最常见的进线方案是：一路电源来自发电厂或电力系统变电站，作为正常工作电源；而另一路电源来自邻近单位的高压联络线，作为备用电源。

《供电营业规则》规定：对10kV及以下电压供电的用户，应配置专用的电能计量柜（箱）；对35kV及以上电压供电的用户，应有专用的电流互感器二次线圈和专用的电压互感器二次连接线，并且不得与保护、测量回路共用。根据以上规定，因此在两路进线的主开关（高压断路器）柜之前（在其后亦可）各装设一台GG-1A-J型高压计量柜（No.101和No.112），其中的电流互感器和电压互感器只用来连接计费的电能表。

装设进线断路器的高压开关柜（No.102和No.111），因为需与计量柜相连，因此采用GG-1A（F）-11型。由于进线采用高压断路器控制，所以切换操作十分灵活方便，而且可配以继电保护和自动装置，使供电可靠性大大提高。

考虑到进线断路器在检修时有可能两端来电，因此为保证检修人员的人身安全，断路器两侧都必须装设高压隔离开关。

（二）母线

母线（busbar，文字符号为W或WB）又称汇流排，是配电装置中用来汇集和分配电能的导体。

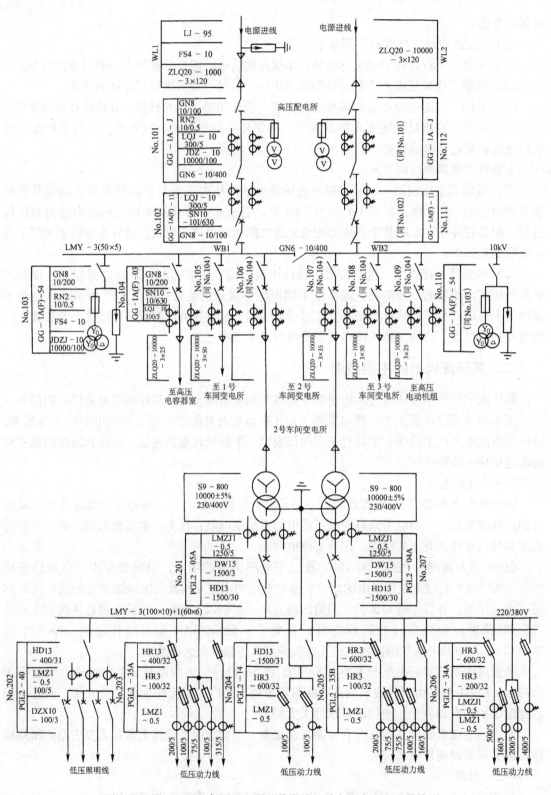

图 2-64　图 1-1 所示高压配电所及其附设 2 号车间变电所主接线图

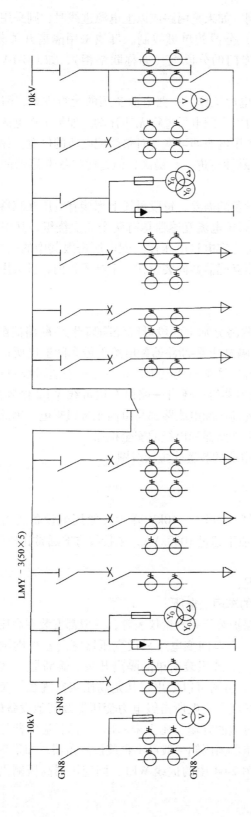

No.101	No.102	No.103	No.104	No.105	No.106	No.107	No.108	No.109	No.110	No.111	No.112
电能计量柜	1号进线开关柜	避雷器及电压互感器	出线柜	出线柜	出线柜	出线柜	出线柜	出线柜	避雷器及电压互感器	2号进线开关柜	电能计量柜
GG－1A－J	GG－1A(F)－11	GG－1A(F)－54	GG－1A(F)－03	GG－1A(F)－03	GG－1A(F)－03	GG－1A(F)－03	GG－1A(F)－03	GG－1A(F)－03	GG－1A(F)－54	GG－1A(F)－11	GG－1A－J

图 2-65　图 2-64 中所示 10kV 高压配电所的装置式主接线图

高压配电所的母线，通常采用单母线制。如果是两路或以上电源进线时，则采用高压隔离开关或高压断路器（其两侧装隔离开关）分段的单母线制。母线采用隔离开关分段时，分段隔离开关可安装在墙壁上，也可采用专门的分段柜（亦称联络柜），如 GG-1A（F）-119 型柜。

图 2-64 所示高压配电所通常采用一路电源工作、一路电源备用的运行方式，因此母线分段开关通常是闭合的，高压并联电容器对整个配电所进行无功补偿。如果工作电源发生故障或进行检修时，在切除该进线后，投入备用电源即可恢复对整个配电所的供电。如果装有备用电源自动投入装置（APD），则供电可靠性可进一步提高，但这时进线断路器的操作机构必须是电磁式或弹簧式。

为了测量、监视、保护和控制主电路设备的需要，每段母线上都接有电压互感器，进线和出线上都接有电流互感器。图 2-64 中的高压电流互感器均有两个二次绕组，其中一个接测量仪表，另一个接继电保护装置。为了防止雷电过电压侵入配电所击毁其中的电气设备，各段母线上都装设了避雷器。避雷器和电压互感器共同装设在一个高压柜内，且共用一组高压隔离开关。

（三）高压配电出线

该配电所共有 6 路高压出线。其中有两路分别由两段母线经隔离开关-断路器配电给 2 号车间变电所；有一路由左边母线 WB1 经隔离开关-断路器配电给 1 号车间变电所；有一路由右边母线 WB2 经隔离开关-断路器配电给 3 号车间变电所；有一路由左边母线 WB1 经隔离开关-断路器供无功补偿用的高压并联电容器组；还有一路由右边母线 WB2 经隔离开关-断路器供一组高压电动机用电。由于这里的高压配电线路都是由高压母线来电，因此其出线断路器需在其母线侧加装隔离开关，以保证断路器和出线的安全检修。

图 2-65 是图 2-64 中所示 10kV 高压配电所的装置式主接线图。

三、车间和小型工厂变电所

车间变电所和小型工厂变电所，都是将高压 6 ~ 10kV 降为一般用电设备所需的低压 220/380V 的降压变电所。其变压器容量一般不超过 1000kVA，主接线方案通常比较简单。

（一）车间变电所的主接线图

车间变电所的主接线分为以下两种情况：

1. 有工厂总降压变电所或高压配电所的车间变电所

这类车间变电所高压侧的开关电器、保护装置和测量仪表等，一般都安装在高压配电线路的首端，即总变配电所的高压配电室内，而车间变电所只设变压器室（室外则设变压器台）和低压配电室，其高压侧多数不装开关，或只装简单的隔离开关、熔断器（室外装跌开式熔断器）和避雷器等，如图 2-66 所示。由图可以看出，凡是高压架空进线，变电所高压侧必须装设避雷器，以防雷电波沿架空线侵入变电所击毁电力变压器及其他设备的绝缘。而采用高压电缆进线时，避雷器则装设在电缆的首端（图上未示出），而且避雷器的接地端要连同电缆的金属外皮一起接地。此时变压器高压侧一般可不再装设避雷器。如果变压器高压侧为架空线但又经一段电缆引入时，如图 2-64 中的进线 WL1，则变压器高压侧仍应装设避雷器。

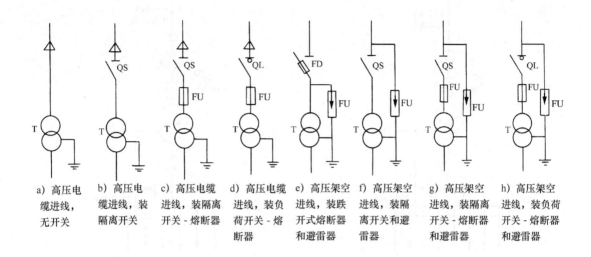

图 2-66 车间变电所高压侧主接线方案（示例）

2. 工厂无总降压变电所和高压配电所的车间变电所

工厂内无总降压变电所和高压配电所时，其车间变电所往往就是工厂的降压变电所，其高压侧的开关电器、保护装置和测量仪表等，都必须配备齐全，所以一般要设置高压配电室。在变压器容量较小、供电可靠性要求不高的情况下，也可不设高压配电室，其高压侧的开关电器就装设在变压器室（室外为变压器台）的墙上或电杆上，而在低压侧计量电能；或者高压开关柜（不多于 6 台时）就装在低压配电室内，在高压侧计量电能。

（二）小型工厂变电所的主接线图

这里介绍一些常见的主接线方案。为使主接线图简明，下面的主接线图中未绘出电能计量柜的电路。

1. 只装有一台主变压器的小型变电所主接线图

只装有一台主变压器的小型变电所，其高压侧一般采用无母线的接线。根据高压侧采用的开关电器不同，有以下三种比较典型的主接线方案：

1）高压侧采用隔离开关-熔断器或户外跌开式熔断器的变电所主接线图，如图 2-67 所示。

这种主接线，受隔离开关和跌开式熔断器切断空载变压器容量的限制，一般只用于 500kVA 及以下容量的变电所。这种变电所相当简单、经济，但供电可靠性不高，当主变压器或高压侧停电检修或发生故障时，整个变电所就要停电。由于隔离开关和跌开式熔断器不能带负荷操作，因此变电所送电和停电的操作程序比较复杂。如果稍有疏忽，还容易发生带负荷拉闸的严重事故；而且在熔断器熔断后，更换熔体需一定时间，也影响供电可靠性。但是这种主接线简单、经济，对于三级负荷的小容量变电所是适宜的。

2）高压侧采用负荷开关-熔断器或负荷型跌开式熔断器的变电所主接线图，如图 2-68 所示。

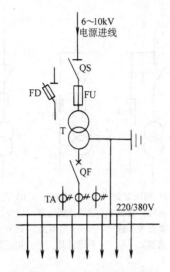

图 2-67 高压侧采用隔离开关-
熔断器或户外跌开式熔断器
的变电所主接线图

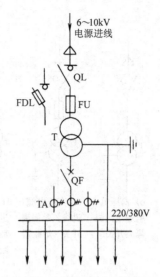

图 2-68 高压侧采用负荷开关-
熔断器或负荷型跌开式熔断
器的变电所主接线图

由于负荷开关和负荷型跌开式熔断器能带负荷操作，从而使变电所停、送电的操作比上述主接线（图 2-67）更简便灵活，也不存在带负荷拉闸的危险。但在发生短路故障时，也只能是熔断器熔断，因此这种主接线仍然存在着在排除短路故障时恢复供电的时间较长的缺点，供电可靠性仍然不高，一般也只用于三级负荷的变电所。

3）高压侧采用隔离开关-断路器的变电所主接线图，如图 2-69 所示。

这种主接线由于采用了高压断路器，因此变电所的停、送电操作十分灵活方便，而且在发生短路故障时，过电流保护装置动作，断路器会自动跳闸。如果短路故障已经消除，则可立即合闸恢复供电。如果配备自动重合闸装置（ARD），则供电可靠性更高。但是如果变电所只此一路电源进线时，一般也只用于三级负荷；如果变电所低压侧有联络线与其他变电所相连时，或另有备用电源时，则可用于二级负荷。如果变电所有两路电源进线，如图 2-70 所示，则供电可靠性相应提高，可用于二级负荷或少量一级负荷。

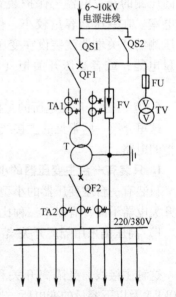

图 2-69 高压侧采用隔离开关-
断路器的变电所主接线图

2. 装有两台主变压器的小型变电所主接线图

1）高压无母线、低压采用单母线分段的变电所主接线图，如图 2-71 所示。

这种主接线的供电可靠性较高。当任一主变压器或任一电源进线停电检修或发生故障时，该变电所通过闭合低压母线分段开关，即可迅速恢复对整个变电所的供电。如果两台主变压器高压侧断路器装有互为备用的备用电源自动投入装置（APD），则任一主变压器高压侧的断路器因电源断电（失压）而跳闸时，另一主变压器高压侧的断路器在 APD 作用下自动合闸，恢复对整个变电所的供电。这时该变电所可供一、二级负荷。

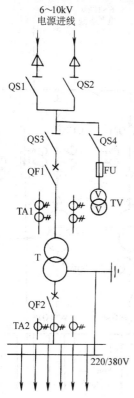

图 2-70　高压双回路进线的一台主变压器的变电所主接线图

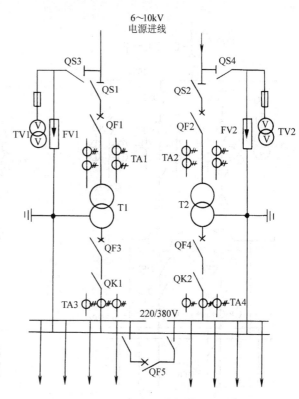

图 2-71　高压无母线、低压单母线分段的变电所主接线图

2）高压采用单母线、低压采用单母线分段的变电所主接线图，如图 2-72 所示。

这种主接线适用于装有两台及以上主变压器或具有多路高压出线的变电所，其供电可靠性也较高。任一主变压器检修或发生故障时，通过切换操作，即可迅速恢复对整个变电所的供电。但在高压母线或电源进线进行检修或发生故障时，整个变电所仍要停电。这时只能供电给三级负荷。如果有与其他变电所相连的高压或低压联络线时，则可供一、二级负荷。

3）高低压侧均采用单母线分段的变电所主接线图，如图 2-73 所示。

这种主接线的两段高压母线，在正常时可以接通运行，也可以分段运行。任一台主变压器或任一路电源进线停电检修或发生故障时，通过切换操作，均可迅速恢复整个变电所的供电。因此其供电可靠性相当高，可供一、二级负荷。

四、工厂总降压变电所的主接线图

对于电源电压为 35kV 及以上的大中型工厂，通常是先经工厂总降压变电所降为 6～10kV 的高压配电电压，然后经车间变电所，降为一般低压用电设备所需的电压，如220/380V。

下面介绍工厂总降压变电所几种较常见的主接线方案。为了使主接线图简明，图中省略了包括电能计量所需的在内的所有电流互感器、电压互感器及避雷器等一次设备。

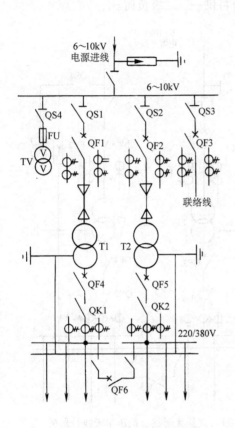

图 2-72　高压单母线、低压单母线分段的　　　图 2-73　高低压侧均采用单母线分段的
　　　　　　变电所主接线图　　　　　　　　　　　　　　变电所主接线图

（一）只装有一台主变压器的总降压变电所主接线图

这种主接线的一次侧无母线、二次侧为单母线。其特点是简单经济，但供电可靠性不高，只适于三级负荷的工厂，如图 2-74 所示。

（二）装有两台主变压器的总降压变电所主接线图

1）一次侧采用内桥式接线、二次侧采用单母线分段的总降压变电所主接线图，如图 2-75 所示。

这种主接线，其一次侧的高压断路器 QF10 跨接在两路电源进线之间，犹如一座桥梁，而且处在线路断路器 QF11 和 QF12 的内侧，靠近变压器，因此称为"内桥式"接线。这种主接线的运行灵活性较好，供电可靠性较高，适于一、二级负荷的工厂。如果某路电源，例如 WL1 线路停电检修或发生故障时，则断开 QF11、投入 QF10（其两侧隔离开关先合），即可由 WL2 恢复对变压器 T1 的供电。这种内桥式接线多用于电源线路较长（因而发生故障和停电检修的机会较多），并且变压器不需要经常切换的总降压变电所。

2）一次侧采用外桥式接线、二次侧采用单母线分段的总降压变电所主接线图，如图 2-

76 所示。

　　这种主接线，其一次侧的高压断路器 QF10 也跨接在两路电源进线之间，但处在线路断路器 QF11 和 QF12 的外侧，靠近电源方向，因此称为"外桥式"接线。这种主接线的运行灵活性也较好，供电可靠性也较高，也适于一、二级负荷的工厂。但与上述内桥式接线适用场合有所不同。如果某台变压器例如 T1 停电检修或发生故障时，则断开 QF11，投入 QF10（其两侧隔离开关先合），使两路电源进线又恢复并列运行。这种外桥式接线适用于电源线路较短而变电所昼夜负荷变动较大、适于经济运行需经常切换变压器的总降压变电所。当一次电源线路采用环形接线时，也宜于采用这种接线，使环形电网的穿越功率不通过断路器 QF11、QF12，这对改善线路断路器的工作及其继电保护装置的整定都极为有利。

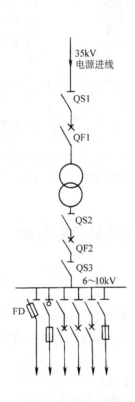

图 2-74　只装有一台主变压器的
总降压变电所主接线图

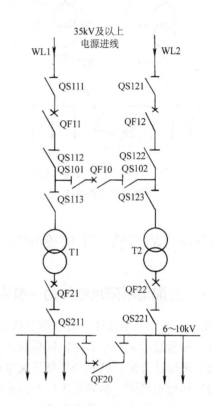

图 2-75　采用内桥式接线的
总降压变电所主接线图

　　3）一、二次侧均采用单母线分段的总降压变电所主接线图，如图 2-77 所示。

　　这种主接线兼有上述两种桥式接线运行灵活性的优点，但采用的高压开关设备较多。可供一、二级负荷，适于一、二次侧进出线均较多的总降压变电所。

　　此外，还有一、二次侧均采用双母线的总降压变电所主接线，其供电可靠性和运行灵活性大大提高，但开关设备也相应大大增加，从而大大增加了初投资，所以这种双母线接线在工厂变电所中很少采用，它主要应用在电力系统中的枢纽变电站，这里就不详细介绍了。

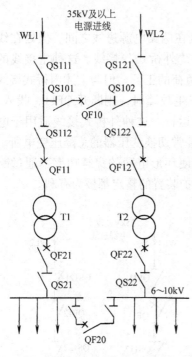

图 2-76 采用外桥式接线的总降
压变电所主接线图

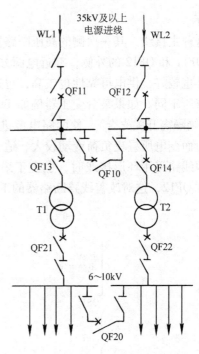

图 2-77 一、二次侧均采用单母线
分段的总降压变电所主接线图

◇◇◇ 第五节 工厂变配电所的所址、布置、结构及安装图 ◇◇◇

一、变配电所所址选择的一般原则

变配电所所址的选择,应根据下列要求并经技术经济分析比较后确定:

1)尽量靠近负荷中心,以降低配电系统的电能损耗、电压损耗和有色金属消耗量。

2)进出线方便,特别是要便于架空进出线。

3)接近电源侧,特别是工厂的总降压变电所和高压配电所。

4)设备运输方便,特别要考虑电力变压器和高低压成套配电装置的运输。

5)不应设在有剧烈振动或高温的场所;无法避开时,应有防振和隔热的措施。

6)不宜设在多尘或有腐蚀性气体的场所;无法远离时,不应设在污染源的下风侧。

7)不应设在厕所、浴室和其他经常积水的场所的正下方,且不宜与上述场所相贴邻。

8)不应设在有爆炸危险环境的正下方或正上方,且不宜设在有火灾危险环境的正上方或正下方。当与有爆炸或火灾危险环境的建筑物毗连时,应符合现行国家标准 GB 50058—2014《爆炸危险环境电力装置设计规范》的规定。

9)不应设在地势低洼和可能积水的场所。

关于工厂或车间的负荷中心,可用第三章第四节所介绍的负荷指示图或负荷功率矩法来近似地确定。不过确定变配电所所址,负荷中心不是惟一的因素,确定所址应全面考虑,择优确定。

二、变配电所的总体布置要求及方案示例

变配电所的总体布置应满足下列要求：

（1）便于运行维护和检修 有人值班的变配电所，一般应设值班室。值班室应尽量靠近高低压配电室，且有门直通。如果值班室靠近高低压配电室有困难时，则值班室可经走廊与配电室相通。

值班室也可以与低压配电室合并，但在放置值班工作桌的一面或一端，低压配电装置到墙的距离不应小于 3m。

主变压器室应尽量靠近交通运输方便的马路侧。条件许可时，可单设工具材料室或维修间。

昼夜值班的变配电所，宜设休息室。有人值班的独立变配电所，宜设有厕所和给排水设施。

（2）保证运行安全 值班室内不得有高压设备。值班室的门应朝外开。高低压配电室和电容器室的门应朝值班室开，或朝外开。

油量为 100kg 及以上的变压器应装设在单独的变压器室内。变压器室的大门应朝马路开，但应避免朝向露天仓库。在炎热地区，应避免朝西开门。

变电所宜单层布置。当采用双层布置时，变压器应设在底层。

高压电容器组一般应装设在单独的房间内，但数量较少时，可装设在高压配电室内；低压电容器组可装设在低压配电室内，但数量较多时，宜装设在单独的房间内。

所有带电部分离墙和离地的距离以及各室维护操作通道的宽度等，均应符合有关规程的规定，以确保运行安全。

（3）便于进出线 如果是架空进线，则高压配电室宜位于进线侧。

考虑到变压器低压出线通常是采用矩形裸母线，因此变压器的安装位置（户内式变电所即为变压器室）宜靠近低压配电室。

低压配电室宜位于低压架空出线侧。

（4）节约土地和建筑费用 值班室可与低压配电室合并，但这时低压配电室的面积应适当扩大，以便安置值班桌或控制台，满足运行值班的要求。

高压开关柜不多于 6 台时，可与低压配电屏设置在同一房间内，但高压开关柜与低压配电屏的间距不得小于 2m。

不带可燃性油的高低压配电装置和非油浸电力变压器，可设置在同一房间内。

具有符合外壳防护等级代号 IP3X（参看附录表 7）的不带可燃性油的高低压配电装置和非油浸电力变压器，当环境允许时，可相互靠近布置在车间内。

高压电容器柜数量较少时，可装设在高压配电室内。

周围环境正常的变电所，可采用露天或半露天式，即变压器安装在户外。

高压配电所应尽量与邻近的车间变电所合建。

（5）适应发展要求 变压器室应考虑到扩建时有更换大一级容量变压器的可能。

高低压配电室内均应留有适当数量开关柜、屏的备用位置。

既要考虑到变配电所留有扩展的余地，又要不妨碍工厂或车间的发展。

变配电所总体布置的方案，应因地制宜，合理设计。布置方案的最后确定，应通过几个

方案的技术经济比较。

图 2-78 是图 2-64 所示高压配电所及其附设 2 号车间变电所的平面图和剖面图。高压配电室中的固定式开关柜为双列布置时，按 GB 50060—2008《3～110kV 高压配电装置设计规范》规定，操作通道的最小宽度为 2m。这里取为 2.5m，从而使运行维护更为安全方便。这里变压器室的尺寸，也按所装设的变压器容量增大一级来考虑，以适应变电所负荷增长的要求。高低压配电室也都留有一定的余地，供将来添设高低压开关柜、屏之用。

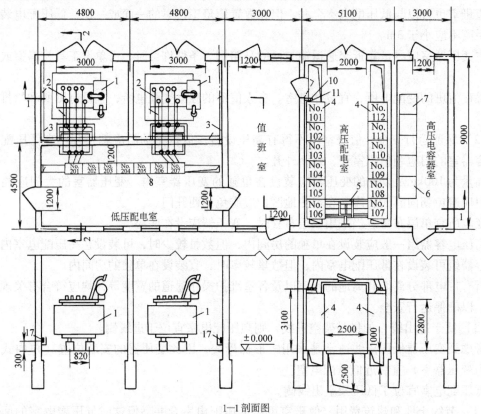

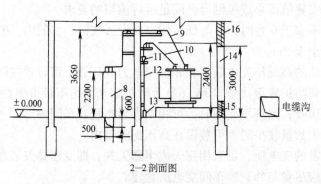

图 2-78　图 2-64 所示高压配电所及其附设 2 号车间变电所的平面图和剖面图

1—S9-800/10 型电力变压器　2—PEN 线　3—接地线　4—GG-1A(F)型高压开关柜　5—GN6 型高压隔离开关
6—GR-1 型高压电容器柜　7—GR-1 型电容器放电柜　8—PGL2 型低压配电屏　9—低压母线及支架
10—高压母线及支架　11—电缆头　12—电缆　13—电缆保护管　14—大门　15—进风口(百叶窗)
16—出风口(百叶窗)　17—接地线及其固定钩

　　由图2-78所示配、变电所平面布置方案可以看出：①值班室紧靠高低压配电室，而且有门直通，因此运行维护方便；②高低压配电室和变压器室的进出线都非常方便；③各室大门都按要求方向开启，保证运行安全；④高压电容器室与高压配电室相邻，既安全又配线方便；⑤各室都留有一定的余地，以适应发展的要求。

　　图2-79是高压配电所与附设车间变电所合建的另几种平面布置方案。

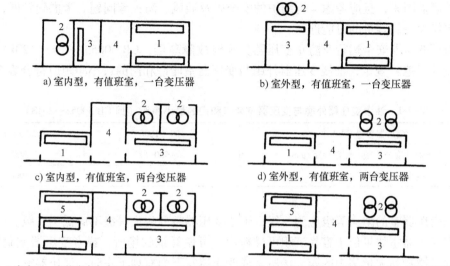

图 2-79　工厂高压配电所与附设车间变电所合建的平面布置方案（示例）
1—高压配电室　2—变压器室或室外变压器台　3—低压配电室　4—值班室　5—高压电容器室

　　对于不设高压配电所和总降压变电所的工厂或车间变电所，其布置方案也与以上图2-78和图2-79所示布置方案基本相同，只是高压开关柜数量较少，因此高压配电室相应小一些。如果不设高压配电室和高压电容器室，则取消这些室就可以了。

　　对于既无高压配电室又无值班室的车间变电所，其平面布置方案更简单，如图2-80所示。

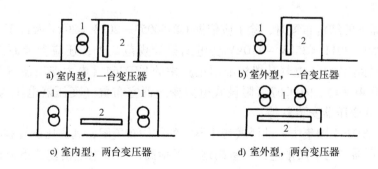

图 2-80　无高压配电室和值班室的车间变电所平面布置方案（示例）
1—变压器室或室外变压器台　2—低压配电室

三、变配电所的结构

（一）变压器室和室外变压器台的结构

1. 变压器室的结构

变压器室的结构型式决定于变压器的型式、容量、放置方式、主接线方案及进出线方式和方向等诸多因素，且应考虑运行维护的安全以及通风、防火等问题。考虑到发展，变压器室宜有更换大一级容量的可能性。

为保证变压器安全运行及防止变压器失火时故障蔓延，GB 50053—2013《20kV 及以下变电所设计规范》规定，油浸变压器外廓与变压器室墙壁和门的最小净距应符合表 2-1 的规定。

表 2-1　油浸变压器外廓与变压器室墙壁和门的最小净距（据 GB 50053—2013）

变压器容量/kVA	100～1000	1250 及以上
变压器外廓与后壁、侧壁净距/mm	600	800
变压器外廓与门净距/mm	800	1000

油浸变压器室的耐火等级应为一级，干式变压器室的耐火等级不应低于二级。

油浸变压器室如果位于容易沉积可燃粉尘、可燃纤维的场所，或者变压器室附近有粮、棉及其他易燃物品大量集中的露天场所，或变压器室下面有地下室时，变压器室应设置容量为 100% 变压器油量的挡油设施，或设有 20% 变压器油量的挡油池，并采取能将多余的油排到安全处所的措施。

变压器室的门要向外开。室内只设通风窗，不设采光窗。进风窗设在变压器室前门的下方，出风窗设在变压器室的上方，并应有防止雨、雪和蛇、鼠类小动物从门、窗和电缆沟等进入室内的设施。变压器室一般采用自然通风。夏季的排风温度不宜高于 45℃，进风和排风的温度差不宜大于 15℃。通风窗应采用非燃烧材料。

变压器室的布置，按变压器推进方向，分为宽面推进和窄面推进两种布置方式。

变压器室的地坪，按通风要求，分为地坪抬高和不抬高两种型式。变压器室的地坪抬高时，通风散热更好，但建筑费用增高。变压器容量在 630kVA 及以下的变压器室地坪，一般不抬高。

设计变压器室的结构布置时，除了应依据 GB 50053—2013《20kV 及以下变电所设计规范》和 GB 50059—2011《35kV～110kV 变电站设计规范》外，还应参考原建设部批准的《全国通用建筑标准设计　电气装置标准图集》中的 88D264《电力变压器室布置（变压器电压为 6～10/0.4kV）》、97D267《附设式电力变压器室布置（变压器电压为 35/0.4kV）》和 99D268《干式变压器安装》等。

图 2-81 是 88D264 图集中一油浸式变压器室的结构布置图，其高压侧装有高压负荷开关-熔断器。本变压器室为窄面推进式，室内地坪不抬高，高压电缆由左侧下方进线，低压母线由右侧上方出线。

图 2-82 是 99D268 图集中一干式变压器室的结构布置图，其高压侧装有负荷开关或隔离开关。变压器室亦为窄面推进式，高压电缆也由左侧下方进线，低压母线也由右侧上方出线。

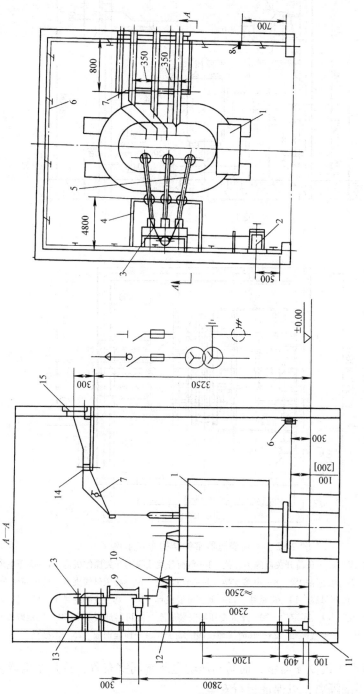

图 2-81　油浸式变压器室的结构布置示例

1—油浸式变压器 (6～10kV)　2—高压负荷开关操作机构　3—高压负荷开关　4—高压母线支架　5—高压母线　6—接地线
7—高压母线　8—临时接地线接线端子　9—高压绝缘子　10—高压绝缘子　11—电缆保护管　12—高压电缆　13—电缆头
14—低压母线　15—低压母线穿墙隔板

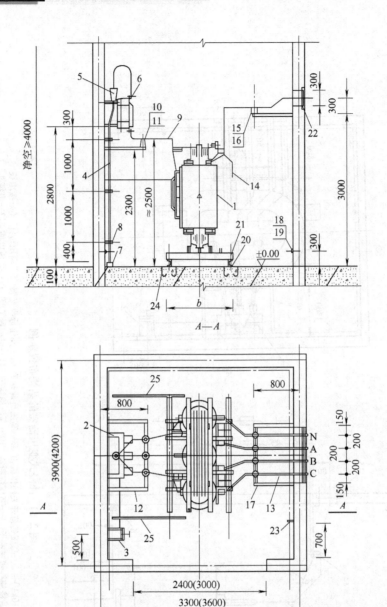

图 2-82 干式变压器室的结构布置示例

1—干式变压器（6~10kV） 2—负荷开关或隔离开关 3—负荷开关或隔离开关操作机构 4—高压电缆 5—电缆头 6—电缆芯接头 7—电缆保护管 8—电缆支架 9—高压母线 10—高压母线夹具 11—高压支柱绝缘子 12—高压母线支架 13—低压母线 14—接地线 15—低压母线夹具 16—电车线路绝缘子 17—低压母线支架 18—PE接地干线 19—固定钩 20—干式变压器安装底座（亦可落地安装） 21—固定螺栓 22—低压母线穿墙隔板 23—临时接地线接线端子 24—预埋钢板 25—木栅栏

　　干式变压器也可不单设变压器室，而与高压配电装置同室布置，只是变压器应设不低于1.7m高的遮拦，与周围隔离，以保证运行安全。

2. 室外变压器台的结构

　　露天或半露天变电所的变压器四周应设不低于1.7m高的围栏（或墙）。变压器外廓与围栏（墙）的净距不应小于0.8m，变压器底部距地面不应小于0.3m，相邻变压器外廓之间的净距不应小于1.5m。

当露天或半露天变压器供给一级负荷用电时，相邻的可燃油油浸变压器的防火净距不应小于5m。如果小于5m，则应设防火墙，防火墙应高出变压器储油柜顶部，且墙两端应大于挡油设施两侧各0.5m。

设计露天变电所时，除了应依据前述GB 50053—2013和GB 50059—2011等设计规范外，还应参考原建设部批准的86D266《落地式变压器台》标准图集。

图2-83是86D266图集中一室外变压器台的结构图。该变电所有一路架空进线，高压侧装有可带负荷操作的RW10-10（F）型跌开式熔断器及避雷器。避雷器与变压器低压侧中性点及变压器外壳共同接地，并将变压器的接地中性线（PEN线）引入低压配电室内。

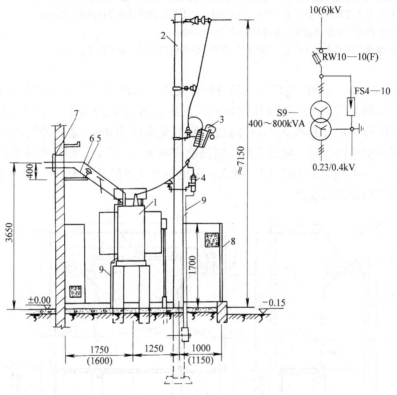

图2-83　室外变压器台的结构示例

1—变压器　2—水泥电杆　3—RW10-10F型跌开式熔断器　4—避雷器　5—低压母线

6—中性母线　7—低压母线穿墙隔板　8—围墙　9—接地线

（注：图中括号内尺寸适于容量为630kVA及以下的变压器）

当变压器容量在315kVA及以下、环境正常且符合用电负荷供电可靠性要求时，可考虑采用杆上变压器台的型式。设计时可参考原建设部批准的86D265《杆上变压器台》标准图集。

（二）配电室、电容器室和值班室的结构

1. 高低压配电室的结构

高低压配电室的结构型式主要决定于高低压配电柜、屏的型式、尺寸和数量，同时要考虑运行维护的方便和安全，留有足够的操作维护通道，并且要照顾今后的发展，留有适当数量的备用开关柜、屏的位置，但占地面积不宜过大，建筑费用不宜过高。

高压配电室内各种通道的最小宽度，按 GB 50053—2013 规定，如表 2-2 所示。

表 2-2　高压配电室内各种通道的最小宽度（据 GB 50053—2013）

开关柜布置方式	柜后维护通道/mm	柜 前 操 作 通 道/mm	
		固定式开关柜	移开式开关柜
单排布置	800	1500	单手车长度 + 1200
双排面对面布置	800	2000	双手车长度 + 900
双排背对背布置	1000	1500	单手车长度 + 1200

注：1. 固定式开关柜靠墙布置时，柜后与墙净距应大于 50mm，侧面与墙净距宜大于 200mm。

2. 通道宽度在建筑物的墙面遇有柱类局部突出时，突出部位的通道宽度可减少 200mm。

3. 当开关柜侧面需设置通道时，通道宽度不应小于 800mm。

4. 对全绝缘密封式成套配电装置，可根据厂家安装使用说明书减小通道宽度。

图 2-84 是 88D263《变配电所常用设备构件安装》标准图集中关于装有 GG-1A（F）型高压开关柜、采用电缆进出线的高压配电室的两种布置方案剖面图。由图可知，装设 GG-1A（F）型高压开关柜（柜高 3.1m）的高压配电室高度为 4m，这是采用电缆进出线的情况。如果采用架空进出线时，则高压配电室高度应在 4.2m 以上。如采用电缆进出线，而开关柜为手车式（一般柜高 2.2m）时，则高压配电室高度可降低为 3.5m。为了布线和检修的需要，开关柜下面应设电缆沟。

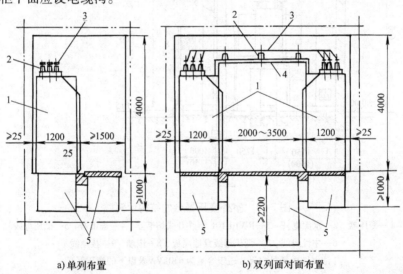

a) 单列布置　　　　　　　　b) 双列面对面布置

图 2-84　采用电缆进出线的 GG—1A（F）型高压开关柜的高压配电室的两种布置方案

1—高压开关柜　2—母线支柱瓷瓶　3—高压母线　4—母线桥架　5—电缆沟

低压配电室内成排布置的配电屏，其屏前、屏后的通道最小宽度，按 GB 50053—2013 规定，应符合 GB 50054—2011《低压配电设计规范》的规定，如表 2-3 所示。当配电屏与干式变压器靠近布置时，干式变压器通道的最小宽度应为 800mm。

低压配电室的高度应与变压器室综合考虑，以便于变压器低压出线。当配电室与抬高地坪的变压器室相邻时，配电室的高度不应低于 4m；配电室与不抬高地坪的变压器室相邻时，配电室的高度不应低于 3.5m。为了布线需要，低压配电屏下面也应设电缆沟。

表 2-3　成排布置的低压配电屏通道的最小宽度（据 GB 50054—2011）（单位：m）

配电屏种类		单排布置			双排面对面布置			双排背对背布置			多排同向布置			屏侧通道
			屏后			屏后			屏后		屏间	前、后排屏距墙			
		屏前	维护	操作	屏前	维护	操作	屏前	维护	操作		前排屏前	后排屏后		
固定式	不受限制时	1.5	1.0	1.2	2.0	1.0	1.2	1.5	1.5	2.0	2.0	1.5	1.0	1.0
	受限制时	1.3	0.8	1.2	1.8	0.8	1.2	1.3	1.3	2.0	1.8	1.3	0.8	0.8
抽屉式	不受限制时	1.8	1.0	1.2	2.3	1.0	1.2	1.8	1.0	2.0	2.3	1.8	1.0	1.0
	受限制时	1.6	0.8	1.2	2.1	0.8	1.2	1.6	0.8	2.0	2.1	1.6	0.8	0.8

注：1. 受限制时是指受到建筑平面的限制、通道内有柱等局部突出物的限制；

　　2. 屏后操作通道是指需在屏后操作运行中的开关设备的通道；

　　3. 背靠背布置时屏前通道宽度可按本表中双排面对背布置的屏前尺寸确定；

　　4. 控制屏、控制柜、落地式动力配电箱前后的通道最小宽度可按本表确定；

　　5. 挂墙式配电箱的箱前操作通道宽度，不宜小于 1m。

高压配电室的耐火等级不应低于二级；低压配电室的耐火等级不应低于三级。

高压配电室宜设不能开启的自然采光窗，窗台距室外地坪不宜低于 1.8m；低压配电室可设能开启的自然采光窗。配电室临街的一面不宜开窗。

高低压配电室的门应向外开。相邻配电室之间有门时，其门应能双向开启。

配电室也应设置防止雨、雪和蛇、鼠类小动物从采光窗、通风窗、门和电缆沟等进入室内的设施。

配电室的顶棚、墙面及地面的建筑装修应使之少积灰和不起灰，顶棚不应抹灰。

长度大于 7m 的配电室应设两个出口，并宜布置在配电室的两端。长度大于 60m 时，宜增设一个出口。

2. 高低压电容器室的结构

高低压电容器室采用的电容器柜，通常都是成套型的。按 GB 50053—2013 规定，成套电容器柜单列布置时，柜正面与墙面距离不应小于 1.3m；双列布置时，柜面之间距离不应小于 1.5m。

高压电容器室的耐火等级不应低于二级；低压电容器室的耐火等级不应低于三级。

电容器室应有良好的自然通风。当自然通风不能满足排热要求时，可增设机械排风。电容器室应设温度指示装置。

电容器室的门也应向外开。

电容器室也应设置防止雨、雪和蛇、鼠类小动物从采光窗、通风窗、门和电缆沟等进入室内的设施。

电容器室的顶棚、墙面及地面的建筑要求，与配电室相同。

3. 值班室的结构

值班室的结构型式要结合变配电所的总体布置和值班工作要求全盘考虑，以利于运行值班工作。

值班室要有良好的自然采光，采光窗宜朝南。在采暖地区，值班室应采暖，采暖的计算温度为 18℃，采暖装置宜采用排管焊接。在蚊子和其他昆虫较多的地区，值班室应装纱窗、纱门。

值班室除通往配电室、电容器室的门外，其他的门均应向外开。

（三）组合式成套变电所的结构

组合式成套变电所又称箱式变电站，其各个单元都由生产厂家成套供应、现场组合安装而成。这种成套变电所不必建造变压器室和高低压配电室等，从而减少土建投资，而且便于深入负荷中心，简化供配电系统。它全部采用无油或少油电器，因此运行相当安全，维护工作量也小。这种组合式变电所已在城市、工厂特别是高层建筑中广泛应用。

组合式成套变电所分户内式和户外式两大类。户内式主要用于高层建筑和民用建筑群的供电。户外式则用于工矿企业、公共建筑和住宅小区的供电。

组合式成套变电所的电气设备一般分三部分（以 XZN-1 型户内组合式成套变电所为例）：

（1）高压开关柜　采用 GFC-10A 型手车式高压开关柜，其手车上装 ZN4-10C 型真空断路器。

（2）变压器柜　主要装配 SC 或 SCL 型环氧树脂浇注干式变压器，它为防护式可拆装结构。变压器底部装有滚轮，便于取出检修。

（3）低压配电柜　采用 BFC-10A 型抽屉式低压配电柜，其中开关主要为 ME 型低压断路器等。

图 2-85 为某 XZN-1 型户内组合式成套变电所的平面布置图。变电装置的高度为 2.2m。该变电所的装置式主接线图如图 2-86 所示。

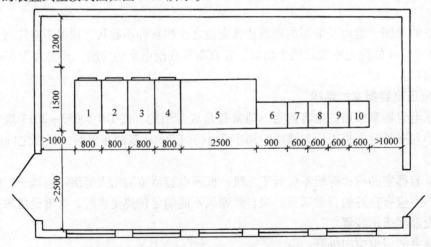

图 2-85　某 XZN-1 型户内组合式成套变电所平面布置图
1~4—GFC-10A 型手车式高压开关柜　5—SC 或 SCL 型环氧树脂浇注干式变压器
6—低压总进线柜　7~10—BFC-10A 型抽屉式低压配电柜

户外箱式变电站一般分为高压室、变压器室和低压室三部分。这三部分的布置形式有"目"字形、"品"字形和"L"形等多种形式。图 2-87 为常见的户外箱式变电站的结构示意图。

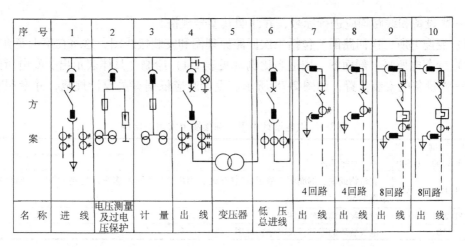

序 号	1	2	3	4	5	6	7	8	9	10
方 案										
							4回路	4回路	8回路	8回路
名 称	进线	电压测量及过电压保护	计量	出线	变压器	低压总进线	出线	出线	出线	出线

图 2-86 图 2-85 所示 XZN-1 型户内组合式成套变电所主接线图

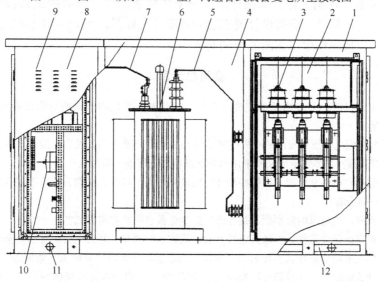

图 2-87 户外箱式变电站结构示意图

1—高压室 2—高压环网柜 3—负荷开关-熔断器-接地开关组合电器 4—变压器室 5—高压母线
6—电力变压器 7—低压母线 8—低压室 9—低压开关柜 10—低压馈线断路器
11—起吊装置 12—接地母线

四、变配电所的电气安装图

电气安装图又称电气施工图，是设计单位提供给施工单位进行电气安装所依据的技术图样，也是运行单位进行竣工验收及运行维护和检修试验的重要依据。

绘制电气安装图，必须遵循国家有关标准的规定。例如，图形符号和文字符号必须参照 GB/T 4728—2005～2008《电气简图用图形符号》和 00DX001《建筑电气工程设计常用图形和文字符号》等标准，文字符号必须按照 GB 7159—1987《电气技术中的文字符号制订通则》，绘图方法必须参照 GB/T 6988.1—2008《电气技术用文件的编制 第 1 部分：规则》。

变配电所的电气安装图主要包括下列图样：

（1）变配电所主接线图 即主电路图，一般绘成单线图，如图 2-64 或图 2-65 所示。图上所有一次设备和线路均应进行标号，并注明其型号规格。

（2）变配电所二次回路图 包括二次回路原理图和安装接线图，这将在第七章介绍。

（3）变配电所平、剖面图 用适当比例（见表2-4）绘制，具体表示出变配电所的总体布置和一次设备的安装位置，如图2-78所示。设计时应依据有关设计规范，并参照有关标准图集。

表2-4 供电设计中平、剖面图上常用的比例

比 例	适 用 范 围
1:2000、1:1000、1:500	用户总平面图
1:200、1:100、1:50	建筑物的平、剖面图；采用 A2 图纸时，用户总变配电所多采用比例1:100，车间变电所多采用1:50
1:50、1:20、1:10	建筑物的局部放大图
1:20、1:10、1:5	电气装置的零部件及其结构详图

（4）构件安装大样图 有标准图样时，应采用标准图样，只需提出其标准图样的代号即可。无标准图样的构件，应按设计要求绘制其安装大样图，图上注明比例、尺寸及有关材料和技术要求，以便制作单位按图制作和安装。

复习思考题

2-1 什么叫室内（户内）变电所和室外（户外）变电所？车间内变电所与附设变电所各有何特点？各适用于什么情况？

2-2 6～10kV级配电变压器常用的有哪些联结组？在三相严重不平衡或3次谐波电流突出的场合宜采用哪种联结组的变压器？在多雷地区又宜采用哪种联结组的变压器？为什么？

2-3 电流互感器和电压互感器各有哪些功能？电流互感器工作时二次侧为什么不能开路？为什么互感器二次侧必须有一端接地？

2-4 开关触头间产生电弧的根本原因是什么？发生电弧有哪些游离方式？

2-5 使电弧熄灭的条件是什么？熄灭电弧的去游离方式有哪些？开关电器中有哪些常用的灭弧方法？

2-6 熔断器的主要功能是什么？什么叫"限流"熔断器？什么叫"非限流"熔断器？

2-7 一般跌开式熔断器与一般高压熔断器（如 RN1 型）在功能方面有何区别？一般跌开式熔断器与负荷型跌开式熔断器在功能方面又有何区别？

2-8 高压隔离开关有哪些功能？有哪些结构特点？

2-9 高压负荷开关有哪些功能？它可装设什么保护装置？它靠什么来进行短路保护？

2-10 高压断路器有哪些功能？少油断路器中的油与多油断路器中的油各有哪些功能？为什么真空断路器和六氟化硫断路器适用于频繁操作场所，而油断路器不适于频繁操作？

2-11 低压断路器有哪些功能？图 2-56 所示 DW 型断路器合闸控制回路中的时间继电器起什么作用？

2-12 对工厂变配电所主接线有哪些基本要求？变配电所主接线图有哪些绘制方式？各适用于哪些场合？

2-13 变电所高压电源进线采用隔离开关-熔断器接线与采用隔离开关-断路器接线，各有哪些优缺点？各适用于什么场合？

2-14 什么叫内桥式接线和外桥式接线？各适用于什么场合？

2-15 变配电所所址选择应考虑哪些条件？变电所靠近负荷中心有哪些好处？

2-16 变配电所总体布置应考虑哪些要求？变压器室、低压配电室、高压配电室、高压电容器室和值班室的结构及相互位置安排各应如何考虑？

2-17 什么叫成套变电所或箱式变电站？它们有哪些特点？主要应用在哪些场所？

第三章
工厂的电力负荷及其计算

本章首先简介工厂用电设备的工作制及负荷曲线的有关概念，然后着重讲述用电设备组计算负荷和工厂计算负荷的确定方法，最后讲述尖峰电流及其计算。本章内容是工厂供电系统运行分析和设计计算的基础。

◇◇◇ 第一节　工厂用电设备的工作制及负荷曲线有关概念 ◇◇◇

一、工厂用电设备的工作制

工厂的用电设备，按其工作制不同，可分为以下三类：

（1）连续工作制设备　这类工作制设备在恒定负荷下运行，且运行时间长到足以使之达到热平衡状态，如通风机、水泵、空气压缩机、电炉和照明灯等。机床电动机的负荷一般变动较大，但其主电动机一般也是连续运行的。

（2）短时工作制设备　这类工作制设备在恒定负荷下运行的时间短（短于达到热平衡所需的时间），而停歇时间长（长到足以使设备温度冷却到周围介质的温度），如机床上的某些辅助电动机（例如进给电动机）、控制闸门的电动机等。

（3）断续周期工作制设备　这类工作制设备周期性地时而工作，时而停歇，如此反复运行，而工作周期一般不超过10min，无论工作或停歇，均不足以使设备达到热平衡，如电焊机和起重机用电动机等。

断续周期工作制设备可用"负荷持续率"（又称暂载率）来表示其工作特征。负荷持续率为一个工作周期内工作时间与工作周期的百分比值，用 ε 表示，即

$$\varepsilon = \frac{t}{T} \times 100\% = \frac{t}{t + t_0} \times 100\% \tag{3-1}$$

式中，T 为工作周期；t 为工作周期内的工作时间；t_0 为工作周期内的停歇时间。

断续周期工作制设备的额定容量（铭牌容量）P_N，是对应于某一标称负荷持续率 ε_N 的。如果实际运行的负荷持续率 $\varepsilon \neq \varepsilon_N$，则实际容量 P_e 应按同一周期内等效发热条件进行换算。由于电流 I 通过电阻为 R 的设备在时间 t 内产生的热量为 I^2Rt，因此在设备产生相同热量的条件下，$I \propto 1/\sqrt{t}$；而在同一电压下，设备容量 $P \propto I$；又由式（3-1）知，同一周期 T 的负荷持续率 $\varepsilon \propto t$。因此 $P \propto 1/\sqrt{\varepsilon}$，即设备容量与负荷持续率的方均根值成反比。由此可

见，如果设备在 ε_N 下的容量为 P_N，则换算到实际 ε 下的容量 P_e 为

$$P_e = P_N \sqrt{\frac{\varepsilon_N}{\varepsilon}} \tag{3-2}$$

二、负荷曲线及有关物理量

（一）负荷曲线的概念

负荷曲线是表征电力负荷随时间变动情况的一种图形，它绘在直角坐标纸上，纵坐标表示负荷（有功或无功功率），横坐标表示对应的时间（一般以 h 为单位）。

负荷曲线按负荷对象分,有工厂的、车间的或某类设备的负荷曲线。按负荷性质分,有有功和无功负荷曲线。按所表示的负荷变动时间分,有年的、月的、日的或工作班的负荷曲线。

图 3-1 是一班制工厂的日负荷曲线，其中图 3-1a 是依点连成的负荷曲线，图 3-1b 是依点绘成梯形的负荷曲线。为便于计算，负荷曲线多绘成梯形，横坐标一般按半小时分格，以便确定"半小时最大负荷"（将在后面介绍）。

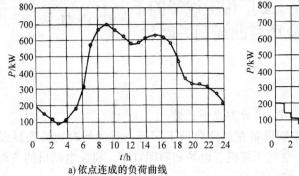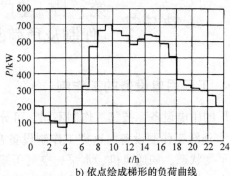

a) 依点连成的负荷曲线   b) 依点绘成梯形的负荷曲线

图 3-1　日负荷曲线

年负荷曲线，通常绘成负荷持续时间曲线，按负荷大小依次排列，如图 3-2c 所示，全年按 8760h 计。

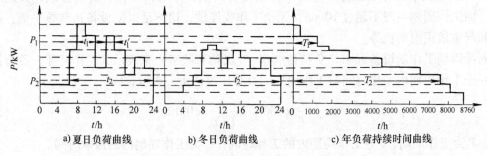

a)夏日负荷曲线   b)冬日负荷曲线   c)年负荷持续时间曲线

图 3-2　年负荷持续时间曲线的绘制

上述年负荷曲线，根据其一年中具有代表性的夏日负荷曲线（图 3-2a）和冬日负荷曲线（图 3-2b）来绘制。其夏日和冬日在全年中所占的天数，应视当地的地理位置和气温情况而定。例如在我国北方，可近似地取夏日 165 天，冬日 200 天；而在我国南方，则可近似地取夏日 200 天，冬日 165 天。假如绘制南方某厂的年负荷曲线（图3-2c），其中 P_1 在年负

荷曲线上所占的时间 $T_1 = 200 (t_1 + t_1')$，P_2 在年负荷曲线上所占的时间 $T_2 = 200t_2 + 165t_2'$，其余类推。

年负荷曲线的另一形式，是按全年每日的最大负荷（通常取每日的最大负荷半小时平均值）绘制的，称为年每日最大负荷曲线，如图 3-3 所示。横坐标依次以全年 12 个月份的日期来分格。这种年最大负荷曲线，可以用来确定拥有多台电力变压器的工厂变电所在一年内的不同时期宜于投入几台运行，即所谓经济运行方式，以降低电能损耗，提高供电系统的经济效益。

根据各种负荷曲线，可以直观地了解电力负荷变动的情况。通过对负荷曲线的分析，可以更深入地掌握负荷变动的规律，并可以从中获得一些对设计和运行有用的资料。因此负荷曲线对于从事工厂供电设计和运行的人员来说，都是很必要的。

（二）与负荷曲线和负荷计算有关的物理量

1. 年最大负荷和年最大负荷利用小时

（1）年最大负荷　年最大负荷 P_{max} 就是全年中负荷最大的工作班内（这一工作班的最大负荷不是偶然出现的，而是全年至少出现 $2 \sim 3$ 次）消耗电能最大的半小时平均功率。因此年最大负荷也称为半小时最大负荷 P_{30}。

（2）年最大负荷利用小时　年最大负荷利用小时 T_{max} 是一个假想时间，在此时间内，电力负荷按年最大负荷 P_{max}（或 P_{30}）持续运行所消耗的电能，恰好等于该电力负荷全年实际消耗的电能，如图 3-4 所示。

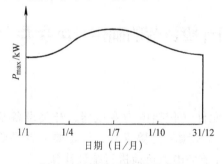

图 3-3　年每日最大负荷曲线

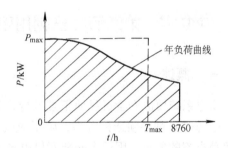

图 3-4　年最大负荷和年最大负荷利用小时

年最大负荷利用小时为

$$T_{max} = \frac{W_a}{P_{max}} \tag{3-3}$$

式中，W_a 为年实际消耗的电能量。

年最大负荷利用小时是反映电力负荷特征的一个重要参数，与工厂的生产班制有明显的关系。 例如一班制工厂，$T_{max} \approx 1800 \sim 3000h$；两班制工厂，$T_{max} \approx 3500 \sim 4800h$；三班制工厂，$T_{max} \approx 5000 \sim 7000h$。

2. 平均负荷和负荷系数

（1）平均负荷　平均负荷 P_{av} 就是电力负荷在一定时间 t 内平均消耗的功率，也就是电力负荷在该时间 t 内消耗的电能 W_t 除以时间 t 的值，即

$$P_{av} = \frac{W_t}{t} \tag{3-4}$$

年平均负荷 P_{av} 的说明如图 3-5 所示。年平均负荷 P_{av} 的横线与纵横两坐标轴所包围的矩形面积恰好等于年负荷曲线与两坐标轴所包围的面积 W_a，即年平均负荷 P_{av} 为

$$P_{av} = \frac{W_a}{8760h} \qquad (3\text{-}5)$$

（2）负荷系数　负荷系数又称负荷率，它是用电负荷的平均负荷 P_{av} 与其最大负荷 P_{max} 的比值，即

$$K_L = \frac{P_{av}}{P_{max}} \qquad (3\text{-}6)$$

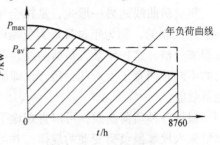

图 3-5　年平均负荷

对负荷曲线来说，负荷系数亦称负荷曲线填充系数，它表征负荷曲线不平坦的程度，即表征负荷起伏变动的程度。从充分发挥供电设备的能力、提高供电效率来说，希望此系数越高，即越接近于 1 越好。从发挥整个电力系统的效能来说，应尽量使不平坦的负荷曲线"削峰填谷"，提高负荷系数。

对用电设备来说，负荷系数就是设备的输出功率 P 与设备额定容量 P_N 的比值，即

$$K_L = \frac{P}{P_N} \qquad (3\text{-}7)$$

负荷系数通常以百分值表示。负荷系数（负荷率）的符号，有时用 β；也有的有功负荷率用 α，无功负荷率用 β 表示。

◇◇◇　第二节　三相用电设备组计算负荷的确定　◇◇◇

一、概述

供电系统要能安全可靠地正常运行，其中各个元件（包括电力变压器、开关设备及导线、电缆等）都必须选择得当，除了应满足工作电压和频率的要求外，最重要的就是要满足负荷电流的要求。因此有必要对供电系统中各个环节的电力负荷进行统计计算。

通过负荷的统计计算求出的、用来按发热条件选择供电系统中各元件的负荷值，称为计算负荷（calculated load）。根据计算负荷选择的电气设备和导线电缆，如果以计算负荷连续运行，其发热温度不会超过允许值。

由于导体通过电流达到稳定温升的时间大约是（3～4）τ，τ 为发热时间常数。截面积在 16mm^2 及以上的导体，其 $\tau \geqslant 10$min，因此载流导体大约经 30min（半小时）后可达到稳定温升值。由此可见，计算负荷实际上与从负荷曲线上查得的半小时最大负荷 P_{30}（亦即年最大负荷 P_{max}）是基本相当的。所以，计算负荷也可以认为就是半小时最大负荷。本来有功计算负荷可表示为 P_c，无功计算负荷可表示为 Q_c，计算电流可表示为 I_c，但考虑到"计算"的符号 c 容易与"电容"的符号 C 相混淆，因此大多数供电书籍都借用半小时最大负荷 P_{30} 来表示有功计算负荷，无功计算负荷、视在计算负荷和计算电流则分别表示为 Q_{30}、S_{30} 和 I_{30}。这样表示，也使计算负荷的概念更加明确。

计算负荷是供电设计计算的基本依据。计算负荷确定得是否正确合理，直接影响到电器和导线电缆的选择是否经济合理。如果计算负荷确定得过大，将使电器和导线、电缆选得过

大，造成投资和有色金属的浪费。如果计算负荷确定得过小，又将使电器和导线、电缆处于过负荷下运行，增加电能损耗，产生过热，导致绝缘过早老化，甚至燃烧引起火灾，从而造成更大的损失。由此可见，正确确定计算负荷非常重要。但是，负荷情况复杂，影响计算负荷的因素很多，虽然各类负荷的变化有一定的规律可循，但仍难准确确定计算负荷的大小。实际上，负荷也不是一成不变的，它与设备的性能、生产的组织、生产者的技能及能源供应的状况等多种因素有关。因此负荷计算也只能力求接近实际。

我国目前普遍采用的确定用电设备组计算负荷的方法，有需要系数法和二项式法。 需要系数法是国际上普遍采用的确定计算负荷的基本方法，最为简便。二项式法的应用局限性较大，但在确定设备台数较少而容量差别较大的分支干线的计算负荷时，采用二项式法较之需要系数法合理，且计算也比较简便。本书只介绍这两种计算方法。关于以概率论为理论基础而提出的利用系数法，由于其计算比较繁琐而未得到普遍应用，此略。

二、按需要系数法确定计算负荷

（一）基本公式

用电设备组的计算负荷，是指用电设备组从供电系统中取用的半小时最大负荷 P_{30}，如图 3-6 所示。用电设备组的设备容量 P_e，是指用电设备组所有设备（不含备用的设备）的额定容量 P_N 之和，即 $P_e = \sum P_N$。而设备的额定容量 P_N，是设备在额定条件下的最大输出功率（出力）。但是用电设备组的设备实际上不一定都同时运行，运行的设备也不太可能都满负荷，同时设备本身和配电线路还有功率损耗，因此用电设备组的有功计算负荷应为

$$P_{30} = \frac{K_{\Sigma} K_L}{\eta_e \eta_{WL}} P_e \tag{3-8}$$

式中，K_{Σ} 为设备组的同时系数，即设备组在最大负荷时运行的设备容量与全部设备容量之比；K_L 为设备组的负荷系数，即设备组在最大负荷时输出功率与运行的设备容量之比；η_e 为设备组的平均效率，即设备组在最大负荷时输出功率与取用功率之比；η_{WL} 为配电线路的平均效率，即配电线路在最大负荷时的末端功率（亦即设备组取用功率）与首端功率（亦即计算负荷）之比。

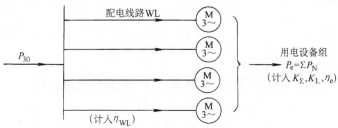

图 3-6　用电设备组的计算负荷说明

令式（3-8）中的 $K_{\Sigma} K_L / (\eta_e \eta_{WL}) = K_d$，这里的 K_d 称为需要系数（demand coefficient）。由上式可知，**需要系数的定义式为**

$$K_d = \frac{P_{30}}{P_e} \tag{3-9}$$

即用电设备组的需要系数，为用电设备组的半小时最大负荷与其设备容量的比值。

由此可得按需要系数法确定三相用电设备组有功计算负荷的基本公式为

$$P_{30} = K_d P_e \tag{3-10}$$

实际上，需要系数值不仅与用电设备组的工作性质、设备台数、设备效率和线路损耗等因素有关，而且与操作人员的技能和生产组织等多种因素有关，因此应尽可能地通过实测分析确定，使之尽量接近实际。

附录表 8 列出工厂各种用电设备组的需要系数值，供参考。

必须注意：附录表 8 所列需要系数值是按车间范围内台数较多的情况来确定的。所以需要系数值一般都比较低，例如冷加工机床组的需要系数平均只有 0.2 左右。因此需要系数法较适用于确定车间的计算负荷。如果采用需要系数法来计算分支干线上用电设备组的计算负荷，则附录表 8 中的需要系数值往往偏小，宜适当取大。只有 1~2 台设备时，可认为 $K_d = 1$，即 $P_{30} = P_e$。对于电动机，由于它本身功率损耗较大，因此当只有一台电动机时，其 $P_{30} = P_N / \eta$，这里 P_N 为电动机额定容量，η 为电动机效率。在 K_d 适当取大的同时，$\cos\varphi$ 也宜适当取大。

这里还要指出：**需要系数值与用电设备的类别和工作状态关系极大，因此在计算时，首先要正确判明用电设备的类别和工作状态，否则会造成错误。**例如机修车间的金属切削机床电动机，应属小批生产的冷加工机床电动机，因为金属切削就是冷加工，而机修不可能是大批生产。又如压塑机、拉丝机和锻锤等，应属热加工机床。再如桥式起重机、电动葫芦等，均属起重机类。

在求出有功计算负荷 P_{30} 后，可按下列各式分别求出其余的计算负荷。

1）无功计算负荷为

$$Q_{30} = P_{30} \tan\varphi \tag{3-11}$$

式中，$\tan\varphi$ 为对应于用电设备组 $\cos\varphi$ 的正切值。

2）视在计算负荷为

$$S_{30} = \frac{P_{30}}{\cos\varphi} \tag{3-12}$$

式中，$\cos\varphi$ 为用电设备组的平均功率因数。

3）计算电流为

$$I_{30} = \frac{S_{30}}{\sqrt{3} U_N} \tag{3-13}$$

式中，U_N 为用电设备组的额定电压。

如果只是一台三相电动机，则其计算电流应取为其额定电流，即

$$I_{30} = I_N = \frac{P_N}{\sqrt{3} U_N \eta \cos\varphi} \tag{3-14}$$

负荷计算中常用的单位：有功功率为"千瓦"（kW），无功功率为"千乏"（kvar），视在功率为"千伏安"（kVA），电流为"安"（A），电压为"伏"（V）。

例 3-1 已知某机修车间的金属切削机床组，拥有 380V 的三相电动机 7.5kW 3 台，4kW 8 台，3kW 17 台，1.5kW 10 台。试求其计算负荷。

解：此机床组电动机的总容量为

$$P_e = 7.5kW \times 3 + 4kW \times 8 + 3kW \times 17 + 1.5kW \times 10 = 120.5kW$$

查附录表 8 中 "小批生产的金属冷加工机床电动机" 项，得 $K_d = 0.16 \sim 0.2$（取 0.2），$\cos\varphi = 0.5$，$\tan\varphi = 1.73$。因此可求得

有功计算负荷

$$P_{30} = 0.2 \times 120.5\text{kW} = 24.1\text{kW}$$

无功计算负荷

$$Q_{30} = 24.1\text{kW} \times 1.73 = 41.7\text{kvar}$$

视在计算负荷

$$S_{30} = \frac{24.1\text{kW}}{0.5} = 48.2\text{kVA}$$

计算电流

$$I_{30} = \frac{48.2\text{kVA}}{\sqrt{3} \times 0.38\text{kV}} = 73.2\text{A}$$

（二）设备容量的计算

需要系数法基本公式 $P_{30} = K_d P_e$ 中的设备容量 P_e，不含备用设备的容量，而且要注意，此容量的计算与用电设备组的工作制有关。

1. 一般连续工作制和短时工作制的设备组容量计算

其设备容量是所有设备的铭牌额定容量之和。

2. 断续周期工作制的设备容量计算

其设备容量是将所有设备在不同负荷持续率下的铭牌额定容量换算到一个规定的负荷持续率下的容量之和。容量换算的公式如式（3-2）所示。断续周期工作制的用电设备常用的有电焊机和起重机用电动机，各自的换算要求如下：

（1）电焊机组　要求容量统一换算到 $\varepsilon = 100\%$ [一]，因此由式（3-2）可得换算后的设备容量为

$$P_e = P_N \sqrt{\frac{\varepsilon_N}{\varepsilon_{100}}} = S_N \cos\varphi \sqrt{\frac{\varepsilon_N}{\varepsilon_{100}}}$$

即

$$P_e = P_N \sqrt{\varepsilon_N} = S_N \cos\varphi \sqrt{\varepsilon_N} \tag{3-15}$$

式中，P_N、S_N 为电焊机的铭牌容量（前者为有功功率，后者为视在功率）；ε_N 为与铭牌容量对应的负荷持续率（计算中用小数）；ε_{100} 为其值等于 100% 的负荷持续率（计算中用 1）；$\cos\varphi$ 为铭牌规定的功率因数。

（2）起重机用电动机组　要求容量统一换算到 $\varepsilon = 25$ [二]，因此由式（3-2）可得换算后的设备容量为

$$P_e = P_N \sqrt{\frac{\varepsilon_N}{\varepsilon_{25}}} = 2P_N \sqrt{\varepsilon_N} \tag{3-16}$$

式中，P_N 为起重机用电动机的铭牌容量；ε_N 为与铭牌容量对应的负荷持续率（计算中用小数）；ε_{25} 为其值等于 25% 的负荷持续率（计算中用 0.25）。

（三）多组用电设备计算负荷的计算

确定拥有多组用电设备的干线上或车间变电所低压母线上的计算负荷时，应考虑各组用

[一]　电焊机的铭牌负荷持续率有 20%、40%、50%、60%、75%、100% 等多种，而 $\varepsilon = 100\%$ 时，$\sqrt{\varepsilon} = 1$ 换算最为简便，因此规定其设备容量统一换算到 $\varepsilon = 100\%$。附录表 8 中电焊机的需要系数及其他系数也都是对应于 $\varepsilon = 100$ 的。

[二]　起重机的铭牌负荷持续率有 15%、25%、40%、60% 等，而 $\varepsilon = 25\%$ 时，$\sqrt{\varepsilon} = 0.5$，换算较为简便，因此规定其设备容量统一换算到 $\varepsilon = 25\%$。附录表 8 中起重组的需要系数及其他系数也都是对应于 $\varepsilon = 25\%$ 的。

电设备的最大负荷不同时出现的因素。因此在确定多组用电设备的计算负荷时，应结合具体情况对其有功和无功负荷分别计入一个同时系数（又称参差系数或综合系数）$K_{\Sigma p}$ 和 $K_{\Sigma q}$：

对车间干线，取 $K_{\Sigma p} = 0.85 \sim 0.95$，$K_{\Sigma q} = 0.90 \sim 0.97$。

对低压母线，分为以下两种情况：

1）由用电设备组计算负荷直接相加来计算时，取 $K_{\Sigma p} = 0.80 \sim 0.90$，$K_{\Sigma q} = 0.85 \sim 0.95$。

2）由车间干线计算负荷直接相加来计算时，取 $K_{\Sigma p} = 0.90 \sim 0.95$，$K_{\Sigma q} = 0.93 \sim 0.97$。

总的有功计算负荷为

$$P_{30} = K_{\Sigma P} \sum P_{30.i} \tag{3-17}$$

总的无功计算负荷为

$$Q_{30} = K_{\Sigma q} \sum Q_{30.i} \tag{3-18}$$

以上两式中的 $\sum P_{30.i}$ 和 $\sum Q_{30.i}$ 分别为各组设备的有功和无功计算负荷之和。

总的视在计算负荷为

$$S_{30} = \sqrt{P_{30}^2 + Q_{30}^2} \tag{3-19}$$

总的计算电流为

$$I_{30} = \frac{S_{30}}{\sqrt{3} U_N} \tag{3-20}$$

必须注意：由于各组设备的功率因数不一定相同，因此总的视在计算负荷和计算电流一般不能用各组的视在计算负荷或计算电流之和来计算，总的视在计算负荷也不能按式（3-12）计算。

此外应注意：在计算多组设备总的计算负荷时，为了简化和统一，各组的设备台数不论多少，各组的计算负荷均按附录表8所列计算系数计算，而不必考虑设备台数多少而适当增大 K_d 和 $\cos\varphi$ 值的问题。

例3-2 某机修车间380V线路上，接有金属切削机床电动机20台共50kW（其中较大容量电动机有7.5kW 1台，4kW 3台，2.2kW 7台），通风机2台共3kW，电阻炉1台2kW。试确定此线路上的计算负荷。

解：先求各组的计算负荷。

（1）金属切削机床组

查附录表8，取 $K_d = 0.2$，$\cos\varphi = 0.5$，$\tan\varphi = 1.73$，故

$$P_{30(1)} = 0.2 \times 50\text{kW} = 10\text{kW}$$
$$Q_{30(1)} = 10 \times 1.73\text{kvar} = 17.3\text{kvar}$$

（2）通风机组

查附录表8，取 $K_d = 0.8$，$\cos\varphi = 0.8$，$\tan\varphi = 0.75$，故

$$P_{30(2)} = 0.8 \times 3\text{kW} = 2.4\text{kW}$$
$$Q_{30(2)} = 2.4 \times 0.75\text{kvar} = 1.8\text{kvar}$$

（3）电阻炉

查附录表8，取 $K_d = 0.7$，$\cos\varphi = 1$，$\tan\varphi = 0$，故

$$P_{30(3)} = 0.7 \times 2\text{kW} = 1.4\text{kW}$$

$$Q_{30(3)} = 0$$

因此总的计算负荷为（取 $K_{\Sigma p} = 0.95$，$K_{\Sigma q} = 0.97$）

$$P_{30} = 0.95 \times (10 + 2.4 + 1.4) \text{ kW} = 13.1 \text{kW}$$

$$Q_{30} = 0.97 \times (17.3 + 1.8 + 0) \text{ kvar} = 18.5 \text{kavr}$$

$$S_{30} = \sqrt{13.1^2 + 18.5^2} \text{kVA} = 22.7 \text{kVA}$$

$$I_{30} = \frac{22.7 \text{kVA}}{\sqrt{3} \times 0.38 \text{kV}} = 34.5 \text{A}$$

在实际工程设计说明书中，为了使人一目了然，便于审核，常采用计算表格的形式，如表3-1所示。

表3-1　例3-2的电力负荷计算表（按需要系数法）

序号	用电设备组名称	台数	容量 P_e/kW	需要系数 K_d	$\cos\varphi$	$\tan\varphi$	计算负荷			
							P_{30} /kW	Q_{30} /kvar	S_{30} /kVA	I_{30} /A
1	金属切削机床	20	50	0.2	0.5	1.73	10	17.3		
2	通风机	2	3	0.8	0.8	0.75	2.4	1.8		
3	电阻炉	1	2	0.7	1	0	1.4	0		
车间总计		23	55	—			13.8	19.1		
	取 $K_{\Sigma p} = 0.95$，$K_{\Sigma q} = 0.97$						13.1	18.5	22.7	34.5

三、按二项式法确定计算负荷

（一）基本公式

二项式法的基本公式是

$$P_{30} = bP_e + cP_x \tag{3-21}$$

式中，bP_e（二项式第一项）表示用电设备组的平均功率，其中 P_e 是用电设备组的总容量，其计算方法如前需要系数法所述；cP_x（二项式第二项）表示用电设备组中 x 台容量最大的设备投入运行时增加的附加负荷，其中 P_x 是 x 台容量最大的设备总容量；b、c 是二项式系数。

附录表8中也列有部分用电设备组的二项式系数 b、c 和最大容量的设备台数 x 值，供参考。

但必须注意：按二项式法确定计算负荷时，如果设备总台数 n 少于附录表8中规定的最大容量设备台数 x 的2倍，即 $n < 2x$ 时，其最大容量设备台数宜适当取小，建议取为 $x = n/2$，且按"四舍五入"修约规则取其整数[33]。例如某机床电动机组只有7台设备时，则其最大设备台数取为 $x = n/2 = 7/2 \approx 4$。

如果用电设备组只有 1~2 台设备时，则可认为 $P_{30} = P_e$。对于单台电动机，则 $P_{30} = P_N/\eta$，这里 P_N 为电动机额定容量，η 为其额定效率。在设备台数较少时，其 $\cos\varphi$ 也宜适当取大。

由于二项式法不仅考虑了用电设备组最大负荷时的平均负荷，还考虑了少数容量最大的设备投入运行时对总计算负荷的额外影响，所以二项式法比较适于确定设备台数较少而容量差别较大的低压干线和分支线的计算负荷。但是二项式计算系数 b、c 和 x 的值，缺乏充分的理论根据，而且只有机械工业方面的部分数据，从而使其应用受到一定的局限。

例 3-3 试用二项式法确定例 3-1 所示机床组的计算负荷。

解： 由附录表 8 查得 $b=0.14$，$c=0.4$，$x=5$，$\cos\varphi=0.5$，$\tan\varphi=1.73$。设备总容量为 $P_e=120.5\text{kW}$（见例 3-1）。而 x 台最大容量的设备容量为

$$P_x = P_5 = 7.5\text{kW} \times 3 + 4\text{kW} \times 2 = 30.5\text{kW}$$

因此按式（3-21）可求得其有功计算负荷为

$$P_{30} = 0.14 \times 120.5\text{kW} + 0.4 \times 30.5\text{kW} = 29.1\text{kW}$$

按式（3-11）可求得其无功计算负荷为

$$Q_{30} = 29.1\text{kW} \times 1.73 = 50.3\text{kvar}$$

按式（3-12）可求得其视在计算负荷为

$$S_{30} = \frac{29.1\text{kW}}{0.5} = 58.2\text{kVA}$$

按式（3-13）可求得其计算电流为

$$I_{30} = \frac{58.2\text{kVA}}{\sqrt{3} \times 0.38\text{kV}} = 88.4\text{A}$$

比较例 3-1 和例 3-3 的计算结果可以看出，按二项式法计算的结果比按需要系数法计算的结果稍大，特别是在设备台数较少的情况下。供电设计的经验说明，选择低压分支干线或支线时，按需要系数法计算的结果往往偏小，以采用二项式法计算为宜。

（二）多组用电设备计算负荷的确定

采用二项式法确定多组用电设备总的计算负荷时，也应考虑各组用电设备的最大负荷不同时出现的因素。但不是计入一个同时系数，而是在各组设备中取其中一组最大的有功附加负荷 $(cP_x)_{\max}$，再加上各组的平均负荷 bP_e，由此求得其计算负荷。

总的有功计算负荷为

$$P_{30} = \sum(bP_e)_i + (cP_x)_{\max} \tag{3-22}$$

总的无功计算负荷为

$$Q_{30} = \sum(bP_e\tan\varphi)_i + (cP_x)_{\max}\tan\varphi_{\max} \tag{3-23}$$

式中，$\tan\varphi_{\max}$ 为最大附加负荷 $(cP_x)_{\max}$ 的设备组的平均功率因数角的正切值。

关于总的视在计算负荷 S_{30} 和计算电流 I_{30}，仍分别按式（3-19）和式（3-20）计算。

为了简化和统一，按二项式法计算多组设备的计算负荷时，也不论各组设备台数多少，各组的计算系数 b、c、x 和 $\cos\varphi$ 等，均按附录表 8 所列数值。

例 3-4 试用二项式法确定例 3-2 所述机修车间 380V 线路的计算负荷。

解： 先求各组的 bP_e 和 cP_x。

（1）金属切削机床组

查附录表 8 得 $b=0.14$，$c=0.4$，$x=5$，$\cos\varphi=0.5$，$\tan\varphi=1.73$，故

$$bP_{e(1)} = 0.14 \times 50\text{kW} = 7\text{kW}$$

$$cP_{x(1)} = 0.4 \times (7.5\text{kW} \times 1 + 4\text{kW} \times 3 + 2.2\text{kW} \times 1) = 8.68\text{kW}$$

（2）通风机组

查附录表 8 得 $b=0.65$，$c=0.25$，$x=5$，$\cos\varphi=0.8$，$\tan\varphi=0.75$，故

$$bP_{e(2)} = 0.65 \times 3\text{kW} = 1.95\text{kW}$$

$$cP_{x(2)} = 0.25 \times 3\text{kW} = 0.75\text{kW}$$

（3）电阻炉

查附录表 8 得 $b=0.7$，$c=0$，$x=0$，$\cos\varphi=1$，$\tan\varphi=0$，故

$$bP_{e(3)} = 0.7 \times 2\text{kW} = 1.4\text{kW}$$

$$cP_{x(3)} = 0$$

以上各组设备中，附加负荷以 $cP_{x(1)}$ 为最大，因此总计算负荷为

$$P_{30} = (7 + 1.95 + 1.4)\text{kW} + 8.68\text{kW} = 19\text{kW}$$

$$Q_{30} = (7 \times 1.73 + 1.95 \times 0.75 + 0)\text{kvar} + 8.68 \times 1.73\text{kvar} = 28.6\text{kvar}$$

$$S_{30} = \sqrt{19^2 + 28.6^2}\text{kVA} = 34.3\text{kVA}$$

$$I_{30} = \frac{34.3\text{kVA}}{\sqrt{3} \times 0.38\text{kV}} = 52.1\text{A}$$

按一般工程设计说明书要求，以上计算可列成表 3-2 所示电力负荷计算表。

表 3-2　例 3-4 的电力负荷计算表（按二项式法）

序号	用电设备组名称	设备台数		容量		二项式系数		$\cos\varphi$	$\tan\varphi$	计算负荷			
		总台数 n	最大容量台数 x	P_e/kW	P_x/kW	b	c			P_{30}/kW	Q_{30}/kvar	S_{30}/kVA	I_{30}/A
1	金属切削机床	20	5	50	21.7	0.14	0.4	0.5	1.73	7+8.68	12.1+15.0		
2	通风机	2	5	3	3	0.65	0.25	0.8	0.75	1.95+0.75	1.46+0.56		
3	电阻炉	1	0	2	0	0.7	0	1	0	1.4	0		
总计		23		55						19	28.6	34.3	52.1

比较例 3-2 和例 3-4 的计算结果可以看出，按二项式法计算的结果较之按需要系数法计算的结果大得比较多，这也更加合理。

◇◇◇　第三节　单相用电设备组计算负荷的确定　◇◇◇

一、概述

在工厂里，除了广泛应用的三相设备外，还应用有电焊机、电炉和电灯等各种单相设备。单相设备接在三相线路中，应尽可能均衡分配，使三相负荷尽可能均衡。如果三相线路中单相设备的总容量不超过三相设备总容量的 15%，则不论单相设备如何分配，单相设备可与三相设备综合按三相负荷平衡计算。如果单相设备容量超过三相设备容量的 15% 时，则应将单相设备容量换算为等效三相设备容量，再与三相设备容量相加。

由于确定计算负荷的目的，主要是为了选择线路上的设备和导线（包括电缆），使线路上的设备和导线在通过计算电流时不致过热或烧毁，因此在接有较多单相设备的三相线路中，不论单相设备接于相电压还是线电压，只要三相不平衡，就应以最大负荷相有功负荷的 3 倍作为等效三相有功负荷，以满足安全运行的要求。

二、单相设备组等效三相负荷的计算

1. 单相设备接于相电压时的等效三相负荷计算

其等效三相设备容量 P_e 应按最大负荷相所接单相设备容量 $P_{e \cdot m\varphi}$ 的 3 倍计算，即

$$P_e = 3P_{e \cdot m\varphi} \tag{3-24}$$

其等效三相计算负荷则按前述需要系数法计算。

2. 单相设备接于线电压时的等效三相负荷计算

由于容量为 $P_{e \cdot \varphi}$ 的单相设备接在线电压上产生的电流 $I = P_{e \cdot \varphi} / (U\cos\varphi)$，这一电流应与等效三相设备容量 P_e 产生的电流 $I' = P_e / (\sqrt{3} U\cos\varphi)$ 相等，因此其等效三相设备容量为

$$P_e = \sqrt{3} P_{e \cdot \varphi} \tag{3-25}$$

3. 单相设备分别接于线电压和相电压时的等效三相负荷计算

首先应将接于线电压的单相设备换算为接于相电压的设备容量，然后分相计算各相的设备容量和计算负荷。总的等效三相有功计算负荷为其最大有功负荷相的有功计算负荷 $P_{30 \cdot m\varphi}$ 的 3 倍，即

$$P_{30} = 3P_{30 \cdot m\varphi} \tag{3-26}$$

总的等效三相无功计算负荷为最大有功负荷相的无功计算负荷 $Q_{30 \cdot m\varphi}$ 的 3 倍，即

$$Q_{30} = 3Q_{30 \cdot m\varphi} \tag{3-27}$$

关于将接于线电压的单相设备容量换算为接于相电压的设备容量的问题，可按下列换算公式进行换算：

A 相
$$P_A = p_{AB-A} P_{AB} + p_{CA-A} P_{CA} \tag{3-28}$$
$$Q_A = q_{AB-A} P_{AB} + q_{CA-A} P_{CA} \tag{3-29}$$

B 相
$$P_B = p_{BC-B} P_{BC} + p_{AB-B} P_{AB} \tag{3-30}$$
$$Q_B = q_{BC-B} P_{BC} + q_{AB-B} P_{AB} \tag{3-31}$$

C 相
$$P_C = p_{CA-C} P_{CA} + p_{BC-C} P_{BC} \tag{3-32}$$
$$Q_C = q_{CA-C} P_{CA} + q_{BC-C} P_{BC} \tag{3-33}$$

式中，P_{AB}、P_{BC}、P_{CA} 分别为接于 AB、BC、CA 相间的有功设备容量；P_A、P_B、P_C 分别为换算至 A、B、C 相的有功设备容量；Q_A、Q_B、Q_C 分别为换算至 A、B、C 相的无功设备容量；p_{AB-A}、q_{AB-A}……分别为接于 AB、BC、CA 等间的设备容量换算至 A、B、C 相设备容量的有功和无功换算系数，其值如表 3-3 所列。

表 3-3　相间负荷换算为相负荷的功率换算系数

功率换算系数	负荷功率因数								
	0.35	0.4	0.5	0.6	0.65	0.7	0.8	0.9	1.0
p_{AB-A}、p_{BC-B}、p_{CA-C}	1.27	1.17	1.0	0.89	0.84	0.8	0.72	0.64	0.5
p_{AB-B}、p_{BC-C}、p_{CA-A}	-0.27	-0.17	0	0.11	0.16	0.2	0.28	0.36	0.5
q_{AB-A}、q_{BC-B}、q_{CA-C}	1.05	0.86	0.58	0.38	0.3	0.22	0.09	-0.05	-0.29
q_{AB-B}、q_{BC-C}、q_{CA-A}	1.63	1.44	1.16	0.96	0.88	0.8	0.67	0.53	0.29

例 3-5 如图 3-7 所示 220/380V 三相四线制线路上，接有 220V 单相电热干燥箱 4 台，其中 2 台 10kW 接于 A 相，1 台 30kW 接于 B 相，1 台 20kW 接于 C 相。另有 380V 单相对焊机 4 台，其中 2 台 14kW（$\varepsilon = 100\%$）接于 AB 相间，1 台 20kW（$\varepsilon = 100\%$）接于 BC 相间，1 台 30kW（$\varepsilon = 60\%$）接于 CA 相间。试求此线路的计算负荷。

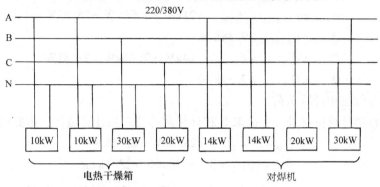

图 3-7 例 3-5 的电路图

解：（1）电热干燥箱的各相计算负荷

查附录表 8 得 $K_d = 0.7$，$\cos\varphi = 1$，$\tan\varphi = 0$。因此只需计算其有功计算负荷

A 相
$$P_{30.A(1)} = K_d P_{e.A} = 0.7 \times 2 \times 10\text{kW} = 14\text{kW}$$

B 相
$$P_{30.B(1)} = K_d P_{e.B} = 0.7 \times 1 \times 30\text{kW} = 21\text{kW}$$

C 相
$$P_{30.C(1)} = K_d P_{e.C} = 0.7 \times 1 \times 20\text{kW} = 14\text{kW}$$

（2）对焊机的各相计算负荷

先将接于 CA 相间的 30kW（$\varepsilon = 60\%$）换算至 $\varepsilon = 100\%$ 的容量，即
$$P_{CA} = \sqrt{0.6} \times 30\text{kW} = 23\text{kW}$$

查附录表 8 得 $K_d = 0.35$，$\cos\varphi = 0.7$，$\tan\varphi = 1.02$；再由表 3-3 查得 $\cos\varphi = 0.7$ 时的功率换算系数 $p_{AB-A} = p_{BC-B} = p_{CA-C} = 0.8$，$p_{AB-B} = p_{BC-C} = p_{CA-A} = 0.2$，$q_{AB-A} = q_{BC-B} = q_{CA-C} = 0.22$，$q_{AB-B} = q_{BC-C} = q_{CA-A} = 0.8$。因此对焊机换算到各相的有功和无功设备容量为

A 相
$$P_A = 0.8 \times 2 \times 14\text{kW} + 0.2 \times 23\text{kW} = 27\text{kW}$$
$$Q_A = 0.22 \times 2 \times 14\text{kvar} + 0.8 \times 23\text{kvar} = 24.6\text{kvar}$$

B 相
$$P_B = 0.8 \times 20\text{kW} + 0.2 \times 2 \times 14\text{kW} = 21.6\text{kW}$$
$$Q_B = 0.22 \times 20\text{kvar} + 0.8 \times 2 \times 14\text{kvar} = 26.8\text{kvar}$$

C 相
$$P_C = 0.8 \times 23\text{kW} + 0.2 \times 20\text{kW} = 22.4\text{kW}$$
$$Q_C = 0.22 \times 23\text{kvar} + 0.8 \times 20\text{kvar} = 21.1\text{kvar}$$

各相的有功和无功计算负荷为

A 相
$$P_{30.A(2)} = 0.35 \times 27\text{kW} = 9.45\text{kW}$$
$$Q_{30.A(2)} = 0.35 \times 24.6\text{kvar} = 8.61\text{kvar}$$

B 相
$$P_{30.B(2)} = 0.35 \times 21.6\text{kW} = 7.56\text{kW}$$
$$Q_{30.B(2)} = 0.35 \times 26.8\text{kvar} = 9.38\text{kvar}$$

C 相
$$P_{30.C(2)} = 0.35 \times 22.4\text{kW} = 7.84\text{kW}$$

$$Q_{30.C(2)} = 0.35 \times 21.1 \text{kvar} = 7.39 \text{kvar}$$

（3）各相总的有功和无功计算负荷

A 相
$$P_{30.A} = P_{30.A(1)} + P_{30.A(2)} = 14 \text{kW} + 9.45 \text{kW} = 23.5 \text{kW}$$
$$Q_{30.A} = Q_{30.A(2)} = 8.61 \text{kvar}$$

B 相
$$P_{30.B} = P_{30.B(1)} + P_{30.B(2)} = 21 \text{kW} + 7.56 \text{kW} = 28.6 \text{kW}$$
$$Q_{30.B} = Q_{30.B(2)} = 9.38 \text{kvar}$$

C 相
$$P_{30.C} = P_{30.C(1)} + P_{30.C(2)} = 14 \text{kW} + 7.84 \text{kW} = 21.8 \text{kW}$$
$$Q_{30.C} = Q_{30.C(2)} = 7.39 \text{kvar}$$

（4）总的等效三相计算负荷

因 B 相的有功计算负荷最大，故取 B 相计算其等效三相计算负荷，由此可得

$$P_{30} = 3P_{30.B} = 3 \times 28.6 \text{kW} = 85.8 \text{kW}$$
$$Q_{30} = 3Q_{30.B} = 3 \times 9.38 \text{kvar} = 28.1 \text{kvar}$$
$$S_{30} = \sqrt{P_{30}^2 + Q_{30}^2} = \sqrt{85.8^2 + 28.1^2} \text{kVA} = 90.3 \text{kVA}$$
$$I_{30} = \frac{S_{30}}{\sqrt{3}U_N} = \frac{90.3 \text{kVA}}{\sqrt{3} \times 0.38 \text{kV}} = 137 \text{A}$$

以上计算也可列成计算表格[9]，限于篇幅，此略。

◈◈◈ 第四节　工厂的计算负荷及负荷中心的确定 ◈◈◈

一、工厂计算负荷的确定

工厂计算负荷是选择工厂电源进线及主要电气设备包括主变压器的基本依据，也是计算工厂的功率因数和无功补偿容量的基本依据。确定工厂计算负荷的方法很多，可按具体情况选用。

（一）按需要系数法确定工厂计算负荷

将全厂用电设备的总容量 P_e（不计备用设备容量）乘上一个需要系数 K_d，即得全厂的有功计算负荷，即

$$P_{30} = K_d P_e \tag{3-34}$$

附录表 9 列出了部分工厂的需要系数值，供参考。

全厂的无功计算负荷、视在计算负荷和计算电流，可分别按式（3-11）、式（3-12）和式（3-13）计算。

（二）按年产量估算工厂计算负荷

将工厂的年产量 A 乘上单位产品耗电量 a，可得到工厂全年耗电量

$$W_a = Aa \tag{3-35}$$

各类工厂的单位产品耗电量可由有关设计单位根据实测统计资料确定，亦可查有关设计手册。

在求得工厂的年耗电量 W_a 后，除以工厂的年最大负荷利用小时 T_{max}，就可求出工厂的有功计算负荷

$$P_{30} = \frac{W_a}{T_{max}} \tag{3-36}$$

其他的计算负荷 Q_{30}、S_{30} 和计算电流 I_{30} 的计算，与上述需要系数法相同。

（三）按逐级计算法确定工厂计算负荷

如图 3-8 所示，工厂的计算负荷（这里举有功负荷为例）$P_{30(1)}$，应该是高压母线上所有高压配电线路计算负荷之和，再乘上一个同时系数。高压配电线路的计算负荷 $P_{30(2)}$，应该是该线路所供车间变电所低压侧的计算负荷 $P_{30(3)}$，加上变压器的功率损耗 ΔP_T 和高压配电线路的功率损耗 ΔP_{WL1}，……，如此逐级计算即可求得供电系统中所有元件的计算负荷。但对一般供电系统来说，由于高低压配电线路一般不是很长，因此在确定其计算负荷时往往不计线路损耗。

在负荷计算中，新型低损耗电力变压器（如 S9、SC9 等）的功率损耗可按下列简化公式近似计算[8]：

有功损耗 $\qquad \Delta P_T \approx 0.01 S_{30} \tag{3-37}$

无功损耗 $\qquad \Delta Q_T \approx 0.05 S_{30} \tag{3-38}$

以上二式中 S_{30} 为变压器二次侧的视在计算负荷。

（四）工厂的功率因数、无功补偿及补偿后工厂的计算负荷

1. 工厂的功率因数

（1）瞬时功率因数　可由相位表（功率因数表）直接测出，或由功率表、电压表、电流表的读数通过下式求得（间接测量）：

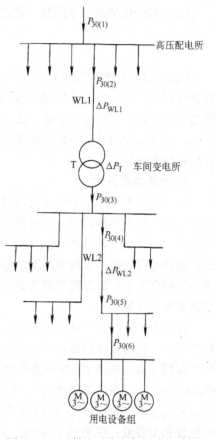

图 3-8　工厂供电系统中各部分的计算
负荷和功率损耗
（只示出其有功部分）

$$\cos\varphi = \frac{P}{\sqrt{3}UI} \tag{3-39}$$

式中，P 为功率表测出的三相有功功率读数（kW）；U 为电压表测出的线电压读数（kV）；I 为电流表测出的线电流读数（A）。

瞬时功率因数可用来了解和分析工厂或设备在生产过程中某一时间的功率因数值，借以了解当时的无功功率变化情况，研究是否需要和如何进行无功补偿的问题。

（2）平均功率因数　又称加权平均功率因数，按下式计算：

$$\cos\varphi = \frac{W_p}{\sqrt{W_p^2 + W_q^2}} = \frac{1}{\sqrt{1 + \left(\dfrac{W_q}{W_p}\right)^2}} \tag{3-40}$$

式中，W_p 为某一段时间（通常取一月）内消耗的有功电能，由有功电能表读取；W_q 为某一段时间（通常取一月）内消耗的无功电能，由无功电能表读取。

我国供电企业每月向工厂用户收取电费时，就规定电费要按月平均功率因数高低进行调

整。如果平均功率因数高于规定值，可减收电费；而低于规定值，则要加收电费，以鼓励用户积极设法提高功率因数，降低电能损耗。

（3）最大负荷时功率因数　指在最大负荷即计算负荷时的功率因数，按下式计算：

$$\cos\varphi = \frac{P_{30}}{S_{30}} \qquad (3-41)$$

《供电营业规则》规定："用户在当地供电企业规定的电网高峰负荷时的功率因数应达到下列规定：100kVA 及以上高压供电的用户功率因数为 0.90 以上，其他电力用户和大、中型电力排灌站、趸购转售企业，功率因数为 0.85 以上。"并规定，凡功率因数未达到上述规定的，应增添无功补偿装置，通常采用并联电容器进行补偿。这里所指功率因数，即为最大负荷时功率因数。

2. 无功功率补偿

工厂中由于有大量的异步电动机、电焊机、电弧炉及气体放电灯等感性负荷，还有感性的电力变压器，从而使工厂的功率因数降低。**如果在充分发挥设备潜力、改善设备运行性能、提高其自然功率因数的情况下，尚达不到规定的工厂功率因数要求时，则需要考虑增设无功功率补偿装置。**

图 3-9 表示功率因数提高与无功功率和视在功率变化的关系。假设功率因数由 $\cos\varphi$ 提高到 $\cos\varphi'$，这时在用户需用的有功功率 P_{30} 不变的条件下，无功功率将由 Q_{30} 减小到 Q'_{30}，视在功率将由 S_{30} 减小到 S'_{30}。相应地负荷电流 I_{30} 也将有所减小。这将使系统的电能损耗和电压损耗相应降低，既节约了电能，又提高了电压质量，而且可选较小容量的供电设备和导线、电缆，因此提高功率因数对供电系统大有好处。

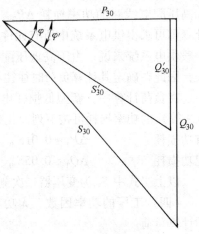

图 3-9　功率因数提高与无功功率和视在功率变化的关系

由图 3-9 可知，要使功率因数由 $\cos\varphi$ 提高到 $\cos\varphi'$，必须装设无功补偿装置（并联电容器），其容量为

$$Q_C = Q_{30} - Q'_{30} = P_{30}\,(\tan\varphi - \tan\varphi') \qquad (3-42)$$

或

$$Q_C = \Delta q_C P_{30} \qquad (3-43)$$

式中，$\Delta q_C = \tan\varphi - \tan\varphi'$，称为无功补偿率，或比补偿容量。这无功补偿率，是表示要使 1kW 的有功功率由 $\cos\varphi$ 提高到 $\cos\varphi'$ 所需要的无功补偿容量 kvar 值。

附录表 10 列出了并联电容器的无功补偿率，可利用补偿前和补偿后的功率因数直接查得。

在确定了总的补偿容量后，就可根据所选并联电容器的单个容量 q_C 来确定电容器的个数，即

$$n = Q_C / q_C \qquad (3-44)$$

常用的并联电容器的主要技术数据，如附录表 11 所列。

由上式计算所得的电容器个数 n，对单相电容器（其全型号后标"1"者）来说，应取 3 的倍数，以便三相均衡分配。

3. 无功补偿后的工厂计算负荷

工厂（或车间）装设了无功补偿装置以后，总的有功计算负荷 P_{30} 不变，而总的无功计算负荷应扣除无功补偿容量，即总的无功计算负荷为

$$Q'_{30} = Q_{30} - Q_C \tag{3-45}$$

总的视在计算负荷为

$$S'_{30} = \sqrt{P^2_{30} + (Q_{30} - Q_C)^2} \tag{3-46}$$

由上式可以看出，在变电所低压侧装设了无功补偿装置以后，由于低压侧总的视在负荷减小，从而可使变电所主变压器容量选得小一些，这不但可降低变电所的初投资，而且可减少工厂的电费开支。因为我国供电企业对工业用户是实行的"两部电费制"：一部分叫基本电费，按所装设的主变压器容量来计费，规定每月按 kVA 容量大小交纳电费，容量越大，交纳的电费也越多，容量减小了，交纳的电费就减少了；另一部分叫电能电费，按每月实际耗用的电能 kW·h 来计算电费，并且要根据月平均功率因数的高低乘一个调整系数。凡月平均功率因数高于规定值的，可减交一定百分率的电费。由此可见，提高工厂功率因数不仅对整个电力系统大有好处，而且对工厂本身也是有一定经济实惠的。

例 3-6 某厂拟建一降压变电所，装设一台主变压器。已知变电所低压侧有功计算负荷为 650kW，无功计算负荷为 800kvar。为了使工厂（变电所高压侧）的功率因数不低于 0.9，如在变电所低压侧装设并联电容器进行补偿，则需装设多少补偿容量？补偿前后工厂变电所所选主变压器容量有何变化？

解：（1）补偿前的变压器容量和功率因数

变压器低压侧的视在计算负荷为

$$S_{30(2)} = \sqrt{650^2 + 800^2}\,\text{kVA} = 1031\text{kVA}$$

主变压器容量的选择条件为 $S_{N.T} \geqslant S_{30(2)}$，因此未进行无功补偿时，主变压器容量应选为 1250kVA（参看附录表 1）。

这时变电所低压侧的功率因数为

$$\cos\varphi_{(2)} = 650/1031 = 0.63$$

（2）无功补偿容量

按规定，变电所高压侧的 $\cos\varphi \geqslant 0.9$，考虑到变压器本身的无功损耗 ΔQ_T 远大于其有功损耗 ΔP_T，一般 $\Delta Q_T = (4 \sim 5)\Delta P_T$，因此在变压器低压侧进行无功补偿时，低压侧补偿后的功率因数应略高于 0.9，这里取 $\cos\varphi' = 0.92$。

要使低压侧功率因数由 0.63 提高到 0.92，低压侧需装设的并联电容器容量为

$$Q_C = 650 \times [\tan(\arccos 0.63) - \tan(\arccos 0.92)]\,\text{kvar} = 525\text{kvar}$$

取

$$Q_C = 530\text{kvar}$$

（3）补偿后的变压器容量和功率因数

补偿后变电所低压侧的视在计算负荷为

$$S'_{30(2)} = \sqrt{650^2 + (800 - 530)^2}\,\text{kVA} = 704\text{kVA}$$

因此主变压器容量可改选为 800kVA，比补偿前容量减少 450kVA。

变压器的功率损耗为

$$\Delta P_T \approx 0.01 S_{30(2)} = 0.01 \times 704\text{kVA} = 7\text{kW}$$

$$\Delta Q_{\mathrm{T}} \approx 0.05 S_{30(2)} = 0.05 \times 704\,\mathrm{kVA} = 35\,\mathrm{kvar}$$

变电所高压侧的计算负荷为

$$P'_{30(1)} = 650\,\mathrm{kW} + 7\,\mathrm{kW} = 657\,\mathrm{kW}$$

$$Q'_{30(1)} = (800 - 530)\,\mathrm{kvar} + 35\,\mathrm{kvar} = 305\,\mathrm{kvar}$$

$$S'_{30(1)} = \sqrt{657^2 + 305^2}\,\mathrm{kVA} = 724\,\mathrm{kVA}$$

补偿后工厂的功率因数为 $\cos\varphi' = P'_{30(1)}/S'_{30(1)} = 657/724 = 0.907$，满足要求。

由此例可以看出，采用无功补偿来提高功率因数能使工厂取得可观的经济效果。

二、工厂负荷中心的确定

在第二章第五节讲述工厂变配电所所址选择的原则时，曾讲到变配电所所址应尽量靠近负荷中心，以降低配电系统的电能损耗、电压损耗和有色金属消耗量。工厂（或车间）的负荷中心可用下述负荷指示图或负荷功率矩法来近似地确定。

（一）负荷指示图

负荷指示图是将电力负荷按一定比例（例如以 $1\,\mathrm{mm}^2$ 面积代表 $\square\,\mathrm{kW}$）用负荷圆的形式标示在工厂（或车间）的平面图上，如图 3-10 所示。各车间（建筑）的负荷圆的圆心应与车间（建筑）的负荷"重心"（负荷中心）大致相符。在负荷大体均匀分布的车间（建筑）内，这一重心就是车间（建筑）的中心。在负荷分布不均匀的车间（建筑）内，这一重心应偏向负荷集中的一侧。

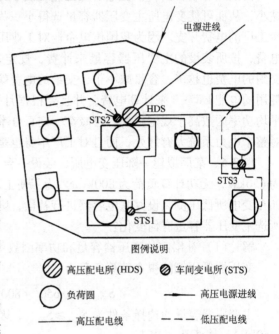

图 3-10　图 1-2 所示工厂的负荷指示图

负荷圆的半径 r，由车间（建筑）的计算负荷 $P_{30} = K\pi r^2$ 得

$$r = \sqrt{\frac{P_{30}}{K\pi}} \qquad (3\text{-}47)$$

式中，P_{30} 为车间（建筑）内的有功计算负荷（kW）；K 为负荷圆的比例（$\mathrm{kW/mm^2}$）。

由图 3-10 所示的工厂负荷指示图可以直观地大致确定工厂的负荷中心。但还必须结合其他条件，综合分析比较几个方案，最后选择其最佳方案作为变配电所的所址。

（二）按负荷功率矩法确定负荷中心

设有负荷 P_1、P_2 和 P_3（均表示有功计算负荷），分布如图 3-11 所示。它们在任选的直角坐标系中的坐标分别为 $P_1(x_1, y_1)$、$P_2(x_2, y_2)$ 和 $P_3(x_3, y_3)$。

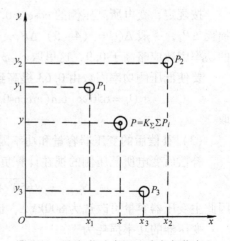

图 3-11　按负荷功率矩法确定负荷中心

现假设总负荷 $P = \sum P_i = P_1 + P_2 + P_3$ 的负荷中心位于坐标 P (x, y) 处，则仿照力学中求重心的力矩方程可得

$$x \sum P_i = P_1 x_1 + P_2 x_2 + P_3 x_3$$
$$y \sum P_i = P_1 y_1 + P_2 y_2 + P_3 y_3$$

写成一般式为

$$x \sum P_i = \sum (P_i x_i)$$
$$y \sum P_i = \sum (P_i y_i)$$

因此可求得负荷中心的坐标为

$$x = \frac{\sum (P_i x_i)}{\sum P_i} \tag{3-48}$$

$$y = \frac{\sum (P_i y_i)}{\sum P_i} \tag{3-49}$$

这里必须重申：负荷中心虽然是选择变配电所所址的重要因素，但不是唯一因素，而且负荷中心也不是绝对固定不变的，因此负荷中心的计算并不要求十分精确。

◈◈◈ 第五节　尖峰电流及其计算 ◈◈◈

一、概述

尖峰电流（peak current）是指持续时间 $1 \sim 2s$ 的短时最大电流。

尖峰电流主要用来选择熔断器和低压断路器、整定继电保护装置及检验电动机自起动条件等。

二、用电设备尖峰电流的计算

（一）单台用电设备尖峰电流的计算

单台用电设备的尖峰电流就是其起动电流（starting current），因此尖峰电流为

$$I_{pk} = I_{st} = K_{st} I_N \tag{3-50}$$

式中，I_N 为用电设备的额定电流；I_{st} 为用电设备的起动电流；K_{st} 为用电设备的起动电流倍数，笼型异步电动机 $K_{st} = 5 \sim 7$，绕线转子异步电动机 $K_{st} = 2 \sim 3$，直流电动机 $K_{st} = 1.7$，电焊变压器 $K_{st} \geqslant 3$。

（二）多台用电设备尖峰电流的计算

引至多台用电设备的线路上的尖峰电流按下式计算：

$$I_{pk} = K_{\sum} \sum_{i=1}^{n-1} I_{N.i} + I_{st.max} \tag{3-51}$$

或

$$I_{pk} = I_{30} + (I_{st} - I_N)_{max} \tag{3-52}$$

式中，$I_{st.max}$ 和 $(I_{st} - I_N)_{max}$ 分别为用电设备中起动电流与额定电流之差为最大的那台设备的起动电流及其起动电流与额定电流之差；$\sum_{i=1}^{n-1} I_{N.i}$ 为将起动电流与额定电流之差为最大的那台设备除外的其他 $n-1$ 台设备的额定电流之和；$K_{\sum}$ 为上述 $n-1$ 台设备的同时系数，按台数

多少选取，一般取 0.7~1；I_{30} 为全部设备投入运行时的计算电流。

例 3-7 有一 380V 三相线路，供电给表 3-4 所示 4 台电动机。试计算该线路的尖峰电流。

表 3-4 例 3-7 的负荷资料

参 数	电 动 机			
	M1	M2	M3	M4
额定电流／A	5.8	5	35.8	27.6
起动电流／A	40.6	35	197	193.2

解： 由表 3-4 可知，电动机 M4 的 $I_{st} - I_N = 193.2A - 27.6A = 165.6A$ 为最大，因此按式 (3-51) 计算（取 $K_\Sigma = 0.9$），线路的尖峰电流为

$$I_{pk} = 0.9 \times (5.8 + 5 + 35.8)A + 193.2A = 235A$$

复习思考题

3-1 工厂用电设备按其工作制不同可分为哪几类？什么叫负荷持续率？它表征哪类设备的工作特性？

3-2 什么叫最大负荷利用小时？什么叫年最大负荷和年平均负荷？什么叫负荷系数？

3-3 什么叫计算负荷？为什么计算负荷通常采用半小时最大负荷？正确确定计算负荷有何意义？

3-4 确定计算负荷的需要系数法和二项式法各有什么特点？各适用于哪些场合？

3-5 在确定多组用电设备总的视在计算负荷和计算电流时，可否将各组的视在计算负荷和计算电流分别相加来求得？为什么？应如何正确计算？

3-6 在接有单相用电设备的三相线路中，什么情况下可将单相设备与三相设备综合按三相负荷的计算方法来确定计算负荷？

3-7 什么叫平均功率因数和最大负荷时功率因数？各如何计算？各有何用途？

3-8 为什么要进行无功功率补偿？如何确定其补偿容量？

3-9 负荷指示图中负荷圆的半径如何确定？怎样用负荷功率矩来确定负荷中心？

3-10 什么叫尖峰电流？如何计算单台和多台设备的尖峰电流？

习 题

3-1 某大批生产的机械加工车间，拥有金属切削机床电动机容量共 800kW，通风机容量共 56kW，线路电压为 380V。试分别确定各组和车间的计算负荷 P_{30}、Q_{30}、S_{30} 和 I_{30}。

3-2 某机修车间，拥有冷加工机床 52 台，共 200kW；起重机 1 台，共 5.1kW（$\varepsilon = 15\%$）；通风机 4 台，共 5kW；点焊机 3 台，共 10.5kW（$\varepsilon = 65\%$）。车间采用 220/380V 三相四线制（TN-C 系统）配电。试确定该车间的计算负荷 P_{30}、Q_{30}、S_{30} 和 I_{30}。

3-3 有一 380V 三相线路，供电给 35 台小批生产的冷加工机床电动机，总容量 85kW，其中较大容量的电动机有 7.5kW 1 台，4kW 3 台，3kW 12 台。试分别用需要系数法和二项式法确定其计算负荷 P_{30}、Q_{30}、S_{30} 和 I_{30}。

3-4 某实验室拟装设 5 台 220V 单相加热器，其中 1kW 的 3 台，3kW 的 2 台。试合理分配上列各加热器于 220/380V 线路上，并求其计算负荷 P_{30}、Q_{30}、S_{30} 和 I_{30}。

3-5 某 220/380V 线路上，接有如表 3-5 所列的用电设备。试确定该线路的计算负荷 P_{30}、Q_{30}、S_{30} 和 I_{30}。

表 3-5　习题 3-5 的负荷资料

设备名称	380V 单头手动弧焊机			220V 电热箱		
接入相序	AB	BC	CA	A	B	C
设备台数	1	1	2	2	1	1
单台设备容量	21kVA（$\varepsilon=65\%$）	17kVA（$\varepsilon=100\%$）	10.3kVA（$\varepsilon=50\%$）	3kW	6kW	4.5kW

3-6　某厂变电所装有一台 630kVA 变压器，其二次侧（380V）的有功计算负荷为 420kW，无功计算负荷为 350kvar。试求此变电所一次侧（10kV）的计算负荷及其功率因数。如果功率因数未达到 0.9，问此变电所低压母线上应装设多大容量的并联电容器才能达到要求？

3-7　某电器开关厂（一班制生产）共有用电设备 5840kW。试估算该厂的计算负荷 P_{30}、Q_{30}、S_{30} 及其年有功电能消耗量 $W_{p.a}$ 和年无功电能消耗量 $W_{q.a}$。

3-8　某厂的有功计算负荷为 2400kW，功率因数为 0.65。现拟在工厂变电所 10kV 母线上装设 BWF10.5-30-1 型并联电容器，使功率因数提高到 0.9。问需装设多少个并联电容器？装设了并联电容器以后，该厂的视在计算负荷为多少？比未装设前的视在计算负荷减少了多少？

3-9　某车间有一条 380V 线路供电给表 3-6 所列 5 台交流电动机。试计算该线路的计算电流和尖峰电流。（提示：计算电流在此可近似地按下式计算：$I_{30} \approx K_{\Sigma} \sum I_{N}$，式中 K_{Σ} 建议取为 0.9。）

表 3-6　习题 3-9 的负荷资料

参　　数	电　动　机				
	M1	M2	M3	M4	M5
额定电流/A	10.2	32.4	30	6.1	20
起动电流/A	66.3	227	163	34	140

第四章

短路电流计算及变配电所电气设备选择

本章首先简单介绍短路的原因、后果及其形式，接着分析无限大容量电力系统发生三相短路时的物理过程及有关物理量，然后重点讲述工厂供电系统三相短路及两相和单相短路的计算，并介绍短路电流的效应及短路校验条件，最后讲述变配电所电气设备的选择与校验。本章内容也是工厂供电系统运行分析和设计计算的基础。

◇◇◇ 第一节 短路的原因、后果和形式 ◇◇◇

一、短路的原因

工厂供电系统要求正常地不间断地对用电负荷供电，以保证工厂生产和生活的正常进行。然而由于各种原因，也难免出现故障，而使系统的正常运行遭到破坏。系统中最常见的故障就是短路（short circuit）。短路就是指不同电位的导电部分包括导电部分对地之间的低阻性短接。造成短路的原因主要有：

（1）电气设备绝缘损坏 这可能是由于设备长期运行、绝缘自然老化造成的；也可能是设备本身质量低劣、绝缘强度不够而被正常电压击穿；或者设备质量合格、绝缘合乎要求而被过电压（包括雷电过电压）击穿，或者是设备绝缘受到外力损伤而造成短路。

（2）有关人员误操作 大多是操作人员违反安全操作规程而发生的，例如带负荷拉闸（即带负荷断开隔离开关），或者误将低电压设备接入较高电压的电路中而造成击穿短路。

（3）鸟兽为害事故 鸟兽（包括蛇、鼠等）跨越在裸露的带电导体之间或带电导体与接地物体之间，或者咬坏设备和导线电缆的绝缘，从而导致短路。

二、短路的后果

短路后，系统中出现的短路电流（short-circuit current）比正常负荷电流大得多。在大电力系统中，短路电流可达几万安甚至几十万安。如此大的短路电流会对供电系统造成极大的危害：

1）短路时要产生很大的电动力和很高的温度，而使故障元件和短路电路中的其他元件受到损害和破坏，甚至引发火灾事故。

2）短路时电路的电压骤然下降，严重影响电气设备的正常运行。

3）短路时保护装置动作，将故障电路切除，从而造成停电，而且短路点越靠近电源，停电范围越大，造成的损失也越大。

4）严重的短路要影响电力系统运行的稳定性，可使并列运行的发电机组失去同步，造成系统解列。

5）不对称短路包括单相和两相短路，其短路电流将产生较强的不平衡交流电磁场，对附近的通信线路、电子设备等产生电磁干扰，影响其正常运行，甚至使之发生误动作。

由此可见，短路的后果是十分严重的，因此必须尽力设法消除可能引起短路的一切因素；同时需要进行短路电流的计算，以便正确地选择电气设备，使设备具有足够的动稳定性和热稳定性，以保证它在发生可能有的最大短路电流时不致损坏。为了选择切除短路故障的开关电器、整定短路保护的继电保护装置和选择限制短路电流的元件（如电抗器）等，也必须计算短路电流。

三、短路的形式

在三相系统中，短路的形式有三相短路、两相短路、单相短路和两相接地短路等，如图4-1所示。其中两相接地短路，实质是两相短路。

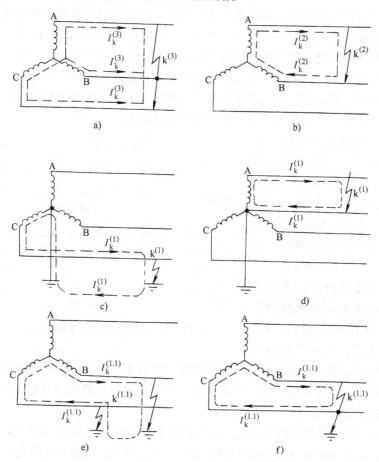

图 4-1　短路的形式（虚线表示短路电流路径）

$k^{(3)}$—三相短路　$k^{(2)}$—两相短路　$k^{(1)}$—单相短路　$k^{(1.1)}$—两相接地短路

按短路电路的对称性来分，三相短路属于对称性短路，其他形式短路均为不对称短路。

电力系统中，发生单相短路的可能性最大，而发生三相短路的可能性最小。但一般情况下，特别是远离电源（发电机）的工厂供电系统中，三相短路电流最大，因此它造成的危害也最为严重。为了使电力系统中的电气设备在最严重的短路状态下也能可靠地工作，因此作为选择和校验电气设备用的短路计算中，以三相短路计算为主。实际上，不对称短路也可以按对称分量法将不对称的短路电流分解为对称的正序、负序和零序分量，然后按对称量来分析和计算。所以，对称的三相短路分析计算也是不对称短路分析计算的基础。

◆◆◆ 第二节　无限大容量电力系统发生 ◆◆◆ 三相短路时的物理过程和物理量

一、无限大容量电力系统及其三相短路的物理过程

无限大容量电力系统，是指供电容量相对于用户供电系统容量大得多的电力系统。其特点是：当用户供电系统的负荷变动甚至发生短路时，电力系统变电所馈电母线上的电压能基本维持不变。如果电力系统的电源总阻抗不超过短路电路总阻抗的 5% ～ 10%，或者电力系统容量超过用户供电系统容量的 50 倍时，可将电力系统视为无限大容量系统。

对一般工厂供电系统来说，由于工厂供电系统的容量远比电力系统总容量小，而阻抗又较电力系统大得多，因此工厂供电系统内发生短路时，电力系统变电所馈电母线上的电压几乎维持不变，也就是说可将电力系统视为无限大容量的电源。

图 4-2a 是一个电源为无限大容量的供电系统发生三相短路的电路图。图中 R_{WL}、X_{WL} 为线路（WL）的电阻和电抗，R_L、X_L 为负荷（L）的电阻和电抗。由于三相短路对称，因此这一三相短路电路可用图 4-2b 所示的等效单相电路来分析研究。

供电系统正常运行时，电路中的电流取决于电源电压和电路中所有元件包括负荷在内的所有阻抗。当发生三相短路时，由于负荷阻抗

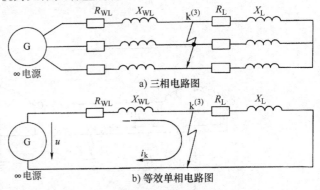

a) 三相电路图

b) 等效单相电路图

图 4-2　无限大容量电力系统发生三相短路

和部分线路阻抗被短路，所以电路电流根据欧姆定律要突然增大。但是由于电路中存在着电感，根据楞次定律，电流不能突变，因而引起一个过渡过程，即短路暂态过程。最后短路电流达到一个新的稳定状态。

图 4-3 表示无限大容量系统中发生三相短路前后的电压、电流变动曲线。其中短路电流周期分量（periodic component of short-circuit current）i_p 是由于短路后电路阻抗突然减小很多倍，因而按欧姆定律应突然增大很多倍的电流。短路电流非周期分量（non-periodic component of short-circuit current）i_{np} 是因短路电路存在电感，而按楞次定律电路中感生的用以维持短路初瞬间（$t=0$ 时）电路电流不致突变的一个反向抵消 $i_{p(0)}$、且按指数函数规律衰减的电流。短路电流周期分量 i_p 与短路电流非周期分量 i_{np} 的叠加，就是短路全电流（short-circuit whole-current）。短路电流非周期分量 i_{np} 衰减完毕后的短路电流，称为短路稳态电流，其有效值用 I_∞ 表示。

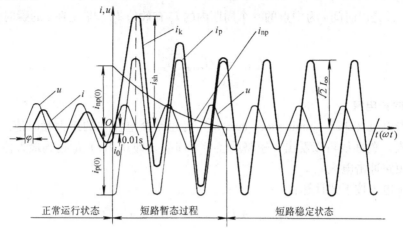

图 4-3　无限大容量系统发生三相短路时的电压、电流变动曲线

二、短路的有关物理量

1. 短路电流周期分量

假设在电压 $u = 0$ 时发生三相短路，如图 4-3 所示。短路电流周期分量为

$$i_p = I_{k.m}\sin(\omega t - \varphi_k) \tag{4-1}$$

式中，$I_{k.m} = U/\sqrt{3}\,|Z_\Sigma|$ 为短路电流周期分量幅值，其中 $|Z_\Sigma| = \sqrt{R_\Sigma^2 + X_\Sigma^2}$ 为短路电路总阻抗[模]；$\varphi_k = \arctan(X_\Sigma/R_\Sigma)$ 为短路电路的阻抗角。

由于短路电路的 $X_\Sigma >> R_\Sigma$，因此 $\varphi_k \approx 90°$。故短路初瞬间（$t=0$ 时）的短路电流周期分量为

$$i_{p(0)} = -I_{k.m} = -\sqrt{2}I'' \tag{4-2}$$

式中，I'' 为短路次暂态电流有效值，即短路后第一个周期的短路电流周期分量 i_p 的有效值。

2. 短路电流非周期分量

由于短路电路存在电感，因此在突然短路时，电路的电感要感生一个电动势，以维持短路初瞬间（$t=0$ 时）电路内的电流和磁链不致突变。电感的感应电动势所产生的与初瞬间短路电流周期分量反向的这一电流，即为短路电流非周期分量。

短路电流非周期分量的初始绝对值为

$$i_{np(0)} = |i_0 - I_{k.m}| \approx I_{k.m} = \sqrt{2}I'' \tag{4-3}$$

由于短路电路还存在电阻，因此短路电流非周期分量要逐渐衰减。电路内的电阻越大和电感越小，则衰减越快。

短路电流非周期分量是按指数函数衰减的，其表达式为

$$i_{np} = i_{np(0)}\mathrm{e}^{-\frac{t}{\tau}} \approx \sqrt{2}I''\mathrm{e}^{-\frac{t}{\tau}} \tag{4-4}$$

式中，$\tau = L_\Sigma/R_\Sigma = X_\Sigma/314R_\Sigma$，称为短路电流非周期分量衰减时间常数，或称为短路电路时间常数，它就是使 i_{np} 由最大值按指数函数衰减到最大值的 $1/\mathrm{e} = 0.3679$ 倍时所需的时间。

3. 短路全电流

短路电流周期分量 i_p 与非周期分量 i_{np} 之和，即为短路全电流 i_k。某一瞬间 t 的短路全电流有效值 $I_{k(t)}$，是以时间 t 为中点的一个周期内的 i_p 有效值 $I_{p(t)}$ 与 i_{np} 在 t 的瞬时值 $i_{np(t)}$ 的方均根值，即

$$I_{k(t)} = \sqrt{I_{p(t)}^2 + i_{np(t)}^2} \tag{4-5}$$

4. 短路冲击电流

短路冲击电流（short-circuit shock current）为短路全电流中的最大瞬时值。由图 4-3 所示短路全电流 i_k 的曲线可以看出，短路后经半个周期（即 0.01s）i_k 达到最大值，此时的短路全电流即短路冲击电流 i_{sh}。

短路冲击电流按下式计算：

$$i_{sh} = i_{p(0.01)} + i_{np(0.01)} \approx \sqrt{2}I''(1 + e^{-\frac{0.01}{\tau}}) \tag{4-6}$$

或

$$i_{sh} \approx K_{sh}\sqrt{2}I'' \tag{4-7}$$

式中，K_{sh} 称为短路电流冲击系数。

由式（4-6）和式（4-7）知，短路电流冲击系数为

$$K_{sh} = 1 + e^{-\frac{0.01}{\tau}} = 1 + e^{-\frac{0.01R_\Sigma}{L_\Sigma}} \tag{4-8}$$

由上式可知，当 $R_\Sigma \rightarrow 0$ 时，$K_{sh} \rightarrow 2$；当 $L_\Sigma \rightarrow 0$ 时，$K_{sh} \rightarrow 1$。因此 $K_{sh} = 1 \sim 2$。

短路全电流 i_k 的最大有效值是短路后第一个周期的短路电流有效值，用 I_{sh} 表示，也可称为短路冲击电流有效值，用下式计算

$$I_{sh} = \sqrt{I_{p(0.01)}^2 + i_{np(0.01)}^2} \approx \sqrt{I''^2 + (\sqrt{2}I''e^{-\frac{0.01}{\tau}})^2}$$

或

$$I_{sh} \approx \sqrt{1 + 2(K_{sh} - 1)^2}\, I'' \tag{4-9}$$

在高压电路发生三相短路时，一般可取 $K_{sh} = 1.8$，因此

$$i_{sh} = 2.55I'' \tag{4-10}$$

$$I_{sh} = 1.51I'' \tag{4-11}$$

在 1000kVA 及以下的电力变压器二次侧和低压电路中发生三相短路时，一般可取 $K_{sh} = 1.3$，因此

$$i_{sh} = 1.84I'' \tag{4-12}$$

$$I_{sh} = 1.09I'' \tag{4-13}$$

5. 短路稳态电流

短路稳态电流是短路电流非周期分量衰减完毕以后的短路全电流，其有效值用 I_∞ 表示。

在无限大容量系统中，由于系统馈电母线电压维持不变，所以其短路电流周期分量有效值（习惯上用 I_k 表示）在短路的全过程中维持不变，即 $I'' = I_\infty = I_k$。

为了表明短路的类别，凡是三相短路电流，可在相应的电流符号右上角加标（3），例如三相短路稳态电流写作 $I_\infty^{(3)}$。同样地，两相或单相短路电流，则在相应的电流符号右上角分别标（2）或（1），而两相接地短路，则加标（1.1）。在不致引起混淆时，三相短路电流各量可不标注（3）。

◇◇◇　第三节　无限大容量电力系统中短路电流的计算　◇◇◇

一、概述

进行短路电流计算，首先要绘出计算电路图，如后面图 4-4 所示。在计算电路图上，应将短路计算所需考虑的各元件的额定参数都表示出来，并将各元件依次编号，然后确定短路计算点。短路计算点要选择得使需要进行短路校验的电气元件有最大可能的短路电流通过。

接着，按所选择的短路计算点绘出等效电路图，如后面图 4-5 所示，并计算电路中各主要元件的阻抗。在等效电路图上，只需将被计算的短路电流所流经的一些主要元件表示出来，并标明各元件的序号和阻抗值，一般是分子标序号，分母标阻抗值（阻抗用复数形式 $R + jX$ 表示）。然后将等效电路化简。对于工厂供电系统来说，由于将电力系统当作无限大容量的电源，而且短路电路比较简单，因此通常只需采用阻抗串并联的方法即可将电路化简，求出其等效的总阻抗。最后计算短路电流和短路容量。

短路电流计算的方法，常用的有欧姆法和标幺制法。

短路计算中有关物理量在工程设计中一般采用下列单位：电流单位为"千安"（kA），电压单位为"千伏"（kV），短路容量和断流容量单位为"兆伏安"（MVA），设备容量单位为"千瓦"（kW）或"千伏安"（kVA），阻抗单位为"欧姆"（Ω）等。但请**注意**：本书计算公式中各物理量单位除个别经验公式或简化公式外，一律采用国际单位制（SI 制）的单位"安"（A）、"伏"（V）、"瓦"（W）、"伏安"（VA）、"欧姆"（Ω）等。因此后面导出的各个公式一般不标注物理量单位。如果采用工程设计中常用的单位计算时，则需注意所用公式中各物理量单位的换算系数。

二、采用欧姆法进行三相短路计算

欧姆法又称有名单位制法，因其短路计算中的阻抗都采用有名单位"欧姆"而得名。

在无限大容量系统中发生三相短路时，其三相短路电流周期分量有效值按下式计算：

$$I_k^{(3)} = \frac{U_c}{\sqrt{3}\,|Z_\Sigma|} = \frac{U_c}{\sqrt{3}\sqrt{R_\Sigma^2 + X_\Sigma^2}} \tag{4-14}$$

式中，$|Z_\Sigma|$ 和 R_Σ、X_Σ 分别为短路电路的总阻抗［模］和总电阻、总电抗值；U_c 为短路点的短路计算电压（或称平均额定电压）。由于线路首端短路时其短路最为严重，因此按线路首端电压考虑，即短路计算电压取为比线路额定电压 U_N 高 5%，按我国电压标准，U_c 有 0.4kV、0.69kV、3.15kV、6.3kV、10.5kV、37kV、69kV、115kV、230kV 等。

在高压电路的短路计算中，通常总电抗远比总电阻大，所以一般只计电抗，不计电阻。在计算低压侧短路时，也只有当 $R_\Sigma > X_\Sigma/3$ 时才需计入电阻。

如果不计电阻，则三相短路电流周期分量有效值为

$$I_k^{(3)} = \frac{U_c}{\sqrt{3}X_\Sigma} \tag{4-15}$$

三相短路容量为

$$S_k^{(3)} = \sqrt{3} U_c I_k^{(3)} \tag{4-16}$$

下面介绍供电系统中各主要元件包括电力系统（电源）、电力变压器和电力线路的阻抗计算。至于供电系统中的母线、线圈型电流互感器一次绕组、低压断路器过电流脱扣线圈等的阻抗及开关触头的接触电阻，相对来说很小，在一般短路计算中可略去不计。在略去上述阻抗后，计算所得的短路电流略比实际值有所偏大，但用略有偏大的短路电流来校验电气设备，倒可以使其运行的安全性更有保证。

1. 电力系统的阻抗计算

电力系统的电阻相对于电抗来说很小，一般不予考虑。电力系统的电抗，可由电力系统变电站馈电线出口断路器（参看图4-4）的断流容量 S_{oc} 来估算，这 S_{oc} 就看作是电力系统的极限短路容量 S_k。因此电力系统的电抗为

$$X_s = \frac{U_c^2}{S_{oc}} \tag{4-17}$$

式中，U_c 为电力系统馈电线的短路计算电压，但为了便于短路电路总阻抗的计算，免去阻抗换算的麻烦，此式中的 U_c 可直接采用短路点的短路计算电压；S_{oc} 为系统出口断路器的断流容量，可查有关手册或产品样本（参看附录表3），如果只有断路器的开断电流 I_{oc} 数据，则其断流容量 $S_{oc} = \sqrt{3} I_{oc} U_N$，这里 U_N 为断路器的额定电压。

2. 电力变压器的阻抗计算

（1）变压器的电阻 R_T　可由变压器的短路损耗 ΔP_k 近似地计算。

因
$$\Delta P_k \approx 3 I_N^2 R_T \approx 3 \left(\frac{S_N}{\sqrt{3} U_c} \right)^2 R_T = \left(\frac{S_N}{U_c} \right)^2 R_T$$

故
$$R_T \approx \Delta P_k \left(\frac{U_c}{S_N} \right)^2 \tag{4-18}$$

式中，U_c 为短路点的短路计算电压；S_N 为变压器的额定容量；ΔP_k 为变压器的短路损耗（亦称负载损耗），可查有关手册或产品样本（参看附录表1）。

（2）变压器的电抗 X_T　可由变压器的短路电压 $U_k\%$ 近似地计算。

因
$$U_k\% \approx \frac{\sqrt{3} I_N X_T}{U_c} \times 100\% \approx \frac{S_N X_T}{U_c^2} \times 100\%$$

故
$$X_T \approx \frac{U_k\% \, U_c^2}{S_N} \tag{4-19}$$

式中，$U_k\%$ 为变压器的短路电压（亦称阻抗电压）百分值，可查有关手册或产品样本（参看附录表1）。

3. 电力线路的阻抗计算

（1）线路的电阻 R_{WL}　可由导线电缆的单位长度电阻乘线路长度求得，即

$$R_{WL} = R_0 l \tag{4-20}$$

式中，R_0 为导线电缆单位长度电阻，可查有关手册或产品样本（参看附录表12）；l 为线路长度。

（2）线路的电抗 X_{WL}　可由导线电缆的单位长度电抗乘线路长度求得，即

$$X_{WL} = X_0 l \tag{4-21}$$

式中，X_0 为导线电缆单位长度电抗，亦可查有关手册或产品样本（参看附录表12）；l 为线路长度。

这里要说明：三相线路导线单位长度的电抗，要根据导线截面积和线间几何均距来查得。设三相线路线间距离分别为 a_1、a_2、a_3，则线间几何均距 $a_{av} = \sqrt[3]{a_1 a_2 a_3}$。当三相线路为等距水平排列时，若相邻线距为 a，则 $a_{av} = \sqrt[3]{2}a = 1.26a$。当三相线路为等边三角形排列时，若每边线距为 a，则 $a_{av} = a$。

如果线路的结构数据不详时，X_0 可按表4-1取其电抗平均值。

表 4-1　电力线路每相的单位长度电抗平均值　　　　　（单位：Ω/km）

线 路 结 构	线 路 电 压		
	35kV 及以上	6 ~ 10kV	220/380V
架空线路	0. 40	0. 35	0. 32
电缆线路	0. 12	0. 08	0. 066

求出短路电路中各元件的阻抗后，化简短路电路，求出其总阻抗，然后按式（4-14）或式（4-15）计算短路电流周期分量有效值 $I_k^{(3)}$。其他短路电流的计算公式见本章第二节。

必须注意：在计算短路电路的阻抗时，假如电路内含有电力变压器时，电路内各元件的阻抗都应统一换算到短路点的短路计算电压去，阻抗换算的条件是元件的功率损耗不变。

由 $\Delta P = U^2/R$ 和 $\Delta Q = U^2/X$ 可知，元件的阻抗值与电压二次方成正比，因此阻抗等效换算的公式为

$$R' = R\left(\frac{U_c'}{U_c}\right)^2 \tag{4-22}$$

$$X' = X\left(\frac{U_c'}{U_c}\right)^2 \tag{4-23}$$

式中，R、X 和 U_c 为换算前元件的电阻、电抗和元件所在处的短路计算电压；R'、X' 和 U_c' 为换算后元件的电阻、电抗和短路点的短路计算电压。

就短路计算中需计算的几个主要元件的阻抗来说，实际上只有电力线路的阻抗有时需要按上述公式换算。例如计算低压侧短路电流时，高压侧的线路阻抗就需要换算到低压侧去。而电力系统和电力变压器的阻抗，由于其计算公式中均含有 U_c^2，因此只要在计算其阻抗时，U_c 直接代以短路点的短路计算电压，就相当于阻抗已经换算到短路点一侧了。

例 4-1　某工厂供电系统如图 4-4 所示。已知电力系统出口断路器为 SN10—10 Ⅱ 型。试求工厂变电所高压 10kV 母线上 k - 1 点短路和低压 380V 母线上 k - 2 点短路的三相短路电流和短路容量。

解：1. 求 k - 1 点的三相短路电流和短路容量（$U_{c1} = 10. 5\mathrm{kV}$）

（1）计算短路电路中各元件的电抗及总电抗

1）电力系统的电抗：由附录表 3 查得 SN10—10Ⅱ型断路器的断流容量 $S_{oc} = 500\mathrm{MVA}$，因此

$$X_1 = \frac{U_{c1}^2}{S_{oc}} = \frac{(10.5\mathrm{kV})^2}{500\mathrm{MVA}} = 0.22\Omega$$

2）架空线路的电抗：由表 4-1 得 $X_0 = 0.35\Omega/\mathrm{km}$，因此

$$X_2 = X_0 l = 0.35\Omega/\mathrm{km} \times 5\mathrm{km} = 1.75\Omega$$

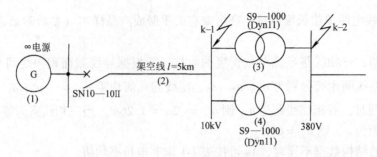

图 4-4　例 4-1 的短路计算电路

3）绘 k-1 点短路的等效电路，如图 4-5a 所示。图上标出各元件的序号（分子）和电抗值（分母），并计算其总电抗为

$$X_{\Sigma(k-1)} = X_1 + X_2 = 0.22\Omega + 1.75\Omega = 1.97\Omega$$

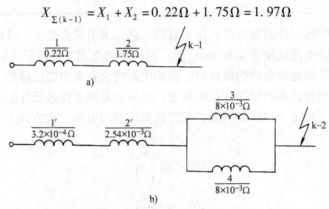

图 4-5　例 4-1 的短路等效电路图（欧姆法）

（2）计算 k-1 点的三相短路电流和短路容量

1）三相短路电流周期分量有效值为

$$I_{k-1}^{(3)} = \frac{U_{c1}}{\sqrt{3}X_{\Sigma(k-1)}} = \frac{10.5kV}{\sqrt{3}\times 1.97\Omega} = 3.08kA$$

2）三相短路次暂态电流和稳态电流为

$$I''^{(3)} = I_\infty^{(3)} = I_{k-1}^{(3)} = 3.08kA$$

3）三相短路冲击电流及第一个周期短路全电流有效值为

$$i_{sh}^{(3)} = 2.55I''^{(3)} = 2.55\times 3.08kA = 7.85kA$$

$$I_{sh}^{(3)} = 1.51I''^{(3)} = 1.51\times 3.08kA = 4.65kA$$

4）三相短路容量为

$$S_{k-1}^{(3)} = \sqrt{3}U_{c1}I_{k-1}^{(3)} = \sqrt{3}\times 10.5kV\times 3.08kA = 56.0MVA$$

2. 求 k-2 点的短路电流和短路容量（$U_{c2} = 0.4$ kV）

（1）计算短路电路中各元件的电抗及总电抗

1）电力系统的电抗为

$$X_1'' = \frac{U_{c2}^2}{S_{oc}} = \frac{(0.4kV)^2}{500MVA} = 3.2\times 10^{-4}\Omega$$

2）架空线路的电抗

$$X_2' = X_0 l \left(\frac{U_{c2}}{U_{c1}}\right)^2 = 0.35(\Omega/\text{km}) \times 5\text{km} \times \left(\frac{0.4\text{kV}}{10.5\text{kV}}\right)^2 = 2.54 \times 10^{-3}\Omega$$

3）电力变压器的电抗：由附录表 1 查得 $U_k\% = 5\%$，因此

$$X_3 = X_4 \approx U_k\% \frac{U_{c2}^2}{S_N} = \frac{5}{100} \times \frac{(0.4\text{kV})^2}{1000\text{kVA}} = 8 \times 10^{-3}\Omega$$

4）绘 k－2 点短路的等效电路如图 4-5b 所示，并计算其总电抗为

$$X_{\Sigma(k-2)} = X_1 + X_2 + X_3 /\!/ X_4 = X_1 + X_2 + \frac{X_3 X_4}{X_3 + X_4}$$

$$= 3.2 \times 10^{-4}\Omega + 2.54 \times 10^{-3}\Omega + \frac{8 \times 10^{-3}\Omega}{2} = 6.86 \times 10^{-3}\Omega$$

（2）计算 k－2 点三相短路电流和短路容量

1）三相短路电流周期分量有效值为

$$I_{k-2}^{(3)} = \frac{U_{c2}}{\sqrt{3}X_{\Sigma(k-2)}} = \frac{0.4\text{kV}}{\sqrt{3} \times 6.86 \times 10^{-3}\Omega} = 33.7\text{kA}$$

2）三相短路次暂态电流和稳态电流为

$$I''^{(3)} = I_\infty^{(3)} = I_{k-2}^{(3)} = 33.7\text{kA}$$

3）三相短路冲击电流及第一个周期短路全电流有效值为

$$i_{sh}^{(3)} = 1.84 I''^{(3)} = 1.84 \times 33.7\text{kA} = 62.0\text{kA}$$

$$I_{sh}^{(3)} = 1.09 I''^{(3)} = 1.09 \times 33.7\text{kA} = 36.7\text{kA}$$

4）三相短路容量

$$S_{k-2}^{(3)} = \sqrt{3} U_{c2} I_{k-2}^{(3)} = \sqrt{3} \times 0.4\text{kV} \times 33.7\text{kA} = 23.3\text{MVA}$$

在工程设计说明书中，往往只列短路计算表，如表 4-2 所示。

表 4-2　例 4-1 的短路计算表

短路计算点	三相短路电流/kA					三相短路容量/MVA
	$I_k^{(3)}$	$I''^{(3)}$	$I_\infty^{(3)}$	$i_{sh}^{(3)}$	$I_{sh}^{(3)}$	$S_k^{(3)}$
k－1	3.08	3.08	3.08	7.85	4.65	56.0
k－2	33.7	33.7	33.7	62.0	36.7	23.3

三、采用标幺制法进行三相短路计算

标幺制法又称相对单位制法，因其短路计算中的有关物理量采用标幺值即相对单位而得名。

任一物理量的标幺值 A_d^*，为该物理量的实际值 A 与所选定的基准值（datum value）A_d 的比值，即

$$A_d^* = \frac{A}{A_d} \tag{4-24}$$

按标幺制法进行短路计算时，一般是先选定基准容量 S_d 和基准电压 U_d。

基准容量，工程设计中通常取 $S_d = 100\text{MVA}$。

基准电压，通常取元件所在处的短路计算电压，即取 $U_d = U_c$。

选定了基准容量和基准电压以后，基准电流 I_d 则按下式计算：

$$I_d = \frac{S_d}{\sqrt{3}\,U_d} = \frac{S_d}{\sqrt{3}\,U_c} \tag{4-25}$$

基准电抗 X_d 则按下式计算：

$$X_d = \frac{U_d}{\sqrt{3}\,I_d} = \frac{U_c^2}{S_d} \tag{4-26}$$

下面分别讲述供电系统中各主要元件的电抗标幺值的计算（取 $S_d = 100\mathrm{MVA}$，$U_d = U_c$）。

（1）电力系统的电抗标幺值

$$X_S^* = \frac{X_S}{X_d} = \frac{U_c^2/S_{oc}}{U_c^2/S_d} = \frac{S_d}{S_{oc}} \tag{4-27}$$

（2）电力变压器的电抗标幺值

$$X_T^* = \frac{X_T}{X_d} = \frac{U_k\% \, U_c^2}{S_N} \Big/ \frac{U_c^2}{S_d} = \frac{U_k\% \, S_d}{S_N} \tag{4-28}$$

（3）电力线路的电抗标幺值

$$X_{WL}^* = \frac{X_{WL}}{X_d} = \frac{X_0 l}{U_c^2/S_d} = X_0 l \frac{S_d}{U_c^2} \tag{4-29}$$

短路计算中各主要元件的电抗标幺值求出以后，即可利用其等效电路图（参看图 4-6）进行电路化简，求出其总电抗标幺值 X_Σ^*。由于各元件均采用相对值，与短路计算点的电压无关，因此电抗标幺值无需进行电压换算，这也是标幺制法较之欧姆法优越之处。

无限大容量系统三相短路电流周期分量有效值的标幺值按下式计算（注：下式未计电阻，因标幺制法一般用于高压电路短路计算，通常只计电抗）。

$$I_k^{(3)*} = \frac{I_k^{(3)}}{I_d} = \frac{U_c/\sqrt{3}\,X_\Sigma}{S_d/\sqrt{3}\,U_c} = \frac{U_c^2}{S_d X_\Sigma} = \frac{1}{X_\Sigma^*} \tag{4-30}$$

由此可求得三相短路电流周期分量有效值

$$I_k^{(3)} = I_k^{(3)*} \cdot I_d = \frac{I_d}{X_\Sigma^*} \tag{4-31}$$

求出 $I_k^{(3)}$ 以后，即可利用欧姆法的有关公式求出 $I''^{(3)}$、$I_\infty^{(3)}$、$i_{sh}^{(3)}$ 和 $I_{sh}^{(3)}$ 等。

三相短路容量的计算公式为

$$S_k^{(3)} = \sqrt{3} I_k^{(3)} U_c = \frac{\sqrt{3} I_d U_c}{X_\Sigma^*} = \frac{S_d}{X_\Sigma^*} \tag{4-32}$$

例 4-2　试用标幺制法计算例 4-1 所示供电系统中 k-1 点和 k-2 点的三相短路电流和短路容量。

解：（1）确定基准值

取 $S_d = 100\mathrm{MVA}$，$U_{c1} = 10.5\mathrm{kV}$，$U_{c2} = 0.4\mathrm{kV}$，则

$$I_{d1} = \frac{S_d}{\sqrt{3}\,U_{c1}} = \frac{100\mathrm{MVA}}{\sqrt{3} \times 10.5\mathrm{kV}} = 5.50\mathrm{kA}$$

而

$$I_{d2} = \frac{S_d}{\sqrt{3}\,U_{c2}} = \frac{100\text{MVA}}{\sqrt{3} \times 0.4\text{kV}} = 144\text{kA}$$

（2）计算短路电路中各主要元件的电抗标幺值

1）电力系统的电抗标幺值。

由附录表 3 查得 $S_{oc} = 500\text{MVA}$，因此

$$X_1^* = \frac{100\text{MVA}}{500\text{MVA}} = 0.2$$

2）架空线路的电抗标幺值。

由表 4-1 查得 $X_0 = 0.35\Omega/\text{km}$，因此

$$X_2^* = 0.35(\Omega/\text{km}) \times 5\text{km} \times \frac{100\text{MVA}}{(10.5\text{kV})^2} = 1.59$$

3）电力变压器的电抗标幺值。

由附录表 1 查得 $U_k\% = 5\%$，因此

$$X_3^* = X_4^* = \frac{5\% \times 100\text{MVA}}{1000\text{kVA}} = \frac{5\% \times 100 \times 10^3\text{kVA}}{1000\text{kVA}} = 5.0$$

绘短路等效电路图如图 4-6 所示，图上标出各元件的序号和电抗标幺值，并标明短路计算点。

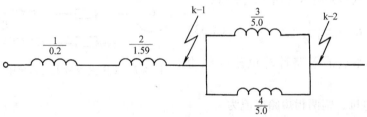

图 4-6　例 4-2 的短路等效电路图（标幺制法）

（3）计算 k-1 点的短路电路总电抗标幺值及三相短路电流和短路容量

1）总电抗标幺值为

$$X_{\Sigma(k-1)}^* = X_1^* + X_2^* = 0.2 + 1.59 = 1.79$$

2）三相短路电流周期分量有效值为

$$I_{k-1}^{(3)} = \frac{I_{d1}}{X_{\Sigma(k-1)}^*} = \frac{5.50\text{kA}}{1.79} = 3.07\text{kA}$$

3）其他三相短路电流为

$$I''^{(3)} = I_\infty^{(3)} = I_{k-1}^{(3)} = 3.07\text{kA}$$

$$i_{sh}^{(3)} = 2.55 \times 3.07\text{kA} = 7.83\text{kA}$$

$$I_{sh}^{(3)} = 1.51 \times 3.07\text{kA} = 4.64\text{kA}$$

4）三相短路容量为

$$S_{k-1}^{(3)} = \frac{S_d}{X_{\Sigma(k-1)}^*} = \frac{100\text{MVA}}{1.79} = 55.9\text{MVA}$$

（4）计算 k-2 点的短路电路总电抗标幺值及三相短路电流和短路容量

1）总电抗标幺值为

$$X^*_{\Sigma(k-2)} = X^*_1 + X^*_2 + X^*_3 /\!/ X^*_4 = 0.2 + 1.59 + \frac{5.0}{2} = 4.29$$

2）三相短路电流周期分量有效值为

$$I^{(3)}_{k-2} = \frac{I_{d2}}{X^*_{\Sigma(k-2)}} = \frac{144\text{kA}}{4.29} = 33.6\text{kA}$$

3）其他三相短路电流为

$$I''^{(3)} = I^{(3)}_\infty = I^{(3)}_{k-2} = 33.6\text{kA}$$

$$i^{(3)}_{sh} = 1.84 \times 33.6\text{kA} = 61.8\text{kA}$$

$$I^{(3)}_\infty = 1.09 \times 33.6\text{kA} = 36.6\text{kA}$$

4）三相短路容量为

$$S^{(3)}_{k-2} = \frac{S_d}{X^*_{\Sigma(k-2)}} = \frac{100\text{MVA}}{4.29} = 23.3\text{MVA}$$

由此可见，采用标幺制法的计算结果与例 4-1 采用欧姆法计算的结果基本相同。

四、两相短路电流的计算

在无限大容量系统中发生两相短路时（参看图 4-7），其短路电流可由下式求得：

$$I^{(2)}_k = \frac{U_c}{2 \mid Z_\Sigma \mid} \qquad (4-33)$$

式中，U_c 为短路点的短路计算电压（线电压）。

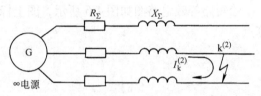

图 4-7　无限大容量电力系统中发生两相短路

如果只计电抗，则两相短路电流为

$$I^{(2)}_k = \frac{U_c}{2X_\Sigma} \qquad (4-34)$$

其他两相短路电流 $I''^{(2)}$、$I^{(2)}_\infty$、$i^{(2)}_{sh}$ 和 $I^{(2)}_{sh}$ 等，都可按前面三相短路对应的短路电流公式计算。

关于两相短路电流与三相短路电流的关系，可由 $I^{(2)}_k = U_c/2X_\Sigma$ 和 $I^{(3)}_k = U_c/\sqrt{3}X_\Sigma$ 求得。因 $I^{(2)}_k / I^{(3)}_k = \sqrt{3}/2 = 0.866$，故

$$I^{(2)}_k = \frac{\sqrt{3}}{2} I^{(3)}_k = 0.866 I^{(3)}_k \qquad (4-35)$$

上式说明，在无限大容量系统中，同一地点的两相短路电流为三相短路电流的 $\sqrt{3}/2$ 倍，或 0.866 倍。因此无限大容量系统中的两相短路电流，可在求出三相短路电流后利用式 (4-35) 直接求得。

附带说明：式（4-35）只适用于远离发电机的无限大容量系统的两相短路。如果在发电机出口短路时，则 $I^{(2)}_k = 1.5 I^{(3)}_k$。

五、单相短路电流的计算

在大接地电流的电力系统中或三相四线制低压配电系统中发生单相短路时（参看前面

图 4-1c、d)，根据对称分量法可求得其单相短路电流为

$$\dot{I}_k^{(1)} = \frac{3\dot{U}_\varphi}{Z_{1\Sigma} + Z_{2\Sigma} + Z_{0\Sigma}} \tag{4-36}$$

式中，$\dot{U}_\varphi$ 为电源相电压；$Z_{1\Sigma}$、$Z_{2\Sigma}$、$Z_{0\Sigma}$ 为单相短路回路的正序、负序、零序阻抗。

在工程设计中，常利用下式计算单相短路电流：

$$I_k^{(1)} = \frac{U_\varphi}{|Z_{\varphi-0}|} \tag{4-37}$$

式中，U_φ 为电源相电压；$|Z_{\varphi-0}|$ 为单相短路回路的阻抗［模］，可查有关手册，或按下式计算：

$$|Z_{\varphi-0}| = \sqrt{(R_T + R_{\varphi-0})^2 + (X_T + X_{\varphi-0})^2} \tag{4-38}$$

式中，R_T、X_T 分别为变压器单相的等效电阻和电抗；$R_{\varphi-0}$、$X_{\varphi-0}$ 分别为相线与 N 线或与 PE 线、PEN 线的短路回路电阻和电抗，包括回路中低压断路器过电流线圈的阻抗、开关触头的接触电阻及线圈型电流互感器一次绕组的阻抗等，可查有关手册或产品样本。

单相短路电流与三相短路电流的关系如下：

在远离发电机的用户变电所低压侧发生单相短路时，$Z_{1\Sigma} \approx Z_{2\Sigma}$，因此由式（4-36）得单相短路电流为

$$\dot{I}_k^{(1)} = \frac{3\dot{U}_\varphi}{2Z_{1\Sigma} + Z_{0\Sigma}} \tag{4-39}$$

而三相短路时，三相短路电流为

$$\dot{I}_k^{(3)} = \frac{\dot{U}_\varphi}{Z_{1\Sigma}} \tag{4-40}$$

因此

$$\frac{\dot{I}_k^{(1)}}{\dot{I}_k^{(3)}} = \frac{3}{2 + \dfrac{Z_{0\Sigma}}{Z_{1\Sigma}}} \tag{4-41}$$

由于远离发电机发生短路时，$Z_{0\Sigma} > Z_{1\Sigma}$，故

$$I_k^{(1)} < I_k^{(3)} \tag{4-42}$$

由此可知，在远离发电机的无限大容量系统中短路时，两相短路电流和单相短路电流均较三相短路电流小，因此用于电气设备选择校验的短路电流，应该采用三相短路电流。两相短路电流主要用于相间短路保护的灵敏度检验，单相短路电流则主要用于单相短路保护的整定和单相短路热稳定度的校验。

◆◆◆ 第四节 短路电流的效应和稳定度校验 ◆◆◆

一、概述

通过上述短路计算得知，供电系统中发生短路时，短路电流是相当大的。如此大的短路

电流通过电器和导体，一方面要产生很大的电动力，即电动效应；另一方面要产生很高的温度，即热效应。这两种短路效应，对电器和导体的安全运行威胁极大，因此这里要研究短路电流的效应及短路稳定度的校验问题。

二、短路电流的电动效应和动稳定度

供电系统短路时，短路电流特别是短路冲击电流将使相邻导体之间产生很大的电动力，有可能使电器和载流部分遭受严重破坏。为此，要使电路元件能承受短路时最大电动力的作用，电路元件必须具有足够的电动稳定度。

（一）短路时的最大电动力

由"电工原理"课程可知，处在空气中的两平行导体分别通以电流 i_1、i_2（单位为 A）时，两导体间的电磁互作用力即电动力（单位为 N）为

$$F = \mu_0 i_1 i_2 \frac{l}{2\pi a} = 2 i_1 i_2 \frac{l}{a} \times 10^{-7} \text{N/A}^2 \tag{4-43}$$

式中，a 为两导体的轴线间距离；l 为导体的两相邻支持点间距离，即档距（又称跨距）；μ_0 为真空和空气的磁导率，$\mu_0 = 4\pi \times 10^{-7} \text{N/A}^2$。

上式适用于实心或空心的圆截面导体，也适用于导体间的净空距离大于导体截面周长的矩形截面导体。因此上式对于每相只有一条矩形截面的导体的线路都是适用的。

如果三相线路中发生两相短路，则两相短路冲击电流 $i_{sh}^{(2)}$ 通过导体时产生的电动力最大，其值（单位为 N）为

$$F^{(2)} = 2 i_{sh}^{(2)2} \frac{l}{a} \times 10^{-7} \text{N/A}^2 \tag{4-44}$$

如果三相线路中发生三相短路，则三相短路冲击电流 $i_{sh}^{(3)}$ 在中间相产生的电动力最大，其值（单位为 N）为

$$F^{(3)} = \sqrt{3} i_{sh}^{(3)2} \frac{l}{a} \times 10^{-7} \text{N/A}^2 \tag{4-45}$$

由于三相短路冲击电流 $i_{sh}^{(3)}$ 与两相短路冲击电流 $i_{sh}^{(2)}$ 有下列关系：$i_{sh}^{(3)}/i_{sh}^{(2)} = 2/\sqrt{3}$，因此三相短路与两相短路产生的最大电动力之比为

$$F^{(3)}/F^{(2)} = 2/\sqrt{3} = 1.15 \tag{4-46}$$

由此可见，在无限大容量系统中发生三相短路时中间相导体所受的电动力比两相短路时导体所受的电动力大，因此在校验电器和载流部分的短路动稳定度时，一般应采用三相短路冲击电流 $i_{sh}^{(3)}$ 或短路后第一个周期的三相短路全电流有效值 $I_{sh}^{(3)}$。

（二）短路动稳定度的校验条件

1. 一般电器的动稳定度校验条件

按下列公式校验：

$$i_{max} \geq i_{sh}^{(3)} \tag{4-47}$$

或

$$I_{max} \geq I_{sh}^{(3)} \tag{4-48}$$

式中，i_{max} 和 I_{max} 分别为电器的动稳定电流峰值和有效值，可查有关手册或产品样本。附录表3 列有部分高压断路器的主要技术数据，包括动稳定电流数据，供参考。

2. 绝缘子的动稳定度校验条件

按下列公式校验：

$$F_{al} \geqslant F_c^{(3)} \tag{4-49}$$

式中，F_{al} 为绝缘子的最大允许载荷，可由有关手册或产品样本查得；如果手册或样本给出的是绝缘子的抗弯破坏载荷值，则可将抗弯破坏载荷值乘以 0.6 作为 F_{al} 值；$F_c^{(3)}$ 为三相短路时作用于绝缘子上的计算力；如果母线在绝缘子上为平放（图 4-8a），则 $F_c^{(3)}$ 按式（4-45）计算，即 $F_c^{(3)} = F^{(3)}$；如果母线为竖放（图 4-8b），则 $F_c^{(3)} = 1.4F^{(3)}$。

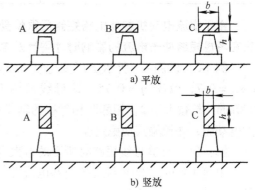

a) 平放

b) 竖放

图 4-8　水平排列的母线

3. 硬母线的动稳定度校验条件

按下列公式校验：

$$\sigma_{al} \geqslant \sigma_c \tag{4-50}$$

式中，σ_{al} 为母线材料的最大允许应力（Pa），硬铜母线（TMY 型），$\sigma_{al} = 140MPa$，硬铝母线（LMY 型），$\sigma_{al} = 70MPa$；σ_c 为母线通过 $i_{sh}^{(3)}$ 时所受到的最大计算应力。

上述最大计算应力按下式计算：

$$\sigma_c = \frac{M}{W} \tag{4-51}$$

式中，M 为母线通过 $i_{sh}^{(3)}$ 时所受到的弯曲力矩；当母线档数为 1 ~ 2 时，$M = F^{(3)}l/8$；当母线档数大于 2 时，$M = F^{(3)}l/10$；这里的 $F^{(3)}$ 均按式（4-45）计算，l 为母线的档距；W 为母线的截面系数；当母线水平排列时（如图 4-8 所示），$W = b^2h/6$，这里的 b 为母线截面的水平宽度，h 为母线截面的垂直高度。

电缆的机械强度很好，无须校验其短路动稳定度。

（三）对短路计算点附近交流电动机反馈冲击电流的考虑

当短路点附近所接交流电动机的额定电流之和超过系统短路电流的 1% 时（据 GB 50054—2011 规定），或者交流电动机总容量超过 100kW 时[33]，应计入交流电动机在附近短路时的反馈冲击电流的影响。

如图 4-9 所示，当交流电动机附近短路时，由于短路时电动机端电压骤降，致使电动机因其定子电动势反高于外施电压而向短路点反馈电流，从而使短路计算点的短路冲击电流增大。

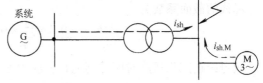

图 4-9　大容量电动机对短路点反馈冲击电流

当交流电动机进线端发生三相短路时，它反馈的最大短路电流瞬时值（即电动机反馈冲击电流）可按下式计算：

$$i_{sh.M} = \sqrt{2}(E_M''^* / X_M''^*)K_{sh.M}I_{N.M} = CK_{sh.M}I_{N.M} \tag{4-52}$$

式中，$E_M''^*$ 为电动机的次暂态电动势标幺值；$X_M''^*$ 为电动机的次暂态电抗标幺值；C 为电动机的反馈冲击倍数，以上各量均见表 4-3；$K_{sh.M}$ 为电动机的短路电流冲击系数，对 3 ~ 10kV 电动机可取 1.4 ~ 1.7，对 380V 电动机可取 1；$I_{N.M}$ 为电动机额定电流。

表 4-3　电动机的 $E_M''^*$、$X_M''^*$ 和 C 值

电动机类型	$E_M''^*$	$X_M''^*$	C	电动机类型	$E_M''^*$	$X_M''^*$	C
异步电动机	0.9	0.2	6.5	同步补偿机	1.2	0.16	10.6
同步电动机	1.1	0.2	7.8	综合性负荷	0.8	0.35	3.2

由于交流电动机在外电路短路后很快受到制动，所以它产生的反馈电流衰减极快，因此只在考虑短路冲击电流的影响时才需计及电动机反馈电流。

例 4-3　设例 4-1 所示工厂变电所 380V 侧母线上接有 380V 异步电动机 250kW，平均 $\cos\varphi = 0.7$，效率 $\eta = 0.75$。该母线采用 LMY-100 × 10 的硬铝母线，水平平放，档距为 900mm，档数大于 2，相邻两相母线的轴线距离为 160mm。试求该母线三相短路时所受的最大电动力，并校验其动稳定度。

解：（1）计算母线短路时所受的最大电动力

由例 4-1 知，380V 母线的短路电流 $I_k^{(3)} = 33.7\text{kA}$，$i_{sh}^{(3)} = 62.0\text{kA}$；而接于 380V 母线的异步电动机额定电流为

$$I_{N.M} = \frac{250\text{kW}}{\sqrt{3} \times 380\text{V} \times 0.7 \times 0.75} = 0.724\text{kA}$$

由于 $I_{N.M} > 0.01 I_k^{(3)}$，故需计入异步电动机反馈电流的影响。该电动机的反馈电流冲击值为

$$i_{sh.M} = 6.5 \times 1 \times 0.724\text{kA} = 4.7\text{kA}$$

因此母线在三相短路时所受的最大电动力为

$$F^{(3)} = \sqrt{3}(i_{sh}^{(3)} + i_{sh.M})^2 \frac{l}{a} \times 10^{-7}\text{N/A}^2$$

$$= \sqrt{3}(62.0 \times 10^3\text{A} + 4.7 \times 10^3\text{A})^2 \times \frac{0.9\text{m}}{0.16\text{m}} \times 10^{-7}\text{N/A}^2 = 4334\text{N}$$

（2）校验母线短路时的动稳定度

母线在 $F^{(3)}$ 作用时的弯曲力矩为

$$M = \frac{F^{(3)}l}{10} = \frac{4334\text{N} \times 0.9\text{m}}{10} = 390\text{N} \cdot \text{m}$$

母线的截面系数为

$$W = \frac{b^2 h}{6} = \frac{(0.1\text{m})^2 \times 0.01\text{m}}{6} = 1.667 \times 10^{-5}\text{m}^3$$

故母线在三相短路时所受到的计算应力为

$$\sigma_c = \frac{M}{W} = \frac{390\text{N} \cdot \text{m}}{1.667 \times 10^{-5}\text{m}^3} = 23.4 \times 10^6\text{Pa} = 23.4\text{MPa}$$

而硬铝母线（LMY）的允许应力为

$$\sigma_{al} = 70\text{MPa} > \sigma_c = 23.4\text{MPa}$$

由此可见，该母线满足短路动稳定度的要求。

三、短路电流的热效应和热稳定度

（一）短路时导体的发热过程和发热计算

导体通过正常负荷电流时，由于导体具有电阻，因此会产生电能损耗。这种电能损耗转化为热能，一方面使导体温度升高，另一方面向周围介质散热。当导体内产生的热量与向周围介质散发的热量相等时，导体就维持在一定的温度值。当线路发生短路时，短路电流将使导体温度迅速升高。由于短路后线路的保护装置很快动作，切除短路故障，所以短路电流通过导体的时间不长，通常不超过 $2 \sim 3s$。因此在短路过程中，可不考虑导体向周围介质的散热，即近似地认为导体在短路时间内是与周围介质绝热的，短路电流在导体中产生的热量，全部用来使导体的温度升高。

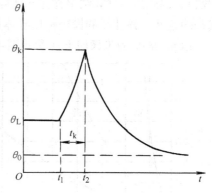

图 4-10 表示短路前后导体的温度变化情况。导体在短路前正常负荷时的温度为 θ_L。假设在 t_1 时发生短路，导体温度按指数规律迅速升高，而在 t_2 时线路保护装置将短路故障切除，这时导体温度已达到 θ_k。短路切除后，导体不再产生热量，而只按指数规律向周围介质散热，直到导体温度等于周围介质温度 θ_0 为止。

图 4-10　短路前后导体的温度变化

按照导体的允许发热条件，导体在正常负荷时和短路时的最高允许温度如附录表 13 所示。如果导体和电器在短路时的发热温度不超过允许温度，则应认为导体和电器是满足短路热稳定度要求的。

要确定导体短路后实际达到的最高温度 θ_k，按理应先求出短路期间实际的短路全电流 i_k 或 $I_{k(t)}$ 在导体中产生的热量 Q_k，但是 i_k 和 $I_{k(t)}$ 都是幅值变动的电流，要计算其 Q_k 是相当困难的，因此一般采用一个恒定的短路稳态电流 I_∞ 来等效计算实际短路电流所产生的热量。

由于通过导体的短路电流实际上不是 I_∞，因此假定一个时间，在此时间内，设导体通过 I_∞ 所产生的热量，恰好与实际短路电流 i_k 或 $I_{k(t)}$ 在实际短路时间 t_k 内所产生的热量相等。这一假定的时间，称为短路发热的假想时间（imaginary time），也称热效时间，用 t_{ima} 表示，如图 4-11 所示。

短路发热假想时间可由下式近似地计算：

$$t_{ima} = t_k + 0.05\left(\frac{I''}{I_\infty}\right)^2 \text{s} \tag{4-53}$$

在无限大容量系统中发生短路时，由于 $I'' = I_\infty$，因此

$$t_{ima} = t_k + 0.05\text{s} \tag{4-54}$$

当 $t_k > 1s$ 时，可认为 $t_{ima} = t_k$。

上述短路时间 t_k 为短路保护装置实际最长的动作时间 t_{op} 与断路器（开关）的断路时间 t_{oc} 之和，即

$$t_k = t_{op} + t_{oc} \tag{4-55}$$

对一般高压断路器（如油断路器），可取 $t_{oc} = 0.2s$；对高速断路器（如真空断路器、SF_6 断路器），可取 $t_{oc} = 0.1 \sim 0.15s$。

因此，实际短路电流通过导体在短路时间内产生的热量为

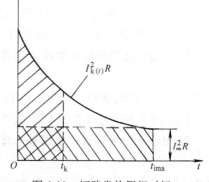

图 4-11　短路发热假想时间

$$Q_k = \int_0^{t_k} I_{k(t)}^2 R \mathrm{d}t = I_\infty^2 R t_{ima} \tag{4-56}$$

根据这一热量 Q_k 可计算出导体在短路后所达到的最高温度 θ_k。但是这种计算，不仅相当繁琐，而且涉及到一些难以确定的系数，包括导体的电导率（它在短路过程中不是一个常数），因此最后计算结果往往与实际相差较大。在工程设计中，通常是利用图 4-12 所示曲线来确定 θ_k。该曲线的横坐标用导体加热系数 K 来表示，纵坐标表示导体发热温度 θ。

由 θ_L 查 θ_k 的步骤如下（参看图 4-13）：

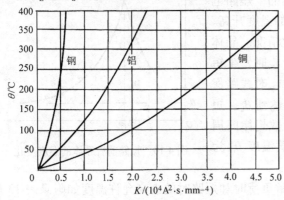

图 4-12 用来确定 θ_k 的曲线

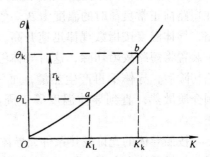

图 4-13 由 θ_L 查 θ_k 的步骤说明

1）先从纵坐标轴上找出导体在正常负荷时的温度 θ_L 值。如果实际负荷的温度不详，可采用附录表 13 所列的额定负荷时的最高允许温度作为 θ_L。

2）由 θ_L 向右查得相应曲线上的 a 点。

3）由 a 点向下查得横坐标轴上的 K_L。

4）用下式计算 K_k：

$$K_k = K_L + \left(\frac{I_\infty}{A}\right)^2 t_{ima} \tag{4-57}$$

式中，A 为导体的截面积（mm^2）；I_∞ 为三相短路稳态电流（A）；t_{ima} 为短路发热假想时间（s）；K_L 和 K_k 分别为负荷时和短路时导体的加热系数（$A^2 \cdot s/mm^4$）。

5）从横坐标轴上找出 K_k 值。

6）由 K_k 向上查得相应曲线上的 b 点。

7）由 b 点向左查得纵坐标轴上的 θ_k 值。

（二）短路热稳定度的校验条件

1. 一般电器的热稳定度校验条件

$$I_t^2 t \geq I_\infty^{(3)2} t_{ima} \tag{4-58}$$

式中，I_t 为电器的热稳定电流；t 为电器的热稳定试验时间。

以上的 I_t 和 t 可查有关手册或产品样本。常用高压断路器的 I_t 和 t 可查附录表 3。

2. 母线及绝缘导线和电缆等导体的热稳定度校验条件

$$\theta_{k.max} \geq \theta_k \tag{4-59}$$

式中，$\theta_{k.max}$ 为导体短路时的最高允许温度，如附录表 13 所列。

如前所述，要确定导体的 θ_k 比较麻烦，因此也可根据短路热稳定度的要求来确定其最小允许截面积。由式（4-57）可得满足热稳定度要求的最小允许截面积（mm^2）为

$$A_{min} = I_\infty^{(3)} \sqrt{\frac{t_{ima}}{K_k - K_L}} = I_\infty^{(3)} \frac{\sqrt{t_{ima}}}{C} \tag{4-60}$$

式中，$I_\infty^{(3)}$ 为三相短路稳态电流（A）；C 为导体的热稳定系数（$A\sqrt{s}/mm^2$），可由附录表13查得。

例 4-4　试校验例4-3所示工厂变电所380V侧LMY母线的短路热稳定度。已知此母线的短路保护动作时间为0.6s，低压断路器的断路时间为0.1s。该母线正常运行时最高温度为55℃。

解： 用 $\theta_L = 55℃$ 查图4-12的铝导体曲线，对应的 $K_L \approx 0.5 \times 10^4 A^2 \cdot s/mm^4$。

而

$$t_{ima} = t_k + 0.05s = t_{op} + t_{oc} + 0.05s$$
$$= 0.6s + 0.1s + 0.05s = 0.75s$$

又

$$I_\infty^{(3)} = 33.7kA = 33.7 \times 10^3 A（见表4-2）$$
$$A = 100 \times 10mm^2（见例4-3）$$

因此由式（4-57）得

$$K_k = 0.5 \times 10^4 A^2 \cdot s/mm^4 + \left(\frac{33.7 \times 10^3 A}{100 \times 10mm^2}\right)^2 \times 0.75s$$
$$= 0.59 \times 10^4 A^2 \cdot s/mm^4$$

用 K_k 去查图4-12的铝导体曲线可得

$$\theta_k \approx 100℃$$

而由附录表13知铝母线的 $\theta_{k.max} = 200℃ > \theta_k$，因此该母线满足短路热稳定度要求。

另解：

利用式（4-60）求母线满足热稳定度的最小允许截面积。查附录表13得 $C = 87A\sqrt{s}/mm^2$，而 $t_{ima} = 0.75s$（见上解）。故

$$A_{min} = I_\infty^{(3)} \frac{\sqrt{t_{ima}}}{C} = 33.7 \times 10^3 A \times \frac{\sqrt{0.75s}}{87A\sqrt{s}/mm^2} = 335mm^2$$

由于母线实际截面积为 $A = 100 \times 10mm^2 = 1000mm^2 > A_{min}$，因此该母线满足短路热稳定度。

◇◇◇　第五节　变配电所电气设备的选择与校验　◇◇◇

一、变电所主变压器台数和容量的选择

（一）变电所主变压器台数的选择

选择主变压器台数时应考虑下列原则：

1）应满足用电负荷对供电可靠性的要求。对供有大量一、二级负荷的变电所，应采用两台变压器，以便当一台变压器发生故障和检修时，另一台变压器能对一、二级负荷继续供电。对只有二级负荷而无一级负荷的变电所，也可以只采用一台变压器，但必须在低压侧敷

设与其他变电所相连的联络线作为备用电源，或另有自备电源。

2）对季节性负荷或昼夜负荷变动较大而宜于采用经济运行方式（将在第九章第二节讲述）的变电所，也可考虑采用两台变压器。

3）除上述两种情况外，一般车间变电所宜采用一台变压器。但是负荷集中且容量相当大的变电所，虽为三级负荷，也可以采用两台或多台变压器。

4）在确定变电所主变压器台数时，应适当考虑负荷的发展，留有一定的余地。

（二）变电所主变压器容量的选择

1. 只装一台主变压器的变电所

主变压器容量 $S_{N.T}$ 应满足全部用电设备总计算负荷 S_{30} 的需要，即

$$S_{N.T} \geqslant S_{30} \tag{4-61}$$

2. 装有两台主变压器的变电所

每台变压器的容量 $S_{N.T}$ 应同时满足以下两个条件：

1）任一台变压器单独运行时，宜满足总计算负荷 S_{30} 的大约 60% ~70% 的需要，即

$$S_{N.T} = (0.6 \sim 0.7)S_{30} \tag{4-62}$$

2）任一台变压器单独运行时，应满足全部一、二级负荷的需要，即

$$S_{N.T} \geqslant S_{30(\,I+II\,)} \tag{4-63}$$

3. 车间变电所主变压器的单台容量上限

车间变电所主变压器的单台容量，一般不宜大于 1000kVA（或 1250kVA）。这一方面是受以往低压开关电器断流能力和短路稳定度要求的限制；另一方面也是考虑到可以使变压器更接近于车间的负荷中心，以减少低压配电线路电能损耗、电压损耗和有色金属消耗量。现在我国已生产出一些断流能力更大和短路稳定度更好的新型低压开关电器，如 DW15、ME 等型低压断路器及其他电器，因此如果车间负荷容量较大、负荷集中且运行合理时，也可以选用单台容量为 1250（或 1600）~2000kVA 的配电变压器，这样可减少主变压器台数及高压开关电器和电缆等。

对装设在二层以上的电力变压器，应考虑其垂直与水平运输对通道及楼板荷载的影响。如果采用干式变压器，其容量不宜大于 630kVA。

对居住小区变电所内的油浸式变压器，单台容量也不宜大于 630kVA。这是因为油浸式变压器容量大于 630kVA 时，按规定应装设瓦斯保护（参看第六章第六节），而这些变压器电源侧的断路器往往不在变压器附近，因此瓦斯保护很难实施，而且如果变压器容量增大，供电半径相应增大，往往造成配电线路末端的电压偏低，给居民生活带来不便，例如荧光灯启燃困难、电冰箱不能起动等。

4. 适当考虑负荷的发展

应适当考虑今后 5~10 年电力负荷的增长，留有一定的余地。干式变压器的过负荷能力较小，更宜留有较大的裕量。

这里必须指出：电力变压器的额定容量 $S_{N.T}$，是在一定温度条件下（例如户外安装，年平均气温为 20℃）的持续最大输出容量（出力）。如果安装地点的年平均气温 $\theta_{0.av} \neq$ 20℃，则年平均气温每升高 1℃，变压器容量应相应地减小 1%。因此户外电力变压器的实际容量（出力）为

$$S_{\mathrm{T}} = \left(1 - \frac{\theta_{\mathrm{av}} - 20}{100}\right)S_{\mathrm{N.T}} \tag{4-64}$$

对于户内变压器，由于散热条件较差，一般变压器室的出风口与进风口间有约15℃的温度差，从而使处在室中间的变压器环境温度比户外环境温度要高出大约8℃，因此户内变压器的实际容量（出力）较之上式所计算的容量（出力）还要减小8%。

还要指出：由于变压器的负荷是变动的，大多数时间是欠负荷运行，因此必要时可以适当过负荷，并不会影响其使用寿命。油浸式变压器，户外可正常过负荷30%，户内可正常过负荷20%。但干式变压器一般不考虑正常过负荷。

最后必须指出：变电所主变压器台数和容量的最后确定，应结合主接线方案，经技术经济比较后择优而定。

例 4-5 某 10/0.4kV 变电所，总计算负荷为 1200kVA，其中有一、二级负荷 680kVA。试初步选择该变电所主变压器的台数和容量。

解： 根据变电所有一、二级负荷的情况，确定选两台主变压器。每台容量为

$$S_{\mathrm{N.T}} = (0.6 \sim 0.7) \times 1200\mathrm{kVA} = (720 \sim 840)\mathrm{kVA}$$

且

$$S_{\mathrm{N.T}} \geqslant 680\mathrm{kVA}$$

因此初步确定每台主变压器容量为 800kVA。

二、电流互感器的选择与校验

电流互感器应按装设地点的条件及额定电压、一次电流、二次电流（一般为 5A）、准确度级等条件进行选择，并校验其短路动稳定度和热稳定度。

必须注意：电流互感器的准确度级与其二次负荷容量有关。互感器二次负荷 S_2 不得大于其准确度级所限定的额定二次负荷 S_{2N}，即互感器满足准确度级要求的条件为

$$S_{2N} \geqslant S_2 \tag{4-65}$$

电流互感器的二次负荷 S_2 由其二次回路的阻抗 $|Z_2|$ 来决定，而 $|Z_2|$ 应包括二次回路中所有串联的仪表、继电器电流线圈的阻抗 $\sum|Z_i|$、连接导线的阻抗 $|Z_{\mathrm{WL}}|$ 和所有接头的接触电阻 R_{XC} 等。由于 $\sum|Z_i|$ 和 $|Z_{\mathrm{WL}}|$ 中的感抗远比其电阻小，因此可认为

$$|Z_2| \approx \sum|Z_i| + |Z_{\mathrm{WL}}| + R_{\mathrm{XC}} \tag{4-66}$$

式中，$|Z_i|$ 可由仪表、继电器的产品样本查得；$|Z_{\mathrm{WL}}| \approx R_{\mathrm{WL}} = l/(\gamma A)$，这里的 γ 是导线的电导率，铜线 $\gamma = 53\mathrm{m}/(\Omega \cdot \mathrm{mm}^2)$，铝线 $\gamma = 32\mathrm{m}/(\Omega \cdot \mathrm{mm}^2)$，$A$ 是导线截面积（mm^2），l 是对应于连接导线的计算长度（m）。假设从互感器至仪表、继电器的单向长度为 l_1，则互感器为 Y 形联结时，$l = l_1$；为 V 形联结时，$l = \sqrt{3}l_1$；为一相式联结时，$l = 2l_1$。式（4-66）中的 R_{XC} 很难准确测定，而且是可变的，一般近似地取为 0.1Ω。

电流互感器的二次负荷 S_2 按下式计算：

$$S_2 = I_{2N}^2|Z_2| \approx I_{2N}^2\left(\sum|Z_i| + R_{\mathrm{WL}} + R_{\mathrm{XC}}\right)$$

或

$$S_2 \approx \sum S_i + I_{2N}^2(R_{\mathrm{WL}} + R_{\mathrm{XC}}) \tag{4-67}$$

假设电流互感器不满足式（4-65）的要求，则应改选较大电流比或较大容量的互感器，或者加大二次接线的截面。电流互感器二次接线一般采用铜芯线，截面积不小于 2.5mm²。

关于电流互感器短路稳定度的校验，现在有的新产品（如 LZZB6-10 型等）直接给出了

动稳定电流峰值和 $1s$ 热稳定电流有效值，因此其动稳定度可按式（4-47）校验，其热稳定度可按式（4-58）校验。但要**注意**：电流互感器的大多数产品是给出了动稳定倍数和热稳定倍数。

动稳定倍数 $K_{es} = i_{max}/(\sqrt{2}I_{1N})$，因此其动稳定度校验条件为

$$K_{es} \times \sqrt{2}I_{1N} \geq i_{sh}^{(3)} \tag{4-68}$$

热稳定倍数 $K_t = I_t/I_{1N}$，因此其热稳定度校验条件为

$$(K_t I_{1N})^2 t \geq I_{\infty}^{(3)2} t_{ima}$$

或

$$K_t I_{1N} \geq I_{\infty}^{(3)} \sqrt{\frac{t_{ima}}{t}} \tag{4-69}$$

一般电流互感器的热稳定试验时间 $t = 1s$，因此热稳定度校验条件亦为

$$K_t I_{1N} \geq I_{\infty}^{(3)} \sqrt{t_{ima}} \tag{4-70}$$

三、电压互感器的选择

电压互感器应按装设地点的条件及一次电压、二次电压（一般为 $100V$）、准确度级等条件进行选择。由于它的一、二次侧均有熔断器保护，故不需要进行短路稳定度的校验。

电压互感器的准确度也与其二次负荷容量有关，满足的条件也与电流互感器相同，即 $S_{2N} \geq S_2$，这里的 S_2 为其二次侧所有并联的仪表、继电器电压线圈所消耗的总视在功率，即

$$S_2 = \sqrt{(\sum P_u)^2 + (\sum Q_u)^2} \tag{4-71}$$

式中，$\sum P_u = \sum (S_u \cos\varphi_u)$，$\sum Q_u = \sum (S_u \sin\varphi_u)$，分别为仪表、继电器电压线圈消耗的总有功功率和总无功功率。

四、高压一次设备的选择与校验

高压一次设备必须满足其在一次电路正常条件下和短路故障条件下工作的要求，工作安全可靠，运行维护方便，投资经济合理。

电气设备按在正常条件下工作进行选择，就是要考虑电气装置的环境条件和电气要求。环境条件是指电气装置所处的位置（室内或室外）、环境温度、海拔高度以及有无防尘、防腐、防火、防爆等要求。电气要求是指电气装置对设备的电压、电流、频率（一般为 $50Hz$）等的要求；对一些断流电器如开关、熔断器等，应考虑其断流能力。

电气设备要满足短路故障条件下工作的要求，还必须按最大可能的短路故障时的动稳定度和热稳定度进行校验。对熔断器及装有熔断器保护的电压互感器，不必进行短路动、热稳定度的校验。对电力电缆，由于其机械强度足够，也不必进行短路动稳定度的校验，但须进行短路热稳定度的校验。

高压一次设备的选择校验项目和条件如表4-4所示。

表 4-4 高压一次设备的选择校验项目和条件

电气设备名称	电压/kV	电流/A	断流能力/kA 或 MVA	短路稳定度校验	
				动稳定度	热稳定度
高压熔断器	√	√	√	—	—
高压隔离开关	√	√	—	√	√
高压负荷开关	√	√	√	√	√
高压断路器	√	√	√	√	√
电流互感器	√	√	—	√	√
电压互感器	√	—	—	—	—
高压电容器	√	—	—	—	—
母线	—	√	—	√	√
电缆	√	√	—	—	√
支柱绝缘子	√	—	—	√	—
套管绝缘子	√	√	—	√	√
选择校验的条件	设备的额定电压应不小于装置地点的额定电压或最高电压（如设备额定电压按最高工作电压表示时）	设备的额定电流应不小于通过它的计算电流	设备的最大开断电流或功率应不小于它可能开断的最大电流或功率	按三相短路冲击电流校验	按三相短路稳态电流和短路发热假想时间校验

注：表中"√"表示必须校验，"—"表示不要校验。

　　高压开关柜型式的选择：应根据使用环境条件来确定是采用户内型还是户外型；根据供电可靠性要求来确定是采用固定式还是手车式。此外，还要考虑到经济合理。

　　高压开关柜一次线路方案的选择：应满足变配电所一次接线的要求，并经几个方案的技术经济比较后，择优选出开关柜的型式及其一次线路方案编号，同时确定其中所有一、二次设备的型号规格，主要设备应进行规定项目的选择校验。向开关电器厂订购高压开关柜时，应向厂家提供一、二次电路图样及有关技术资料。

　　工厂变配电所高压开关柜上的高压母线，过去一般采用 LMY 型硬铝母线，现在也有的采用 TMY 型硬铜母线，均由施工单位根据施工设计图样要求现场安装。

　　例 4-6 试选择某 10kV 高压配电所进线侧的 ZN12 型高压户内真空断路器的型号规格。已知该配电所 10kV 母线短路时的 $I_k^{(3)} = 4.5 \text{kA}$，线路的计算电流为 750A，继电保护动作时间为 1.1s，断路器断路时间为 0.1s。

　　解： 根据线路计算电流 $I_{30} = 750 \text{A}$，试选 ZN12-12/1250 型真空断路器来进行校验，如表 4-5 所示。校验结果，说明所选 ZN12-12/1250 型真空断路器是符合要求的。

表 4-5 例 4-6 所述高压断路器的选择校验表

序号	装设地点的电气条件		ZN12-12/1250 型真空断路器		
	项 目	数 据	项目	数 据	结 论
1	U_N/U_{max}	10kV/11.5kV	U_N	12kV	合格
2	I_{30}	750A	I_N	1250A	合格
3	$I_k^{(3)}$	4.5kA	I_{oc}	25kA	合格
4	$i_{sh}^{(3)}$	$2.55 \times 4.5kA = 11.5kA$	i_{max}	63kA	合格
5	$I_\infty^{(3)2} t_{ima}$	$4.5^2 \times (1.1+0.1) = 24.3$	$I_t^2 t$	$25^2 \times 4 = 2500$	合格

五、低压一次设备的选择

低压一次设备的选择，与高压一次设备的选择一样，必须满足在正常条件下和短路故障条件下工作的要求，同时设备应工作安全可靠，运行维护方便，投资经济合理。

低压一次设备的选择校验项目如表 4-6 所列。关于低压电流互感器、电压互感器、电容器及母线、电缆、绝缘子等的校验项目及选择校验的条件，与前面表 4-4 相同，此略。

表 4-6 低压一次设备的选择校验项目

电气设备名称	电压/V	电流/A	断流能力/kA	短路稳定度校验	
				动稳定度	热稳定度
低压熔断器	✓	✓	✓	—	—
低压刀开关	✓	✓		✗	✗
低压负荷开关	✓	✓	✓	✗	✗
低压断路器	✓	✓	✓	✗	✗

注：表中"✓"表示必须校验，"✗"表示一般可不校验，"—"表示不要校验。

复习思考题

4-1 什么叫短路？短路故障产生的原因有哪些？短路对电力系统有哪些危害？

4-2 短路有哪些形式？哪种短路形式的可能性（几率）最大？哪种短路形式的危害最为严重？

4-3 什么叫无限大容量的电力系统？它有什么特点？在无限大容量系统中发生短路故障时，短路电流将如何变化？能否突然增大？

4-4 短路电流周期分量和非周期分量各是如何产生的？各符合什么定律？

4-5 什么是短路冲击电流 i_{sh}？什么是短路次暂态电流 I''？什么是短路后第一个周期短路全电流有效值 I_{sh}？什么是短路稳态电流 I_∞？

4-6 短路计算的欧姆法和标幺制法各有哪些特点？

4-7 什么叫短路计算电压？它与线路额定电压有什么关系？

4-8 在无限大容量系统中，两相短路电流和单相短路电流各与三相短路电流有什么关系？

4-9 什么叫短路电流的电动效应？它应该采用哪一个短路电流来计算？

4-10 在短路点附近有大容量交流电动机运行时，电动机对短路计算有什么影响？

4-11 对一般开关电器，其短路动稳定度和热稳定度校验的条件各是什么？对母线，其短路动稳定度和热稳定度校验的条件又各是什么？

4-12 工厂或车间变电所的主变压器台数如何确定？主变压器容量又如何确定？

4-13 熔断器、高压隔离开关、高压负荷开关、高低压断路器和低压刀开关在选择时，哪些需校验断流能力？哪些需校验短路动、热稳定度？

习 题

4-1 有一地区变电站通过一条长 4km 的 10kV 电缆线路供电给某厂装有两台并列运行的 S9-800 型（Yyn0 联结）电力变压器的变电所。地区变电站出口断路器的断流容量为 300MVA。试用欧姆法求该厂变电所 10kV 高压母线上和 380V 低压母线上的短路电流 $I_k^{(3)}$、$I''^{(3)}$、$I_\infty^{(3)}$、$i_{sh}^{(3)}$、$I_{sh}^{(3)}$ 和短路容量 $S_k^{(3)}$，并列出短路计算表。

4-2 试用标幺制法重作习题 4-1。

4-3 设习题 4-1 所述工厂变电所 380V 侧母线采用 80×10mm² 的 LMY 铝母线，水平平放，两相邻母线轴线间距为 200mm，档距为 0.9m，档数大于 2。该母线上接有一台 500kW 的同步电动机，$\cos\varphi = 1$ 时，$\eta = 94\%$。试校验此母线的短路动稳定度。

4-4 设习题 4-3 所述 380V 母线的短路保护动作时间为 0.5s，低压断路器的断路时间为 0.05s。试校验此母线的短路热稳定度。

4-5 某 10/0.4kV 车间附设式变电所，总计算负荷为 780kVA，其中有一、二级负荷 460kVA。试初步选择该变电所主变压器的台数和容量。已知当地的年平均气温为 +25℃。

4-6 某厂的有功计算负荷为 3000kW，功率因数经补偿后达到 0.92。该厂 6kV 进线上拟安装一台 SN10-10 型高压断路器，其主保护动作时间为 0.9s，断路器断路时间为 0.2s。该厂高压配电所 6kV 母线上的 $I_k^{(3)} = 20kA$。试选择该高压断路器的规格。

第五章
工厂电力线路及其选择计算

本章首先介绍工厂电力线路的接线方式及其结构和敷设，然后重点讲述导线和电缆截面积的选择计算，最后介绍工厂电力线路的电气安装图知识。本章也是工厂供电一次系统的重要内容。

◇◇◇ 第一节 工厂电力线路的接线方式 ◇◇◇

一、概述

电力线路是电力系统的重要组成部分，担负着输送和分配电能的重要任务。

电力线路按电压高低分，有高压线路（即1kV以上线路）和低压线路（即1kV及以下线路）。也有的细分为低压（1kV及以下）、中压（1~35kV）、高压（35~220kV）和超高压（220kV及以上）等线路，但其电压等级的划分并不十分统一和明确。

电力线路按其结构型式分，有架空线路、电缆线路和车间（室内）线路等。

二、高压线路的接线方式

工厂的高压线路有放射式、树干式和环形等基本接线方式。

（一）高压放射式接线（图5-1）

放射式接线的线路之间互不影响，因此其供电可靠性较高，而且便于装设自动装置，保护装置也比较简单，但是其高压开关设备用得较多，且每台断路器须装设一个高压开关柜，从而使投资增加。而且在发生故障或检修时，由该线路供电的所有负荷都要停电。要提高其供电可靠性，可在各车间变电所的高压侧之间或低压侧之间敷设联络线。如果要进一步提高其供电可靠性，则可采用来自两个电源的两路高压进线，然后经分段母线，由两段母线用双回路对重要负荷交叉供电，如图1-1中的2号车间变电所配电的方式。

（二）高压树干式接线（图5-2）

树干式接线与放射式接线相比，具有以下优点：多数情况下，能减少线路的有色金属消耗量；采用的高压开关

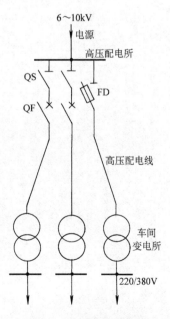

图5-1 高压放射式线路

数较少，投资较省。但有以下缺点：供电可靠性较低，当干线发生故障或检修时，接于干线的所有变电所都要停电，且在实现自动化方面适应性较差。要提高其供电可靠性，可采用双干线供电或两端供电的接线方式，如图5-3a、b所示。

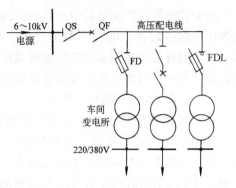

图5-2　高压树干式线路

（三）高压环形接线（图5-4）

环形接线实质上是两端供电的树干式接线。这种接线在现代城市电网中应用很广。为了避免环形线路上发生故障时影响整个电网，也为了便于实现线路保护的选择性，因此大多数环形线路采用"开口"运行方式，即环形线路中有一处的开关是断开的。为了便于切换操作，环形线路中的开关多采用负荷开关。

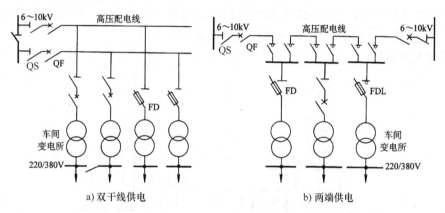

a) 双干线供电　　　　　　　　　b) 两端供电

图5-3　双干线供电及两端供电的线路

实际上，工厂的高压配电线路往往是几种接线方式的组合，这要视具体情况而定。对于大中型工厂，高压配电系统宜优先考虑采用放射式接线，因为放射式接线供电可靠性较高，且便于运行管理。但放射式接线采用的高压开关设备较多，投资较大，因此对于供电可靠性要求不高的辅助生产区和生活住宅区，可考虑采用树干式或环形接线配电，这比较经济。

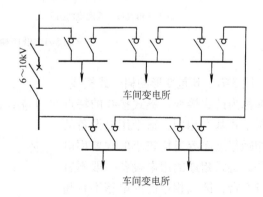

图5-4　高压环形线路

三、低压线路的接线方式

工厂的低压配电线路也有放射式、树干式和环形等基本接线方式。

（一）低压放射式接线（图5-5）

放射式接线的特点是其引出线发生故障时互不影响，因此供电可靠性较高。但在一般情况下，其有色金属消耗较多，采用的开关设备较多。低压放射式接线多用于容量较大的设备或对供电可靠性要求较高的设备配电。

（二）低压树干式接线（图5-6）

树干式接线的特点正好与放射式接线相反。一般情况下，树干式接线采用的开关设备较少，有色金属消耗也较少，但当干线发生故障时，影响范围大，因此其供电可靠性较低。图5-6a所示的树干式接线在机械加工车间、工具车间和机修车间中应用比较普遍，而且多采用成套的封闭型母线（参看后面图5-28），它灵活方便，也相当安全，很适于供电给容量较小而分布比较均匀的一些用电设备，如机床、小型加热炉等。图5-6b所示"变压器-干线组"接线，还省去了变电所低压侧整套低压配电装置，从而使变电所结构大为简化，投资也大大降低。

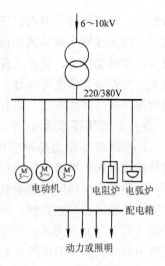

图5-5 低压放射式线路

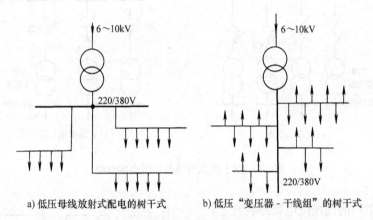

a) 低压母线放射式配电的树干式   b) 低压"变压器 - 干线组"的树干式

图5-6 低压树干式线路

图5-7a、b是变形的树干式接线，通常称为链式接线。链式接线的特点与树干式基本相同，适于用电设备彼此相距很近而容量均较小的次要用电设备。链式相连的用电设备一般不宜超过5台，链式相连的配电箱不宜超过3台，且总容量不宜超过10kW。

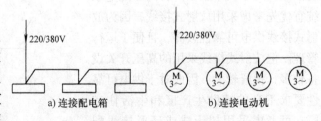

a) 连接配电箱   b) 连接电动机

图5-7 低压链式线路

（三）低压环形接线（图5-8）

工厂内的一些车间变电所的低压侧，可通过低压联络线相互连接成为环形。

环形接线供电可靠性较高。任一段线路发生故障或检修时，都不致造成供电中断，或者只是短时停电，一旦切换电源的操作完成，就能恢复供电。

环形接线可使电能损耗和电压损耗减少，但是其保护装置及其整定配合比较复杂，如果配合不当，容易发生误动作，反而扩大故障停电范围。实际上，低压环形线路也多采用"开口"运行方式。

在工厂的低压配电系统中，也往往是采用几种接线方式的组合，这要视具体情况而定。不过在环境正常的车间或建筑内，当大部分用电设备不很大又无特殊要求时，宜采用树干式配电。这一方面是由于树干式配电较之放射式经济，另一方面是由于我国各工厂的供电人员对采用树干式配电积累了相当成熟的运行经验。实践证明，低压树干式配电在一般正常情况下能够满足生产要求。

总的来说，工厂电力线路（包括高压和低压线路）的接线应力求简单。运行经验证明，供配电系统如果接线复杂，层次过多，不仅浪费投资，维护不便，而且由于电路串联的元件过多，因操作错误或元件故障而产生的事故也随之增多，且事故处理和恢复供电的操作也比较麻烦，从而延长了停电时间。同时由于配电级数多，继电保护级数也相应增加，保护动作时间也相应延长，对供配电系统的

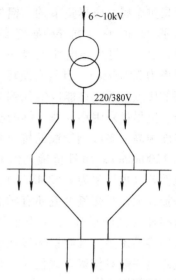

图 5-8　低压环形线路

故障切除十分不利。因此，GB 50052—2009《供配电系统设计规范》规定：供配电系统应简单可靠，同一电压供电系统的变配电级数不宜多于两级。以前面图 1-3 所示工厂供电系统为例，由工厂总降压变电所直接配电到车间变电所的配电级数只有一级，而由总降压变电所经高压配电所再配电到车间变电所的配电级数就有两级了，最多不宜超过两级。此外，高低压配电线路均应尽可能深入负荷中心，以减少线路的电压损耗、电能损耗和有色金属消耗量，提高负荷端的电压水平。

◇◇◇　第二节　工厂电力线路的结构和敷设　◇◇◇

一、架空线路的结构和敷设

由于架空线路与电缆线路相比，具有成本低、投资少、安装容易、维护和检修方便、易于发现和排除故障等优点，所以架空线路过去在工厂中应用比较普遍。但是架空线路直接受大气影响，易受雷击、冰雪、风暴和污秽空气的危害，且要占用一定的地面和空间，有碍交通和观瞻，因此现代化工厂有逐渐减少架空线路、改用电缆线路的趋向。

架空线路由导线、电杆、绝缘子和线路金具等主要元件组成，其结构如图 5-9 所示。为了防雷，有的架空线路上还装设有避雷线（又称架空地线）。为了加强电杆的稳固性，有的电杆还安装有拉线或扳桩。

（一）架空线路的导线

导线是电力线路的主体，担负着输送电能的功能。它架设在电杆上面，要经受自身重量和各种外力的作用，并要承受大气中各种有害物质的侵蚀。因此，导线必须具有良好的导电性，同时也要具有一定的机械强度和耐腐蚀性，尽可能地质轻而价廉。

导线材质有铜、铝和钢。铜的导电性最好（电导率为53MS/m），其机械强度也相当高（抗拉强度约为380MPa），然而铜是贵重金属，应尽量节约。铝的机械强度较差（抗拉强度约为160MPa），但其导电性也较好（电导率为32MS/m），且具有质轻、价廉的优点，因此在能以铝代铜的场合，宜尽量采用铝导线。钢的机械强度很高（多股钢绞线的抗拉强度达1200MPa），而且价廉，但其导电性差（电导率为7.52MS/m），功率损耗大，对交流电流还有磁滞涡流损耗（铁磁损耗），并且它在大气中容易锈蚀，因此钢导线在架空线路上一般只作避雷线使用，且多使用镀锌钢绞线。

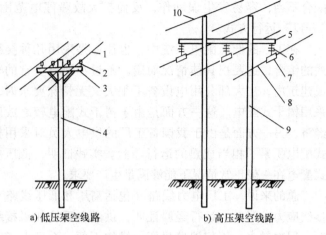

a) 低压架空线路　　b) 高压架空线路

图5-9　架空线路的结构

1—低压导线　2—低压针式绝缘子　3—低压横担　4—低压电杆
5—高压横担　6—高压悬式绝缘子串　7—线夹　8—高压导线
9—高压电杆　10—避雷线

架空线路一般采用裸导线。裸导线按其结构分，有单股线和多股绞线，一般采用多股绞线。绞线又有铜绞线、铝绞线和钢芯铝绞线。架空线路一般情况下采用铝绞线。在机械强度要求较高和35kV及以上的架空线路上，则多采用钢芯铝绞线。钢芯铝绞线简称钢芯铝线，其横截面结构如图5-10所示。这种导线的线芯是钢线，用以增强导线的抗拉强度，可弥补铝线机械强度较差的缺点；其外围用铝线，取其导电性较好的优点。由于交流电流在导线中通过时有集肤效应，交流电流实际上只从铝线部分通过，从而弥补了钢线导电性差的缺点。钢芯铝绞线型号中表示的截面积是其铝线部分的截面积。

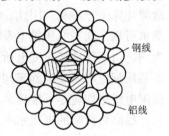

钢线

铝线

图5-10　钢芯铝绞线横截面结构

常用裸导线全型号的表示和含义如下：

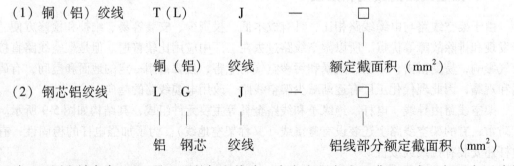

（1）铜（铝）绞线　　T（L）　　　J　　　—　　　□

　　　　　　　　　　铜（铝）　　绞线　　　　　额定截面积（mm²）

（2）钢芯铝绞线　　L G　　J　　　—　　　□

　　　　　　　　　铝　钢芯　绞线　　　　铝线部分额定截面积（mm²）

对于工厂和城市中10kV及以下的架空线路，当安全距离难以满足要求、邻近高层建筑及在繁华街道或人口密集地区、空气严重污秽地段和建筑施工现场，按GB 50061—2010《66kV及以下架空电力线路设计规范》规定，可以采用绝缘导线。

（二）电杆、横担和拉线

电杆是支持导线的支柱，是架空线路的重要组成部分。对电杆的要求，主要是要有足够的机械强度，同时尽可能地经久耐用，价廉，便于搬运和安装。

电杆按其采用的材料分，有木杆、水泥杆（钢筋混凝土杆）和铁塔。对工厂来说，水泥杆应用最为普遍，因为采用水泥杆可以节约大量的木材和钢材，而且它经久耐用，维护简单，也比较经济。

电杆按其在架空线路中的地位和功能分，有直线杆、分段杆、转角杆、终端杆、跨越杆和分支杆等型式。图5-11是上述各种杆型在低压架空线路上应用的示意图。

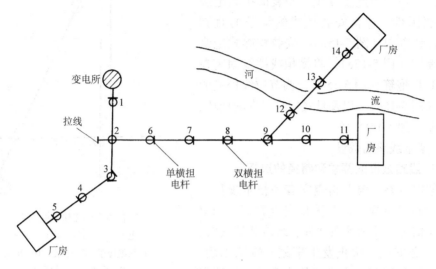

图5-11　各种杆型在低压架空线路上的应用
1、5、11、14—终端杆　2、9—分支杆　3—转角杆
4、6、7、10—直线杆（中间杆）　8—分段杆（耐张杆）　12、13—跨越杆

横担安装在电杆的上部，用来安装绝缘子以架设导线。常用的横担有木横担、铁横担和瓷横担。现在工厂里普遍采用的是铁横担和瓷横担。瓷横担是我国独特的产品，具有良好的电气绝缘性能，兼有绝缘子和横担的双重功能，能节约大量的木材和钢材，有效地利用电杆高度，降低线路造价；它在断线时能够转动，以避免因断线而扩大事故，同时它的表面便于雨水冲洗，可减少线路的维护工作量；它结构简单，安装方便，可加快施工进度。但瓷横担比较脆，在安装和使用中必须避免机械损伤。图5-12是高压电杆上安装的瓷横担。

拉线是为了平衡电杆各方面的作用力，并抵抗风压以防止电杆倾倒用的，如终端杆、转角杆、分段杆等往往都装有拉线。拉线的结构如图5-13所示。

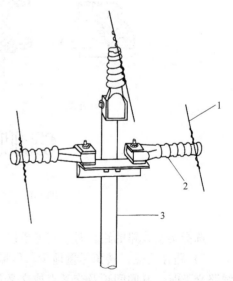

图5-12　高压电杆上安装的瓷横担
1—高压导线　2—瓷横担　3—电杆

（三）线路绝缘子和金具

绝缘子又称瓷瓶。线路绝缘子用来将导线固定在电杆上，并使导线与电杆绝缘。因此对绝缘子既要求具有一定的电气绝缘强度，又要求具有足够的机械强度。线路绝缘子按电压高低分为低压绝缘子和高压绝缘子两大类。图5-14是高压线路绝缘子的外形结构。

线路金具是用来连接导线、安装横担和绝缘子等的金属附件，包括安装针式绝缘子的直脚（图5-15a）和弯脚（图5-15b），安装蝴蝶式绝缘子的穿芯螺钉（图5-15c），将横担或拉线固定在电杆上的U形抱箍（图5-15d），调节拉线松紧的花篮螺钉（图5-15e），以及悬式绝缘子串的挂环、挂板、线夹（图5-15f）等。

（四）架空线路的敷设

1. 架空线路敷设的要求和路径的选择

敷设架空线路，要严格遵守有关技术规程的规定。整个施工过程中，要重视安全教育，采取有效的安全措施，特别是在立杆、组装和架线时，更要注意人身安全，防止发生事故。竣工以后，要按照规定的程序和要求进行检查和验收，确保工程质量。

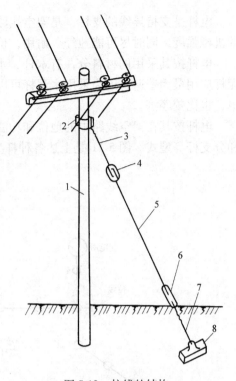

图 5-13　拉线的结构
1—电杆　2—拉线的抱箍　3—上把
4—拉线绝缘子　5—腰把　6—花篮螺钉
7—底把　8—拉线底盘

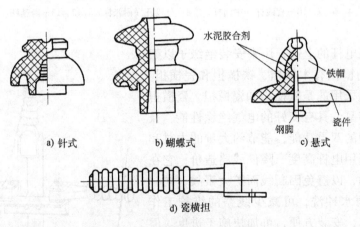

a) 针式　　　　b) 蝴蝶式　　　　c) 悬式

d) 瓷横担

图 5-14　高压线路绝缘子的外形结构

选择架空线路的路径时，应考虑以下原则：

1）路径要短，转角尽量地少。尽量减少与其他设施的交叉；当与其他架空线路或弱电线路交叉时，其间间距及交叉点或交叉角应符合 GB 50061—2010《66kV 及以下架空电力线路设计规范》的规定。

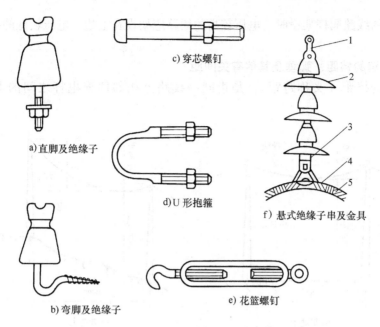

图 5-15　架空线路用的金具

1—球头挂环　2—悬式绝缘子　3—碗头挂板　4—悬垂线夹　5—架空导线

2）尽量避开河洼和雨水冲刷地带、不良地质地区及易燃、易爆等危险场所。

3）不应引起机耕、交通和人行困难。

4）不宜跨越房屋，应与建筑物保持一定的安全距离。

5）应与工厂和城镇的整体规划协调配合，并适当考虑今后的发展。

2. 导线在电杆上的排列方式

三相四线制低压架空线路的导线，一般都采用水平排列，如图 5-16a 所示。由于中性线（N 线或 PEN 线）电位在三相均衡时为零，而且其截面积一般较小，机械强度较差，所以中性线一般架设在靠近电杆的位置。

三相三线制架空线路的导线，可三角形排列，如图 5-16b、c 所示；也可水平排列，如图 5-16f 所示。

多回路导线同杆架设时，可三角形与水平混合排列，如图 5-16d 所示，也可全部垂直排列，如图 5-16e 所示。

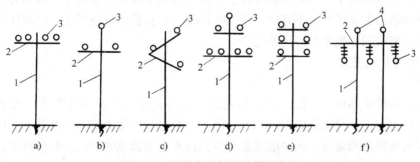

图 5-16　导线在电杆上的排列方式

1—电杆　2—横担　3—导线　4—避雷线

电压不同的线路同杆架设时，电压较高的线路应架设在上边，电压较低的线路则架设在下边。

3. 架空线路的档距、弧垂及其他有关间距

架空线路的档距（又称跨距），是指同一线路上相邻两根电杆之间的水平距离，如图5-17所示。

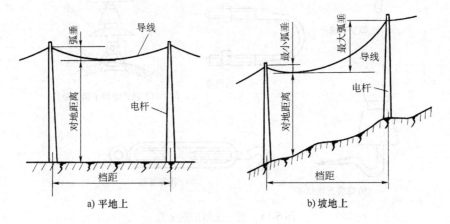

a) 平地上　　　　　　　　　　　b) 坡地上

图 5-17　架空线路的档距和弧垂

架空线路的弧垂（又称弛垂），是指架空线路一个档距内导线最低点与两端电杆上导线悬挂点之间的垂直距离，如图5-17所示。导线的弧垂是由于导线存在着荷重所形成的。弧垂不宜过大，也不宜过小。弧垂过大，则在导线摆动时容易引起相间短路，而且会造成导线对地或对其他物体的安全距离不够；弧垂过小，则将使导线内应力增大，在天冷时可能使导线收缩绷断。

架空线路的线间距离、档距、导线对地面和对水面的最小距离、架空线路与各种设施接近和交叉的最小距离等，在 GB 50061—2010 等规程中均有明确规定，设计和安装时必须遵循。

二、电缆线路的结构和敷设

电缆线路与架空线路相比，具有成本高、投资大和维修不便等缺点，但是电缆线路具有运行可靠、受外界影响小、不需架设电杆、不占地面和不碍观瞻等优点，特别是在有腐蚀性气体的场所和易燃易爆场所，不宜架设架空线路时，只有敷设电缆线路。在现代化工厂和城市中，电缆线路得到了越来越广泛的应用。

（一）电缆和电缆头

1. 电缆

电缆是一种特殊结构的导线，在其几根绞绕的（或单根）绝缘导电芯线外面，统包有绝缘层和保护层。保护层又分内护层和外护层。内护层用以保护绝缘层，而外护层用以防止内护层受到机械损伤和腐蚀。外护层通常为由钢丝或钢带构成的钢铠，外覆麻被、沥青或塑料护套。

供电系统中常用的电力电缆，按其缆芯材质分，有铜芯电缆和铝芯电缆两大类。按其采用的绝缘介质分，有油浸纸绝缘电缆和塑料绝缘电缆两大类。

（1）油浸纸绝缘电力电缆　图 5-18 所示的油浸纸绝缘电力电缆，具有耐压强度高、耐热性能好和使用寿命较长等优点，因此应用相当普遍。但是它工作时其中的浸渍油会流动，因此其两端的安装高度差有一定的限制，否则电缆低的一端可能因油压过大而使端头胀裂漏油，而高的一端则可能因油流失而使绝缘干枯，致使其耐压强度下降，甚至击穿损坏。

（2）塑料绝缘电力电缆　它有聚氯乙烯绝缘及护套电缆和交联聚乙烯绝缘聚氯乙烯护套电缆两种类型。塑料绝缘电缆具有结构简单、制造加工方便、重量较轻、敷设安装方便、不受敷设高度差限制以及能抵抗酸碱腐蚀等优点，交联聚乙烯绝缘电缆（参看图 5-19）的电气性能更优异，因此在工厂供电系统中有逐步取代油浸纸绝缘电缆的趋势。

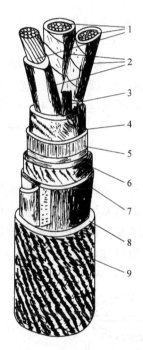

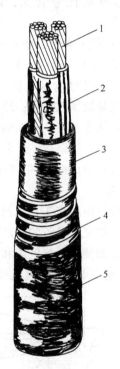

图 5-18　油浸纸绝缘电力电缆

1—缆芯（铜芯或铝芯）　2—油浸纸绝缘层
3—麻筋（填料）　4—油浸纸（统包绝缘）　5—铅包
6—涂沥青的纸带（内护层）　7—浸沥青的麻被（内护层）
8—钢铠（外护层）　9—麻被（外护层）

图 5-19　交联聚乙烯绝缘电力电缆

1—缆芯（铜芯或铝芯）　2—交联聚乙烯绝缘层
3—聚氯乙烯护套（内护层）
4—钢铠或铝铠（外护层）
5—聚氯乙烯外套（外护层）

在考虑电缆缆芯材质时，一般情况下宜按"节约用铜、以铝代铜"原则，优先选用铝芯电缆。但在下列情况应采用铜芯电缆：

1）振动剧烈、有爆炸危险或对铝有腐蚀等的严酷工作环境。

2）安全性、可靠性要求高的重要回路。

3）耐火电缆及紧靠高温设备的电缆等。

电力电缆全型号的表示和含义如下：

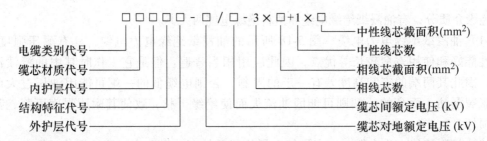

电缆类别代号
缆芯材质代号
内护层代号
结构特征代号
外护层代号

中性线芯截面积(mm²)
中性线芯数
相线芯截面积(mm²)
相线芯数
缆芯间额定电压 (kV)
缆芯对地额定电压 (kV)

1）电缆类别代号含义：Z——油浸纸绝缘电力电缆；V——聚氯乙烯绝缘电力电缆；YJ——交联聚乙烯绝缘电力电缆；X——橡皮绝缘电力电缆；JK——架空电力电缆（加在上列代号之前）；ZR 或 Z——阻燃型电力电缆（加在上列代号之前）。

2）缆芯材质代号含义：L——铝芯；LH——铝合金芯；T——铜芯（一般不标）；TR——软铜芯。

3）内护层代号含义：Q——铅包；L——铝包；V——聚氯乙烯护套。

4）结构特征代号含义：P——滴干式；D——不滴流式；F——分相铅包式。

5）外护层代号含义：02——聚氯乙烯套；03——聚乙烯套；20——裸钢带铠装；22——钢带铠装聚氯乙烯套；23——钢带铠装聚乙烯套；30——裸细钢丝铠装；32——细钢丝铠装聚氯乙烯套；33——细钢丝铠装聚乙烯套；40——裸粗钢丝铠装；41——粗钢丝铠装纤维外被；42——粗钢丝铠装聚氯乙烯套；43——粗钢丝铠装聚乙烯套；441——双粗钢丝铠装纤维外被；241——钢带-粗钢丝铠装纤维外被。

2. 电缆头

电缆头就是电缆接头，包括电缆中间接头和电缆终端头。电缆头按使用的绝缘材料或填充材料分，有填充电缆胶的、环氧树脂浇注的、缠包式的和热缩材料的等。由于热缩材料电缆头具有施工简便、价格低廉和性能良好等优点，在现代电缆工程中得到推广应用。

图 5-20 是 10kV 交联聚乙烯绝缘电缆热缩中间头剥切尺寸和安装示意图。图 5-21 是

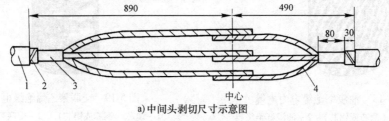

a)中间头剥切尺寸示意图

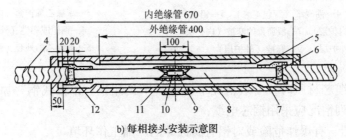

b)每相接头安装示意图

图 5-20　10kV 交联聚乙烯绝缘电缆热缩中间头

1—聚氯乙烯外护套　2—钢铠　3—内护套　4—铜屏蔽层（内有缆芯绝缘）　5—半导管　6—半导层

7—应力管　8—缆芯绝缘　9—压接管　10—填充胶　11—四氟带　12—应力疏散胶

10kV 交联聚乙烯绝缘电缆户内热缩终端头结构示意图。而作为户外热缩终端头，还必须在图 5-21 所示户内热缩终端头上套上三孔防雨热缩伞裙，并在各相套入单孔防雨热缩伞裙，如图 5-22 所示。

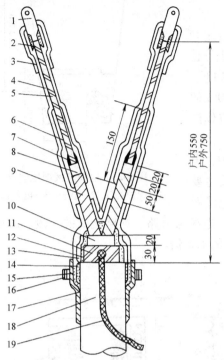 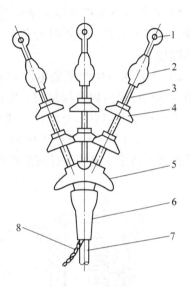

图 5-21　10kV 交联聚乙烯绝缘电缆户内热缩终端头

1—缆芯接线端子　2—密封胶　3—热缩密封管　4—热缩绝缘管
5—缆芯绝缘　6—应力控制管　7—应力疏散管　8—半导体层
9—铜屏蔽层　10—热缩内护层　11—钢铠　12—填充胶
13—热缩环　14—密封胶　15—热缩三芯手套　16—喉箍
17—热缩密封管　18—PVC（聚氯乙烯）外护套　19—接地线

图 5-22　户外热缩电缆终端头

1—缆芯接线端子　2—热缩密封管
3—热缩绝缘管　4—单孔防雨热缩伞裙
5—三孔防雨热缩伞裙　6—热缩三芯手套
7—PVC（聚氯乙烯）外护套　8—接地线

运行经验说明：电缆头是电缆线路中的薄弱环节，电缆线路的大部分故障都发生在电缆接头处。 由于电缆头本身的缺陷或安装质量上的问题，往往造成短路故障。因此电缆头的安装质量十分重要，密封要好，其耐压强度不应低于电缆本身的耐压强度，同时要有足够的机械强度，且体积尺寸要尽可能小，结构简单，安装方便。

（二）电缆的敷设

1. 电缆敷设路径的选择

选择电缆敷设路径时，应考虑以下原则：

1）避免电缆遭受机械性外力、过热和腐蚀等的危害。

2）在满足安全要求条件下应使电缆较短。

3）便于敷设和维护。

4）应避开将要挖掘施工的地段。

2. 电缆的敷设方式

工厂中常见的电缆敷设方式有直接埋地敷设（图 5-23）、利用电缆沟（图 5-24）和电缆桥架（图5-25）等几种。而在发电厂、某些大型工厂和现代化城市中，则还采用电缆排管（图5-26）和电缆隧道（图5-27）等敷设方式。

3. 电缆敷设的一般要求

敷设电缆，一定要严格遵守有关技术规程的规定和设计的要求。竣工以后，要按规定的手续和要求进行检查和验收，确保线路的质量。部分重要的技术要求如下：

1）电缆长度宜按实际线路长度增加5% ~ 10% 的裕量，以作为安装、检修时的备用。直埋电缆应作波浪形埋设。

2）下列场合的非铠装电缆应采取穿管保护：电缆引入或引出建筑物或构筑物；电缆穿过楼板及主要墙壁处；从电缆沟引出至电杆，或沿墙敷设的电缆距

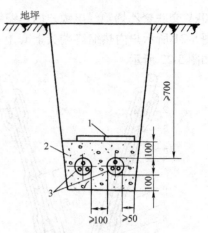

图5-23 电缆直接埋地敷设
1—保护盖板 2—砂子 3—电力电缆

地面2m高度及埋入地下小于0.3m深度的一段；电缆与道路、铁路交叉的一段。所用保护管的内径不得小于电缆外径或多根电缆包络外径的1.5倍。

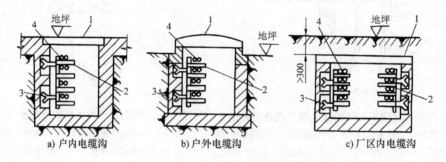

a) 户内电缆沟　　b) 户外电缆沟　　c) 厂区内电缆沟

图5-24 电缆在电缆沟内敷设
1—盖板 2—电缆支架 3—预埋铁件 4—电缆

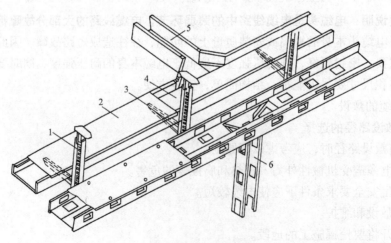

图5-25 电缆桥架
1—支架 2—盖板 3—支臂 4—线槽 5—水平分支线槽 6—垂直分支线槽

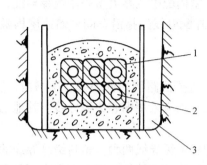

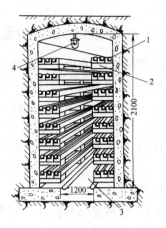

图 5-26　电缆排管　　　　　　　　　　图 5-27　电缆隧道

1—水泥排管　2—电缆孔（穿电缆）　3—电缆沟　　　　1—电缆　2—支架　3—维护走廊　4—照明灯具

3）多根电缆敷设在同一通道中位于同侧的多层支架上时，应按下列敷设要求进行配置：①应按电压等级由高至低的电力电缆、强电至弱电的控制和信号电缆、通信电缆的顺序排列；②支架层数受通道空间限制时，35kV 及以下的相邻电压级的电力电缆可排列在同一层支架上，1kV 及以下电力电缆也可与强电控制和信号电缆配置在同一层支架上；③同一重要回路的工作电缆与备用电缆实行耐火分隔时，宜适当配置在不同层次的支架上。

4）明敷的电缆不宜平行敷设于热力管道上面。电缆与管道之间无隔板防护时，相互间距应符合表 5-1 所列的允许距离（据 GB 50217—2007《电力工程电缆设计规范》规定）。

表 5-1　电缆与管道之间的允许间距（据 GB 50217—2007）　　　　（单位：mm）

电缆与管道之间走向		电力电缆	控制和信号电缆
热力管道	平行	1000	500
	交叉	500	250
其他管道	平行	150	100

5）电缆应远离爆炸性气体释放源。敷设在爆炸性危险较小的场所时，应符合下列要求：①易爆气体比空气重时，电缆应在较高处架空敷设，且对非铠装电缆采取穿管敷设，或置于托盘、槽盒等内进行机械性保护；②易爆气体比空气轻时，电缆应敷设在较低处的管、沟内，沟内的非铠装电缆应埋砂。

6）电缆沿输送易燃气体的管道敷设时，应配置在危险程度较低的管道一侧，且应符合下列要求：①易燃气体比空气重时，电缆宜敷设在管道上方；②易燃气体比空气轻时，电缆宜敷设在管道下方。

7）电缆沟的结构应考虑到防火和防水。电缆沟从厂区进入厂房处应设置防火隔板。为了顺畅排水，电缆沟的纵向排水坡度不得小于 0.5%，而且不能排向厂房内侧。

8）直埋敷设于非冻土地区的电缆，其外皮至地下构筑物基础的距离不得小于 0.3m；至地面的距离不得小于 0.7m；当位于车行道或耕地的下方时，应适当加深，且不得小于 1m。电缆直埋于冻土地区时，宜埋入冻土层以下。直埋敷设的电缆，严禁位于地下管道的正上方或正下方。在有化学腐蚀性的土壤中，电缆不宜直埋敷设。

9）电缆的金属外皮、金属电缆头及保护钢管和金属支架等，均应可靠接地。

三、车间线路的结构和敷设

车间线路包括室内配电线路和室外配电线路。室内配电线路大多采用绝缘导线，但配电干线则多采用裸导线（母线），少数采用电缆。室外配电线路指沿车间外墙或屋檐敷设的低压配电线路，一般采用绝缘导线。

（一）绝缘导线的结构和敷设

绝缘导线按芯线材质分，有铜芯和铝芯两种。重要回路例如办公楼、图书馆、实验室、住宅内等的线路及振动场所或对铝线有腐蚀的场所，均应采用铜芯绝缘导线，其他场所可选用铝芯绝缘导线。

绝缘导线按绝缘材料分，有橡皮绝缘导线和塑料绝缘导线两种。塑料绝缘导线的绝缘性能好，耐油和抗酸碱腐蚀，价格较低，且可节约大量橡胶和棉纱，因此在室内明敷和穿管敷设中应优先选用塑料绝缘导线。但是塑料绝缘材料在低温时要变硬变脆，高温时又易软化老化，因此室外敷设宜优先选用橡皮绝缘导线。

绝缘导线全型号的表示和含义如下：

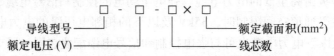

1）橡皮绝缘导线型号含义：BX（BLX）——铜（铝）芯橡皮绝缘棉纱或其他纤维编织导线；BXR——铜芯橡皮绝缘棉纱或其他纤维编织软导线；BXS——铜芯橡皮绝缘双股软导线。

2）聚氯乙烯绝缘导线型号含义：BV（BLV）——铜（铝）芯聚氯乙烯绝缘导线；BVV（BLVV）——铜（铝）芯聚氯乙烯绝缘聚氯乙烯护套圆型导线；BVVB（BLVVB）——铜（铝）芯聚氯乙烯绝缘聚氯乙烯护套扁平型导线；BVR——铜芯聚氯乙烯绝缘软导线。

绝缘导线的敷设方式，分明敷和暗敷两种。明敷是导线直接敷设或在穿线管、线槽内敷设于墙壁、顶棚的表面及桁架、支架等处。暗敷是导线在穿线管、线槽等保护体内，敷设于墙壁、顶棚、地坪及楼板等内部，或者在混凝土板孔内敷线等。

绝缘导线的敷设要求，应符合 GB 50054—2011《低压配电设计规范》等有关规程的规定，其中有下列几点特别值得注意：

1）线槽布线和穿管布线的导线中间不许直接接头，接头必须经专门的接线盒。

2）穿金属管或金属线槽的交流线路，应将同一回路的所有相线和中性线（如有中性线时）穿于同一管、槽内，否则由于线路电流不平衡而在金属管、槽内产生铁磁损耗，使管、槽发热，导致其中导线过热甚至烧毁。

3）电线管路与热水管、蒸汽管同侧敷设时，应敷设在水、汽管的下方；如有困难时，可敷设在水、汽管的上方，但相互间距应适当增大，或采取隔热措施。

（二）裸导线的结构和敷设

车间内配电的裸导线大多数采用裸母线的结构，其截面形状有圆形、管形和矩形等，其材质有铜、铝和钢。车间内以采用 LMY 型硬铝母线最为普遍。现代化的生产车间，大多采用封闭式母线（亦称"母线槽"）布线，如图 5-28 所示。封闭式母线安全、灵活、美观，但耗用的钢材较多，投资较大。

封闭式母线水平敷设时，至地面的距离不宜小于 2.2m。垂直敷设时，其距地面 1.8m 以下部分应采取防止机械损伤的措施，但敷设在电气专用房间内（如配电室、电机房等）时除外。

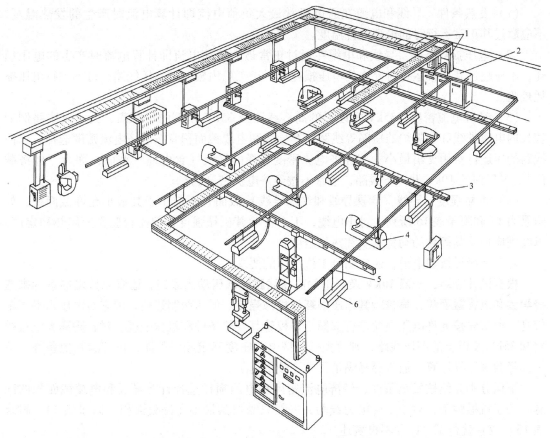

图 5-28　封闭式母线（母线槽）在车间内的应用

1—馈电母线槽　2—配电装置　3—插接式母线槽　4—机床　5—照明母线槽　6—灯具

封闭式母线水平敷设的支持点间距不宜大于 2m。垂直敷设时，应在通过楼板处设专用附件支承。垂直敷设的封闭式母线，当进线盒及末端悬空时，应采用支架固定。

封闭式母线终端无引出或引入线时，端头应封闭。

封闭式母线的插接分支点应设在安全及安装维护方便的地方。

为了识别裸导线的相序，以利于运行维护和检修，GB/T 2681—1981《电工成套装置中的导线颜色》规定交流三相系统中的裸导线应按表 5-2 所示涂色。裸导线涂色，不仅有利于识别相序，而且有利于防腐蚀及改善散热条件。表 5-2 对需识别相序的绝缘导线线路也是适用的。

表 5-2　交流三相系统中导线的涂色（据 GB/T 2681—1981）

导 线 类 别	A 相	B 相	C 相	N 线、PEN 线	PE 线
涂漆颜色	黄	绿	红	淡蓝	黄绿双色

◇◇◇　第三节　导线和电缆截面积的选择计算　◇◇◇

一、概述

为保证供电系统安全、可靠、优质、经济地运行，选择导线和电缆截面积时必须满足下列条件：

（1）发热条件　导线和电缆在通过正常最大负荷电流即计算电流时产生的发热温度，不应超过其正常运行时的最高允许温度。

（2）电压损耗条件　导线和电缆在通过正常最大负荷电流即计算电流时产生的电压损耗，不应超过其正常运行时允许的电压损耗。对于工厂内较短的高压线路，可不进行电压损耗校验。

（3）经济电流密度　35kV 及以上的高压线路及 35kV 以下的长距离、大电流线路例如较长的电源进线和电弧炉的短网等线路，其导线和电缆截面积宜按经济电流密度选择，以使线路的年运行费用支出最小。按经济电流密度选择的导线（含电缆）截面，称为"经济截面"。工厂内的 10kV 及以下线路，通常不按经济电流密度选择。

（4）机械强度　导线（含裸导线和绝缘导线）截面积不应小于其最小允许截面积，如附录表 14 和附录表 15 所列。对于电缆，不必校验其机械强度，但需校验其短路热稳定度。母线则应校验其短路的动稳定度和热稳定度。

对于绝缘导线和电缆，还应满足工作电压的要求。

根据设计经验，一般 10kV 及以下的高压线路和低压动力线路，通常先按发热条件来选择导线和电缆截面积，再校验其电压损耗和机械强度。 低压照明线路，因它对电压水平要求较高，通常先按允许电压损耗进行选择，再校验其发热条件和机械强度。对长距离大电流线路和 35kV 及以上的高压线路，则可先按经济电流密度确定经济截面，再校验其他条件。按上述经验来选择计算，通常容易满足要求，较少返工。

下面分别介绍按发热条件、经济电流密度和电压损耗选择计算导线和电缆截面积的问题。关于机械强度，对于工厂电力线路，一般只需按其最小允许截面积（附录表 14、附录表 15）校验就行了，因此不再赘述。

二、按发热条件选择导线和电缆的截面积

（一）三相系统相线截面积的选择

电流通过导线（包括电缆、母线，下同）时，要产生电能损耗，使导线发热。裸导线的温度过高时，会使其接头处的氧化加剧，增大接触电阻，使之进一步氧化，如此恶性循环，最终可发展到断线。而绝缘导线和电缆的温度过高时，还可使其绝缘介质加速老化甚至烧毁，或引发火灾事故。因此，导线的正常发热温度一般不得超过附录表 13 所列的额定负荷时的最高允许温度。

按发热条件选择三相系统中的相线截面积时，应使其允许载流量 I_{al} 不小于通过相线的计算电流 I_{30}，即

$$I_{al} \geqslant I_{30} \tag{5-1}$$

所谓导线的允许载流量（allowable current-carrying capacity），就是在规定的环境温度条件下，导线能够连续承受而不致使其稳定温度超过允许值的最大电流。如果导线敷设地点的环境温度与导线允许载流量所采用的环境温度不同时，则导线的允许载流量应乘以以下温度校正系数：

$$K_\theta = \sqrt{\frac{\theta_{al} - \theta_0'}{\theta_{al} - \theta_0}} \tag{5-2}$$

式中，θ_{al} 为导线额定负荷时的最高允许温度；θ_0 为导线的允许载流量所采用的环境温度；θ_0' 为导线敷设地点实际的环境温度。

这里所说的"环境温度"，是按发热条件选择导线所采用的特定温度：在室外，环境温度一般取当地最热月平均最高气温；在室内，则取当地最热月平均最高气温加 5℃。对土中直埋的电缆，则取当地最热月地下 0.8~1m 的土壤平均温度，亦可近似地取为当地最热月平均气温。

附录表 16 列出了 LJ 型铝绞线和 LGJ 型钢芯铝绞线的允许载流量，附录表 17 列出了 LMY 型矩形硬铝母线的允许载流量，附录表 18 列出了 10kV 常用三芯电缆的允许载流量及校正系数，附录表 19 列出了绝缘导线明敷、穿钢管和穿塑料管时的允许载流量，供参考。

按发热条件选择的导线和电缆截面积，还必须用后面的式（6-4）或式（6-15）来校验它与其相应的保护装置（熔断器或低压断路器的过电流脱扣器）是否配合得当。如果配合不当，则可能发生导线或电缆因过电流而发热起燃，但保护装置不动作的情况，这当然是不允许的。

（二）中性线和保护线截面积的选择

1. 中性线（N 线）截面积的选择

按 GB 50054—2011《低压配电设计规范》规定：

1）符合下列情况之一的线路，中性线截面积 A_0 应与相线截面积 A_φ 相同，即

$$A_0 = A_\varphi \tag{5-3}$$

①单相两线制线路。

②铜相线截面积 $A_\varphi \leqslant 16\text{mm}^2$，或铝相线截面积 $A_\varphi \leqslant 25\text{mm}^2$ 的三相四线制线路。

2）符合下列情况之一的线路，中性线截面积 A_0 可小于相线截面积 A_φ，但不宜小于相线截面积 A_φ 的 50%，即

$$0.5A_\varphi \leqslant A_0 < A_\varphi \tag{5-4}$$

①铜相线截面积 $A_\varphi > 16\text{mm}^2$，或铝相线截面积 $A_\varphi > 25\text{mm}^2$ 时。

②铜中性线截面积 $A_0 \geqslant 16\text{mm}^2$，或铝中性线截面积 $A_0 \geqslant 25\text{mm}^2$ 时。

③在正常工作时，包括谐波电流在内的中性线预期最大电流 $I_{0.max}$ 不大于中性线允许载流量 $I_{0.al}$ 时。

④中性线导体已进行了过电流保护时。

2. 保护线（PE 线）截面积的选择

保护线要考虑三相系统发生单相短路故障时单相短路电流通过时的短路热稳定度。

根据短路热稳定度的要求，保护线（PE 线）截面积 A_{PE} 的选择，按 GB 50054—2011《低压配电设计规范》规定：

（1）当 $A_\varphi \leqslant 16\text{mm}^2$ 时

$$A_{PE} \geqslant A_\varphi \tag{5-5}$$

（2）当 $16\text{mm}^2 < A_\varphi \leqslant 35\text{mm}^2$ 时

$$A_{PE} \geqslant 16\text{mm}^2 \tag{5-6}$$

（3）当 $A_\varphi > 35\text{mm}^2$ 时

$$A_{PE} \geqslant 0.5A_\varphi \tag{5-7}$$

3. 保护中性线（PEN 线）截面积的选择

保护中性线兼有保护线和中性线的双重功能，因此保护中性线截面积选择应同时满足上述保护线和中性线的要求，取其中的最大截面积。

注意：按 GB 50054—2011 规定，在配电线路中固定敷设的 PEN 线，铜芯截面积不应小于 $10mm^2$，铝芯截面积不应小于 $16mm^2$。

例 5-1 有一条 BLX-500 型铝芯橡皮线明敷的 220/380V 的 TN-S 线路，线路计算电流为 150A，当地最热月平均最高气温为 +30℃。试按发热条件选择此线路的导线截面积。

解：（1）相线截面积的选择

查附录表 19-1 得环境温度为 30℃时明敷的 BLX-500 型截面积为 $50mm^2$ 的铝芯橡皮线的 $I_{al} = 163A > I_{30} = 150A$，满足发热条件。因此相线截面积选为 $A_\varphi = 50mm^2$。

（2）中性线截面积的选择

按 $A_0 \geq 0.5A_\varphi$，选 $A_0 = 25mm^2$。

（3）保护线截面积的选择

由于 $A_\varphi > 35mm^2$，故选 $A_{PE} \geq 0.5A_\varphi = 25mm^2$。

所选导线型号可表示为：BLX-500-（$3 \times 50 + 1 \times 25 + PE25$）。

例 5-2 上例所示 TN-S 线路，如果采用 BLV-500 型铝芯塑料线穿硬塑料管埋地敷设，当地最热月平均气温为 +25℃。试按发热条件选择此线路导线截面积及穿线管内径。

解：查附录表 19-5 得 +25℃时 5 根单芯线穿硬塑料管（PC）的 BLV-500 型截面积为 $120mm^2$ 的导线允许载流量 $I_{al} = 160A > I_{30} = 150A$。

因此按发热条件，相线截面积选为 $120mm^2$。

中性线截面积按 $A_0 \geq 0.5A_\varphi$，选为 $70mm^2$。

保护线截面积按 $A_{PE} \geq 0.5A_\varphi$，选为 $70mm^2$。

穿线的硬塑料管内径，查附录表 19-3 中 5 根导线穿管管径为 80mm。

选择结果可表示为：BLV-500-（$3 \times 120 + 1 \times 70 + PE70$）-PC80。

三、按经济电流密度选择导线和电缆的截面积

导线（包括电缆，下同）的截面积越大，电能损耗越小，但是线路投资、维修管理费用和有色金属消耗量都要增加。因此从经济方面考虑，可选择一个比较合理的导线截面积，既使电能损耗小，又不致过分增加线路投资、维修管理费用和有色金属消耗量。

图 5-29 是线路年运行费用 C 与导线截面积 A 的关系曲线。其中曲线 1 表示线路的年折旧费（即线路投资除以折旧年限之值）和线路的年维修管理费之和与导线截面积的关系曲线。曲线 2 表示线路的年电能损耗费与导线截面积的关系曲线。曲线 3 为曲线 1 与曲线 2 的叠加，表示线路的年运行费用（包括线路的年折旧费、维修管理费和电能损耗

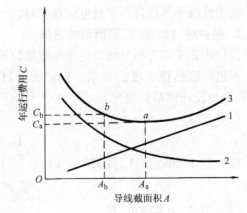

图 5-29 线路年运行费用与导线截面积的关系曲线

费）与导线截面积的关系曲线。由曲线 3 可以看出，与年运行费最小值 C_a（a 点）相对应的导线截面积 A_a 不一定是很经济合理的导线截面积，因为 a 点附近，曲线比较平坦，如果将导线再选小一些，例如选为 A_b（b 点），年运行费 C_b 比 C_a 增加不多，但 A_b 却比 A_a 减小很多，从而使有色金属消耗量显著减少。因此从全面的经济效益考虑，导线截面积选为 A_b 看来比选为 A_a 更为经济合理。这种从全面的经济效益考虑，既使线路的年运行费用接近于最小又适当考虑有色金属节约的导线截面，称为经济截面（economic section），用符号 A_{ec} 表示。

各国根据其具体国情特别是其有色金属资源的情况，规定了导线和电缆的经济电流密度。我国现行的经济电流密度规定如表 5-3 所示。

表5-3 导线和电缆的经济电流密度 （单位：A/mm^2）

线路类别	导线材质	年最大有功负荷利用小时		
		3000h 以下	3000~5000h	5000 以上
架空线路	铜	3.00	2.25	1.75
	铝	1.65	1.15	0.90
电缆线路	铜	2.50	2.25	2.00
	铝	1.92	1.73	1.54

按经济电流密度 j_{ec} 计算经济截面 A_{ec} 的公式为

$$A_{ec} = \frac{I_{30}}{j_{ec}} \tag{5-8}$$

式中，I_{30} 为线路的计算电流。

按上式计算出 A_{ec} 后，应选最接近的标准截面（可取较小的标准截面），然后校验其他条件。

例5-3 有一条用 LGJ 型钢芯铝线架设的 5km 长的 35kV 架空线路，计算负荷为 2500kW，$\cos\varphi = 0.7$，$T_{max} = 4800h$。试选择其经济截面，并校验其发热条件和机械强度。

解：（1）选择经济截面

$$I_{30} = \frac{P_{30}}{\sqrt{3}U_N\cos\varphi} = \frac{2500kW}{\sqrt{3} \times 35kV \times 0.7} = 58.9A$$

由表 5-3 查得 $j_{ec} = 1.15A/mm^2$，故

$$A_{ec} = \frac{58.9A}{1.15A/mm^2} = 51.2mm^2$$

选标准截面 $50mm^2$，即选 LGJ-50 型钢芯铝线。

（2）校验发热条件

查附录表 16 得 LGJ-50 的允许载流量（假设环境温度为 40℃）$I_{al} = 178A > I_{30} = 58.9A$，因此满足发热条件。

（3）校验机械强度

查附录表 14 得 35kV 架空钢芯铝线的最小截面积 $A_{min} = 35mm^2 < A = 50mm^2$，因此所选 LGJ-50 型钢芯铝线也满足机械强度要求。

四、线路电压损耗的计算

由于线路存在着阻抗，所以线路通过负荷电流时要产生电压损耗。一般线路的允许电压损耗不超过5%（对线路额定电压）。如果线路的电压损耗超过了允许值，则应适当加大导线截面积，使之满足允许电压损耗的要求。

（一）集中负荷的三相线路电压损耗的计算

以图5-30a所示带两个集中负荷的三相线路为例，线路图中的负荷电流都用小写 i 表示，各线段电流都用大写 I 表示。各线段的长度、每相电阻和电抗分别用小写 l、r 和 x 表示，线路首端至各负荷点的长度、每相电阻和电抗则分别用大写 L、R 和 X 表示。

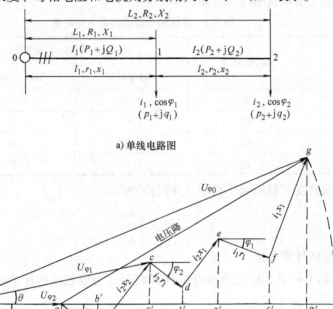

a) 单线电路图

b) 线路电压降相量图

图5-30 带有两个集中负荷的三相线路

以线路末端的相电压 $U_{\varphi 2}$ ⊖ 作参考轴，绘制线路电压降相量图，如图5-30b所示。由于线路上的电压降相对于线路电压来说很小，$U_{\varphi 1}$ 与 $U_{\varphi 2}$ 间的相位差 θ 实际上小到可以忽略不计，因此负荷电流 i_1 与电压 $U_{\varphi 1}$ 间的相位差 φ_1 可近似地绘成 i_1 与电压 $U_{\varphi 2}$ 间的相位差。

作上述相量图的步骤如下：

1）在水平方向作矢量 $\overrightarrow{oa} = U_{\varphi 2}$。

2）由 o 点绘负荷电流 i_1 和 i_2，分别滞后 $U_{\varphi 2}$ 相位角 φ_1 和 φ_2。

3）由 a 点作矢量 $\overrightarrow{ab} = i_2 r_2$，平行于 i_2。

⊖ 为简化起见，这里将相量 $\dot{U}$ 简写为 U，省略了符号上边的"·"，其他相量亦同。

4）由 b 点作矢量 $\overrightarrow{bc} = i_2 x_2$，超前于 i_2 90°。

5）连 $\overrightarrow{oc}$，即得 $U_{\varphi 1}$。

6）由 c 点作矢量 $\overrightarrow{cd} = i_2 r_1$，平行于 i_2。

7）由 d 点作矢量 $\overrightarrow{de} = i_2 x_1$，超前于 i_2 90°。

8）由 e 点作矢量 $\overrightarrow{ef} = i_1 r_1$，平行于 i_1。

9）由 f 点作矢量 $\overrightarrow{fg} = i_1 x_1$，超前于 i_1 90°。

10）连 $\overrightarrow{og}$，即得 $U_{\varphi 0}$。

11）以 o 点为圆心、$\overline{og}$ 为半径作圆弧，交参考轴（$\overline{oa}$的延长线）于 h 点。

12）连接 a、g 两点，得 $\overline{ag}$，此即全线路的电压降，而 $\overline{ah}$ 即为全线路的电压损耗。

线路电压降的定义是：线路首端电压与末端电压的相量差。

线路电压损耗的定义是：线路首端电压与末端电压的代数差。

电压降在参考轴（纵轴）上的投影（如图 5-30b 上的 $\overline{ag'}$），称为电压降的纵分量，用 ΔU_φ 表示。

相应地，电压降在参考轴的垂直方向（横轴）上的投影（如图 5-30b 上的 $\overline{gg'}$），称为电压降的横分量，用 δU_φ 表示。

在地方电网和工厂供电系统中，由于线路的电压降相对于线路电压来说很小（图 5-30b 的电压降相量图是大大放大了的），因此可近似地认为电压降纵分量 ΔU_φ 就是电压损耗。

图 5-30a 所示线路的相电压损耗可按下式近似计算：

$$
\begin{aligned}
\Delta U_\varphi &= \overline{ab'} + \overline{b'c'} + \overline{c'd'} + \overline{d'e'} + \overline{e'f'} + \overline{f'g'} \\
&= i_2 r_2 \cos\varphi_2 + i_2 x_2 \sin\varphi_2 + i_2 r_1 \cos\varphi_2 + i_2 x_1 \sin\varphi_2 + i_1 r_1 \cos\varphi_1 + i_1 x_1 \sin\varphi_1 \\
&= i_2 (r_1 + r_2) \cos\varphi_2 + i_2 (x_1 + x_2) \sin\varphi_2 + i_1 r_1 \cos\varphi_1 + i_1 x_1 \sin\varphi_1 \\
&= i_2 R_2 \cos\varphi_2 + i_2 X_2 \sin\varphi_2 + i_1 R_1 \cos\varphi_1 + i_1 X_1 \sin\varphi_1
\end{aligned}
$$

将上式的相电压损耗 ΔU_φ 换算为线电压损耗 ΔU，并以带任意个集中负荷的一般式来表示，即得电压损耗计算公式为

$$
\Delta U = \sqrt{3} \sum (iR\cos\varphi + iX\sin\varphi) = \sqrt{3} \sum (i_a R + i_r X) \tag{5-9}
$$

式中，i_a 为负荷电流的有功分量；i_r 为负荷电流的无功分量。

如果用各线段中的负荷电流来计算，则电压损耗计算公式为

$$
\Delta U = \sqrt{3} \sum (Ir\cos\varphi + Ix\sin\varphi) = \sqrt{3} \sum (I_a r + I_r x) \tag{5-10}
$$

式中，I_a 为线段电流的有功分量；I_r 为线段电流的无功分量。

如果用负荷功率 p、q ⊖ 来计算，则利用 $i = p/(\sqrt{3} U_N \cos\varphi) = q/(\sqrt{3} U_N \sin\varphi)$，代入式（5-9）即可得电压损耗计算公式为

$$
\Delta U = \frac{\sum (pR + qX)}{U_N} \tag{5-11}
$$

如果用线段功率 P、Q 来计算，则利用 $I = P/(\sqrt{3} U_N \cos\varphi) = Q/(\sqrt{3} U_N \sin\varphi)$，代入式（5-10），即可得电压损耗计算公式为

⊖ 感性负荷的功率可表示为 $p + jq$ 或 $P + jQ$ 的形式，而容性负荷的功率则表示为 $p - jq$ 或 $P - jQ$ 的形式。

$$\Delta U = \frac{\sum(Pr + Qx)}{U_N} \tag{5-12}$$

对于"无感"线路，即线路感抗可略去不计或负荷 $\cos\varphi \approx 1$ 的线路，其电压损耗为

$$\Delta U = \sqrt{3}\sum(iR) = \sqrt{3}\sum(Ir) = \frac{\sum(pR)}{U_N} = \frac{\sum(Pr)}{U_N} \tag{5-13}$$

对于"均一无感"线路，即全线的导线型号规格一致、且可不计感抗或负荷 $\cos\varphi \approx 1$ 的线路，则其电压损耗为

$$\Delta U = \frac{\sum(pL)}{\gamma A U_N} = \frac{\sum(Pl)}{\gamma A U_N} = \frac{\sum M}{\gamma A U_N} \tag{5-14}$$

式中，γ 为导线的电导率；A 为导线的截面积；$\sum M$ 为线路的所有功率矩之和；U_N 为线路的额定电压。

线路电压损耗的百分值为

$$\Delta U\% = \frac{\Delta U}{U_N} \times 100\% \tag{5-15}$$

"均一无感"的三相线路电压损耗的百分值为

$$\Delta U\% = \frac{100\sum M}{\gamma A U_N^2}\% = \frac{\sum M}{CA}\% \tag{5-16}$$

式中，C 为计算系数，如表5-4所示。

表5-4 公式 $\Delta U\% = \sum M\%/CA$ 中的计算系数 C 值

线路额定电压 / V	线路类别	C 的计算式	计算系数 C / (kW·m·mm^{-2})	
			铜 线	铝 线
220/380	三相四线	$\gamma U_N^2/100$	76.5	46.2
	两相三线	$\gamma U_N^2/225$	34.0	20.5
220	单相及直流	$\gamma U_N^2/200$	12.8	7.74
110			3.21	1.94

注：表中 C 值是导线工作温度为50℃、功率矩 M 的单位为 kW·m、导线截面积 A 的单位为 mm^2 时的数值。

对于均一无感的单相交流线路和直流线路，由于其负荷电流（或功率）要通过来回两根导线，所以总的电压损耗应为一根导线上电压损耗的 2 倍，而三相线路的电压损耗实际上是一相（即一根相线）导线上的电压损耗，所以这种单相和直流线路的电压损耗的百分值为

$$\Delta U\% = \frac{200\sum M}{\gamma A U_N^2}\% = \frac{\sum M}{CA}\% \tag{5-17}$$

对于均一无感的两相三线线路（见图5-31a），由其相量图（见图5-31b）可知，$I_A = I_B = I_0 = 0.5P/U_\varphi$，这里 P 为线路负荷，假设它平均分配于 A-N 和 B-N 之间。该线路总的电压降应为相线与中性线电压降的相量和，而该线路总的电压损耗，则可认为是此电压降在以相线电压降或中性线电压降为参考轴上的投影。由图5-31b的相量图可知，其线路电压降为

$$\Delta U = I_A R + 0.5 I_0 R = 1.5 IR$$

$$= 1.5 \frac{0.5P}{U_\varphi} \frac{l}{\gamma A} = \frac{0.75Pl}{U_\varphi \gamma A}$$

式中，R、l 分别为一根导线的电阻和长度。

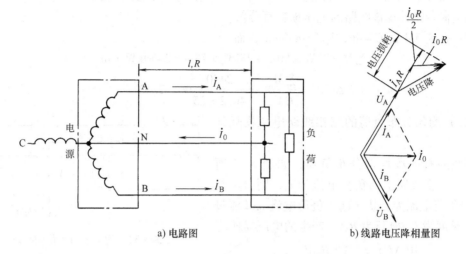

a) 电路图   b) 线路电压降相量图

图 5-31　两相三线线路

因此两相三线线路的电压损耗百分值为

$$\Delta U\% = \frac{75Pl}{\gamma A U_\varphi^2}\% = \frac{75Pl}{\gamma A (U_N/\sqrt{3})^2}\% = \frac{225M}{\gamma A U_N^2}\%$$

改写为一般式，即为

$$\Delta U\% = \frac{225 \sum M}{\gamma A U_N^2}\% = \frac{\sum M}{CA}\% \tag{5-18}$$

根据式（5-16）、式（5-17）和式（5-18）可得均一无感线路按允许电压损耗选择导线截面积的公式为

$$A = \frac{\sum M}{C \Delta U_{al}\%}\% \tag{5-19}$$

上式常用于照明线路导线截面积的选择。

例 5-4　试验算例 5-3 所选 LGJ-50 型钢芯铝线是否满足允许电压损耗 5% 的要求。已知该线路导线为水平等距排列，相邻线距为 1.6m。

解：由例 5-3 知，$P_{30} = 2500$kW，$\cos\varphi = 0.7$，因此 $\tan\varphi = 1$，$Q_{30} = 2500$kvar。

又利用 $A = 50$mm^2（LGJ 钢芯铝线截面积）和 $a_{av} = 1.26 \times 1.6$m $\approx$ 2m 查附录表 12，得 $R_0 = 0.68\Omega/\text{km}$，$X_0 = 0.39\Omega/\text{km}$。

故线路的电压损耗为

$$\Delta U = \frac{2500\text{kW} \times (5 \times 0.68)\Omega + 2500\text{kvar} \times (5 \times 0.39)\Omega}{35\text{kV}} = 382\text{V}$$

线路的电压损耗百分值为

$$\Delta U\% = \frac{100 \times 382\text{V}}{35000\text{V}}\% = 1.09\% < \Delta U_{\text{al}}\% = 5\%$$

因此所选 LGJ-50 型钢芯铝线满足电压损耗要求。

例 5-5 某 220/380V 线路，采用 BLX-500-（$3 \times 25 + 1 \times 16$）$\text{mm}^2$ 的四根导线明敷，在距首端 50m 处，接有一 7kW 的电阻性负荷，在线路末端（线路全长 75m）接有一 28kW 的电阻性负荷。试计算该线路的电压损耗百分值。

解： 查表 5-4 得 $C = 4620\text{kW} \cdot \text{m/mm}^2$，而

$$\sum M = 7\text{kW} \times 50\text{m} + 28\text{kW} \times 75\text{m} = 2450\text{kW} \cdot \text{m}$$

$$\Delta U\% = \frac{\sum M}{CA}\% = \frac{2450}{46.2 \times 25}\% = 2.12\%$$

（二）均匀分布负荷的三相线路电压损耗计算

设线路有一段均匀分布负荷，如图 5-32 所示。单位长度线路上的负荷电流为 i_0，则微小线段 $\text{d}l$ 的负荷电流为 $i_0\text{d}l$。这一负荷电流 $i_0\text{d}l$ 流过线路（长度为 l，电阻为 $R_0 l$）产生的电压损耗为

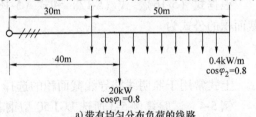

图 5-32 均匀分布负荷的线路

$$\text{d}(\Delta U) = \sqrt{3}R_0 l i_0 \text{d}l$$

因此整个线路由分布负荷产生的电压损耗为

$$\Delta U = \int_{L_1}^{L_1+L_2} \text{d}(\Delta U) = \int_{L_1}^{L_1+L_2} \sqrt{3}i_0 R_0 l\text{d}l = \sqrt{3}i_0 R_0 \int_{L_1}^{L_1+L_2} l\text{d}l$$

$$= \sqrt{3}i_0 R_0 \left[\frac{l^2}{2}\right]_{L_1}^{L_1+L_2} = \sqrt{3}i_0 R_0 \frac{L_2(2L_1+L_2)}{2} = \sqrt{3}i_0 L_2 R_0\left(L_1 + \frac{L_2}{2}\right)$$

令 $i_0 L_2 = I$ 为与均匀分布负荷等效的集中负荷，则得

$$\Delta U = \sqrt{3}IR_0\left(L_1 + \frac{L_2}{2}\right) \tag{5-20}$$

上式说明，带有均匀分布负荷的线路，在计算其电压损耗时，可将分布负荷集中于分布线段的中点，按集中负荷来计算。

例 5-6 某 220/380V 的 TN-C 线路，如图 5-33a 所示。线路拟采用 BX-500 型铜芯橡皮绝缘线明敷，环境温度为 30℃，允许电压损耗为 5%。试选择该线路的导线截面积。

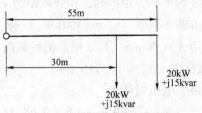

a) 带有均匀分布负荷的线路

b) 等效为集中负荷的线路

图 5-33 例 5-6 的线路

解法一 （1）线路的等效变换

将图 5-33a 所示带均匀分布负荷的线路，等效变换为图 5-33b 所示集中负荷的线路。

原集中负荷 $p_1 = 20\text{kW}$，$\cos\varphi_1 = 0.8$，$\tan\varphi_1 = 0.75$，故 $q_1 = 20\text{kW} \times 0.75 = 15\text{kvar}$。

原分布负荷 $p_2 = 0.4(\text{kW/m}) \times 50\text{m} = 20\text{kW}$，$\cos\varphi_2 = 0.8$，$\tan\varphi_2 = 0.75$，故 $q_2 = 20\text{kW} \times 0.75 = 15\text{kvar}$。

（2）按发热条件选择导线截面积

线路中的最大负荷（计算负荷）为

$$P = p_1 + p_2 = 20\text{kW} + 20\text{kW} = 40\text{kW}$$

$$Q = q_1 + q_2 = 15\text{kvar} + 15\text{kvar} = 30\text{kvar}$$

$$S = \sqrt{P^2 + Q^2} = \sqrt{40^2 + 30^2}\,\text{kVA} = 50\text{kVA}$$

$$I = \frac{S}{\sqrt{3}\,U_N} = \frac{50\text{kVA}}{\sqrt{3} \times 0.38\text{kV}} = 76\text{A}$$

查附录表19-1，得BX-500型导线$A = 10\text{mm}^2$在30℃明敷时的$I_{al} = 77\text{A} > I = 76\text{A}$。因此可选3根BX-500-1×10导线作相线，另选1根BX-500-1×10导线作PEN线。

（3）校验机械强度

查附录表15知，按明敷在室外支持件上，且支持点间距为最大时，铜芯线的最小截面积为6mm^2，因此以上所选BX-500-1×10导线完全满足机械强度要求。

（4）校验电压损耗

查附录表12知，BX-500-1×10型导线的电阻（工作温度按65℃计）$R_0 = 2.19\Omega/\text{km}$，电抗（线距按150mm计）$X_0 = 0.31\Omega/\text{km}$。因此线路的电压损耗为

$$\Delta U = \left[(p_1L_1 + p_2L_2)R_0 + (q_1L_1 + q_2L_2)X_0\right]/U_N$$
$$= [(20\text{kW} \times 0.04\text{km} + 20\text{kW} \times 0.055\text{km}) \times 2.19\Omega/\text{km}$$
$$+ (15\text{kvar} \times 0.04\text{km} + 15\text{kvar} \times 0.055\text{km}) \times 0.31\Omega/\text{km}]/0.38\text{kV} = 12\text{V}$$

故

$$\Delta U\% = \frac{100\Delta U}{U_N}\% = \frac{100 \times 12\text{V}}{380\text{V}}\% = 3.2\% < \Delta U_{al}\% = 5\%$$

因此所选BX-500-1×10型铜芯橡皮绝缘线也满足电压损耗要求。

解法二 图5-33a所示带有均匀分布负荷的线路，等效变换为图5-33b所示带有两个集中负荷的线路，正巧这两个集中负荷完全相同（属一个特例），因此又可看作"均匀分布负荷"，将这两个相等负荷又等效地集中于两负荷点之间的中点，即进一步等效变换为只有一个集中负荷$p + jq = (p_1 + p_2) + j(q_1 + q_2) = 40\text{kW} + j30\text{kvar}$的线路，而等效线路长度为$l = 40\text{m} + (55 - 40)\text{m}/2 = 47.5\text{m}$。这样，电压损耗的计算就简单多了。读者可自行计算，其结果应与上一解法相同。

◇◇◇ 第四节　工厂电力线路电气安装图 ◇◇◇

一、概述

工厂电力线路的电气安装图主要包括其电气系统图和电气平面布置图。

电气系统图是应用国家标准规定的电气简图用图形符号概略地表示一个系统的基本组成、相互关系及其主要特征的一种简图。

电气平面布置图又称电气平面布线图，或简称电气平面图，是用国家标准规定的图形符号和文字符号，按照电气设备的安装位置及电气线路的敷设方式、部位和路径绘制的一种电气平面布置和布线的简图。它按布线地区来分，有厂区电气平面布置图和车间电气平面布置

图等；按功能分，有动力电气平面布置图、照明电气平面布置图和弱电系统（包括广播、电视和电话等）电气平面布置图等。

二、电气安装图上电力设备和线路的标注方式与文字符号

（一）电力设备的标注

按原建设部批准的00DX001《建筑电气工程设计常用图形和文字符号》规定，电气安装图上用电设备标注的格式为

$$\frac{a}{b} \tag{5-21}$$

式中，a为设备编号或设备位置代号；b为设备的额定容量（kW或kVA）。

在电气安装图上，还须表示出所有配电设备的位置，同样要依次编号，并注明其型号规格。按上述00DX001标准图集的规定，电气箱（柜、屏）标注的格式为

$$-a + b / c \tag{5-22}$$

式中，a为设备种类代号（见表5-5）；b为设备安装位置代号；c为设备型号。例：－AP1+1·B6/XL21-15，表示动力配电箱种类代号为AP1，位置代号为1·B6，即安装在一层B6轴线上，配电箱型号为XL21-15。

表5-5　部分电力设备的文字符号（据00DX001）

设 备 名 称	英 文 名 称	文 字 符 号
交流（低压）配电屏	AC (Low-voltage) switchgear	AA
控制箱（柜）	Control box	AC
并联电容器屏	Shunt capacitor cubicle	ACC
直流配电屏、直流电源柜	DC switchgear, DC power supply cabinet	AD
高压开关柜	High-voltage switchgear	AH
照明配电箱	Lighting distribution board	AL
动力配电箱	Power distribution board	AP
电能表箱	Watt-hour meter box	AW
插座箱	Socket box	AX
空气调节器	Ventilator	EV
蓄电池	Battery	GB
柴油发电机	Diesel-engine generator	GD
电流表	Ammeter	PA
有功电能表	Watt-hour meter	PJ
无功电能表	Var-hour meter	PJR
电压表	Voltmeter	PV
电力变压器	Power transformer	T, TM
插头	Plug	XP
插座	Socket	XS
端子板	Terminal board	XT

（二）配电线路的标注

配电线路标注的格式为（注：此格式中"PEh"项系编者建议所加，00DX001规定的格式中无此项）

$$a\ b\text{-}c(d \times e + f \times g + \text{PE}h)i - jk \tag{5-23}$$

式中，a 为线缆编号；b 为线缆型号；c 为并联电缆和线管根数（单根电缆或单根线管则省略）；d 为相线根数；e 为相线截面积（mm^2）；f 为 N 线或 PEN 线根数（一般为1）；g 为 N 线或 PEN 线截面积（mm^2）；h 为 PE 线截面积（mm^2，无 PE 线则省略）；i 为线缆敷设方式代号（见表5-6）；j 为线缆敷设部位代号（见表5-6）；k 为线缆敷设高度（m）。例：WP201 YJV-0.6/1kV-2（$3 \times 150 + 1 \times 70 + PE70$）SC80-WS3.5，表示电缆线路编号为 WP201；电缆型号为 YJV-0.6/1kV；2 根电缆并联，每根电缆有 3 根相线芯，每根截面积为 $150mm^2$，有 1 根 N 线芯，截面积为 $70mm^2$，另有 1 根 PE 线芯，截面积也为 $70mm^2$；敷设方式为穿焊接钢管，管内径为 80mm；沿墙面明敷，电缆敷设高度离地3.5m。

表5-6　线路敷设方式和导线敷设部位的标注代号（据00DX001号标准图集）

序　号	名　　　称	英文名称	代　　号
1	线 路 敷 设 方 式 的 标 注		
1.1	穿焊接钢管敷设	Run in welded steel conduit	SC
1.2	穿电线管敷设	Run in electrical metallic tubing	MT
1.3	穿硬塑料管敷设	Run in rigid PVC conduit	PC
1.4	穿阻燃半硬聚氯乙烯管敷设	Run in flame retardant semiflexible PVC conduit	FPC
1.5	电缆桥架敷设	Installed in cable tray	CT
1.6	金属线槽敷设	Installed in metallic raceway	MR
1.7	塑料线槽敷设	Installed in PVC raceway	PR
1.8	钢索敷设	Supported by messenger wire	M
1.9	穿聚氯乙烯塑料波纹电线管敷设	Run in corrugated PVC conduit	KPC
1.10	穿金属软管敷设	Run in flexible metal conduit	CP
1.11	直接埋设	Direct burying	DB
1.12	电缆沟敷设	Installed in cable trough	TC
1.13	混凝土排管敷设	Installed in concrete encasement	CE
2	导 线 敷 设 部 位 的 标 注		
2.1	沿或跨梁（屋架）敷设	Along or across beam	AB
2.2	暗敷在梁内	Concealed in beam	BC
2.3	沿或跨柱敷设	Along or across column	AC
2.4	暗敷在柱内	Concealed in column	CLC
2.5	沿墙面敷设	On wall surface	WS
2.6	暗敷在墙内	Concealed in wall	WC
2.7	沿天棚或顶板面敷设	Along ceiling or slab surface	CE
2.8	暗敷在屋面或顶板内	Concealed in ceiling or slab	CC
2.9	吊顶内敷设	Recessed in ceiling	SCE
2.10	地板或地面下敷设	In floor or ground	F

三、工厂电力线路电气安装图的绘制和示例

（一）车间动力配电线路的电气安装图

1. 低压配电线路电气系统图的绘制和示例

绘制低压配电线路电气系统图，必须注意以下两点：

（1）线路一般用单线图表示。为表示线路的导线根数，可在线路上加短斜线，短斜线数等于导线根数；也可在线路上画一条短斜线再加注数字表示导线根数。有的系统图，用一根粗实线表示三相的相线，而用一根与之平行的细实线或虚线表示 N 线或 PEN 线，另用一根与之平行的点划线加短斜线表示 PE 线（如果有 PE 线时）。也有的照明系统图用多线图表示，并标明每根导线的相序。

（2）配电线路绘制应排列整齐，并应按规定对设备和线路进行必要的标注，例如标注配电箱的编号、型号规格等，标注线路的编号、型号规格、敷设方式部位及线路去向或用途等。

图 5-34 是某机械加工车间的动力配电系统图。该车间采用铝芯塑料电缆 VLV-1000-（3×185+1×95）直埋（DB）由车间变电所来电，其总配电箱 AP1 采用 XL（F）-31 型。它通过铝芯塑料绝缘线 BLV-500-（3×70+1×35）沿墙明敷（WS）向分配电箱 AP2 配电。分配电箱 AP2 又引出一路 BLV-500-4×10 穿钢管（SC）埋地（F）向另一分配电箱 AP3 配电。总配电箱 AP1 又通过一路 BLV-500-（3×95+1×50）沿墙明敷（WS）向分配电箱 AP4 配电。另通过一路 BLV-500-（3×50+1×25）沿墙明敷（WS）向分配电箱 AP5 配电。分配电箱 AP5 又通过一路 BLV-500-（3×25+1×16）穿钢管（SC）埋地（F）向另一配电箱 AP6 配电。所有分配电箱（AP2～AP6）均为 XL-21 型。

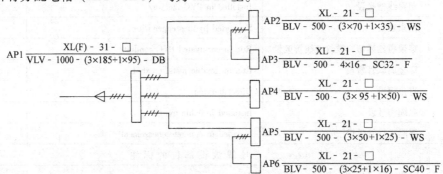

图 5-34　某机械加工车间的动力配电系统图

2. 低压配电平面布置图的绘制和示例

绘制低压配电平面布置图，必须注意以下几点：

1）有关配电装置（箱、柜、屏）和用电设备及开关、插座等，应采用规定的图形符号绘在平面图的相应位置上，例如配电箱用扁框符号表示，电机用圆圈符号表示。大型设备如机床等，则可按外形的大体轮廓绘制。

2）配电线路一般用单线图表示，且按其实际敷设的大体路径或方向绘制。

3）平面图上的配电装置、电器和线路，应按规定进行标注。当图上的某些线路采用的导线型号规格和敷设方式完全相同时，可统一在图上加注说明，不必在有关线路上——标注。

4）保护电器的标注，主要要标注其熔体电流（对熔断器）或脱扣电流（对低压断路器）。

5）平面图上应标注其主要尺寸，特别是建筑物外墙定位轴线之间的距离（单位 mm）应予标注。

6）平面图上宜附上"图例"，特别是平面图上使用的非标准图形符号应在图例中说明。

图 5-35 是图 5-34 所示机械加工车间（一角）的动力配电平面图。这里仅示出分配电箱 AP6 对 35# ~ 42# 设备的配电线路。由于各配电支线的型号规格和敷设方式都相同，因此统一在图上加注说明。

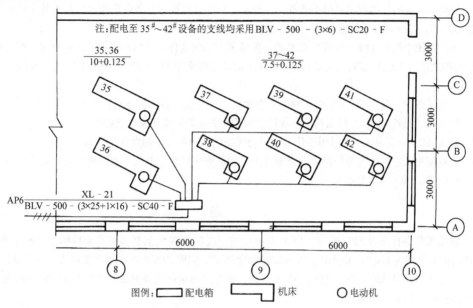

图 5-35　某机械加工车间（一角）动力配电平面布置图

（二）工厂室外电力线路平面图示例

图 5-36 是某工厂室外电力线路平面布置图（示例）。该厂电源进线为 10kV 架空线路，采用 LJ-70 型铝绞线。10kV 降压变电所安装有 2 台 S9-500kVA 配电变压器。从该变电所 400V 侧用架空线路配电给各建筑物。

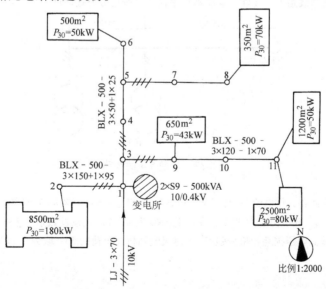

图 5-36　某工厂室外电力线路平面布置图

复习思考题

5-1 试比较放射式接线和树干式接线的优缺点及适用范围。

5-2 试比较架空线路和电缆线路的优缺点及适用范围。

5-3 导线和电缆的选择应满足哪些条件？一般动力线路宜先按什么条件选择再校验其他条件？照明线路宜先按什么条件选择再校验其他条件？为什么？

5-4 三相系统中的中性线（N线）截面积一般情况下如何选择？三相系统中引出的两相三线线路及单相线路中的中性线（N线）截面积又如何选择？3次谐波比较突出的三相线路中的中性线（N线）截面积又如何选择？

5-5 三相系统中的保护线（PE线）和保护中性线（PEN线）各如何选择？

5-6 什么叫"经济截面"？什么情况下导线和电缆要先按经济电流密度选择？

5-7 公式 $\Delta U\% = \sum M\% / CA$ 适用于什么性质的线路？其中各符号的含义是什么？

5-8 绘制配电线路的电气系统图要注意哪几点？绘制配电线路的电气平面图要注意哪几点？线路敷设符号 SC、MT、PC、WS 各是什么含义？

习　题

5-1 试按发热条件选择220/380V、TN-C系统中的相线和PEN线的截面积及穿线钢管（SC）的直径。已知线路的计算电流为150A，敷设地点的环境温度为25℃，拟用BLV-500型铝芯塑料线穿钢管埋地敷设。

5-2 如果上题所述220/380V线路为TN-S系统，试按发热条件选择其相线、N线和PE线的截面积及穿线的硬塑料管（PC）的直径。

5-3 有一380V的三相架空线路，拟采用LJ型铝绞线，配电给2台40kW（$\cos\varphi = 0.8, \eta = 0.85$）的电动机。该线路长70m，线间几何均距为0.6m，允许电压损耗为5%，当地最热月平均最高气温为30℃。试选择该线路的相线和PEN线的截面积。

5-4 试选择图5-37所示10kV线路的LJ型铝绞线截面积。该线路全线路截面积一致，允许电压损耗5%，当地环境温度为35℃。两台变压器的年最大负荷利用小时数均为4500h，$\cos\varphi = 0.9$。线路的三相导线作水平等距排列，相邻线距1m。（注：变压器功率损耗可按近似公式计算。）

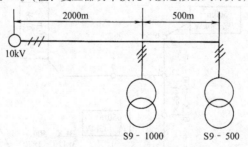

图5-37　习题5-4的线路

5-5 某380V三相线路，供电给16台4kW、$\cos\varphi = 0.87$、$\eta = 85.5\%$的Y型电动机，各台电动机之间相距2m，线路全长50m，环境温度为30℃，允许电压损耗为5%。试按发热条件选择其明敷的BLV-500型导线的截面积，并校验其电压损耗和机械强度。（建议电动机总负荷的K_Σ取为0.7。）

第六章

工厂供电系统的过电流保护

本章介绍工厂供电系统中常用的几种过电流保护装置——熔断器保护、低压断路器保护和继电保护，其中继电保护广泛应用于高压供电系统中，其保护功能很多，而且是实现供电系统自动化的基础，因此将予以重点讲述。本章内容是保证供电系统安全可靠运行的基本技术知识。

◆◆◆ 第一节 过电流保护的任务和要求 ◆◆◆

一、过电流保护装置的类型和任务

为了保证工厂供电系统的安全运行，避免过负荷和短路对系统的影响，因此在工厂供电系统中装有各种类型的过电流保护装置。

工厂供电系统的过电流保护装置有：熔断器保护、低压断路器保护和继电保护。

（1）熔断器保护 适用于高低压供电系统。因为其装置简单经济，所以在工厂供电系统中应用非常广泛。但是其断流能力较小，选择性较差，且其熔体熔断后要更换熔体才能恢复供电，因此在要求供电可靠性较高的场所不宜采用熔断器保护。

（2）低压断路器保护 又称低压自动开关保护，适用于要求供电可靠性较高和操作灵活方便的低压供配电系统中。

（3）继电保护 适用于要求供电可靠性较高、操作灵活方便特别是自动化程度较高的高压供配电系统中。

熔断器保护和低压断路器保护都能在过负荷和短路时动作，断开电路，切除过负荷和短路部分，而使系统的其他部分恢复正常运行。但熔断器大多主要用于短路保护，而低压断路器则除了可作过负荷和短路保护外，有的还可作低电压或失压保护。

继电保护装置在过负荷时动作，一般只发出报警信号，引起运行值班人员注意，以便及时处理；只有过负荷可危及人身或设备安全时，才动作于跳闸。而在发生短路故障时，则要求有选择性地动作于跳闸，将故障部分切除。

二、对保护装置的基本要求

供电系统对保护装置有下列基本要求：

（1）选择性 当供电系统发生故障时，只有离故障点最近的保护装置动作，切除故障，而供电系统的其他部分则仍然正常运行。保护装置满足这一要求的动作，称为"选择性动作"。如果供电系统发生故障时,靠近故障点的保护装置不动作(拒动),而离故障点远的前一级保护装置动作(越级动作),就称为"失去选择性"。

(2)速动性 为了防止故障扩大,减轻其危害程度,并提高电力系统运行的稳定性,因此在系统发生故障时,保护装置应尽快动作,切除故障。

(3)可靠性 保护装置在应该动作时,就应该动作,不应该拒动;而不应该动作时,就不应该误动作。保护装置的可靠程度,与保护装置的元器件质量、接线方案以及安装、整定和运行维护等多种因素有关。

(4)灵敏度 灵敏度或灵敏系数是表征保护装置对其保护区内故障和不正常工作状态反应能力的一个参数。如果保护装置对其保护区内极轻微的故障都能及时地反应动作,就说明保护装置的灵敏度高。

过电流保护的灵敏度或灵敏系数,用其保护区内在电力系统为最小运行方式$^\ominus$时的最小短路电流$I_{k.min}$与保护装置一次动作电流(即保护装置动作电流I_{op}换算到一次电路的值)$I_{op.1}$的比值来表示,即

$$S_p = \frac{I_{k.min}}{I_{op.1}} \tag{6-1}$$

在 GB/T 50062—2008《电力装置的继电保护和自动装置设计规范》中,对各种继电保护装置包括过电流保护的灵敏度都有一个最小值的规定,这将在后面讲述各种保护时再分别介绍。

以上所讲的对保护装置的四项基本要求,对一个具体的保护装置来说,不一定都是同等重要的,往往会有所侧重。例如对电力变压器,由于它是供电系统中最关键的设备,因此对其保护装置的灵敏度要求较高;而对一般电力线路的保护装置,灵敏度要求可低一些,但对其选择性要求较高。又例如,在无法兼顾选择性和速动性的情况下,为了快速切除故障以保护某些关键设备,或者为了尽快使系统恢复到正常运行状态,有时甚至牺牲选择性来保证速动性。

❖❖❖ 第二节 熔断器保护 ❖❖❖

一、熔断器在供配电系统中的配置

熔断器在供配电系统中的配置,应符合选择性保护的原则,也就是熔断器要配置得能使故障范围缩小到最低限度。此外应考虑经济性,即供电系统中配置的数量要尽量地少。

图 6-1 是熔断器在低压放射式配电系统中合理配置的方案,既可满足选择性的要求,又使配置的熔断器数量较少。图中熔断器 FU5 用来保护电动机及其支线。当 k - 5 处发生短路时,FU5 熔断。熔断器 FU4 主要用来保护动力配电箱母线。当 k - 4 处发生短路时,FU4 熔断。同理,熔断器 FU3 主要用来保护配电干线,FU2 主要用来保护低压配电屏母线,FU1 主要用来保护电力变压器。在 k - 1 ~ k - 3 处短路时,也都是靠近短路点的熔断器熔断。

$\ominus$ 电力系统的最小运行方式,是指电力系统处于短路回路阻抗最大、短路电流为最小的状态下的一种运行方式。例如双回路供电的系统在只有一回路运行时,就属于一种最小运行方式。

必须注意： 在低压系统中的 PE 线和 PEN 线上，不允许装设熔断器，以免 PE 线或 PEN 线因熔断器熔断而断路时，致使所有接 PE 线或 PEN 线的设备的外露可导电部分带电，危及人身安全。

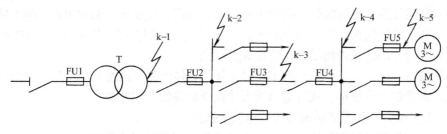

图 6-1　熔断器在低压放射式配电系统中的配置

二、熔断器熔体电流的选择

（一）保护电力线路的熔断器熔体电流的选择

保护线路的熔断器熔体电流，应满足下列条件：

1）熔体额定电流 $I_{N.FE}$ 应不小于线路的计算电流 I_{30}，以使熔体在线路正常运行时不致熔断，即

$$I_{N.FE} \geq I_{30} \tag{6-2}$$

2）熔体额定电流 $I_{N.FE}$ 还应躲过[⊖]线路的尖峰电流 I_{pk}，以使熔体在线路上出现正常的尖峰电流时也不致熔断。由于尖峰电流是短时最大电流，而熔体加热熔断需一定时间，所以满足的条件为

$$I_{N.FE} \geq K I_{pk} \tag{6-3}$$

式中，K 为小于 1 的计算系数。

对供单台电动机的线路熔断器来说，此系数 K 应根据熔断器的特性和电动机的起动情况来决定：起动时间在 3s 以下（轻载起动），宜取 $K = 0.25 \sim 0.35$；起动时间在 $3 \sim 8s$（重载起动），宜取 $K = 0.35 \sim 0.5$；起动时间超过 8s 或频繁起动、反接制动，宜取 $K = 0.5 \sim 0.8$。

对供多台电动机的线路熔断器来说，此系数 K 应视线路上容量最大的一台电动机的起动情况、线路尖峰电流与计算电流的比值及熔断器的特性而定，取为 $K = 0.5 \sim 1$；如果线路尖峰电流与计算电流的比值接近于 1，则可取 $K = 1$。

但必须说明，由于熔断器品种繁多，特性各异，因此上述有关计算系数 K 的取值方法，不一定都很恰当，故 GB 50055—2011《通用用电设备配电设计规范》规定：保护交流电动机的熔断器熔体额定电流"应大于电动机的额定电流，且其安秒特性曲线计及偏差后略高于电动机起动电流和起动时间的交点。当电动机频繁起动和制动时，熔体的额定电流应再加大 $1 \sim 2$ 级。"

3）熔断器保护还应与被保护的线路相配合，使之不致发生因过负荷和短路引起绝缘导线或电缆过热起燃而熔体不熔断的事故，因此还应满足以下条件：

$$I_{N.FE} \leq K_{OL} I_{al} \tag{6-4}$$

式中，I_{al} 为绝缘导线和电缆的允许载流量；K_{OL} 为绝缘导线和电缆的允许短时过负荷倍数。

⊖　这里的"躲过"不同于"大于"或"不小于"，而是指在所需躲过的电流作用下保护装置不致动作。

如果熔断器只作短路保护，对电缆和穿管绝缘导线，取 $K_{OL} = 2.5$；对明敷绝缘导线，取 $K_{OL} = 1.5$。

如果熔断器不只作短路保护，而且要求作过负荷保护时，例如住宅建筑、重要仓库和公共建筑中的照明线路，有可能长时间过负荷的动力线路，以及在可燃建筑物构架上明敷的有延燃性外层的绝缘导线线路等，则应取 $K_{OL} = 1$；当 $I_{N.FE} \leq 25A$ 时，则取为 $K_{OL} = 0.85$。对有爆炸性气体和粉尘的区域内的线路，应取 $K_{OL} = 0.8$。

如果按式（6-2）和式（6-3）两个条件选择的熔体电流不满足式（6-4）的配合要求时，则应改选熔断器的型号规格，或者适当增大导线或电缆的芯线截面。

（二）保护电力变压器的熔断器熔体电流的选择

保护电力变压器的熔断器熔体电流，根据经验，应满足下式要求：

$$I_{N.FE} = (1.5 \sim 2.0)I_{1N.T} \tag{6-5}$$

式中，$I_{1N.T}$ 为变压器的额定一次电流。

式（6-5）考虑了以下三个因素：

1）熔体电流要躲过变压器允许的正常过负荷电流。油浸式变压器的正常过负荷，室内为20%，室外为30%。正常过负荷下熔断器不应熔断。

2）熔体电流要躲过来自变压器低压侧的电动机自起动引起的尖峰电流。

3）熔体电流还要躲过变压器自身的励磁涌流。励磁涌流又称空载合闸电流，是变压器在空载投入时或者在外部故障切除后突然恢复电压时所产生的一个电流，此电流有点像三相电路突然短路时产生的短路全电流那样要衰减，其最大值可达变压器额定一次电流的 $8 \sim 10$ 倍。

表6-1列出部分电力变压器配用的高压熔断器规格，供参考。

表6-1　部分电力变压器配用的高压熔断器规格　　　　　　　　（单位：A）

变压器容量/kVA		100	125	160	200	250	315	400	500	630	800	1000
$I_{1N.T}$	6kV	9.6	12	15.4	19.2	24	30.2	38.4	48	60.5	76.8	96
	10kV	5.8	7.2	9.3	11.6	14.4	18.2	23	29	36.5	46.2	58
RN1 型熔断器 $I_{N.FU}/I_{N.FE}$	6kV	20/20		75/30		75/40	75/50	75/75		100/100	200/150	
	10kV	20/15		20/20		50/30	50/40	50/50		100/75	100/100	
RW4 型熔断器 $I_{N.FU}/I_{N.FE}$	6kV	50/20	50/30		50/40		50/50	100/75		100/100	200/150	
	10kV	50/15		50/20		50/30		50/40	50/50	100/75	100/100	

（三）保护电压互感器的熔断器熔体电流的选择

由于电压互感器二次侧的负荷很小，因此保护电压互感器的 RN2 型熔断器熔体额定电流一般为 0.5A。

三、熔断器的选择与校验

选择熔断器时应满足下列条件：

1）熔断器的额定电压应不低于线路的额定电压或线路的最高电压（对高压熔断器）。

2）熔断器的额定电流应不小于它所装熔体的额定电流。

3）熔断器的类型应符合安装条件（户内或户外）及被保护设备对保护的技术要求。

熔断器还必须进行断流能力的校验：

（1）对限流式熔断器（如 RN1、RT0 等型） 由于限流式熔断器能在短路电流达到冲击值之前完全熔断并熄灭电流，切除短路故障，因此满足的条件为

$$I_{oc} \geqslant I''^{(3)} \tag{6-6}$$

式中，I_{oc} 为熔断器的最大分断电流；$I''^{(3)}$ 为熔断器安装地点的三相次暂态短路电流有效值，在无限大容量系统中，$I''^{(3)} = I_{\infty}^{(3)} = I_k^{(3)}$。

（2）对非限流熔断器（如 RW4、RM10 等型） 由于非限流熔断器不能在短路电流达到冲击值之前熄灭电弧，切除短路故障，因此需满足的条件为

$$I_{oc} \geqslant I_{sh}^{(3)} \tag{6-7}$$

式中，$I_{sh}^{(3)}$ 为熔断器安装地点的三相短路冲击电流有效值。

（3）对具有断流上下限的熔断器（如 RW4 等型跌开式熔断器） 其断流上限应满足式（6-7）的校验条件，其断流下限应满足下列条件

$$I_{oc.\,min} \leqslant I_k^{(2)} \tag{6-8}$$

式中，$I_{oc.\,min}$ 为熔断器的最小分断电流；$I_k^{(2)}$ 为熔断器所保护线路末端的两相短路电流（这是对中性点不接地系统。如果是中性点直接接地系统，则应改为线路末端的单相短路电流）。

四、熔断器保护灵敏度的检验

为了保证熔断器在其保护区内发生短路故障时可靠地熔断，按规定，熔断器保护的灵敏度应满足下列条件：

$$S_p = \frac{I_{k.\,min}}{I_{N.\,FE}} \geqslant K \tag{6-9}$$

式中，$I_{N.\,FE}$ 为熔断器熔体的额定电流；$I_{k.\,min}$ 为熔断器所保护线路末端在系统最小运行方式下的最小短路电流（对 TN 系统和 TT 系统，为线路末端的单相短路电流或单相接地故障电流；对 IT 系统和中性点不接地系统，为线路末端的两相短路电流；对保护变压器的高压熔断器来说，为低压侧母线的两相短路电流换算到高压侧之值）；K 为灵敏系数的最小比值，如表6-2 所示。

表 6-2　检验熔断器保护灵敏度的最小比值 K

熔体额定电流		4~10A	16~32A	40~63A	80~200A	250~500A
熔断	5s	4.5	5	5	6	7
时间	0.4s	8	9	10	11	—

注：表中 K 值适用于符合 IEC 标准的一些新型熔断器，如 RT12、RT14、RT15、NT 等型熔断器。对于老型熔断器，可取 $K = 4 \sim 7$，即近似地按表中熔断时间为 5s 的熔断器来取值。

例 6-1　有一台 Y 型电动机，其额定电压为 380V，额定功率为 18.5kW，额定电流为 35.5A，起动电流倍数为 7。现拟采用截面积 $A = 10mm^2$ 的 BLV 型导线穿焊接钢管敷设。该电动机采用 RT0 型熔断器作短路保护，短路电流 $I_k^{(3)}$ 最大可达 13kA。当地环境温度为 +30℃。试选择该熔断器及其熔体的额定电流，并选择导线截面和钢管直径。

解：（1）选择熔体及熔断器的额定电流

$$I_{N.\,FE} \geqslant I_{30} = 35.5A$$

且
$$I_{N.FE} \geqslant KI_{pk} = 0.3 \times 35.5A \times 7 = 74.55A$$

因此根据附录表 5-1 可选 RT0-100 型熔断器，即 $I_{N.FU} = 100A$，而熔体选 $I_{N.FE} = 80A$。

（2）校验熔断器的断流能力

查附录表 5-1，得 RT0-100 型熔断器的 $I_{oc} = 50kA > I''^{(3)} = I_k^{(3)} = 13kA$，其断流能力满足要求。

（3）选择导线截面和钢管直径

按发热条件选择，查附录表 19-2 得 $A = 10mm^2$ 的 BLV 型铝芯塑料线三根穿钢管时，$I_{al(30℃)} = 41A > I_{30} = 35.5A$，满足发热条件。相应地选择穿线钢管（SC）直径 20mm。

校验机械强度，查附录表 15 知，穿管铝芯线的最小截面积为 $2.5mm^2$。现 $A = 10mm^2$，故满足机械强度要求。

（4）校验导线与熔断器保护的配合

假设该电动机安装在一般车间内，熔断器只作短路保护用，因此导线与熔断器保护的配合条件为

$$I_{N.FE} \leqslant 2.5I_{al}$$

现 $I_{N.FE} = 80A < 2.5 \times 41A = 102.5A$，故满足熔断器保护与导线的配合要求。（注：因未给 $I_{k.min}$ 数据，熔断器保护灵敏度校验从略。）

五、前后熔断器之间的选择性配合

前后熔断器的选择性配合就是要求在线路上发生短路故障时，靠近故障点的熔断器首先熔断，切除故障部分，从而使系统的其他部分恢复正常运行。

前后熔断器的选择性配合宜按它们的保护特性曲线（安秒特性曲线）来进行检验。

图 6-2a 所示线路中，设支线 WL2 的首端 k 点发生三相短路，则三相短路电流 I_k 要通过熔断器 FU2 和 FU1。但按保护选择性要求，应该是 FU2 的熔体首先熔断，切断故障线路 WL2，而 FU1 不再熔断，使干线 WL1 恢复正常运行。但是熔体实际熔断时间与其产品的标准特性曲线查得的熔断时间可能有 ±30% ～ ±50% 的偏差，从最不利的情况考虑，k 点短路时，FU1 的实际熔断时间 t_1' 比根据标准特性曲线查得的时间 t_1 小 50%（为负偏差），即 $t_1' = $

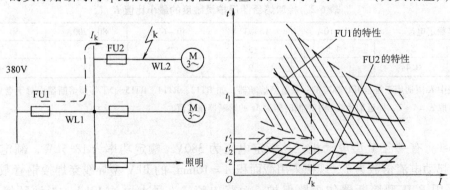

a）熔断器在低压配电线路中的配置   b）熔断器按保护特性曲线进行选择性校验

图 6-2 熔断器保护的配置和选择性校验

（注：曲线图中斜线区表示特性曲线的偏差范围）

$0.5t_1$；而 FU2 的实际熔断时间 t_2' 又比根据标准特性曲线查得的时间 t_2 大 50%（为正偏差），即 $t_2' = 1.5t_2$。这时由图 6-2b 所示熔断器保护特性曲线可以看出，要保证前后两熔断器 FU1 和 FU2 的保护选择性，必须满足的条件是 $t_1' > t_2'$，或 $0.5t_1 > 1.5t_2$，因此

$$t_1 > 3t_2 \tag{6-10}$$

上式说明：在后一熔断器所保护的首端发生最严重的三相短路时，前一熔断器按其保护特性曲线查得的熔断时间，至少应为后一熔断器按其保护特性曲线查得的熔断时间的 3 倍，才能确保前后两熔断器动作的选择性。如果不能满足这一要求，则应将前一熔断器的熔体额定电流提高 1 ~ 2 级，再进行校验。

如果不用熔断器的保护特性曲线来检验选择性，则一般只有前一熔断器的熔体额定电流大于后一熔断器的熔体额定电流 2 ~ 3 级以上，才有可能保证其动作的选择性。

例 6-2　在图 6-2a 所示电路中，设 FU1（RT0 型）的 $I_{\text{N.FE1}} = 100\text{A}$，FU2（RM10 型）的 $I_{\text{N.FE2}} = 60\text{A}$。k 点的三相短路电流 $I_k^{(3)} = 1000\text{A}$。试检验 FU1 和 FU2 是否能选择性配合。

解：用 $I_{\text{N.FE1}} = 100\text{A}$ 和 $I_k = 1000\text{A}$ 查附录表 5-2 曲线得 $t_1 \approx 0.4\text{s}$。

用 $I_{\text{N.FE2}} = 60\text{A}$ 和 $I_k = 1000\text{A}$ 查附录表 4-2 曲线得 $t_2 \approx 0.06\text{s}$。

$$t_1 = 0.4\text{s} > 3t_2 = 3 \times 0.06\text{s} = 0.18\text{s}$$

由此可见，FU1 与 FU2 能保证选择性动作。

❖❖❖　第三节　低压断路器保护　❖❖❖

一、低压断路器在低压配电系统中的配置

低压断路器（自动开关）在低压配电系统中的配置，通常有下列三种方式：

1. 单独接低压断路器或低压断路器-刀开关的方式

1）对于只装一台主变压器的变电所，低压侧主开关采用低压断路器，如图 6-3a 所示。

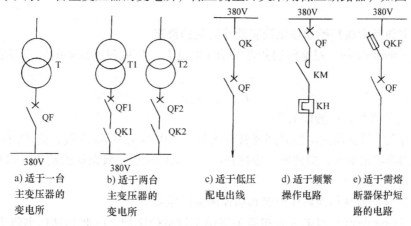

a) 适于一台主变压器的变电所　　b) 适于两台主变压器的变电所　　c) 适于低压配电出线　　d) 适于频繁操作电路　　e) 适于需熔断器保护短路的电路

图 6-3　低压断路器的配置方式

QF—低压断路器　QK—刀开关　QKF—刀熔开关　KM—接触器　KH—热继电器

2）对于装有两台主变压器的变电所，低压侧主开关采用低压断路器时，低压断路器容量应考虑到一台主变压器退出工作时，另一台主变压器要供电给变电所 60% ~ 70% 以上的

负荷及全部一、二级负荷，而且这时两段母线都带电。为了保证检修主变压器和低压断路器的安全，低压断路器的母线侧应装设刀开关或隔离开关，如图 6-3b 所示，以隔离来自低压母线的反馈电源。

3）对于低压配电出线上装设的低压断路器，为了保证检修配电出线和低压断路器的安全，在低压断路器的母线侧应加装刀开关，如图 6-3c 所示，以隔离来自低压母线的电源。

2. 低压断路器与磁力起动器或接触器配合的方式

对于频繁操作的低压电路，宜采用图 6-3d 所示的接线方式。这里的低压断路器主要用于电路的短路保护，而磁力起动器或接触器用作电路频繁操作的控制，其上的热继电器用作过负荷保护。

3. 低压断路器与熔断器配合的方式

如果低压断路器的断流能力不足以断开电路的短路电流时，可采用如图 6-3e 所示接线方式。这里的低压断路器作为电路的通断控制及过负荷和失压保护，它只装热脱扣器和失压脱扣器，不装过电流脱扣器，而是利用熔断器或刀熔开关来实现短路保护。

二、低压断路器脱扣器的选择和整定

（一）低压断路器过电流脱扣器额定电流的选择

过电流脱扣器（over-current release）的额定电流 $I_{N.OR}$ 应不小于线路的计算电流 I_{30}，即

$$I_{N.OR} \geqslant I_{30} \tag{6-11}$$

（二）低压断路器过电流脱扣器动作电流的整定

1. 瞬时过电流脱扣器动作电流的整定

瞬时过电流脱扣器的动作电流（operating current）$I_{op(0)}$ 应躲过线路的尖峰电流 I_{pk}，即

$$I_{op(0)} \geqslant K_{rel}I_{pk} \tag{6-12}$$

式中，K_{rel} 为可靠系数（reliability coefficient）：对动作时间在 0.02s 以上的万能式（DW 型）断路器，可取 1.35；对动作时间在 0.02s 及以下的塑料外壳式（DZ 型）断路器，宜取 2 ~ 2.5。

2. 短延时过电流脱扣器动作电流和动作时间的整定

短延时（short-delay）过电流脱扣器的动作电流 $I_{op(s)}$ 应躲过线路短时间出现的负荷尖峰电流 I_{pk}，即

$$I_{op(s)} \geqslant K_{rel}I_{pk} \tag{6-13}$$

式中，K_{rel} 为可靠系数，一般取 1.2。

短延时过电流脱扣器的动作时间通常分为 0.2s、0.4s 和 0.6s 三级，应按前后保护装置保护选择性的要求来确定，应使前一级保护的动作时间比后一级保护的动作时间至少长一个时间级差 0.2s。

3. 长延时过电流脱扣器动作电流和动作时间的整定

长延时（long-delay）过电流脱扣器主要用于过负荷保护，因此其动作电流 $I_{op(1)}$ 只需躲过线路的最大负荷电流即计算电流 I_{30}，即

$$I_{op(1)} \geqslant K_{rel}I_{30} \tag{6-14}$$

式中，K_{rel} 为可靠系数，一般取 1.1。

长延时过电流脱扣器的动作时间，应躲过允许过负荷的持续时间。其动作特性通常是反

时限的，即过负荷电流越大，动作时间越短。一般动作时间可达 $1 \sim 2\mathrm{h}$。

4. 过电流脱扣器与被保护线路的配合要求

为了不致发生因过负荷或短路引起绝缘导线或电缆过热起燃而低压断路器不跳闸的事故，低压断路器过电流脱扣器的动作电流 I_{op} 还应满足下列条件：

$$I_{\mathrm{op}} \leqslant K_{\mathrm{OL}} I_{\mathrm{al}} \tag{6-15}$$

式中，I_{al} 为绝缘导线和电缆的允许载流量；K_{OL} 为绝缘导线和电缆的允许短时过负荷倍数：对瞬时和短延时的过电流脱扣器，一般取 4.5；对长延时过电流脱扣器，可取 1；对有爆炸性气体和粉尘区域的线路，应取 0.8。

如果不满足上式的配合要求，则应改选脱扣器的动作电流，或者适当加大导线或电缆的线芯截面积。

（三）低压断路器热脱扣器的选择和整定

1. 热脱扣器额定电流的选择

热脱扣器（thermal release）的额定电流 $I_{\mathrm{N.TR}}$ 应不小于线路的计算电流 I_{30}，即

$$I_{\mathrm{N.TR}} \geqslant I_{30} \tag{6-16}$$

2. 热脱扣器动作电流的整定

热脱扣器用于过负荷保护，其动作电流 $I_{\mathrm{op.TR}}$ 按下式整定：

$$I_{\mathrm{op.TR}} \geqslant K_{\mathrm{rel}} I_{30} \tag{6-17}$$

式中，K_{rel} 为可靠系数，可取 1.1，不过一般应通过实际运行进行检验。

三、低压断路器的选择和校验

选择低压断路器时应满足下列条件：

1）低压断路器的额定电压应不低于保护线路的额定电压。

2）低压断路器的额定电流应不小于它所安装的脱扣器的额定电流。

3）低压断路器的类型应符合安装条件、保护性能及操作方式的要求。因此应同时选择其操作机构型式。

低压断路器还必须进行断流能力的校验：

1）对动作时间在 0.02s 以上的万能式（DW 型）断路器，其极限分断电流 I_{oc} 应不小于通过它的最大三相短路电流周期分量有效值 $I_{\mathrm{k}}^{(3)}$，即

$$I_{\mathrm{oc}} \geqslant I_{\mathrm{k}}^{(3)} \tag{6-18}$$

2）对动作时间在 0.02s 及以下的塑料外壳式（DZ 型）断路器，其极限分断电流 I_{oc} 或 i_{oc} 应不小于通过它的最大三相短路冲击电流 $I_{\mathrm{sh}}^{(3)}$ 或 $i_{\mathrm{sh}}^{(3)}$，即

$$I_{\mathrm{oc}} \geqslant I_{\mathrm{sh}}^{(3)} \tag{6-19}$$

或

$$i_{\mathrm{oc}} \geqslant i_{\mathrm{sh}}^{(3)} \tag{6-20}$$

例 6-3　有一条 380V 动力线路，$I_{30} = 120\mathrm{A}$，$I_{\mathrm{pk}} = 400\mathrm{A}$；线路首端的 $I_{\mathrm{k}}^{(3)} = 18.5\mathrm{kA}$。当地环境温度为 $+30℃$。试选择此线路的 BLV 型导线的截面、穿线的硬塑料管直径和线路首端装设的 DW16 型低压断路器及其过电流脱扣器的规格。

解：（1）选择低压断路器及其过电流脱扣器规格

查附录表 6 知，DW16-630 型低压断路器的过电流脱扣器额定电流 $I_{\text{N. OR}} = 160\text{A} > I_{30} = 120\text{A}$，故初步选 DW16-630 型低压断路器，其 $I_{\text{N. OR}} = 160\text{A}$。

设瞬时脱扣电流整定为 3 倍，即 $I_{\text{op}(0)} = 3 \times 160\text{A} = 480\text{A}$。而 $K_{\text{rel}}I_{\text{pk}} = 1.35 \times 400\text{A} = 540\text{A}$，不满足 $I_{\text{op}(0)} \geqslant K_{\text{rel}}I_{\text{pk}}$ 的要求，因此需增大脱扣电流。如脱扣电流整定为 4 倍时，$I_{\text{op}(0)} = 4 \times 160\text{A} = 640\text{A} > K_{\text{rel}}I_{\text{pk}} = 1.35 \times 400\text{A} = 540\text{A}$，满足脱扣电流躲过尖峰电流的要求。

校验断流能力：再查附录表 6 知，所选 DW16-630 型断路器的 $I_{\text{oc}} = 30\text{kA} > I_{\text{k}}^{(3)} = 18.5\text{kA}$，满足要求。

（2）选择导线截面积和穿线塑料管直径

查附录表 19-5 知，当 $A = 70\text{mm}^2$ 的 BLV 型铝芯塑料线三根线穿管，在 30℃ 时，其 $I_{\text{al}} = 121\text{A} > I_{30} = 120\text{A}$，故按发热条件可选 $A = 70\text{mm}^2$，管径选为 50mm。

校验机械强度：由附录表 15 可知，最小截面积为 2.5mm^2。现 $A = 70\text{mm}^2$，故满足机械强度要求。

（3）校验导线与低压断路器保护的配合

由于瞬时过电流脱扣器整定为 $I_{\text{op}(0)} = 640\text{A}$，而 $4.5I_{\text{al}} = 4.5 \times 121\text{A} = 544.5\text{A}$，不满足 $I_{\text{op}(0)} \leqslant 4.5I_{\text{al}}$ 的要求。因此将导线截面积增大为 95mm^2，这时其 $I_{\text{al}} = 147\text{A}$，$4.5I_{\text{al}} = 4.5 \times 147\text{A} = 661.5\text{A} > I_{\text{op}(0)} = 640\text{A}$，满足导线与保护装置配合的要求。相应的穿线塑料管直径改选为 65mm。

四、低压断路器过电流保护灵敏度的检验

为了保证低压断路器的瞬时或短延时过电流脱扣器在系统最小运行方式下在其保护区内发生最轻微的故障时能可靠地动作，低压断路器保护的灵敏度必须满足下列条件：

$$S_{\text{p}} = \frac{I_{\text{k. min}}}{I_{\text{op}}} \geqslant K \qquad (6\text{-}21)$$

式中，I_{op} 为瞬时或短延时过电流脱扣器的动作电流；$I_{\text{k. min}}$ 为其保护线路末端在系统最小运行方式下的单相短路电流（对 TN 和 TT 系统）或两相短路电流（对 IT 系统）；K 为灵敏系数的最小比值，一般取 1.3。

五、前后低压断路器之间及低压断路器与熔断器之间的选择性配合

（一）前后低压断路器之间的选择性配合

前后两低压断路器之间是否符合选择性配合，宜按其保护特性曲线进行检验，按产品样本给出的保护特性曲线考虑其偏差范围 ±20% ~ ±30%。如果在后一断路器出口发生三相短路时，前一断路器保护动作时间在计入负偏差、而后一断路器保护动作时间在计入正偏差的情况下，前一级的动作时间仍大于后一级的动作时间，则能实现选择性配合的要求。对于非重要负荷线路，保护电器允许无选择性动作。

一般来说，要保证前后两低压断路器之间能选择性动作，前一级低压断路器宜采用带短延时的过电流脱扣器，后一级低压断路器则采用瞬时过电流脱扣器，而且动作电流也是前一级大于后一级，前一级的动作电流至少不小于后一级动作电流的 1.2 倍，即

$$I_{\text{op. 1}} \geqslant 1.2 I_{\text{op. 2}} \qquad (6\text{-}22)$$

（二）低压断路器与熔断器之间的选择性配合

要检验低压断路器与熔断器之间是否符合选择性配合，只有通过它们的保护特性曲线。前一级低压断路器可按厂家提供的保护特性曲线考虑 −30% ～ −20% 的负偏差，而后一级熔断器可按厂家提供的保护特性曲线考虑 +30% ～ +50% 的正偏差。在这种情况下，如果两条曲线不重叠也不交叉，且前一级的曲线总在后一级的曲线之上，则前后两级保护可实现选择性动作，而且两条曲线之间留有的裕量越大，则两者动作的选择性越有保证。

◆◆◆ 第四节　常用的保护继电器 ◆◆◆

一、概述

继电器是一种在其输入的物理量（电气量或非电气量）达到规定值时，其电气输出电路被接通或被分断的自动电器。

继电器按其输入量的性质分为电气继电器和非电气继电器两大类。按其用途分为控制继电器和保护继电器两大类，前者用于自动控制电路中，后者用于继电保护电路中。这里只讲保护继电器。

保护继电器按其在继电保护电路中的功能，可分为测量继电器和有或无继电器两大类。测量继电器装设在继电保护电路中的第一级，用来反应被保护元件的特性变化。当其特性量达到动作值时即行动作，它属于基本继电器或起动继电器。有或无继电器是一种只按电气量是否在其工作范围内或者为零时而动作的电气继电器，包括时间继电器、信号继电器、中间继电器等，在继电保护装置中用来实现特定的逻辑功能，属于辅助继电器，亦称逻辑继电器。

保护继电器按其组成元件分，有机电型、晶体管型和微机型等。由于机电型继电器具有简单可靠、便于维修等优点，因此工厂供电系统中现在仍普遍应用机电型继电器。机电型继电器按其结构原理分，有电磁式、感应式等继电器。

保护继电器按其反应的物理量分，有电流继电器、电压继电器、功率继电器、瓦斯（气体）继电器等。

保护继电器按其反应的物理量数量变化分，有过量继电器和欠量继电器，例如过电流继电器、欠电压继电器等。

保护继电器按其在保护装置中的用途分，有起动继电器、时间继电器、信号继电器和中间（亦称出口）继电器等。图 6-4 是过电流保护装置的框图。当线路上发生短路时，起动用的电流继电器（current relay）KA 瞬时动作，使时间继电器（timing relay）KT 启动，经整定的一定时限（延时）后，接通信号继电器（signal relay）KS 和中间继电器（medium relay）KM，KM 就接通断路器的跳闸回路，使断路器

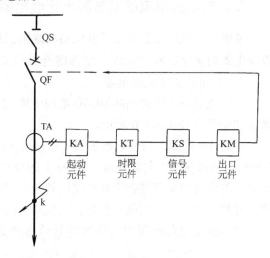

图 6-4　过电流保护装置框图

KA—电流继电器　KT—时间继电器

KS—信号继电器　KM—中间（出口）继电器

QF 自动跳闸。

保护继电器按其动作于断路器的方式分，有直接动作式（直动式）和间接动作式两大类。断路器操作机构中的脱扣器（跳闸线圈）实际上就是一种直动式继电器，而一般的保护继电器均为间接动作式。

保护继电器按其与一次电路的联系方式分，有一次式继电器和二次式继电器。一次式继电器的线圈是与一次电路直接相连的，例如低压断路器的过电流脱扣器和失压脱扣器（参看图 2-53），实际上就是一次式继电器，并且也是直动式继电器。二次式继电器的线圈连接在电流互感器和电压互感器的二次侧，通过互感器与一次电路相联系。高压供电系统中的保护继电器都属于二次式继电器。

保护继电器型号的表示和含义如下：

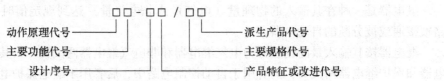

1）动作原理代号：D——电磁式；G——感应式；L——整流式；B——半导体式；W——微机式。

2）主要功能代号：L——电流；Y——电压；S——时间；X——信号；Z——中间；C——冲击；CD——差动。

3）产品特征或改进代号：用阿拉伯数字或字母 A、B、C 等表示。

4）派生产品代号：C——可长期通电；X——带信号牌；Z——带指针；TH——湿热带用。

5）设计序号和规格代号：用阿拉伯数字表示。

下面分别介绍工厂供电系统中常用的几种机电型保护继电器。

二、电磁式电流继电器和电压继电器

电磁式电流继电器和电压继电器在继电保护装置中均为起动元件，属测量继电器类。电流继电器的文字符号为 KA$^{\ominus}$，电压继电器的文字符号为 KV。

（一）电磁式电流继电器

工厂供电系统中常用的 DL-10 系列电磁式电流继电器的内部结构如图 6-5 所示，其内部接线和图形符号如图 6-6 所示。

由图 6-5 可知，当继电器线圈 1 通过电流时，电磁铁 2 中产生磁通，力图使 Z 形钢舌片 3 向凸出磁极偏转。与此同时，轴 10 上的反作用弹簧 9 又力图阻止钢舌片偏转。当继电器线圈中的电流增大到使钢舌片所受的转矩大于弹簧的反作用力矩时，钢舌片便被吸近磁极，使常开触点闭合，常闭触点断开，这就叫做继电器动作。

过电流继电器线圈中的使继电器动作的最小电流，称为继电器的动作电流（operating

⊖ "电流继电器"的文字符号有的主张采用"KC"。但按 GB 7159—1987《电气技术中的文字符号制订通则》规定，"电流"的文字符号用"A"，"电流表"表示为"PA"，"电流互感器"表示为"TA"。依此类推，"电流继电器"表示为"KA"较妥。按 GB 7159—1987 规定，字母"C"一般用作"控制"的文字符号。[32]

current），用 I_{op} 表示。

过电流继电器动作后，减小其线圈电流到一定值时，钢舌片在弹簧作用下返回起始位置。使过电流继电器由动作状态返回到起始位置的最大电流，称为继电器的返回电流（returning current），用 I_{re} 表示。

继电器的返回电流与动作电流的比值，称为继电器的返回系数（returning ratio），用 K_{re} 表示，即

$$K_{re} = \frac{I_{re}}{I_{op}} \qquad (6\text{-}23)$$

对于过量继电器（例如过电流继电器），K_{re} 总小于 1，一般为 0.8。K_{re} 越接近于 1，说明继电器越灵敏。如果过电流继电器的 K_{re} 过低，还可能使保护装置发生误动作，这将在后面讲述过电流保护的电流整定要求时进一步说明。

电磁式电流继电器的动作电流有两种调节方法：①平滑调节，即拨动转杆 6（参看图6-5）来改变弹簧 9 的反作用力矩。②级进调节，即利用线圈 1 的串联或并联。当线圈由串联改为并联时，相当于线圈匝数减少一倍。由于继电器动作所需的电磁力是一定的，即所需的磁动势（IN）是一定的，因此动作电流将增大一倍。反之，当线圈由并联改为串联时，动作电流将减小一倍。

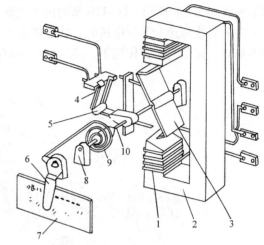

图 6-5　DL-10 系列电磁式电流继电器的内部结构
1—线圈　2—电磁铁　3—钢舌片　4—静触点
5—动触点　6—起动电流调节转杆　7—标度
盘（铭牌）　8—轴承　9—反作用弹簧　10—轴

这种电流继电器的动作极为迅速，可认为是瞬时动作的，因此它是一种瞬时继电器。

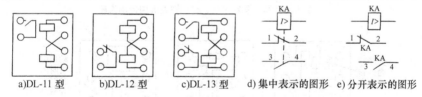

　a)DL-11 型　　b)DL-12 型　　c)DL-13 型　　d) 集中表示的图形　e) 分开表示的图形

图 6-6　DL-10 系列电磁式电流继电器的内部接线和图形符号
KA1-2—常闭（动断）触点　KA3-4—常开（动合）触点

（二）电磁式电压继电器

供电系统中常用的电磁式电压继电器的结构和动作原理，与上述电磁式电流继电器基本相同，只是电压继电器的线圈为电压线圈，且多做成低电压（欠电压）继电器。低电压继电器的动作电压 U_{op}，为其线圈上的使继电器动作的最高电压；其返回电压 U_{re}，为其线圈上的使继电器由动作状态返回到起始位置的最低电压。低电压继电器的返回系数为

$$K_{re} = \frac{U_{re}}{U_{op}} > 1 \qquad (6\text{-}24)$$

K_{re} 值越接近于 1，说明继电器越灵敏。低电压继电器的 K_{re} 一般为 1.25。

三、电磁式时间继电器

电磁式时间继电器在继电保护装置中，用来使保护装置获得所要求的延时（时限）。它属于机电式有或无继电器。时间继电器的文字符号为 KT。

供电系统中 DS-110、120 系列电磁式时间继电器的内部结构如图 6-7 所示，其内部接线和图形符号如图 6-8 所示。DS-110 系列用于直流，DS-120 系列用于交流。

当继电器线圈接上工作电压时，铁心被吸入，使被卡住的一套钟表机构被释放，同时切换瞬时触点。在拉引弹簧作用下，经过整定的时限，使主触点闭合。

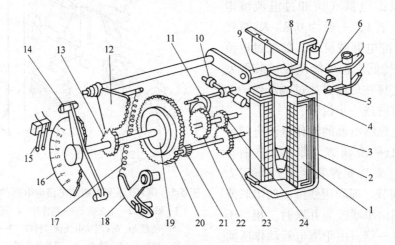

图 6-7　DS-110、120 系列电磁式时间继电器的内部结构

1—线圈　2—电磁铁　3—可动铁心　4—返回弹簧　5、6—瞬时静触点　7—绝缘件　8—瞬时动触点
9—压杆　10—平衡锤　11—摆动卡板　12—扇形齿轮　13—传动齿轮　14—主动触点　15—主静触点
16—动作时限标度盘　17—拉引弹簧　18—弹簧拉力调节器　19—摩擦离合器　20—主齿轮
21—小齿轮　22—掣轮　23、24—钟表机构传动齿轮

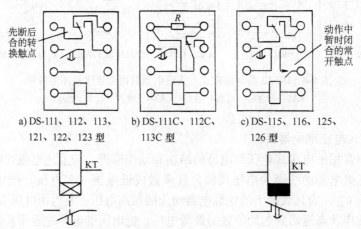

a) DS-111、112、113、
121、122、123 型

b) DS-111C、112C、
113C 型

c) DS-115、116、125、
126 型

d) 时间继电器的缓吸线圈及延时闭合触点　　e) 时间继电器的缓放线圈及延时断开触点

图 6-8　DS-110、120 系列电磁式时间继电器的内部接线和图形符号

继电器的延时时限可借改变主静触点的位置即主静触点与主动触点的相对位置来调节。**调节的时限范围**在标度盘上标出。

当继电器的线圈断电时，继电器在弹簧作用下返回起始位置。

为了缩小继电器的尺寸和节约材料，时间继电器的线圈通常不按长时间接上额定电压来设计，因此凡需长时间接上电压工作的时间继电器（如 DS-111C 型等，参看图 6-8b），应在它动作后，利用其常闭瞬时触点的断开，使其线圈串入限流电阻，以限制线圈的电流，避免线圈过热烧毁，同时又能维持继电器的动作状态。

四、电磁式信号继电器

电磁式信号继电器在继电保护装置中用来发出保护装置动作的指示信号，它也属于机电式有或无继电器。信号继电器的文字符号为 KS。

供电系统中常用的 DX-11 型电磁式信号继电器，有电流型和电压型两种：电流型信号继电器的线圈为电流线圈，阻抗小，串联在二次回路内，不影响其他二次元件（如中间继电器）的动作；电压型信号继电器的线圈为电压线圈，阻抗大，在二次回路中必须并联使用。

DX-11 型信号继电器的内部结构如图 6-9 所示，在正常状态时，其信号牌是被衔铁支持住的。当继电器线圈通电时，衔铁被吸向铁心而使信号牌掉下，显示其动作信号，同时带动转轴旋转90°，使固定在转轴上的动触点（导电条）与静触点接通，从而接通信号回路，发出音响和灯光信号。要使信号停止，可旋转外壳上的复位旋钮，断开信号回路，同时使信号牌复位。

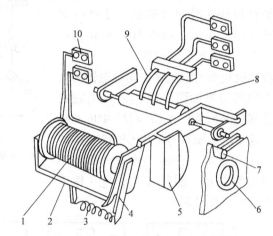

图 6-9　DX-11 型信号继电器的内部结构

1—线圈　2—电磁铁　3—弹簧　4—衔铁　5—信号牌　6—观察窗口
7—复位旋钮　8—动触点　9—静触点　10—接线端子

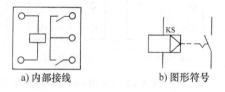

a) 内部接线　　　　b) 图形符号

图 6-10　DX-11 型信号继电器的内部接线和图形符号

DX-11 型信号继电器的内部接线和图形符号如图 6-10 所示。电磁式信号继电器的图形符号在 GB 4728 中未直接给出，这里的图形符号是编者根据 GB 4728（也符合 GB/T 4728 要求）提出的图形符号绘制和派生原则进行派生的[30]。由于该继电器的操作器件具有机械保持的功能，因此继电器线圈采用 GB 4728 中机电式有或无继电器类的"机械保持继电器"的线圈符号，而且由于该继电器的触点不能自动返回，因此在其触点符号上附加一个 GB/T 4728 规定的"非自动复位"的限定符号。这一图形符号已得到广泛的认同。

五、电磁式中间继电器

电磁式中间继电器在继电保护装置中用作辅助继电器（auxiliary relay，此亦中间继电器的英文名），以弥补主继电器触点数量或触点容量的不足。它通常装设在保护装置的出口回路中，用以接通断路器的跳闸线圈，所以它又称为出口继电器。中间继电器也属于机电式有或无继电器，其文字符号建议采用 KM[⊖]。

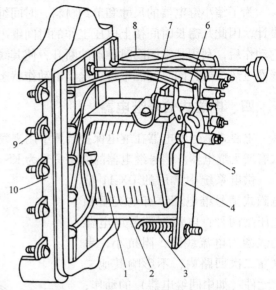

图 6-11　DZ-10 系列中间继电器的内部结构
1—线圈　2—电磁铁　3—弹簧　4—衔铁　5—动触点
6、7—静触点　8—连接线　9—接线端子　10—底座

供电系统中常用的 DZ-10 系列中间继电器的内部结构如图 6-11 所示。当其线圈通电时，衔铁被快速吸向电磁铁，使触点切换。当其线圈断电时，继电器快速释放衔铁，使触点全部返回起始位置。

这种快吸快放的电磁式中间继电器的内部接线和图形符号如图 6-12 所示。电磁式中间继电器的图形符号在 GB 4728 中也未直接给出，这里的线圈符号采用 GB 4728 中的机电式有或无继电器类的"快速（快吸和快放）继电器"的线圈符号[30]。这一图形符号也已得到广泛认同。

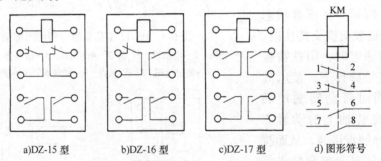

a)DZ-15 型　　　b)DZ-16 型　　　c)DZ-17 型　　　d) 图形符号

图 6-12　DZ-10 系列中间继电器的内部接线和图形符号

六、感应式电流继电器

在工厂供电系统中，广泛采用感应式电流继电器来作过电流保护兼电流速断保护，因为

⊖　中间继电器的文字符号有的采用"KA"。由于电流继电器的文字符号采用了"KA"，因此中间继电器的文字符号建议采用"KM"，其中"M"为"中间"的英文"medium"的缩写。但是"KM"又是接触器的文字符号。因此如果中间继电器和接触器出现在同一保护电路图中时，建议中间继电器符号仍用"KM"，而接触器符号可改用其大类符号"K"，以免两者混淆。如果两者同时出现在控制电路图中时，则建议接触器符号用"KM"，而中间继电器符号可改用"K"。[32]

感应式电流继电器兼有上述电磁式电流继电器、时间继电器、信号继电器和中间继电器的功能，从而可大大简化继电保护装置。而且采用感应式电流继电器的保护装置采用交流操作，可进一步简化二次系统，减少投资，因此它在中小型变配电所中应用非常普遍。

1. 基本结构

工厂供电系统中常用的 GL-10、20 系列感应式电流继电器的内部结构如图 6-13 所示。这种电流继电器由两组元件构成，一组为感应元件，另一组为电磁元件。感应元件主要包括线圈 1、带短路环 3 的电磁铁 2 及装在可偏转框架 6 上的转动铝盘 4。电磁元件主要包括线圈 1、电磁铁 2 和衔铁 15。线圈 1 和电磁铁 2 是两组元件共用的。

GL-15、25、16、26 型电流继电器有两对相连的常开和常闭触点，根据继电保护的要求，其动作程序是常开触点先闭合，常闭触点后断开，即构成一组"先合后断的转换触点"，如图6-14所示。

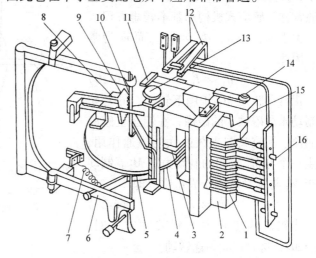

图 6-13　GL-10、20 系列感应式电流继电器的内部结构

1—线圈　2—电磁铁　3—短路环　4—铝盘　5—钢片
6—铝框架　7—调节弹簧　8—制动永久磁铁
9—扇形齿轮　10—蜗杆　11—扁杆　12—继电器触点
13—时限调节螺杆　14—速断电流调节螺钉　15—衔铁
16—动作电流调节插销

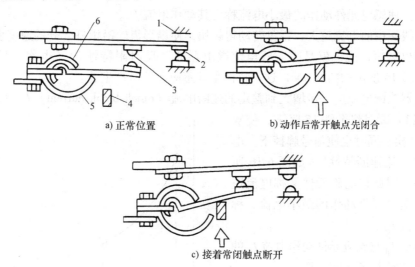

a) 正常位置　　　　b) 动作后常开触点先闭合

c) 接着常闭触点断开

图 6-14　GL-15、25、16、26 型电流继电器"先合后断转换触点"的动作说明

1—上止档　2—常闭触点　3—常开触点　4—衔铁　5—下止档　6—簧片

2. 工作原理和特性

感应式电流继电器的工作原理可用图 6-15 来说明。

当线圈 1 有电流 I_{KA} 通过时，电磁铁 2 在短路环 3 的作用下，产生相位一前一后的两个

磁通 Φ_1 和 Φ_2，穿过铝盘4。这时作用于铝盘上的转矩为

$$M_1 \propto \Phi_1 \Phi_2 \sin\psi \qquad (6\text{-}25)$$

式中，ψ 为 Φ_1 与 Φ_2 之间的相位差。上式通常称为感应式机构的基本转矩方程。

由于 $\Phi_1 \propto I_{KA}$，$\Phi_2 \propto I_{KA}$，而 ψ 为常数，因此

$$M_1 \propto I_{KA}^2 \qquad (6\text{-}26)$$

铝盘在转矩 M_1 作用下转动，同时切割制动永久磁铁8的磁通，在铝盘上感应出涡流。涡流又与永久磁铁的磁通作用，产生一个与 M_1 反向的制动力矩 M_2。制动力矩 M_2 与铝盘转速 n 成正比，即

$$M_2 \propto n \qquad (6\text{-}27)$$

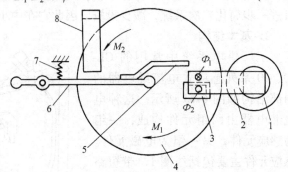

图 6-15　感应式电流继电器的转矩 M_1 和制动力矩 M_2
1—线圈　2—电磁铁　3—短路环　4—铝盘　5—钢片
6—铝框架　7—调节弹簧　8—制动永久磁铁

当铝盘转速 n 增大到某一定值时，$M_1 = M_2$，这时铝盘匀速转动。

继电器的铝盘在上述 M_1 和 M_2 的共同作用下，铝盘受力有使框架绕轴顺时针方向偏转的趋势，同时也会受到调节弹簧7的阻力。

当继电器线圈电流增大到继电器的动作电流值 I_{op} 时，铝盘受到的力也增大到可以克服弹簧的阻力，使铝盘带动框架前偏（参看图6-13），使蜗杆10与扇形齿轮9啮合，这就叫做继电器动作。由于铝盘继续转动，使扇形齿轮沿着蜗杆上升，最后使触点12切换，同时使信号牌（图6-13上未示出）掉下，从观察窗口可看到红色或白色的信号指示，表示继电器已经动作。使感应元件动作的最小电流称为其动作电流 I_{op}。

继电器线圈中的电流越大，铝盘转动得越快，使扇形齿轮沿蜗杆上升的速度也越快，因此动作时间也越短，这也就是感应式电流继电器的"反时限特性"（也称"反比延时特性"），如图6-16所示的曲线 abc，这一特性是其感应元件所产生的。

当继电器线圈电流进一步增大到整定的速断电流（quick-break current）I_{qb} 时，电磁铁2（参看图6-13）瞬时将衔铁15吸下，使触点12瞬时切换，同时也使信号牌掉下。电磁元件的"电流速断特性"，如图6-16所示曲线 $bb'd$。因此该电磁元件又称电流速断元件。使电磁元件动作的最小电流，称为其速断电流 I_{qb}。

速断电流 I_{qb} 与感应元件动作电流 I_{op} 的比值，称为速断电流倍数，即

$$n_{qb} = \frac{I_{qb}}{I_{op}} \qquad (6\text{-}28)$$

GL-10、20 系列电流继电器的速断电流倍数 $n_{qb} = 2 \sim 8$。

感应式电流继电器的有一定限度的反

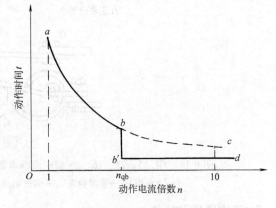

图 6-16　感应式电流继电器的动作特性曲线
abc—感应元件的反时限特性
$bb'd$—电磁元件的电流速断特性

时限动作特性，称为"有限反时限特性"。

3. 动作电流和动作时限的调节

继电器的动作电流（整定电流）I_{op}，可利用动作电流调节插销 16（参看图 6-13）以改变线圈匝数来进行级进调节，也可以利用调节弹簧 7 的拉力来进行平滑的细调。

继电器的速断电流倍数 n_{qb}，可利用速断电流调节螺钉 14 改变衔铁 15 与电磁铁 2 之间的气隙来调节，气隙越大，n_{qb} 越大。

继电器感应元件的动作时限，可利用时限调节螺杆 13 来改变扇形齿轮顶杆行程的起点，以使动作特性曲线上下移动。不过要注意，**继电器的动作时限调节螺杆的标度尺，是以"10 倍动作电流的动作时间"来标度的**。因此继电器的实际动作时间，与实际通过继电器线圈的电流大小有关，需从相应的动作特性曲线上去查得。

附录表 20-1 列出 GL-11、21、15、25 型电流继电器的主要技术数据；附录表 20-2 列出这些继电器的动作特性曲线，曲线上标明的动作时间 0.5s、0.7s、1.0s、…4.0s，均为 10 倍动作电流的动作时间。

GL-11、21、15、25 型电流继电器的内部接线和图形符号，如图 6-17 所示。

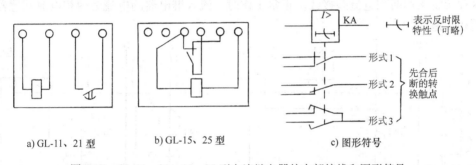

a) GL-11、21 型　　b) GL-15、25 型　　c) 图形符号

图 6-17　GL-11、21、15、25 型电流继电器的内部接线和图形符号

◆◆◆ 第五节 工厂高压线路的继电保护 ◆◆◆

一、概述

按 GB/T 50062—2008《电力装置的继电保护和自动装置设计规范》规定：对 3～66kV 电力线路，应装设相间短路保护、单相接地保护和过负荷保护。

由于一般工厂的高压线路不很长，容量不很大，因此其继电保护装置通常比较简单。

作为线路的相间短路保护，主要采用带时限的过电流保护和瞬时动作的电流速断保护。过电流保护动作时限不大于 0.5～0.7s 时，可不装设电流速断保护。相间短路保护应动作于断路器的跳闸机构，使断路器跳闸，切除短路故障部分。

作为线路的单相接地保护，有两种方式：①绝缘监视装置，装设在变配电所的高压母线上，动作于信号；②有选择性的单相接地保护（零序电流保护），也动作于信号，但是当单相接地故障危及人身和设备安全时，则应动作于跳闸。

对可能经常过负荷的电缆线路，按 GB/T 50062—2008 规定，应装设过负荷保护，动作于信号。

二、继电保护装置的接线方式

工厂高压线路的继电保护装置中，起动继电器与电流互感器之间的连接方式，主要有两相两继电器式和两相一继电器式两种。

（一）两相两继电器式接线（图6-18）

这种接线，如果一次电路发生三相短路或两相短路时，都至少有一个继电器要动作，从而使一次电路的断路器跳闸。

为了表达这种接线方式中继电器电流 I_{KA} 与电流互感器二次电流 I_2 的关系，特引入一个接线系数（wiring coefficient）K_w，其定义式为

$$K_w \stackrel{\text{def}}{=\!=\!=} \frac{I_{KA}}{I_2} \tag{6-29}$$

两相两继电器式接线在一次电路发生任何形式的相间短路时，其 $K_w = 1$，即保护装置的灵敏度都相同。

（二）两相一继电器式接线（图6-19）

这种接线又称两相电流差接线。正常工作时，流入继电器的电流为两相电流互感器二次电流的相量差。

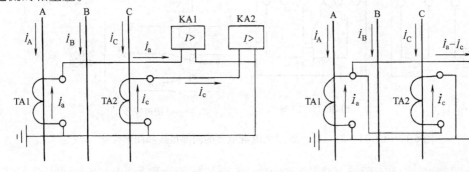

图6-18　两相两继电器式接线　　　　　　图6-19　两相一继电器式接线

在其一次电路发生三相短路时，流入继电器的电流为电流互感器二次电流的 $\sqrt{3}$ 倍（参看图6-20a相量图），即 $K_w^{(3)} = \sqrt{3}$。

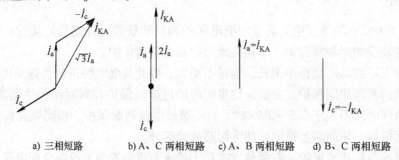

a) 三相短路　　　　b) A、C 两相短路　　c) A、B 两相短路　　d) B、C 两相短路

图6-20　两相一继电器式接线不同相间短路的相量分析

在其一次电路的 A、C 两相发生短路时，由于两相短路电流反应在 A 相和 C 相中是大小相等、相位相反（参看图6-20b相量图），因此流入继电器的电流（两相电流相量差）为互感器二次电流的 2 倍，即 $K_w^{(A、C)} = 2$。

在其一次电路的 A、B 两相或 B、C 两相发生短路时，流入继电器的电流只有一相（A 相或 C 相）互感器的二次电流（参看图 6-20c、d 相量图），即 $K_{\mathrm{w}}^{(\mathrm{A,B})} = K_{\mathrm{w}}^{(\mathrm{B,C})} = 1$。

由以上分析可知，两相一继电器式接线能反应各种相间短路故障，但不同短路的保护灵敏度有所不同，有的甚至相差一倍，因此不如两相两继电器式接线。但是它少用一个继电器，较为简单经济。这种接线主要用于高压电动机保护。

三、继电保护装置的操作方式

继电保护装置的操作电源有直流操作电源和交流操作电源两大类（详见第七章第一节）。由于交流操作电源具有投资少、运行维护方便及二次回路简单可靠等优点，因此它在中小型工厂供电系统中应用广泛。

交流操作电源供电的继电保护装置主要有以下两种操作方式。

1. 直接动作式（图 6-21）

利用断路器手动操作机构内的过电流脱扣器（跳闸线圈）YR 作为直动式过电流继电器 KA，接成两相一继电器式或两相两继电器式。正常运行时，YR 通过的电流远小于其动作电流，因此不动作。而在一次电路发生相间短路时，YR 动作，使断路器 QF 跳闸。这种操作方式简单经济，但保护灵敏度低，实际上较少应用。

2. "去分流跳闸"的操作方式（图 6-22）

正常运行时，电流继电器 KA 的常闭触点将跳闸线圈 YR 短路分流，YR 中无电流通过，所以断路器 QF 不会跳闸。当一次电路发生相间短路时，电流继电器 KA 动作，其常闭触点断开，使跳闸线圈 YR 的短路分流支路被去掉（即所谓"去分流"），从而使电流互感器的二次电流全部通过 YR，致使断路器 QF 跳闸，即所谓"去分流跳闸"。这种操作方式的接线也比较简单，且灵敏可靠，但要求电流继电器 KA 触点的分断能力足够大才行。现在生产的 GL-15、25、16、26 等型电流继电器，其触点容量相当大，短时分断电流可达 150A，完全能够满足短路时"去分流跳闸"的要求。因此这种去分流跳闸的操作方式现在在工厂供电系统中应用相当广泛。但是图 6-22 所示的接线并不完善，实际的接线将在下面讲述反时限过电流保护时予以介绍（参看图 6-24）。

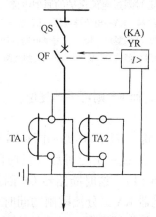

图 6-21　直接动作式过电流保护电路
QF—断路器　TA1、TA2—电流互感器
YR—断路器跳闸线圈（即直动式继电器 KA）

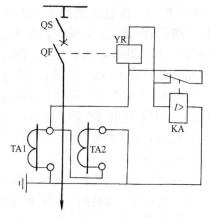

图 6-22　"去分流跳闸"的过电流保护电路
QF—断路器　TA1、TA2—电流互感器
KA—电流继电器（GL 型）　YR—跳闸线圈

四、带时限的过电流保护

带时限的过电流保护，按其动作时限特性分，有定时限过电流保护和反时限过电流保护两种。定时限就是保护装置的动作时限是按预先整定的动作时间固定不变的，与短路电流大小无关；而反时限就是保护装置的动作时限原先是按 10 倍动作电流来整定的，而实际的动作时间则与短路电流大小呈反比关系变化，短路电流越大，动作时间越短。

（一）定时限过电流保护装置的组成和工作原理

定时限过电流保护装置的原理电路如图 6-23 所示，其中图 6-23a 为集中表示的原理电路图，通常称为接线图，这种电路图中的所有电器的组成部件是各自归总在一起的，因此过去也称为归总式电路图。图 6-23b 为分开表示的原理电路图，通常称为展开图，这种电路图中的所有电器的组成部件按各部件所属回路分开绘制。从原理分析的角度来说，展开图简明清晰，在二次回路（包括继电保护、自动装置、控制、测量等回路）中应用最为普遍。

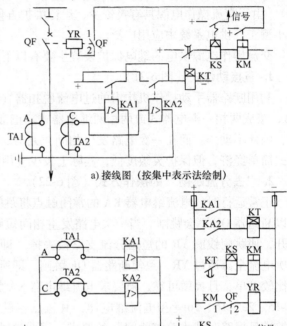

a) 接线图（按集中表示法绘制）

b) 展开图（按分开表示法绘制）

图 6-23　定时限过电流保护的原理电路图

QF—断路器　KA—电流继电器（DL 型）

KT—时间继电器（DS 型）　KS—信号继电器（DX 型）

KM—中间继电器（DZ 型）　YR—跳闸线圈

下面分析图 6-23 所示定时限过电流保护的工作原理。

当一次电路发生相间短路时，电流继电器 KA 瞬时动作，闭合其触点，使时间继电器 KT 动作。KT 经过整定的时限后，其延时触点闭合，使串联的信号继电器（电流型）KS 和中间继电器 KM 动作。KS 动作后，其指示牌掉下，同时接通信号回路，给出灯光信号和音响信号。KM 动作后，接通跳闸线圈 YR 回路，使断路器 QF 跳闸，切除短路故障。QF 跳闸后，其辅助触头 QF1-2 随之切断跳闸回路。在短路故障被切除后，继电保护装置除 KS 外的其他所有继电器均自动返回起始状态，而 KS 则可手动复位。

（二）反时限过电流保护装置的组成和工作原理

反时限过电流保护装置由 GL 型感应式电流继电器组成，其原理电路如图 6-24 所示。

当一次电路发生相间短路时，电流继电器 KA 动作，经过一定延时后（反时限特性），其常开触点闭合，紧接着其常闭触点断开（参看前面图 6-14），这时断路器 QF 因其跳闸线圈 YR 被"去分流"而跳闸，切除短路故障。在电流继电器 KA 去分流跳闸的同时，其信号牌掉下，指示保护装置已经动作。在短路故障被切除后，继电器返回，其信号牌可利用外壳上的旋钮手动复位。

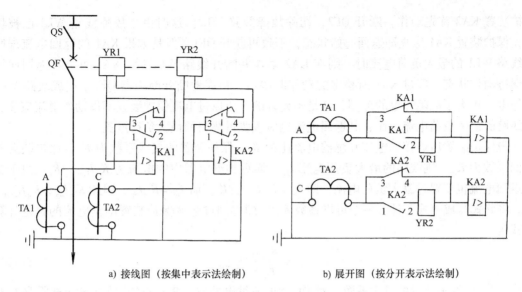

a) 接线图（按集中表示法绘制）　　　b) 展开图（按分开表示法绘制）

图 6-24　反时限过电流保护的原理电路图

QF—断路器　TA—电流互感器　KA—电流继电器（GL—15、25 型）　YR—跳闸线圈

比较图 6-24 与前面图 6-22 可以看出，图 6-24 中的电流继电器 KA 增加了一对常开触点，与跳闸线圈 YR 串联，其目的是防止电流继电器的常闭触点在一次电路正常运行时由于外界振动的偶然因素使之断开而导致断路器误跳闸的事故。增加一对常开触点后，则即使常闭触点偶然断开，也不会造成断路器误跳闸。但是，继电器这两对触点的动作程序，必须是常开触点先闭合，常闭触点后断开，即必须采用前面图 6-14 所示的先合后断的转换触点。否则，假如常闭触点先断开，将造成电流互感器二次侧带负荷开路，这是不允许的（这已在前面第二章第二节中讲过），同时将使继电器失电返回，不起保护作用。

（三）过电流保护动作电流的整定

带时限过电流保护（含定时限和反时限）的动作电流 I_{op}，应躲过被保护线路的最大负荷电流（包括正常过负荷电流和尖峰电流）$I_{L.max}$，以免在 $I_{L.max}$ 通过时使保护装置误动作；而且其返回电流 I_{re} 也应躲过被保护线路的最大负荷电流 $I_{L.max}$，否则保护装置还可能发生误动作。

如图 6-25a 所示电路，假设线路 WL2 的首端 k 点发生相间短路，由于短路电流远大于线路上的所有负荷电流，所以沿线路的过负荷保护装置包括 KA1、KA2 均要动作。按照保护选择性的要求，应该是靠近故障点 k 的

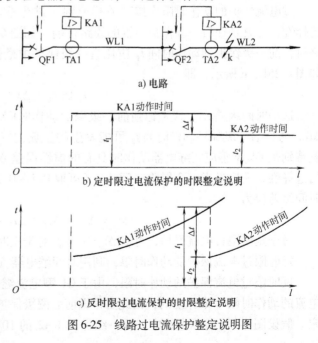

a) 电路

b) 定时限过电流保护的时限整定说明

c) 反时限过电流保护的时限整定说明

图 6-25　线路过电流保护整定说明图

保护装置 KA2 首先动作，断开 QF2，切除故障线路 WL2。这时由于故障线路 WL2 已被切除，保护装置 KA1 应立即返回起始状态，不致再断开 QF1。但是如果 KA1 的返回电流未躲过线路 WL1 的最大负荷电流时，则在 KA2 动作并断开线路 WL2 后，KA1 可能不返回而继续保持动作状态，经过 KA1 所整定的动作时限后，错误地断开断路器 QF1，造成线路 WL1 也停电，扩大了故障停电的范围，这是不允许的。所以过电流保护装置不仅动作电流应该躲过线路的最大负荷电流，而且其返回电流也应该躲过线路的最大负荷电流。

设保护装置所连接的电流互感器电流比为 K_i，保护装置的接线系数为 K_w，保护装置的返回系数为 K_{re}，则线路的最大负荷电流 $I_{L.max}$ 换算到继电器中的电流为 $K_w I_{L.max}/K_i$。由于要求返回电流也要躲过最大负荷电流，即 $I_{re} > K_w I_{L.max}/K_i$。而 $I_{re} = K_{re} I_{op}$，因此 $K_{re} I_{op} > K_w I_{L.max}/K_i$。将此式写成等式，计入一个可靠系数 K_{rel}，即得到过电流保护装置动作电流的整定计算公式为

$$I_{op} = \frac{K_{rel} K_w}{K_{re} K_i} I_{L.max} \tag{6-30}$$

式中，K_{rel} 为保护装置的可靠系数，对 DL 型电流继电器取 1.2，对 GL 型电流继电器取 1.3；K_w 为保护装置的接线系数，对两相两继电器式接线（相电流接线）为 1，对两相一继电器式接线（两相电流差接线）为 $\sqrt{3}$；$I_{L.max}$ 为线路上的最大负荷电流，可取为 $(1.5 \sim 3) I_{30}$，I_{30} 为线路计算电流。

如果采用断路器手动操作机构中的过电流脱扣器（跳闸线圈）YR 作过电流保护，则过电流脱扣器的动作电流（脱扣电流）应按下式整定：

$$I_{op(YR)} = \frac{K_{rel} K_w}{K_i} I_{L.max} \tag{6-31}$$

式中，K_{rel} 为脱扣器的可靠系数，可取 $2 \sim 2.5$，其中已计入脱扣器的返回系数。

（四）过电流保护动作时限的整定

过电流保护的动作时限应按"阶梯原则"进行整定，以保证前后两级保护装置动作的选择性，也就是在后一级保护装置的线路首端（如图 6-25a 所示电路中的 k 点）发生三相短路时，前一级保护的动作时间 t_1 应比后一级保护中最长的动作时间 t_2 大一个时间级差 Δt，如图 6-25b、c 所示，即

$$t_1 \geq t_2 + \Delta t \tag{6-32}$$

这一时间级差 Δt，应考虑到前一级保护动作时间 t_1 可能发生的负偏差（即提前动作）Δt_1，考虑后一级保护动作时间 t_2 可能发生的正偏差（即延后动作）Δt_2，还要考虑保护装置特别是 GL 型感应式继电器动作时具有的惯性误差 Δt_3。为了确保前后两级保护动作时间的选择性，还应考虑一个保险时间 Δt_4（可取 $0.1 \sim 0.15$s）。因此前后两级保护动作时间的时间级差应为

$$\Delta t = \Delta t_1 + \Delta t_2 + \Delta t_3 + \Delta t_4 \tag{6-33}$$

对于定时限过电流保护，可取 $\Delta t = 0.5$s；对于反时限过电流保护，可取 $\Delta t = 0.7$s。

定时限过电流保护的动作时限，利用时间继电器（DS 型）来整定。

反时限过电流保护的动作时限，由于 GL 型电流继电器的时限调节机构是按"10 倍动作电流的动作时限"来标度的，因此要根据前后两级保护的 GL 型继电器的动作特性曲线来整定。假设图 6-25a 所示电路中，后一级保护 KA2 的 10 倍动作电流的动作时限已整定为 t_2。

现在要整定前一级保护 KA1 的 10 倍动作电流的动作时限 t_1，整定计算的步骤如下（参看图 6-26）：

1）计算 WL2 首端的三相短路电流 I_k 反应到 KA2 中的电流值，即

$$I'_{k(2)} = \frac{K_{w(2)}}{K_{i(2)}} I_k \qquad (6\text{-}34)$$

式中，$K_{w(2)}$ 为 KA2 与电流互感器相连接的接线系数；$K_{i(2)}$ 为 KA2 所连电流互感器的电流比。

2）计算 $I'_{k(2)}$ 对 KA2 的动作电流 $I_{op(2)}$ 的倍数，即

$$n_2 = \frac{I'_{k(2)}}{I_{op(2)}} \qquad (6\text{-}35)$$

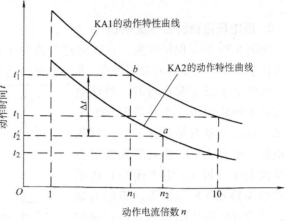

图 6-26　反时限过电流保护的动作时限整定

3）确定 KA2 的实际动作时间。在图 6-26 所示 KA2 的动作特性曲线的横坐标轴上，找出 n_2，然后向上找到该曲线上的 a 点，该点在纵坐标上对应的动作时间 t'_2 就是 KA2 在通过 $I'_{k(2)}$ 时的实际动作时间。

4）计算 KA1 的实际动作时间。根据保护选择性的要求，KA1 的实际动作时间 $t'_1 = t'_2 + \Delta t$；取 $\Delta t = 0.7\text{s}$，故 $t'_1 = t'_2 + 0.7\text{s}$。

5）计算 WL2 首端的三相短路电流 I_k 反应到 KA1 中的电流值，即

$$I'_{k(1)} = \frac{K_{w(1)}}{K_{i(1)}} I_k \qquad (6\text{-}36)$$

式中，$K_{w(1)}$ 为 KA1 与电流互感器相连接的接线系数；$K_{i(1)}$ 为 KA1 所连电流互感器的电流比。

6）计算 $I'_{k(1)}$ 对 KA1 的动作电流 $I_{op(1)}$ 的倍数，即

$$n_1 = \frac{I'_{k(1)}}{I_{op(1)}} \qquad (6\text{-}37)$$

7）确定 KA1 的 10 倍动作电流的动作时限。从图 6-26 所示 KA1 的动作特性曲线的横坐标轴上找出 n_1，从纵坐标轴上找出 t'_1，然后找到 n_1 与 t'_1 相交的坐标 b 点，这 b 点所在曲线所对应的 10 倍动作电流的动作时间 t_1 即为所求。

必须注意：有时 n_1 与 t'_1 相交的坐标点不在给出的曲线上，而在两条曲线之间，这时就只有从上下两条曲线来粗略估计其 10 倍动作电流的动作时限。

（五）过电流保护的灵敏度及提高灵敏度的措施——低电压闭锁

1. 过电流保护的灵敏度

根据式（6-1），保护灵敏度 $S_p = I_{k.\min}/I_{op.1}$。对于线路过电流保护，$I_{k.\min}$ 应取被保护线路末端在系统最小运行方式下的两相短路电流 $I^{(2)}_{k.\min}$。而 $I_{op.1} = I_{op} K_i / K_w$。因此按 GB/T 50062—2008 规定过电流保护的灵敏度必须满足的条件为

$$S_p = \frac{K_w I^{(2)}_{k.\min}}{K_i I_{op}} \geqslant 2 \qquad (6\text{-}38)$$

如果过电流保护是作为后备保护，则其保护灵敏度 $S_p \geqslant 1.2$ 即可。

当过电流保护灵敏度达不到上述要求时，可采用下述的低电压闭锁保护来提高其灵敏度。

2. 低电压闭锁的过电流保护

如图6-27所示保护电路，在线路过电流保护的过电流继电器KA的常开触点回路中，串入低电压继电器KV的常闭触点，而KV经过电压互感器TV接在被保护线路的母线上。

在供电系统正常运行时，母线电压接近于额定电压，因此低电压继电器KV的常闭触点是断开的。这时的过电流继电器KA即使由于线路过负荷而误动作（即KA触点闭合）也不致造成断路器QF误跳闸。正因为如此，凡装有低电压闭锁的过电流保护装置的动作电流I_{op}，不必按躲过线路的最大负荷电流$I_{L\,max}$来整定，而只需按躲过线路的计算电流I_{30}来整定。当然保护装置的返回电流I_{re}也应躲过I_{30}。因此，装有低电压闭锁的过电流保护装置的动作电流整定计算公式为

$$I_{op} = \frac{K_{rel}K_w}{K_{re}K_i}I_{30} \qquad (6-39)$$

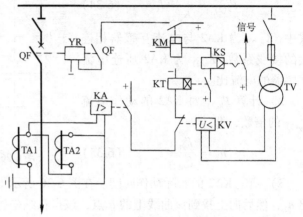

图6-27　低电压闭锁的过电流保护

QF—高压断路器　TA—电流互感器　TV—电压互感器
KA—过电流继电器　KT—时间继电器　KS—信号继电器
KM—中间继电器　KV—低电压继电器

式中，各系数的含义和取值，与前面式（6-30）相同。由于其I_{op}的减少，从而有效地提高了保护灵敏度。

上述低电压继电器KV的动作电压U_{op}，按躲过母线正常最低工作电压U_{min}来整定，当然其返回电压也应躲过U_{min}。因此低电压继电器动作电压的整定计算公式为

$$U_{op} = \frac{U_{min}}{K_{rel}K_{re}K_u} \approx 0.6\frac{U_N}{K_u} \qquad (6-40)$$

式中，U_{min}为母线最低工作电压，取（0.85～0.95）U_N，U_N为线路额定电压；K_{rel}为保护装置的可靠系数，可取1.2；K_{re}为低电压继电器的返回系数，一般取1.25；K_u为电压互感器的电压比。

（六）定时限过电流保护与反时限过电流保护的比较

定时限过电流保护的**优点**是：动作时间比较精确，整定简便，且动作时间与短路电流大小无关，不会因短路电流小而使故障时间延长。但**缺点**是：所需继电器多，接线复杂，且需直流电源，投资较大。此外，越靠近电源处的保护装置，其动作时间越长，这是带时限的过电流保护共有的一大缺点。

反时限过电流保护的**优点**是：继电器数量大为减少，而且可同时实现电流速断保护，加之可采用交流操作，因此相当简单经济，投资大大降低，故它在中小工厂供电系统中得到广泛应用。但**缺点**是：动作时限的整定比较麻烦，而且误差较大；当短路电流小时，其动作时间可能相当长，延长了故障持续时间；同样存在越靠近电源、动作时间越长的缺点。

例6-4　某10kV电力线路，如图6-28所示。已知TA1的电流比为100/5A，TA2的电流比为50/5A。WL1和WL2的过电流保护均采用两相两继电器式接线，继电器均为GL-15/10型。今KA1已经整定，其动作电流为7A，10倍动作电流的动作时限为1s。WL2的计算电流为28A，WL2首端k-1点的三相短路电流为800A，其末端k-2点的三相短路电流为220A。试整定KA2的动作电流和动作时限，并检验其保护灵敏度。

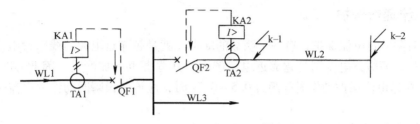

图6-28　例6-4的电力线路

解：（1）整定KA2的动作电流

取 $K_{L\,max} = 2I_{30} = 2 \times 28A = 56A$，$K_{rel} = 1.3$，$K_{re} = 0.8$，$K_i = 50/5 = 10$，$K_w = 1$，故

$$I_{op(2)} = \frac{K_{rel}K_w}{K_{re}K_i}I_{L\,max} = \frac{1.3 \times 1}{0.8 \times 10} \times 56A = 9.1A$$

根据GL-15/10型继电器的规格，动作电流整定为9A。

（2）整定KA2的动作时限

先确定KA1的实际动作时间。由于k-1点发生三相短路时KA1中的电流为

$$I'_{k-1(1)} = \frac{K_{w(1)}}{K_{i(1)}}I_{k-1} = \frac{1}{20} \times 800A = 40A$$

故 $I'_{k-1(1)}$ 对KA1的动作电流倍数为

$$n_1 = \frac{I'_{k-1(1)}}{I_{op(1)}} = \frac{40A}{7A} = 5.7$$

利用 $n_1 = 5.7$ 和KA1已经整定的时限 $t_1 = 1s$，查附录表20-2的GL-15型继电器的动作特性曲线，得KA1的实际动作时间 $t'_1 \approx 1.6s$。

由此可得KA2的实际动作时间应为

$$t'_2 = t'_1 - \Delta t = 1.6s - 0.7s = 0.9s$$

由于k-1点发生三相短路时KA2中的电流为

$$I'_{k-1(2)} = \frac{K_{w(2)}}{K_{i(2)}}I_{k-1} = \frac{1}{10} \times 800A = 80A$$

故 $I'_{k-1(2)}$ 对KA2的动作电流倍数为

$$n_2 = \frac{I'_{k-1(2)}}{I_{op(2)}} = \frac{80A}{9A} \approx 9$$

利用 $n_2 \approx 9$ 和KA2的实际动作时间 $t'_2 = 0.9s$，查附录表20-2的GL-15型继电器的动作特性曲线，得KA2应整定的10倍动作电流的动作时限为 $t_2 \approx 0.8s$。

（3）KA2的保护灵敏度检验

KA2保护的线路WL2末端k-2的两相短路电流为其最小短路电流，即

$$I_{k.\,min}^{(2)} = 0.866 I_{k-2}^{(3)} = 0.866 \times 220A = 191A$$

因此 KA2 的保护灵敏度为

$$S_{p(2)} = \frac{K_w I_{k.\,min}^{(2)}}{K_i I_{op(2)}} = \frac{1 \times 191A}{10 \times 9A} = 2.1 > 2$$

由此可见，KA2 整定的动作电流满足保护灵敏度的要求。

五、电流速断保护

上述带时限的过电流保护，有一个明显的缺点，就是越靠近电源的线路过电流保护，其动作时间越长，而短路电流则是越靠近电源越大，其危害也更加严重。因此 GB/T 50062—2008 规定，在过电流保护动作时间超过 $0.5 \sim 0.7s$ 时，应该装设瞬时动作的电流速断保护装置。

（一）电流速断保护的组成及速断电流的整定

电流速断保护就是一种瞬时动作的过电流保护。对于采用 DL 系列电流继电器的速断保护来说，就相当于定时限过电流保护装置中抽去时间继电器，即在起动用的电流继电器之后，直接接信号继电器和中间继电器，最后由中间继电器触点接通断路器的跳闸回路。图 6-29 是高压线路上同时装有定时限过电流保护和电流速断保护的电路图，其中 KA1、KA2、KT、KS1 和 KM 属定时限过电流保护，KA3、KA4、KS2 和 KM 属电流速断保护，其中 KM 是两种保护装置共用的。

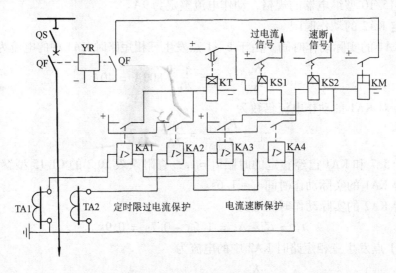

图 6-29　线路的定时限过电流保护和电流速断保护电路图

如果采用 GL 系列电流继电器，则利用该继电器的电磁元件来实现电流速断保护，而其感应元件则用来作反时限过电流保护，因此非常简单经济。

为了保证前后两级瞬动的电流速断保护的选择性，电流速断保护的动作电流即速断电流（quick-break current）I_{qb} 应按躲过它所保护线路的末端的最大短路电流（三相短路电流）$I_{k.\,max}$ 来整定。因为只有如此整定，才能避免在后一级速断保护所保护线路首端发生三相短路时前一级速断保护误动作的可能性，以保证保护的选择性。

以图 6-30 所示装有前后两级电流速断保护的电路为例，前一段线路 WL1 末端 k − 1 点的三相短路电流 $I_{k-1}^{(3)}$（即 $I_{k.\,max}$），实际上与后一段线路 WL2 首端 k − 2 点的三相短路电流 $I_{k-2}^{(3)}$ 几乎相等（由于 k − 1 点与 k − 2 点之间距离很短），因此 KA1 的速断电流 I_{qb} 只有躲过 $I_{k-1}^{(3)}$（即躲过 WL1 末端的 $I_{k.\,max}$）才能躲过 $I_{k-2}^{(3)}$，防止 k − 2 点（下一段线路首端）短路时 KA1 误动作。故电流速断保护的动作电流（速断电流）的整定计算公式为

$$I_{qb} = \frac{K_{rel}K_w}{K_i}I_{k.\,max} \qquad (6\text{-}41)$$

式中，K_{rel} 为可靠系数，对 DL 型电流继电器，取 1.2 ~ 1.3；对 GL 型电流继电器，取 1.4 ~ 1.5；对过流脱扣器，取 1.8 ~ 2。

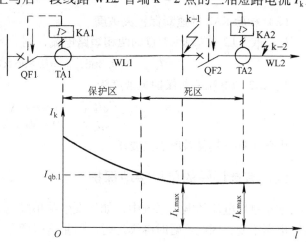

图 6-30　线路电流速断保护说明图

$I_{k.\,max}$—前一级保护躲过的最大短路电流

$I_{qb.\,1}$—前一级保护整定的一次动作电流

（二）电流速断保护的"死区"及其弥补

由于电流速断保护的动作电流躲过了线路末端的最大短路电流，因此在靠近末端的相当长一段线路上发生不一定是最大短路电流的短路（例如两相短路）时，电流速断保护不会动作。这说明，电流速断保护不可能保护线路的全长。这种保护装置不能保护的区域，叫做"死区"，如图 6-30 所示。

为了弥补死区得不到保护的缺陷，所以凡是装设电流速断保护的线路，必须配备带时限的过电流保护。过电流保护的动作时间比电流速断保护至少长一个时间级差 $\Delta t = 0.5 \sim 0.7s$，而且前后级过电流保护的动作时间又要符合"阶梯原则"，以保证选择性。

在电流速断保护的保护区内，速断保护为主保护，过电流保护为后备保护；而在电流速断保护的死区内，则过电流保护为基本保护。

（三）电流速断保护的灵敏度

电流速断保护的灵敏度按其安装处（即线路首端）在系统最小运行方式下的两相短路电流 $I_k^{(2)}$ 作为最小短路电流 $I_{k.\,min}$ 来检验。因此按 GB/T 50062—2008 规定，电流速断保护的灵敏度必须满足的条件为

$$S_p = \frac{K_w I_k^{(2)}}{K_i I_{qb}} \geqslant 2 \qquad (6\text{-}42)$$

例 6-5　试整定例 6-4 中 KA2 继电器（GL-15 型）的速断电流倍数，并检验其灵敏度。

解：（1）整定 KA2 的速断电流倍数

由例 6-4 知，WL2 末端 k − 2 点的 $I_{k.\,max} = 220A$；又 $K_w = 1$，$K_i = 10$，取 $K_{rel} = 1.4$，因此速断电流整定为

$$I_{qb} = \frac{K_{rel}K_w}{K_i}I_{k.\,max} = \frac{1.4 \times 1}{10} \times 220A = 30.8A$$

而 KA2 的 $I_{op} = 9A$，故整定的速断电流倍数为

$$n_{qb} = \frac{I_{qb}}{I_{op}} = \frac{30.8A}{9A} = 3.4$$

（2）检验 KA2 的速断保护灵敏度

$I_{k.min}$ 取 WL2 首端 k-1 点的两相短路电流，则

$$I_{k.min} = 0.866I_{k-1}^{(3)} = 0.866 \times 800A = 693A$$

故 KA2 的电流速断保护灵敏度为

$$S_p = \frac{K_w I_{k-1}^{(2)}}{K_i I_{qb}} = \frac{1 \times 693A}{10 \times 30.8A} = 2.25 > 2$$

由此可见，其灵敏度满足要求。

六、有选择性的单相接地保护

在小接地电流的电力系统中，如果发生单相接地故障，则只有很小的接地电容电流，而相间电压不变，因此可暂时继续运行。但是这毕竟是一种故障，而且由于非故障相的对地电压要升高为原来对地电压的 $\sqrt{3}$ 倍，因此对线路绝缘是一种威胁，如果长此下去，可能引起非故障相的对地绝缘击穿而导致两相接地短路，这将引起开关跳闸，线路停电。因此，在系统发生单相接地故障时，必须通过无选择性的绝缘监视装置（参看第七章第三节）或有选择性的单相接地保护装置，发出报警信号，以便运行值班人员及时发现和处理。

（一）单相接地保护的基本原理

单相接地保护又称零序电流保护，它利用单相接地所产生的零序电流使保护装置动作，发出信号。当单相接地危及人身和设备安全时，则动作于跳闸。

单相接地保护必须通过零序电流互感器将一次电路发生单相接地时所产生的零序电流反应到它二次侧的电流继电器中去，如图 6-31 所示。

单相接地保护的原理说明如图 6-32 所示。图中所示供电系统中，母线 WB 上接有三路电缆出线 WL1、WL2、WL3，每路出线上都装有零序电流互感器。现假设电缆 WL1 的 A 相发生接地故障，这时 A 相的电位为地电位，所以 A 相不存在对地电容电流，只 B 相和 C 相有对地电容电流 I_1 和

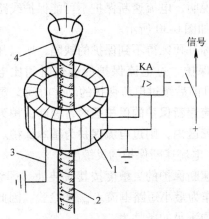

图 6-31　单相接地保护的零序电流互感器的结构和接线
1—零序电流互感器（其环形铁心上绕二次绕组，环氧树脂浇注）
2—电缆　3—接地线　4—电缆头　KA—电流继电器

I_2。电缆 WL2 和 WL3 也只有 B 相和 C 相有对地电容电流 $I_3 \sim I_6$。所有这些对地电容电流 $I_1 \sim I_6$ 都要经过接地故障点。由图可以看出，故障电缆 A 相芯线上流过所有电容电流之和，且与同一电缆的其他完好的 B 相和 C 相芯线及其金属外皮上所流过的电容电流恰好抵消，而除故障电缆外的其他电缆的所有电容电流 $I_3 \sim I_6$ 则经过电缆头接地线流入地中。接地线流过的这一不平衡电流（零序电流）就要在零序电流互感器 TAN 的铁心中产生磁通，使 TAN 的二次绕组感应出电动势，使接于二次侧的电流继电器 KA 动作，发出报警信号。而在系统

正常运行时，由于三相电流之和为零，没有不平衡电流，因此零序电流互感器铁心中没有磁通产生，其二次侧也没有电动势和电流，电流继电器自然也不会动作。

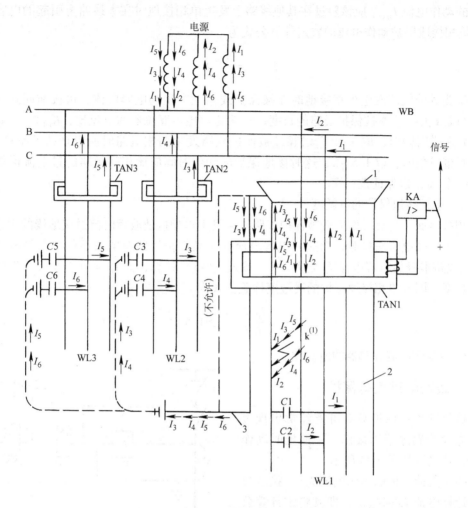

图 6-32　单相接地时接地电容电流的分布

1—电缆头　2—电缆金属外皮　3—接地线

TAN—零序电流互感器　KA—电流继电器　$I_1 \sim I_6$—通过线路对地电容 $C1 \sim C6$ 的接地电容电流

由此可见，这种单相接地保护装置能够相当灵敏地监视小接地电流系统的对地绝缘状况，而且能具体地判断发生单相接地故障的线路，因此 **GB/T 50062—2008 规定：对 3 ～ 66kV 中性点非直接接地的线路上，宜装设有选择性的接地保护，并动作于信号；当危及人身和设备安全时，动作于跳闸。**

这里必须强调指出：电缆头的接地线必须穿过零序电流互感器的铁心，否则接地保护装置不起作用。

关于架空线路的单相接地保护，可采用由三个相装设的同型号规格的电流互感器同极性并联所组成的零序电流过滤器。但一般工厂的高压架空线路不长，很少装设。

（二）单相接地保护装置动作电流的整定

由图 6-32 可以看出，当供电系统某一线路发生单相接地故障时，其他线路上都会出现不平衡的电容电流，而这些线路因本身是正常的，其接地保护装置不应该动作，因此单相接地保护的动作电流 $I_{op(E)}$ 应该躲在其他线路上发生单相接地时在本线路上引起的电容电流 I_C，即单相接地保护动作电流的整定计算公式为

$$I_{op(E)} = \frac{K_{rel}}{K_i} I_C \qquad (6-43)$$

式中，I_C 为其他线路发生单相接地时在被保护线路上产生的电容电流，可按前面式（1-3）计算，只是式中 l 应取被保护线路的长度；K_i 为零序电流互感器的电流比；K_{rel} 为可靠系数，保护装置不带时限时，取 $4 \sim 5$，以躲过被保护线路发生两相短路时所出现的不平衡电流，保护装置带时限时，取 $1.5 \sim 2$，这时接地保护的动作时间应比相间短路的过电流保护动作时间大一个 Δt，以保证选择性。

（三）单相接地保护的灵敏度

单相接地保护的灵敏度应按被保护线路末端发生单相接地故障时流过接地线的不平衡电流作为最小故障电流来检验，而这一电容电流为与被保护线路有电联系的总电网电容电流 $I_{C.\Sigma}$ 与该线路本身的电容电流 I_C 之差。$I_{C.\Sigma}$ 按式（1-3）计算，而 $I_C = 0.1 U_N l$，l 为被保护电缆的长度。因此单相接地保护的灵敏度检验公式为

$$S_p = \frac{I_{C.\Sigma} - I_C}{K_i I_{op(E)}} \geqslant 1.5 \qquad (6-44)$$

式中，K_i 为零序电流互感器的电流比。

七、线路的过负荷保护

线路的过负荷保护只对可能经常出现过负荷的电缆线路才予以装设，一般延时动作于信号，其接线如图 6-33 所示。

线路过负荷保护的动作电流 $I_{op(OL)}$ 按躲过线路的计算电流 I_{30} 来整定，即其整定计算公式为

$$I_{op(OL)} = \frac{1.2 \sim 1.3}{K_i} I_{30} \qquad (6-45)$$

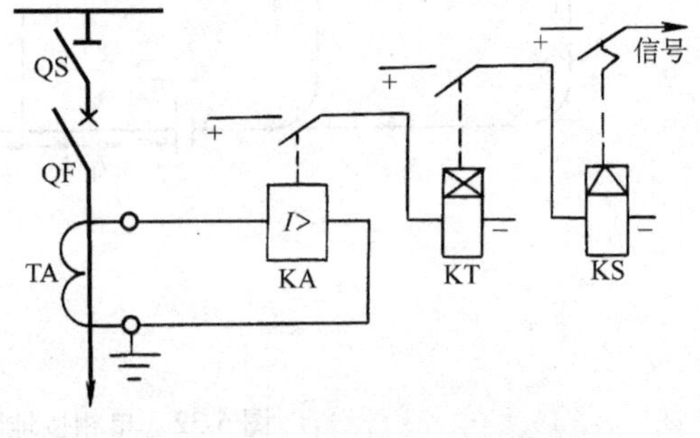

图 6-33　线路过负荷保护电路
TA—电流互感器　KA—电流继电器
KT—时间继电器　KS—信号继电器

式中，K_i 为电流互感器的电流比。

线路过负荷保护的动作时间一般取 $10 \sim 15s$。

◆◆◆　第六节　电力变压器的继电保护　◆◆◆

一、概述

GB/T 50062—2008 规定：对电压为 $3 \sim 110kV$、容量为 63MVA 及以下的电力变压器的下列故障及异常运行方式，应装设相应的保护装置：①绕组及其引出线的相间短路和

在中性点直接接地或经小电阻接地侧的单相接地短路；②绕组的匝间短路；③外部相间短路引起的过电流；④中性点直接接地或经小电阻接地系统中外部接地短路引起的过电流及中性点过电压；⑤过负荷；⑥油面降低；⑦变压器油温过高或油箱压力过高、产生瓦斯或冷却系统故障。

对于高压侧为 6~10kV 的车间变电所主变压器来说，通常装设带时限的过电流保护；如果过电流保护动作时间大于 0.5~0.7s，则还应装设电流速断保护。容量在 800kVA 及以上的油浸式变压器和 400kVA 及以上的车间内油浸式变压器，按规定还应装设瓦斯保护（gas protection，又称气体继电保护）。容量在 400kVA 及以上的变压器，当数台并列运行或者单台运行并作为其他负荷的备用电源时，应根据可能过负荷的情况装设过负荷保护。过负荷保护和瓦斯保护在轻微故障时（通常称为"轻瓦斯"故障），只动作于信号；而其他保护包括瓦斯保护在严重故障时（通常称为"重瓦斯"故障），应动作于变压器各侧断路器的跳闸。

对于高压侧为 35kV 及以上的工厂总降压变电所主变压器来说，应装设过电流保护、电流速断保护和瓦斯保护；在有可能过负荷时还应装设过负荷保护。如果单台运行的变压器容量在 10MVA 及以上或者并列运行的变压器每台变压器容量在 6.3MVA 及以上时，则应装设纵联差动保护来取代电流速断保护。

二、变压器的过电流保护、电流速断保护和过负荷保护

（一）变压器的过电流保护

无论采用过电流继电器还是过电流脱扣器，也无论是定时限还是反时限，变压器过电流保护的组成、原理与前面讲述的电力线路过电流保护的组成、原理完全相同。

变压器过电流保护动作电流的整定也与电力线路过电流保护的整定基本相同，只是式（6-30）和式（6-31）中的 $I_{L.max}$ 应取为 $(1.5~3)I_{1N.T}$，$I_{1N.T}$ 为变压器的额定一次电流。

变压器过电流保护动作时间的整定也与电力线路过电流保护的整定相同，也按"阶梯原则"整定。但对电力系统的终端变电所如车间变电所的变压器来说，其动作时间可整定为最小值（0.5s）。

变压器过电流保护的灵敏度，按变压器二次侧母线在系统最小运行方式下发生两相短路时换算到一次侧的短路电流值 $I'_{k.min}$ 来检验，要求灵敏系数 $S_p \geq 1.5$。如果 S_p 达不到要求，则同样可采用低电压闭锁的过电流保护。

（二）变压器的电流速断保护

变压器电流速断保护的组成、原理，也与前面讲述的电力线路的电流速断保护相同。

变压器电流速断保护的动作电流（速断电流）I_{qb} 的整定计算公式，也与电力线路电流速断保护的基本相同，只是式（6-41）中的 $I_{k.max}$ 应改为变压器二次侧母线的三相短路电流周期分量有效值换算到一次侧的短路电流值，即变压器电流速断保护的速断电流应按躲过其二次侧母线三相短路电流来整定。

变压器电流速断保护的灵敏度，按保护装置安装处在系统最小运行方式下发生两相短路时的短路电流 $I_k^{(2)}$ 来检验，要求 $S_p \geq 1.5~2$。

变压器的电流速断保护，与电力线路的电流速断保护一样，也有"死区"。弥补死区的措施，也是配备带时限的过电流保护。

考虑到变压器在空载投入或突然恢复电压时将出现一个冲击性的励磁涌流，为避免电流速断保护误动作，可在速断电流 I_{qb} 整定后，将变压器空载试投若干次，以检验变压器的电流速断保护是否误动作。

（三）变压器的过负荷保护

变压器过负荷保护的组成、原理，也与电力线路的过负荷保护完全相同。

变压器过负荷保护动作电流 $I_{op(OL)}$ 的整定计算公式也与电力线路过负荷保护基本相同，只是式（6-45）中的 I_{30} 应改为变压器的额定一次电流 $I_{1N.T}$。

变压器过负荷保护的动作时间一般也取 $10 \sim 15s$。

图 6-34 为变压器定时限过电流保护、电流速断保护和过负荷保护的综合电路图。

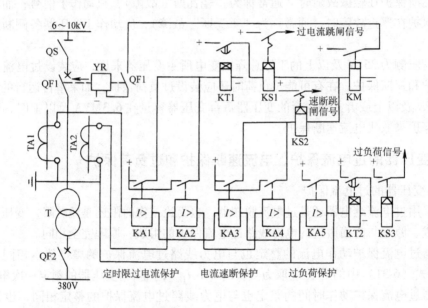

图 6-34　变压器定时限过电流保护、电流速断保护和过负荷保护综合电路图

例 6-6　某车间变电所装有一台 10/0.4kV、1000kVA 的变压器。已知变压器低压侧母线的三相短路电流 $I_k^{(3)} = 16kA$，高压侧继电保护用电流互感器电流比为 100/5A，继电器采用 GL-15/10 型，接成两相两继电器式。试整定该继电器的动作电流、动作时限和速断电流倍数。

解：（1）过电流保护动作电流的整定

取 $K_{rel} = 1.3$，$K_w = 1$，$K_{re} = 0.8$，$K_i = 100/5 = 20$，而

$$I_{L.max} = 2I_{1N.T} = 2 \times \frac{1000kVA}{\sqrt{3} \times 10kV} = 115.5A$$

故其动作电流为

$$I_{op} = \frac{1.3 \times 1}{0.8 \times 20} \times 115.5A = 9.4A$$

因此动作电流可整定为 9A。

（2）过电流保护动作时限的整定

考虑到车间变电所为终端变电所，因此其过电流保护的 10 倍动作电流的动作时间整定为 0.5s。

（3）电流速断保护速断电流倍数的整定

取 $K_{rel} = 1.5$，而 $I_{k.max} = 16\text{kA} \times 0.4\text{kV}/10\text{kV} = 0.64\text{kA} = 640\text{A}$，故其速断电流为

$$I_{qb} = \frac{1.5 \times 1}{20} \times 640\text{A} = 48\text{A}$$

因此速断电流倍数整定为

$$n_{qb} = \frac{48\text{A}}{9\text{A}} = 5.3$$

三、变压器低压侧的单相短路保护

（一）变压器低压侧装设三相均带过电流脱扣器的低压断路器保护

这种低压断路器既作为低压侧的主开关，操作方便，且便于自动投入，供电可靠性高，又可用来保护变压器低压侧的相间短路和单相短路。这种保护方式在工厂和车间变电所中应用最为普遍。

（二）变压器低压侧三相均装设熔断器保护

变压器低压侧三相均装设熔断器，既可保护变压器低压侧的相间短路，又保护其单相短路，简单经济。但熔断器熔断后，更换熔体需一定时间，从而影响连续供电，所以采用熔断器保护只适用于供不重要负荷的小容量变压器。

（三）在变压器低压侧中性点引出线上装设零序电流保护

在变压器低压侧中性点的引出线上装设零序电流保护的电路如图 6-35 所示。其动作电流 $I_{op(0)}$ 按躲过变压器低压侧最大不平衡电流来整定，其整定计算公式为

$$I_{op(0)} = \frac{K_{rel}K_{dsq}}{K_i}I_{2N.T} \qquad (6-46)$$

式中，$I_{2N.T}$ 为变压器的额定二次电流；K_{dsq} 为不平衡系数（disequilibrium coefficient），一般取为 0.25；K_i 为零序电流互感器的电流比；K_{rel} 为可靠系数，可取 1.3。

零序电流保护的动作时间一般取 0.5~0.7s。

零序电流保护的灵敏度按低压干线末端发生单相短路来检验。对架空线，$S_p \geq 1.5$；对电缆线，$S_p \geq 1.25$。采用这种零序电流保护，灵敏度较高，但投资较前两种方式多，故一般工厂供电系统中较少采用。

（四）采用两相三继电器式接线或三相三继电器式接线的过电流保护

适于兼作变压器低压侧单相短路保护的两种过电流保护接线方式，如图 6-36a、b 所示。这两种接线既能实现相间短路保护，又能实现低压侧的单相短路保护，且保护灵敏度较高。

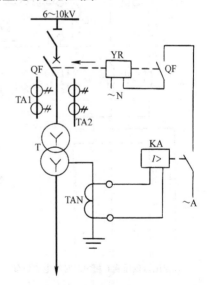

图 6-35　变压器的零序电流保护
QF—高压断路器　TAN—零序电流互感器
KA—电流继电器（GL 型）　YR—跳闸线圈

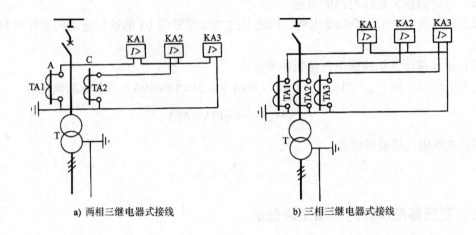

a) 两相三继电器式接线   b) 三相三继电器式接线

图6-36 适于兼作变压器低压侧单相短路保护的两种过电流保护接线方式

这里必须指出：通常作为变压器过电流保护的两相两继电器式接线和两相一继电器式接线，均不宜作为低压侧的单相短路保护。下面对此作一简单分析。

1. 采用两相两继电器式过电流保护的变压器在低压侧单相短路时的电流分布（图6-37）

假设未接电流互感器的 B 相所对应的低压侧 b 相发生单相短路，如图 6-37a 所示，低压侧 b 相的单相短路电流 $\dot{I}_k^{(1)} = \dot{I}_b$，按"对称分量法"可分解为正序 $\dot{I}_{b1} = \dot{I}_b / 3$、负序 $\dot{I}_{b2} = \dot{I}_b / 3$

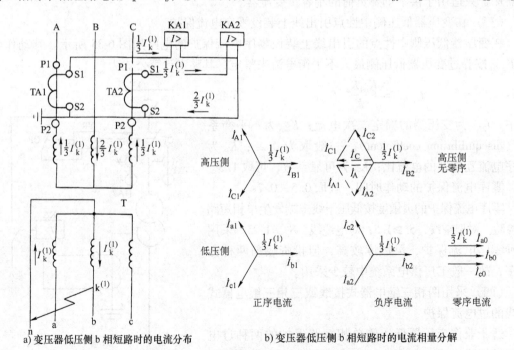

a) 变压器低压侧 b 相短路时的电流分布   b) 变压器低压侧 b 相短路时的电流相量分解

图6-37 采用两相两继电器式过电流保护的变压器（Yyn0 联结）在低压侧单相短路
时的电流分布和相量图
（假设变压器和互感器的匝数比均为1）

和零序 $\dot{I}_{b0} = \dot{I}_b/3$。由此可绘出变压器低压侧各相电流的正序、负序和零序分量相量图，如图6-37b所示。低压侧的正序电流和负序电流通过三相三芯柱变压器都要感应到高压侧去；但是低压侧的零序电流 $\dot{I}_{a0}$、$\dot{I}_{b0}$、$\dot{I}_{c0}$ 都是同相的，它们产生的零序磁通在三相三芯柱变压器铁心内不可能闭合，因而不可能与高压绕组相交链，高压绕组也就不可能感生出零序电流分量。所以变压器高压侧各相电流只有正序分量和负序分量的叠加。

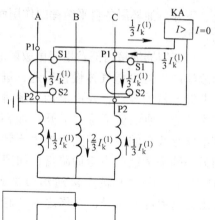

由上述分析可知，当低压侧 b 相发生单相短路时，在变压器高压侧两相两继电器式接线的继电器中，只能反应 1/3 的单相短路电流，灵敏度很低，因此这种接线不适于作低压侧的单相短路保护。

2. 采用两相一继电器式过电流保护的变压器在低压侧单相短路时的电流分布（图6-38）

当未装电流互感器的 B 相所对应的低压侧 b 相发生单相短路时，高压侧的电流继电器中根本无电流通过，因此这种接线根本不能作低压侧的单相短路保护。

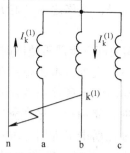

图6-38　采用两相一继电器式过电流保护的变压器（Yyn0 联结）在低压侧单相短路时的电流分布

四、变压器的瓦斯保护

瓦斯保护（gas protection）又称气体继电保护，是保护油浸式电力变压器内部故障的一种基本的相当灵敏的保护装置。按 GB/T 50062—2008 规定，800kVA 及以上的油浸式变压器和400kVA 及以上的车间内油浸式变压器，均应装设瓦斯保护。

瓦斯保护的主要元件是瓦斯继电器（gas relay，又称气体继电器，文字符号 KG），它装设在油浸式变压器的油箱与储油柜之间的联通管中部，如图6-39所示。为了使油箱内部产生的气体能够顺畅地通过瓦斯继电器排往储油柜，变压器安装应取 1% ~1.5% 的倾斜度；而变压器在制造时，联通管对油箱顶盖也有 2% ~4% 的倾斜度。

（一）瓦斯继电器的结构和工作原理

瓦斯继电器主要有浮筒式和开口杯式两种类型，现在广泛应用的是开口杯式。FJ_1-80 型开口杯式瓦斯继电器的结构示意图如图6-40所示。开口杯式与浮筒式相比，其抗振性较好，误动作的可能性大大减少，可靠性大大提高。

在变压器正常运行时，瓦斯继电器的容器内包括其中的上、下开口油杯，都是充满油的；而

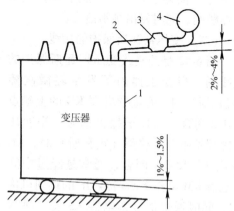

图6-39　瓦斯继电器在油浸式变压器上的安装

1—变压器油箱　2—联通管

3—瓦斯继电器　4—储油柜

上、下开口油杯因各自平衡锤的作用而升起，如图6-41a所示。此时上下两对触点都是断开的。

当变压器油箱内部发生轻微故障时，由故障产生的少量气体慢慢升起，进入瓦斯继电器的容器，并由上而下地排除其中的油，使油面下降，上开口油杯因其中盛有残余的油而使其力矩大于转轴的另一端平衡锤的力矩而降落，如图6-41b所示。这时上触点接通信号回路，发出音响和灯光信号，这称之为"轻瓦斯动作"。

当变压器油箱内部发生严重故障时，如相间短路、铁心起火等，由故障产生的气体很多，带动油流迅猛地由变压器油箱通过联通管进入储油柜。这大量的油气混合体在经过瓦斯继电器时，冲击挡板，使下开口油杯下降，如图6-41c所示。这时下触点接通跳闸回路（通过中间继电器），使断路器跳闸，同时发出音响和灯光信号（通过信号继电器），这称之为"重瓦斯动作"。

如果变压器油箱漏油，使得瓦斯继电器容器内的油也慢慢流尽，如图6-41d所示。先是瓦斯继电器的上开口油杯下降，上触点接通，发出报警信号；接着其下开口油杯下降，下触点接通，使断路器跳闸，同时发出跳闸信号。

（二）变压器瓦斯保护的接线

图6-42是油浸式变压器瓦斯保护的接线图。当变压器内部发生轻微故障（轻瓦斯）时，瓦斯继电器KG的上触点KG1-2闭合，动作于报警信号。当变压器内部发生严重故障（重瓦斯）时，KG的下触点KG3-4闭合，通常是经过中间继电器KM动作于断路器QF的跳闸机构YR，同时通过信号继电器KS发出跳闸信号。但KG3-4闭合，也可以利用切换片XB切换，使KS的线圈串接限流电阻R，动作于报警信号。

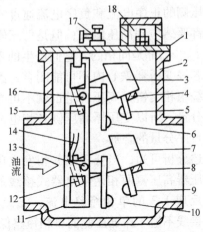

图6-40　FJ$_1$-80型瓦斯继电器的结构示意图

1—盖板　2—容器　3—上开口油杯　4—永久磁铁
5—上动触点　6—上静触点　7—下开口油杯
8—永久磁铁　9—下动触点　10—下静触点
11—支架　12—下开口油杯平衡锤　13—下开口油杯转轴
14—挡板　15—上开口油杯平衡锤　16—上开口油杯转轴
17—放气阀　18—接线盒（内接线端子）

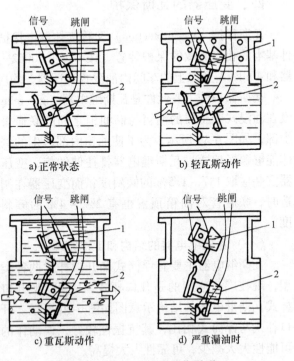

a) 正常状态　　　　b) 轻瓦斯动作

c) 重瓦斯动作　　　　d) 严重漏油时

图6-41　瓦斯继电器动作说明
1—上开口油杯　2—下开口油杯

由于瓦斯继电器下触点 KG3-4 在重瓦斯时可能有"抖动"（接触不稳定）的情况，因此为了使跳闸回路稳定地接通，断路器能足够可靠地跳闸，这里利用中间继电器 KM 的上触点 KM1-2 作"自保持"触点。只要 KG3-4 因重瓦斯动作一闭合，就使 KM 动作，并借其上触点 KM1-2 的闭合而自保持动作状态，同时其下触点 KM3-4 也闭合，使断路器 QF 跳闸。断路器跳闸后，其辅助触头 QF1-2 断开跳闸回路，以减轻中间继电器的工作，而其另一对辅助触头 QF3-4 则切断中间继电器 KM 的自保持回路，使中间继电器返回。

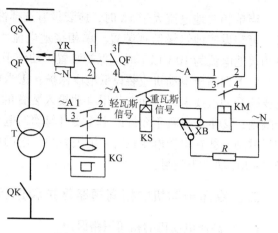

图 6-42　变压器瓦斯保护的接线

T—电力变压器　KG—瓦斯继电器　KS—信号继电器

KM—中间继电器　QF—断路器

YR—跳闸线圈　XB—切换片

（三）变压器瓦斯保护动作后的故障分析

变压器瓦斯保护动作后，可由蓄积在瓦斯继电器内的气体性质来分析和判断故障的原因及处理要求，如表 6-3 所示。

表 6-3　瓦斯继电器动作后的气体分析和处理要求

气体性质	故障原因	处理要求
无色，无臭，不可燃	变压器内含有空气	允许继续运行
灰白色，有剧臭，可燃	纸质绝缘烧毁	应立即停电检修
黄色，难燃	木质绝缘烧毁	应停电检修
深灰色或黑色，易燃	油内闪络，油质炭化	应分析油样，必要时停电检修

◆◆◆　第七节　高压电动机的继电保护　◆◆◆

一、概述

按 GB/T 50062—2008 规定，对电压为 3kV 及以上的异步电动机和同步电动机的下列故障及异常运行方式，应装设相应的保护装置：①定子绕组相间短路；②定子绕组单相接地；③定子绕组过负荷；④定子绕组低电压；⑤同步电动机失步；⑥同步电动机失磁；⑦同步电动机出现非同步冲击电流；⑧相电流不平衡及断相。

对 2MW 以下的高压电动机绕组及引出线的相间短路，宜采用电流速断保护，保护装置宜采用两相式。对 2MW 及以上的高压电动机，或电流速断保护灵敏度不符合要求的 2MW 以下的高压电动机，应装设纵联差动保护。所有保护装置应动作于跳闸。

对生产过程中易发生过负荷的电动机，应装设过负荷保护。保护装置应根据负荷特性，带时限动作于信号或跳闸。

当单相接地电流大于5A时，应装设有选择性的单相接地保护；当单相接地电流小于5A时，可装设接地绝缘监视装置。单相接地电流为10A及以上时，保护装置应动作于跳闸；单相接地电流为10A以下时，保护装置可动作于信号。

对下列高压电动机应装设低电压保护：①当电源电压短时降低或短时中断后又恢复时，需要断开的次要电动机和有备用自动投入装置的电动机，一般要求低电压保护经0.5s动作于跳闸；②生产过程不允许或不需要自起动的电动机，一般要求低电压保护经0.5~1.5s动作于跳闸；③在电源电压长时间消失后须从电网中自动断开的电动机，一般要求低电压保护经5~20s动作于跳闸。

二、高压电动机的相间短路保护和过负荷保护

（一）高压电动机的相间短路保护

1. 采用电流速断保护的接线及其动作电流的整定计算

一般采用两相一继电器式接线（见图6-19）。如果要求保护灵敏度较高，则可采用两相两继电器式接线（见图6-18）。继电器采用GL-15、25型时，可利用该继电器的电磁元件来实现电流速断保护。

电流速断保护的动作电流（速断电流）I_{qb}应躲过电动机的最大起动电流$I_{st.\,max}$，整定计算的公式为

$$I_{qb} = \frac{K_{rel}K_w}{K_i}I_{st.\,max} \qquad (6-47)$$

式中，K_{rel}为保护装置的可靠系数，采用DL型电流继电器时取1.4~1.6，采用GL型电流继电器时取1.6~2。

2. 采用纵联差动保护的接线及其动作电流的整定计算

在3~10kV系统中，电动机差动保护可采用两相两继电器式接线，如图6-43所示。继电器可采用DL-11型电流继电器，也可采用专门的差动继电器。

差动保护的动作电流$I_{op(d)}$应按躲过电动机额定电流$I_{N.M}$来整定，整定计算的公式为

$$I_{op(d)} = \frac{K_{rel}}{K_i}I_{N.M} \qquad (6-48)$$

式中，K_{rel}为保护装置的可靠系数，对DL型继电器，取1.5~2。

（二）高压电动机的过负荷保护

作为过负荷保护，可采用一相一继电器式接线（见图6-33）。但是如果电动机装有电流速断保护，则可利用作为电流速断保护的GL型继电器的感应元件来实现过负荷保护。

过负荷保护的动作电流$I_{op(OL)}$按躲过电动机的额定电流$I_{N.M}$来整定，整定

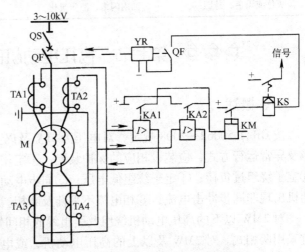

图6-43　高压电动机纵联差动保护的接线

KA—DL型电流继电器　KM—DZ型中间继电器

KS—DX型信号继电器

计算的公式为

$$I_{op(OL)} = \frac{K_{rel}K_w}{K_{re}K_i}I_{N.M}$$ (6-49)

式中，K_{rel} 为保护装置的可靠系数，对 DL 型继电器取 1.2，对 GL 型继电器取 1.3；K_{re} 为继电器的返回系数，一般取 0.8。

过负荷保护的动作时间应大于电动机起动所需的时间，一般取为 10～16s。对于起动困难的电动机，可按躲过实测的起动时间来整定。

三、高压电动机的单相接地保护

按 GB/T 50062—2008 规定，高压电动机的单相接地电流大于 5A 时，应装设单相接地保护，其接线如图 6-44 所示。

单相接地保护的动作电流 $I_{op(E)}$ 应躲过保护区外（即 TAN 前）发生单相接地故障时流过 TAN 的电动机本身及其配电电缆的电容电流 $I_{C.M}$ 来整定，即整定计算公式为

$$I_{op(E)} = \frac{K_{rel}}{K_i}I_{C.M}$$ (6-50)

式中，K_{rel} 为保护装置的可靠系数，取 4～5；K_i 为 TAN 的电流比。

单相接地保护的动作电流亦可近似地按保护的灵敏系数 S_p（一般取 1.5）来整定，即

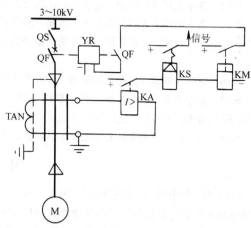

图 6-44 高压电动机的单相接地保护
KA—电流继电器 KS—信号继电器
KM—中间继电器 TAN—零序电流互感器

$$I_{op(E)} = \frac{I_C - I_{C.M}}{K_i S_p}$$ (6-51)

式中，I_C 为与高压电动机定子绕组有电联系的整个电网的单相接地电容电流，按式（1-3）计算；$I_{C.M}$ 为被保护电动机及其配电电缆的电容电流，一般可略去不计。

复习思考题

6-1 供电系统中有哪些常用的过电流保护装置？对保护装置有哪些基本要求？

6-2 如何选择线路熔断器的熔体？为什么熔断器保护要考虑与被保护的线路导线相配合？

6-3 选择熔断器时应考虑哪些条件？在校验断流能力时，限流熔断器与非限流熔断器各应满足什么条件？跌开式熔断器又应满足哪些条件？

6-4 低压断路器的瞬时、短延时和长延时过电流脱扣器的动作电流各如何整定？其热脱扣器的动作电流又如何整定？

6-5 低压断路器如何选择？在校验断流能力时，万能式和塑料外壳式断路器各应满足什么条件？

6-6 电磁式电流继电器、时间继电器、信号继电器和中间继电器在继电保护装置中各起什么作用？它们的图形符号和文字符号各是什么？感应式电流继电器又有哪些功能？其图形符号和文字符号又是什么？

6-7 什么叫过电流继电器的动作电流、返回电流和返回系数？如果过电流继电器返回系数过低，会出现什么问题？

6-8 两相两继电器式接线和两相一继电器式接线作为相间短路保护，各有哪些优缺点？

6-9 定时限过电流保护中，如何整定和调节其动作电流和动作时限？在反时限电流保护中，又如何整定和调节其动作电流和动作时限？什么叫 10 倍动作电流的动作时限？

6-10 在采用去分流跳闸的反时限过电流保护电路中，如果继电器的常闭触点先断开、常开触点后闭合会出现什么问题？实际采用的是什么触点？

6-11 采用低电压闭锁为什么能提高过电流保护的灵敏度？

6-12 电流速断保护的动作电流（速断电流）为什么要按躲过被保护线路末端的最大短路电流来整定？这样整定又会出现什么问题？如何弥补？

6-13 在单相接地保护中，电缆头的接地线为什么一定要穿过零序电流互感器的铁心后接地？

6-14 电力线路和变压器各在什么情况下需要装设过负荷保护？其动作电流和动作时限各如何整定？

6-15 变压器的过电流保护和电流速断保护的动作电流各如何整定？其过电流保护的动作时限又如何整定？

6-16 对变压器低压侧的单相短路，可有哪几种保护措施？最常用的单相短路保护措施是哪一种？

6-17 油浸式变压器的瓦斯保护在哪些情况下应予装设？什么情况下"轻瓦斯"动作？什么情况下"重瓦斯"动作？各动作什么部位？

6-18 高压电动机的电流速断保护和纵联差动保护各适用于什么情况？它们的动作电流各如何整定？

习　　题

6-1 有一台电动机，额定电压为 380V，额定电流为 22A，起动电流为 140A，该电动机端子处的三相短路电流为 16kA。试选择保护该电动机的 RT0 型熔断器及其熔体额定电流，并选择该电动机的配电线（BLV-500 型）的导线截面及穿线的塑料管内径（环境温度为 +30℃）。

6-2 有一条 380V 线路，其 $I_{30}=280A$，$I_{pk}=600A$，线路首端的 $I_k^{(3)}=7.8kA$，末端的 $I_k^{(3)}=2.5kA$。试选择线路首端装设的 DW16 型低压断路器，并选择和整定其瞬时动作的电磁脱扣器，检验其灵敏度。

6-3 某 10kV 线路采用两相两继电器式接线的去分流跳闸的反时限过电流保护装置，电流互感器的电流比为 200/5A，线路的最大负荷电流（含尖峰电流）为 180A，线路首端的三相短路电流有效值为 2.8kA，末端的三相短路电流有效值为 1kA。试整定该线路采用的 GL-15/10 型电流继电器的动作电流和速断电流倍数，并检验其保护灵敏度。

6-4 现有前后两级反时限过电流保护，都采用 GL-15 型过电流继电器，前一级按两相两继电器式接线，后一级按两相电流差接线。现后一级的 10 倍动作电流的动作时限已经整定为 0.5s，动作电流整定为 9A，而前一级继电器的动作电流已经整定为 5A。已知前一级电流互感器的电流比为 100/5A，后一级电流互感器的电流比为 75/5A。后一级线路首端的 $I_k^{(3)}=400A$。试整定前一级继电器的 10 倍动作电流的动作时限（取 $\Delta t=0.7s$）。

6-5 某工厂 10kV 高压配电所有一条高压配电线供电给一车间变电所。该高压配电线路首端拟装设由 GL-15 型电流继电器组成的反时限过电流保护，采用两相两继电器式接线，电流互感器的电流比为160/5A。高压配电所的电源进线上装设的定时限过电流保护的动作时限整定为 1.5s。高压配电所母线的三相短路电流 $I_{k-1}^{(3)}=2.86kA$，车间变电所的 380V 母线的三相短路电流 $I_{k-2}^{(3)}=22.3kA$，该车间变电所装有一台主变压器为 S9-1000 型。试整定供电给该车间变电所的高压配电线首端装设的 GL-15 型电流继电器的动作电流和动作时限以及电流速断保护的速断电流倍数，并检验其灵敏度。（建议变压器的 $I_{L\,max}=2I_{1N.T}$）

第七章 工厂供电系统的二次回路和自动装置

本章首先讲述工厂供电系统二次回路的概念，然后介绍二次回路的操作电源，接着分别讲述高压断路器的控制和信号回路、电测量仪表与绝缘监视装置、自动重合闸与备用电源自动投入装置以及供电系统远动化基本知识，最后讲述二次回路的安装接线和接线图。本章和上一章内容都是为保证供电一次系统安全可靠运行的基本技术知识。

◇◇◇◇ 第一节　二次回路及其操作电源 ◇◇◇◇

一、概述

工厂供电系统或变配电所的二次回路（即二次电路）是指用来控制、指示、监测和保护一次电路运行的电路，亦称二次系统，包括控制系统、信号系统、监测系统及继电保护和自动化系统等。

二次回路按其电源性质分，有直流回路和交流回路。交流回路又分交流电流回路和交流电压回路。交流电流回路由电流互感器供电，交流电压回路由电压互感器供电。

二次回路按其用途分，有断路器控制（操作）回路、信号回路、测量和监视回路、继电保护和自动装置回路等。

二次回路在供电系统中虽然是其一次电路的辅助系统，但是它对一次电路的安全、可靠、优质、经济运行有着十分重要的作用，因此必须予以充分的重视。

二次回路的操作电源，是供高压断路器分、合闸回路和继电保护装置、信号回路、监测系统及其他二次回路所需的电源。因此对操作电源的可靠性要求很高，容量要求足够大，且要求尽可能不受供电系统运行的影响。

二次回路的操作电源分直流和交流两大类。直流操作电源有由蓄电池组供电的电源和由整流装置供电的电源两种。交流操作电源有由所（站）用变压器供电的和通过电流、电压互感器供电的两种。

二、直流操作电源

（一）由蓄电池组供电的直流操作电源

蓄电池主要有铅酸蓄电池和镉镍碱性蓄电池两种。以前这两种蓄电池都应用比较普遍。但自从20世纪90年代出现免维护铅酸蓄电池后，传统的铅酸蓄电池和镉镍碱性蓄电池就很少使用了。这里主要介绍新型的免维护铅酸蓄电池。

铅酸蓄电池由二氧化铅（PbO_2）的正极板、铅（Pb）的负极板及稀硫酸（H_2SO_4）电解液构成。

铅酸蓄电池在放电和充电时的化学反应式为

$$PbO_2 + Pb + 2H_2SO_4 \underset{充电}{\overset{放电}{\rightleftharpoons}} 2PbSO_4 + 2H_2O$$

铅酸蓄电池的额定端电压（单个）为2V。但是蓄电池充电终了时，其端电压可达2.7V；而放电后，其端电压可下降到1.95V。为获得220V的操作电压，计及线路的电压降，应按230V考虑蓄电池的个数，因此所需蓄电池的个数为 $n = 230 \div 1.95 \approx 118$ 个。考虑到充电终了时端电压的升高，因此长期接入操作电源母线的蓄电池个数为 $n_1 = 230 \div 2.7 \approx 88$ 个，而其他 $n_2 = n - n_1 = 118 - 88 = 30$ 个蓄电池则用于调节电压，均接于专门的调节开关上。

采用铅酸蓄电池组作操作电源，不受供电系统运行情况的影响，工作可靠。但是传统的铅酸蓄电池的外壳是开放式的，它在充电过程中要排出大量的氢和氧的混合气体（由于水被电解而产生的），可有爆炸危险，而且随着气体带出的硫酸蒸气有强腐蚀性，对人身健康和设备安全都有很大的危害。因此，传统的铅酸蓄电池组一般要求单独装设在一房间内，而且要考虑防腐防爆，从而投资较大，现在一般工厂供电系统中已不采用了。

传统的铅酸蓄电池之所以在充电过程中要排出氢和氧的混合气体，主要是由于其极板的栅架是采用铅锑合金制造，其中锑会污染负极板上的海绵状纯铅，减弱其充电后蓄电池的反电动势，造成电解液中水（H_2O）的过度分解，而且由于其外壳是开放式的，从而有大量的氢、氧排出，并带出硫酸蒸气，使电解液较快减少。而现在取而代之的免维护铅酸蓄电池，其极板的栅架采用铅钙合金制造，充电时产生的水分解量少，加上其外壳采用密封结构，释放出来的硫酸蒸气也极少。因此，免维护蓄电池与传统的蓄电池相比，具有不要添加电解液、对接线及触头的腐蚀小、充电后储电时间长、安全可靠、不污染环境等优点。

（二）由整流装置供电的直流操作电源

这里主要介绍硅整流电容储能式直流电源和复式整流的直流操作电源。关于近年兴起的高频开关电源直流系统，限于篇幅，从略。

1. 硅整流电容储能式直流电源

如果单独采用硅整流器来作直流操作电源，则当交流供电系统电压降低或电压消失时，将严重影响直流系统的正常工作，因此宜采用有电容储能的硅整流电源。在供电系统正常运行时，通过硅整流器供给直流操作电源；同时通过电容器储能，在交流供电系统电压降低或电压消失时，由储能电容器对继电器和跳闸回路放电，使其正常动作。

图7-1是一种硅整流电容储能式直流操作电源系统的接线图。

为了保证直流操作电源的可靠性，采用两个交流电源和两台硅整流器。硅整流器 U1 主要用作断路器合闸电源，并向控制、信号和保护回路供电。硅整流器 U2 的容量较小，仅向控制、信号和保护回路供电。

逆止元件 VD1 和 VD2 的主要功能：一是当直流电源电压因交流供电系统电压降低而降低时，使储能电容 $C1$、$C2$ 所储能量仅用于补偿自身所在的保护回路，而不向其他元件放电；二是限制 $C1$、$C2$ 向各断路器控制回路中的信号灯和重合闸继电器等放电，以保证其所供电的继电保护和跳闸线圈可靠动作。逆止元件 VD3 和限流电阻 R 接在两组直流母线之间，使直流合闸母线只向控制小母线 WC 供电，防止断路器合闸时硅整流器 U2 向合闸母线供电。

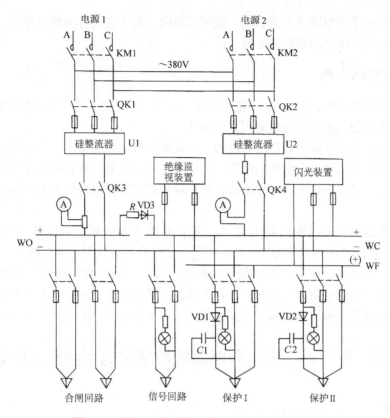

图 7-1　硅整流电容储能式直流操作电源系统接线

C1、C2—储能电容器　WC—控制小母线　WF—闪光信号小母线　WO —合闸小母线

限流电阻 R 用来限制控制回路短路时通过 VD3 的电流，以免 VD3 烧毁。

储能电容器 C1 用于对高压线路的继电保护和跳闸回路供电，而储能电容器 C2 用于对其他元件的继电保护和跳闸回路供电。储能电容器多采用容量大的电解电容器，其容量应能保证继电保护和跳闸回路可靠地动作。

2. 复式整流的直流操作电源

复式整流器是指提供直流操作电压的整流器电源有两个：

（1）电压源　由所用变压器或电压互感器供电，经铁磁谐振稳压器（当稳压要求较高时装设）和硅整流器供电给控制、保护等二次回路。

（2）电流源　由电流互感器供电，同样经铁磁谐振稳压器（也是稳压要求较高时装设）和硅整流器供电给控制、保护等二次回路。

图 7-2 是复式整流装置的接线示意图。

由于复式整流装置有电压源和电流源，因此能保证

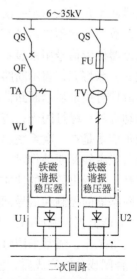

图 7-2　复式整流装置的接线示意图

TA—电流互感器　TV—电压互感器

U1、U2—硅整流器

供电系统在正常和事故情况下直流系统均能可靠供电。与上述电容储能式相比，复式整流装置的输出功率更大，电压的稳定性更好。

三、交流操作电源

对采用交流操作的断路器，应采用交流操作电源。相应地，所有保护继电器、控制设备、信号装置及其他二次元件均应采用交流型式。

交流操作电源可分电流源和电压源两种。电流源取自电流互感器，主要供电给继电保护和跳闸回路。电压源取自变配电所的所用变压器或电压互感器，通常所用变压器作为正常工作电源，而电压互感器容量小，一般只作为保护油浸式变压器内部故障的瓦斯保护的交流操作电源。

根据高压断路器跳闸线圈的供电方式，交流操作又可分直接动作式（见图 6-21）和"去分流跳闸"式（见图 6-22 和图 6-24），因前面已经介绍，这里不再赘述。

采用交流操作电源，可使二次回路大大简化，投资大大减少，而且工作可靠，维护方便，但是它不适于比较复杂的继电保护、自动装置及其他二次回路。交流操作电源广泛用于中小型工厂变配电所中采用手动操作或弹簧储能操作及继电保护采用交流操作的场合。

◆◆◆ 第二节 高压断路器的控制和信号回路 ◆◆◆

一、概述

高压断路器的控制回路，是指控制（操作）高压断路器分、合闸的回路。它取决于断路器操作机构的型式和操作电源的类别。电磁操作机构只能采用直流操作电源，弹簧操作机构和手动操作机构可交直流两用，不过一般采用交流操作电源。

信号回路是用来指示一次系统设备运行状态的二次回路。信号按用途分，有断路器位置信号、事故信号和预告信号等。

断路器位置信号用来显示断路器正常工作的位置状态。一般是红灯亮，表示断路器处在合闸位置；绿灯亮，表示断路器处在分闸位置。

事故信号用来显示断路器在一次系统事故情况下的工作状态。一般是红灯闪光，表示断路器自动合闸；绿灯闪光，表示断路器自动跳闸。此外，还有事故音响信号和光字牌等。

预告信号是在一次系统出现不正常工作状态时或在故障初期发出的报警信号。例如变压器过负荷或者轻瓦斯动作时，就发出区别于上述事故音响信号的另一种预告音响信号，同时光字牌亮，指示出故障的性质和地点，值班员可根据预告信号及时处理。

对断路器的控制和信号回路有下列主要要求：

1）应能监视控制回路的保护装置（如熔断器）及其分、合闸回路的完好性，以保证断路器的正常工作，通常采用灯光监视的方式。

2）合闸或分闸完成后，应能使命令脉冲解除，即能切断合闸或分闸的电源。

3）应能指示断路器正常合闸和分闸的位置状态，并在自动合闸和自动跳闸时有明显的指示信号。如前所述，通常用红、绿灯的平光来指示断路器的正常合闸和分闸的位置状态，而用红、绿灯的闪光来指示断路器的自动合闸和跳闸。

4）断路器的事故跳闸信号回路，应按"不对应原理"接线。当断路器采用手动操作机构时，利用操作机构的辅助触头与断路器的辅助触头构成"不对应"关系，即操作机构手柄在合闸位置而断路器已经跳闸时，发出事故跳闸信号。当断路器采用电磁操作机构或弹簧操作机构时，则利用控制开关的触头与断路器的辅助触头构成"不对应"关系，即控制开关手柄在合闸位置而断路器已经跳闸时，发出事故跳闸信号。

5）对有可能出现不正常工作状态或故障的设备，应装设预告信号。预告信号应能使控制室或值班室的中央信号装置发出音响或灯光信号，并能指示故障地点和性质。通常预告音响信号用电铃，而事故音响信号用电笛，两者有所区别。

二、采用手动操作的断路器控制和信号回路

图 7-3 是手动操作的断路器控制和信号回路的原理图。

合闸时，推上操作机构手柄使断路器合闸。这时断路器的辅助触头 QF3-4 闭合，红灯 RD 亮，指示断路器 QF 已经合闸。由于有限流电阻 $R2$，跳闸线圈 YR 虽有电流通过，但电流很小，不会动作。红灯 RD 亮，还表示跳闸线圈 YR 回路及控制回路的熔断器 FU1、FU2 是完好的，即红灯 RD 同时起着监视跳闸回路完好性的作用。

分闸时，扳下操作机构手柄使断路器分闸。这时断路器的辅助触头 QF3-4 断开，切断跳闸回路，同时辅助触头 QF1-2 闭合，绿灯 GN 亮，指示断路器 QF 已经分闸。绿灯 GN 亮，还表示控制回路的熔断器 FU1、FU2 是完好的，即绿灯 GN 同时起着监视控制回路完好性的作用。

在正常操作断路器分、合闸时，由于操作机构辅助触头 QM 与断路器的辅助触头 QF5-6 是同时切换的，总是一开一合，所以事故信号回路总是不通的，因而不会错误地发出事故信号。

当一次电路发生短路故障时，继电保护装置动作，其出口继电器 KM 的触点闭合，接通跳闸线圈 YR 的回路（触头 QF3-4 原已闭合），使断路器 QF 跳闸。随后触头 QF3-4 断开，使红灯 RD 灭，并切断 YR 的跳闸电源。与此同时，触头 QF1-2 闭合，使绿灯 GN 亮。这时操作机构的操作手柄虽然仍在合闸位置，但其黄色指示牌掉下，表示断路器已自动跳闸。同时事故信号回路接通，发出音响和灯光信号。这事故信号回路正是按"不对应原理"来接线的：由于操作机构仍在合闸位置，其辅助触头 QM 闭合，而断路器因已跳闸，其辅助触头 QF5-6 返回闭合，因此事故信号回路接通。当值班员得知事故跳闸信号后，可将操作手柄扳下至分闸位置，这时黄色指示牌随之返回，事故信号也随之解除。

控制回路中分别与指示灯 GN 和 RD 串联的电阻 $R1$ 和 $R2$，主要用来防止指示灯的灯座短路时造成控制回路短路或断路器误跳闸。

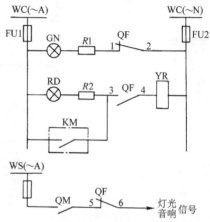

图 7-3　手动操作的断路器控制和信号回路
WC—控制小母线　WS—信号小母线
GN—绿色指示灯　RD—红色指示灯
R—限流电阻　YR—跳闸线圈（脱扣器）
KM—继电保护出口继电器触点
QF1～6—断路器 QF 的辅助触头
QM—手动操作机构辅助触头

三、采用电磁操作机构的断路器控制和信号回路

图 7-4 是采用电磁操作机构的断路器控制和信号回路原理图。其操作电源采用图 7-1 所示的硅整流电容储能的直流系统。控制开关采用双向自复式并具有保持触头的 LW5 型万能转换开关，其手柄正常为垂直位置（0°）。顺时针扳转 45°，为合闸（ON）操作，手松开即自动返回（复位），保持合闸状态。反时针扳转 45°，为分闸（OFF）操作，手松开也自动返回，保持分闸状态。图中虚线上打黑点（·）的触头，表示在此位置时触头接通；而虚线上标出的箭头（→），表示控制开关 SA 手柄自动返回的方向。

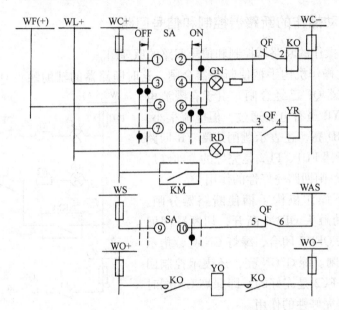

图 7-4　采用电磁操作机构的断路器控制和信号回路

WC—控制小母线　WL—灯光信号小母线　WF—闪光信号小母线　WS—信号小母线　WAS—事故音响信号小母线

WO—合闸小母线　SA—控制开关　KO—合闸接触器　YO—电磁合闸线圈　YR—跳闸线圈

KM—继电保护出口继电器触点　QF1~6—断路器 QF 的辅助触头　GN—绿色指示灯

RD—红色指示灯　ON—合闸操作方向　OFF—分闸操作方向

合闸时，将控制开关 SA 手柄顺时针扳转 45°，这时其触头 SA1-2 接通，合闸接触器 KO 通电（回路中触头 QF1-2 原已闭合），其主触头闭合，使电磁合闸线圈 YO 通电，断路器 QF 合闸。断路器合闸完成后，SA 自动返回，其触头 SA1-2 断开，QF1-2 也断开，切断合闸回路；同时 QF3-4 闭合，红灯 RD 亮，指示断路器已经合闸，并监视着跳闸线圈 YR 回路的完好性。

分闸时，将控制开关 SA 手柄反时针扳转 45°，这时其触头 SA7-8 接通，跳闸线圈 YR 通电（回路中触头 QF3-4 原已闭合），使断路器 QF 分闸。断路器分闸后，SA 自动返回，其触头 SA7-8 断开，QF3-4 也断开，切断跳闸回路；同时 SA3-4 闭合，QF1-2 也闭合，绿灯 GN 亮，指示断路器已经分闸，并监视着合闸接触器 KO 回路的完好性。

由于红、绿指示灯兼起监视分、合闸回路完好性的作用，长时间运行，因此耗电较多。为了减少操作电源中储能电容器能量的过多消耗，因此另设灯光指示小母线 WL（+），专

门用来接入红绿指示灯，储能电容器的能量只用来供电给控制小母线 WC。

当一次电路发生短路故障时，继电保护动作，其出口继电器触点 KM 闭合，接通跳闸线圈 YR 回路（回路中触头 QF3-4 原已闭合），使断路器 QF 跳闸。随后 QF3-4 断开，使红灯 RD 灭，并切断跳闸回路，同时 QF1-2 闭合，而 SA 在合闸位置，其触头 SA5-6 也闭合，从而接通闪光电源 WF（+），使绿灯闪光，表示断路器 QF 自动跳闸。由于 QF 自动跳闸，SA 在合闸位置，其触头 SA9-10 闭合，而 QF 已经跳闸，其触头 QF5-6 也闭合，因此事故音响信号回路接通，又发出音响信号。当值班员得知事故跳闸信号后，可将控制开关 SA 的操作手柄扳向分闸位置（反时针扳转 45°后松开），使 SA 的触头与 QF 的辅助触头恢复对应关系，全部事故信号立即解除。

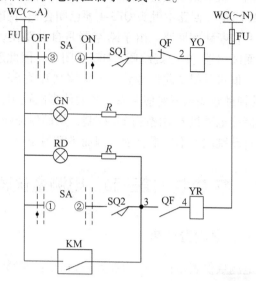

四、采用弹簧操作机构的断路器控制和信号回路

图 7-5 是采用 CT7 型弹簧操作机构的断路器控制和信号回路原理图，其控制开关 SA 采用 LW2 或 LW5 型万能转换开关。

合闸时，先按下按钮 SB，使储能电动机 M 通电运转（位置开关 SQ3 原已闭合），从而使合闸弹簧储能。弹簧储能完成后，SQ3 自动断开，切断电动机 M 的回路，同时位置开关 SQ1 闭合，

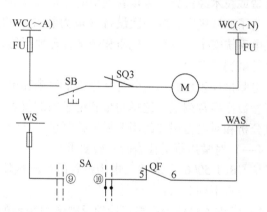

图 7-5 采用弹簧操作机构的断路器控制和信号回路
WC—控制小母线　WS—信号小母线
WAS—事故音响信号小母线　SA—控制开关
SB—按钮　SQ—储能位置开关　YO—电磁合闸线圈
YR—跳闸线圈　QF1～6—断路器辅助触头
M—储能电动机　GN—绿色指示灯　RD—红色指示灯
KM—继电保护出口继电器触点

为合闸作好准备。然后将控制开关 SA 手柄扳向合闸（ON）位置，其触头 SA3-4 接通，合闸线圈 YO 通电，使弹簧释放，通过传动机构（参看图 2-40）使断路器 QF 合闸。合闸后，其辅助触头 QF1-2 断开，绿灯 GN 灭，并切断合闸回路；同时 QF3-4 闭合，红灯 RD 亮，指示断路器在合闸位置，并监视跳闸回路的完好性。

分闸时，将控制开关 SA 手柄扳向分闸（OFF）位置，其触头 SA1-2 接通，跳闸线圈 YR 通电（回路中触头 QF3-4 原已闭合），使断路器 QF 分闸。分闸后，其辅助触头 QF3-4 断开，红灯 RD 灭，并切断跳闸回路；同时 QF1-2 闭合，绿灯 GN 亮，指示断路器在分闸位置，并监视合闸回路的完好性。

当一次电路发生短路故障时，保护装置动作，其出口继电器 KM 触点闭合，接通跳闸线圈 YR 回路（回路中触头 QF3-4 原已闭合），使断路器 QF 跳闸。随后 QF3-4 断开，红灯 RD 灭，并切断跳闸回路。由于断路器是自动跳闸，SA 手柄仍在合闸位置，其触头 SA9-10 闭合，而断路器 QF 已经跳闸，QF5-6 闭合，因此事故音响信号回路接通，发出事故跳闸音响信号。值班员得知此信号后，可将控制开关 SA 手柄扳向分闸（OFF）位置，使 SA 触头与 QF 的辅助触头恢复对应关系，从而使事故跳闸信号解除。

储能电动机 M 由按钮 SB 控制，从而保证断路器合在发生短路故障的一次电路上时，断路器自动跳闸后不致重合闸，因而不需另设电气"防跳"装置。

◆◆◆ 第三节　电测量仪表与绝缘监视装置 ◆◆◆

一、电测量仪表

电测量仪表是指对电力装置回路的运行参数作经常测量、选择测量和记录用的仪表以及作计费或技术经济分析考核管理用的计量仪表的总称。

为了监视供电系统一次设备（电力装置）的运行状态和计量一次系统消耗的电能，保证供电系统安全、可靠、优质和经济合理地运行，工厂供电系统的电力装置中必须装设一定数量的电测量仪表。

电测量仪表按其用途分为常用测量仪表和电能计量仪表两类。前者是对一次电路的电力运行参数作经常测量、选择测量和记录用的仪表；后者是对一次电路进行供用电的技术经济考核分析和对电力用户的用电量进行测量、计量的仪表，即各种电能表（又称电度表）。

（一）对常用测量仪表的一般要求

按 GB/T 50063—2008《电力装置的电测量仪表装置设计规范》规定，对常用测量仪表及其选择有下列要求：

1）常用测量仪表应能正确地反映电力装置的运行参数，能随时监测电力装置回路的绝缘状况。

2）交流回路指示仪表的准确度等级，不应低于 2.5 级；直流回路指示仪表的准确度等级，不应低于 1.5 级。

3）1.5 级和 2.5 级的常用测量仪表，应配用准确度不低于 1.0 级的电流、电压互感器。

4）仪表的测量范围（量限）和电流互感器电流比的选择，宜满足电力装置回路以额定值运行时，仪表的指示在标度尺的 2/3 处。对有可能过负荷运行的电力装置回路，仪表的测量范围宜留有适当的过负荷裕度。对重载起动的电动机及运行中有可能出现短时冲击电流的电力装置回路，宜采用具有过负荷标度尺的电流表。对可能双向运行的电力装置回路，应采用具有双向标度尺的仪表。对具有极性的直流电流和电压回路，应采用具有极性的仪表。

（二）对电能计量仪表的一般要求

按 GB/T 50063—2008 规定，对电能计量仪表及其选择有下列要求：

1）月平均用电量在 1000MW·h 及以上或变压器容量为 2000kVA 及以上的高压侧计费的电力用户电能计量点，应采用 0.5 级的有功电能表。月平均用电量小于 1000MW·h 而大于 100MW·h 或变压器容量为在 315kVA 及以上的变压器高压侧计费的电力用户电能计量点，应采用1.0级的有功电能表。在315kVA以下的变压器低压侧计费的电力用户电能计量点、75kW及以上的电动机以及仅作为企业内部技术经济考核而不计费的线路和电力装置，均应采用2.0级的有功电能表。

2）在315kVA及以上的变压器高压侧计费的电力用户电能计量点和并联电力电容器组，均应采用2.0级的无功电能表。在315kVA以下的变压器低压侧计费的电力用户电能计量点及仅作为企业内部技术经济考核而不计费的电力用户电能计量点，均可采用3.0级的无功电能表。

3）0.5级的有功电能表，应配用0.2级的互感器。1.0级的有功电能表、1.0级的专用电能计量仪表、2.0级计费用的有功电能表及2.0级的无功电能表，应配用不低于0.5级的互感器。仅作为企业内部技术经济考核而不计费的2.0级有功电能表及3.0级的无功电能表，宜配用不低于1.0级的互感器。

（三）变配电装置中各部分仪表的配置要求

工厂供电系统变配电装置中各部分仪表的配置要求如下：

1）在工厂的电源进线上，或在经供电部门同意的电能计量点，必须装设计费用的有功电能表和无功电能表，而且应采用经供电部门认可的标准的电能计量柜。为了解负荷电流，进线上还应装设一只电流表。

2）变配电所的每段母线上，必须装设电压表测量电压。在中性点非直接接地的电力系统中，各段母线上还应装设绝缘监视装置。

3）35~110/6~10kV的电力变压器，应装设电流表、有功功率表、无功功率表、有功电能表、无功电能表各一只，装在哪一侧视具体情况而定。6~10/3~10kV的电力变压器，在其一侧装设电流表、有功电能表和无功电能表各一只。6~10/0.4kV的电力变压器，在高压侧装设电流表和有功电能表各一只；如为单独经济核算单位的变压器，还应装设一只无功电能表。

4）3~10kV的配电线路，应装设电流表、有功电能表和无功电能表各一只。如果不是送往单独经济核算单位时，可不装设无功电能表。当线路负荷在5000kVA及以上时，可再装设一只有功功率表。

5）380V的电源进线或变压器低压侧，各相应装一只电流表。如果变压器高压侧未装电能表时，低压侧还应装设一只有功电能表。

6）低压动力线路上，应装设一只电流表。低压照明线路及三相负荷不平衡率大于15%的线路上，应装设三只电流表分别测量三相电流。如需计量电能，一般应装设一只三相四线有功电能表。对三相负荷平衡的动力线路，可只装设一只单相有功电能表，实际电能按其计量电能的3倍计。

7）并联电容器组的总回路上应装设三只电流表，分别测量三相电流；并应装设一只无功电能表。

图7-6是6~10kV高压线路上装设的电测量仪表电路图。

图7-7是低压220/380V照明线路上装设的电测量仪表电路图。

关于电测量仪表的结构原理已在相关基础课程《电工测量》中讲述，此略。

但在此要简单补充的是：近年来，我国国家电网公司已推广应用电子式智能电能表，并于2009年颁布了一系列智能电能表的技术标准，以规范智能电能表的制造和使用，并用以支撑智能电网的建设。

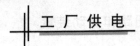

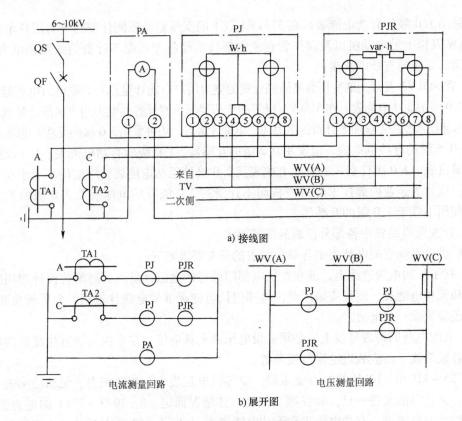

a) 接线图

电流测量回路   电压测量回路

b) 展开图

图 7-6   6～10kV 高压线路电测量仪表电路图

TA—电流互感器   TV—电压互感器   PA—电流表   PJ—三相有功电能表

PJR—三相无功电能表   WV—电压小母线

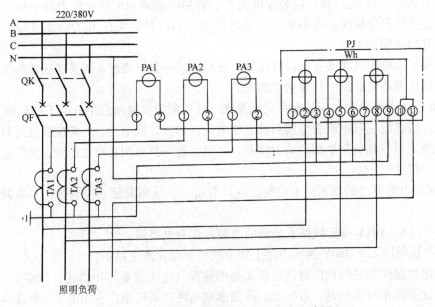

照明负荷

图 7-7   220/380V 照明线路电测量仪表电路图

TA—电流互感器   PA—电流表   PJ—三相四线有功电能表

智能电能表由测量单元、数据处理单元和通信单元等组成，具有电能计量、信息存储处理、实时监测和自动控制等功能。与传统的电能表相比，智能电能表具有很强的通信、数据管理和存储、密钥及安全身份认证等新功能。

二、绝缘监视装置

绝缘监视装置用于非直接接地的电力系统中，以便及时发现单相接地故障，设法处理，以免故障发展为两相接地短路，造成停电事故。

6～35kV 系统的绝缘监视装置，可采用三个单相双绕组的电压互感器和三只电压表，接成如图 2-15c 的接线，也可采用三个单相三绕组电压互感器或一个三相五芯柱三绕组电压互感器，接成如图 2-15d 的接线。接成 Y_0 的二次绕组，其中三只电压表均接各相的相电压。当一次电路某一相发生接地故障时，电压互感器二次侧的对应相的电压表读数指零，其他两相的电压表读数则升高到线电压。由指零电压表的所在相即可得知该相发生了单相接地故障。但是这种绝缘监视装置不能判明具体是哪一条线路发生了故障，所以它是无选择性的，只适于出线不多的系统及作为有选择性的单相接地保护（参看第六章第五节）的一种辅助指示装置。图 2-15d 中电压互感器接成开口三角（△）的辅助二次绕组，构成零序电压过滤器，供电给一个过电压继电器。在系统正常运行时，开口三角（△）的开口处电压接近于零，继电器不动作。当一次电路发生单相接地故障时，将在开口三角（△）的开口处出现近100V 的零序电压，使电压继电器动作，发出报警的灯光信号和音响信号。

必须注意：三相三芯柱的电压互感器不能用来作绝缘监视装置。因为在一次电路发生单相接地时，电压互感器各相的一次绕组均将出现零序电压（其值等于相电压），从而在互感器铁心内产生零序磁通。如果互感器是三相三芯柱的，由于三相零序磁通是同相的，不可能在铁心内闭合，只能经附近气隙或铁壳闭合，如图 7-8a 所示，因此这些零序磁通不可能与互感器的二次绕组及辅助二次绕组交链，也就不能在二次绕组和辅助二次绕组内感应出零序电压，从而它无法反应一次电路的单相接地故障。如果互感器采用如图 7-8b 所示的三相五芯柱铁心，则零序磁通可经两个边芯柱闭合，这样零序磁通就能与二次绕组和辅助二次绕组交链，并在其中感应出零序电压，从而可实现绝缘监视功能。

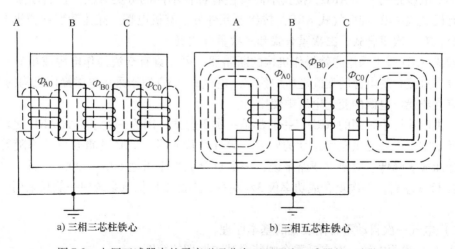

a) 三相三芯柱铁心　　　　　　　　　b) 三相五芯柱铁心

图 7-8　电压互感器中的零序磁通分布（只画出互感器的一次绕组）

图 7-9 是 6～10kV 母线的电压测量和绝缘监视电路图。图中电压转换开关 SA 用于转换测量三相母线的各个相间电压（线电压）。

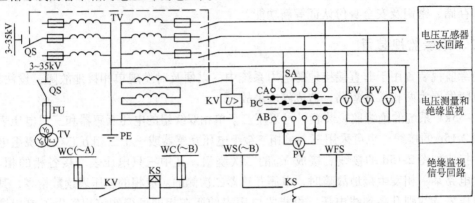

图 7-9　6～10kV 母线的电压测量和绝缘监视电路

TV—电压互感器　QS—高压隔离开关及其辅助触头　SA—电压转换开关　PV—电压表　KV—电压继电器
KS—信号继电器　WC—控制小母线　WS—信号小母线　WFS—预告信号小母线

◆◆◆　第四节　供电系统的自动装置与远动化　◆◆◆

一、自动重合闸装置

（一）概述

运行经验表明，电力系统中的不少故障特别是架空线路上的短路故障大多是暂时性的，这些故障在断路器跳闸后，多数能很快自行消除。例如雷击闪络或鸟兽造成的线路短路故障，往往在雷闪过后或鸟兽烧死以后，线路大多能恢复正常运行。因此，如果采用自动重合闸装置（Auto-Reclosing Device，简称 ARD），使断路器在自动跳闸后又自动重合闸，大多能恢复供电，从而大大提高供电可靠性，避免因停电而给国民经济带来重大损失。

一端供电线路的三相 ARD，按其不同特性有各种不同的分类方法。按自动重合闸的方法分，有机械式 ARD 和电气式 ARD。按组合元件分，有机电型、晶体管型和微机型。按重合次数分，有一次重合式、二次重合式和三次重合式等。

机械式 ARD 适于采用弹簧操作机构的断路器，可在具有交流操作电源或虽有直流跳闸电源但没有直流合闸电源的变配电所中使用。电气式 ARD 适于采用电磁操作机构的断路器，可在具有直流操作电源的变配电所中使用。

工厂供电系统中采用的 ARD，一般都是一次重合式，因为一次重合式 ARD 比较简单经济，而且基本上能满足供电可靠性的要求。运行经验证明：ARD 的重合成功率随着重合次数的增加而显著降低。对架空线路来说，一次重合成功率可达 60%～90%，而二次重合成功率只有 15% 左右，三次重合成功率仅 3% 左右。因此工厂供电系统中一般只采用一次重合式 ARD。

（二）电气一次自动重合闸装置的基本原理

图 7-10 是说明电气一次自动重合闸装置基本原理的简图。

手动合闸时，按下合闸按钮 SB1，使合闸接触器 KO 通电动作，从而使合闸线圈 YO 动作，使断路器 QF 合闸。

手动跳闸时，按下跳闸按钮 SB2，使跳闸线圈 YR 通电动作，使断路器 QF 跳闸。

当一次电路发生短路故障时，继电保护装置动作，其出口继电器 KM 触点闭合，接通跳闸线圈 YR 回路，使断路器 QF 自动跳闸。与此同时，断路器辅助触头 QF3-4 闭合，而且重合闸继电器 KAR 起动，经整定的时间后其延时闭合的常开触点闭合，使合闸

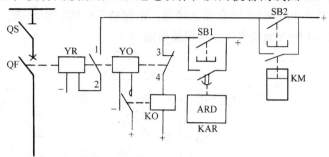

图 7-10　电气一次自动重合闸装置基本原理说明简图

QF—断路器　YR—跳闸线圈　YO—合闸线圈　KO—合闸接触器
KAR—重合闸继电器　KM—继电保护出口继电器触点
SB1—合闸按钮　SB2—跳闸按钮

接触器 KO 通电动作，从而使断路器 QF 重合闸。如果一次电路上的故障是瞬时性的，已经消除，则可重合成功。如果短路故障尚未消除，则保护装置又要动作，KM 的触点又使断路器 QF 再次跳闸。由于一次重合式 ARD 采取了"防跳"措施（防止多次反复跳、合闸，图 7-10 中未表示），因此不会再次重合闸。

（三）电气一次自动重合闸装置示例

图 7-11 是采用 DH-2 型重合闸继电器的电气一次自动重合闸装置（ARD）的展开式原理电路图（图中仅绘出与 ARD 有关的部分）。该电路的控制开关 SA1 采用 LW2 型万能转换开关，其合闸（ON）和分闸（OFF）操作各有三个位置：预备分、合闸，正在分、合闸，分、合闸后。SA1 两侧的箭头"→"指向就是这种操作程序。选择开关 SA2 采用 LW2-1.1/F4-X 型，只有合闸（ON）和分闸（OFF）两个位置，用来投入和解除 ARD。

1. 一次自动重合闸装置（ARD）的工作原理

系统正常运行时，控制开关 SA1 和选择开关 SA2 都扳到合闸（ON）位置，ARD 投入工作。这时重合闸继电器 KAR 中的电容器 C 经 R4 充电，同时指示灯 HL 亮，表示控制小母线 WC 的电压正常，电容器 C 处于充电状态。

当一次电路发生短路故障而使断路器 QF 自动跳闸时，断路器辅助触头 QF1-2 闭合，而控制开关 SA1 仍处在合闸位置，从而接通 KAR 的起动回路，使 KAR 中的时间继电器 KT 经它本身的常闭触点 KT1-2 而动作。KT 动作后，其常闭触点 KT1-2 断开，串入电阻 R5，使 KT 保持动作状态。串入 R5 的目的，是限制通过 KT 线圈的电流，防止线圈过热烧毁，因为 KT 线圈不是按长期接上额定电压设计的。

时间继电器 KT 动作后，经一定延时，其延时闭合的常开触点 KT3-4 闭合。这时电容器 C 对 KAR 中的中间继电器 KM 的电压线圈放电，使 KM 动作。

中间继电器 KM 动作后，其常闭触点 KM1-2 断开，使指示灯 HL 熄灭，表示 KAR 已经动作，其出口回路已经接通。合闸接触器 KO 由控制小母线 WC 经 SA2、KAR 中的 KM3-4、KM5-6 两对触点及 KM 的电流线圈、KS 线圈、连接片 XB、触点 KM1 3-4 和断路器辅助触头 QF3-4 而获得电源，从而使断路器 QF 重合闸。

由于中间继电器 KM 是由电容器 C 放电而动作的，但 C 的放电时间不长，因此为了使

KM 能够自保持，在 KAR 的出口回路中串入了 KM 的电流线圈，借 KM 本身的常开触点 KM3-4 和 KM5-6 闭合使之接通，以保持 KM 的动作状态。在断路器 QF 合闸后，其辅助触头 QF3-4 断开而使 KM 的自保持解除。

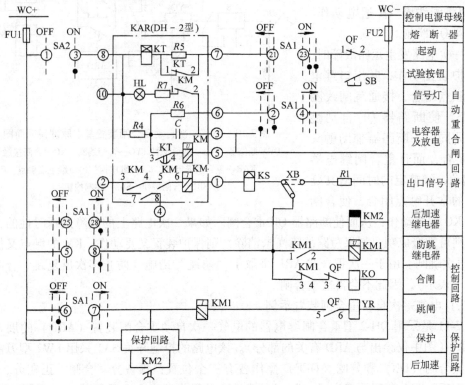

图 7-11　电气一次自动重合闸装置（ARD）展开式原理电路图

WC—控制小母线　SA1—控制开关　SA2—选择开关

KAR—DH-2 型重合闸继电器（内含时间继电器 KT、中间继电器 KM、指示灯 HL 及电阻 R、电容器 C 等）

KM1—防跳继电器（DZB-115 型中间继电器）　KM2—后加速继电器（DZS-145 型中间继电器）

KS—DX-11 型信号继电器　KO—合闸接触器　YR—跳闸线圈

XB—连接片　QF—断路器辅助触头

在 KAR 的出口回路中串联信号继电器 KS，是为了记录 KAR 的动作，并为 KAR 动作发出灯光信号和音响信号。

断路器重合成功以后，所有继电器自动返回，电容器 C 又恢复充电。

要使 ARD 退出工作，可将 SA2 扳到分闸（OFF）位置，同时将出口回路中的连接片 XB 断开。

2. 一次自动重合闸装置（ARD）的基本要求

（1）一次 ARD 只重合一次　如果一次电路故障是永久性的，断路器在 KAR 作用下重合闸后，继电保护又要动作，使断路器再次自动跳闸。断路器第二次跳闸后，KAR 又要起动，使时间继电器 KT 动作。但由于电容器 C 还来不及充好电（充电时间需 15～25s），所以 C 的放电电流很小，不能使中间继电器 KM 动作，从而 KAR 的出口回路不会接通，这就保证了 ARD 只重合一次。

（2）用控制开关操作断路器分闸时 ARD 不应动作 如图 7-11 所示，通常在分闸操作时，先将选择开关 SA2 扳至分闸（OFF）位置，其 SA2 1-3 断开，使 KAR 退出工作。同时将控制开关 SA1 扳到"预备分闸"及"分闸后"位置时，其触头 SA1 2-4 闭合，使电容器 C 先对 $R6$ 放电，从而使中间继电器 KM 失去动作电源。因此即使 SA2 没有扳到分闸位置（使 KAR 退出的位置），在采用 SA1 操作分闸时，断路器也不会自行重合闸。

（3）ARD 的"防跳"措施 当 KAR 出口回路中的中间继电器 KM 的触点被粘住时，应防止断路器多次重合于发生永久性短路故障的一次电路上。

图 7-11 所示 ARD 电路中，采用了两项"防跳"措施：①在 KAR 的中间继电器 KM 的电流线圈回路（即其自保持回路）中，串联了它自身的两对常开触点 KM3-4 和 KM5-6。这样，万一其中一对常开触点被粘住，另一对常开触点仍能正常工作，不致发生断路器"跳动"即反复跳、合闸现象。②为了防止万一 KM 的两对触点 KM3-4 和 KM5-6 同时被粘住时断路器仍可能"跳动"，故在断路器的跳闸线圈 YR 回路中，又串联了防跳继电器 KM1 的电流线圈。在断路器分闸时，KM1 的电流线圈同时通电，使 KM1 动作。当 KM3-4 和 KM5-6 同时被粘住时，KM1 的电压线圈经它自身的常开触点 KM1 1-2、XB、KS 线圈、KM 电流线圈及其两对触点 KM3-4、KM5-6 而带电自保持，使 KM1 在合闸接触器 KO 回路中的常闭触点 KM1 3-4 也同时保持断开，使合闸接触器 KO 不致接通，从而达到"防跳"的目的。因此这防跳继电器 KM1 实际是一种分闸保持继电器。

采用了防跳继电器 KM1 以后，即使用控制开关 SA1 操作断路器合闸，只要一次电路存在着故障，继电保护使断路器跳闸后，断路器也不会再次合闸。当 SA1 的手柄扳到"合闸"位置时，其触头 SA1 5-8 闭合，合闸接触器 KO 通电，使断路器合闸。如果一次电路存在着故障，继电保护将使断路器自动跳闸。在跳闸回路接通时，防跳继电器 KM1 起动。这时即使 SA1 手柄扳在"合闸"位置，但由于 KO 回路中 KM1 的常闭触头 KM1 3-4 断开，SA1 的触头 SA1 5-8 闭合，也不会再次接通 KO，而是接通 KM1 的电压线圈使 KM1 自保持，从而避免断路器再次合闸，达到"防跳"的要求。当 SA1 回到"合闸后"位置时，其触头 SA1 5-8 断开，使 KM1 的自保持随之解除。

3. ARD 与继电保护装置的配合

假设线路上装有带时限的过电流保护和电流速断保护，则在线路末端发生短路时，电流速断保护不动作，只有过电流保护动作，使断路器跳闸。断路器跳闸后，由于 KAR 动作，将使断路器重新合闸。如果短路故障是永久性的，则过电流保护又要动作，使断路器再次跳闸。但由于过电流保护带有时限，因而将使故障延续时间延长，危害加剧。为了减小危害，缩短故障时间，因此一般采取重合闸后加速保护装置动作的措施。

由图 7-11 可知，在 KAR 动作后，KM 的常开触点 KM7-8 闭合，使加速继电器 KM2 动作，其延时断开的常开触点立即闭合。如果一次电路的短路故障是永久性的，则由于 KM2 触点的闭合，使保护装置起动后，不经时限元件，而只经 KM2 触点直接接通保护装置出口元件，使断路器快速跳闸。ARD 与保护装置的这种配合方式，称为 ARD"后加速"。

由图 7-11 还可看出，控制开关 SA1 还有一对触头 SA1 25-28，它在 SA1 手柄在"合闸"位置时接通。因此当一次电路存在着故障而 SA1 手柄在"合闸"位置时，直接接通加速继电器 KM2，也能加速故障电路的切除。

二、备用电源自动投入装置

（一）概述

在要求供电可靠性较高的工厂变配电所中，通常设有两路及以上的电源进线。在车间变电所低压侧，一般也设有与相邻车间变电所相连的低压联络线。如果在作为备用电源的线路上装设备用电源自动投入装置（Auto-Put-into Device of reserve-source，简称APD），则在工作电源线路突然停电时，利用失压保护装置使该线路的断路器跳闸，并在APD作用下，使备用电源线路的断路器迅速合闸，投入备用电源，恢复供电，从而大大提高供电可靠性。

（二）备用电源自动投入的基本原理

图7-12是说明备用电源自动投入基本原理的电气简图。

假设电源进线WL1在工作，WL2为备用，其断路器QF2断开，但其两侧隔离开关（图上未画）是闭合的。当工作电源WL1断电引起失压保护动作使QF1跳闸时，其常开触头QF1 3-4断开，使原已通电动作的时间继电器KT断电，但其延时断开触点尚未及断开，这时QF1的另一对常闭触头QF1 1-2闭合，合闸接触器KO通电动作，使断路器QF2合闸，从而使备用电源WL2投入运行，恢复对变配电所的供电。备用电源WL2投入后，KT的延时断开触点断开，切断KO回路，同时QF2的联锁触头QF2 1-2断开，切断YO回路，避

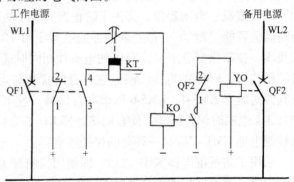

图7-12　备用电源自动投入装置基本原理说明简图
QF1—工作电源进线WL1上的断路器
QF2—备用电源进线WL2上的断路器
KT—时间继电器　KO—合闸接触器
YO—断路器QF2的合闸线圈

免YO长期通电（YO是按短时大功率设计的）。由此可见，双电源进线又配备以APD时，供电可靠性大大提高。但是双电源单母线不分段接线，如果母线上发生故障，整个变配电所仍要停电。因此对有重要负荷的场合，宜采用单母线分段供电的方式，如图1-1的2号车间变电所。

（三）高压双电源互为备用的APD电路示例

图7-13是高压双电源互为备用的APD电路，采用的控制开关SA1、SA2均为LW2型万能转换开关，其触头5-8只在"合闸"时接通，触头6-7只在"分闸"时接通。断路器QF1和QF2均采用交流操作的CT7型弹簧操作机构。

假设电源WL1在工作，WL2在备用，即断路器QF1在合闸位置，QF2在分闸位置。这时控制开关SA1在"合闸后"位置，SA2在"分闸后"位置，它们的触头5-8和6-7均断开，而触头SA1 13-16接通，触头SA2 13-16断开。指示灯RD1（红灯）亮，GN1（绿灯）灭；RD2（红灯）灭，GN2（绿灯）亮。

当工作电源WL1断电时，电压继电器KV1和KV2动作，它们的触点返回闭合，接通时间继电器KT1，其延时闭合的常开触点闭合，接通信号继电器KS1和跳闸线圈YR1，使断路器QF1跳闸，同时给出跳闸信号，红灯RD1因触头QF1 5-6断开而熄灭，绿灯GN1因触

头 QF1 7-8 闭合而点亮。与此同时，断路器 QF2 的合闸线圈 YO2 因触头 QF1 1-2 闭合而通电，使断路器 QF2 合闸，从而使备用电源 WL2 自动投入，恢复变配电所的供电，同时红灯 RD2 亮，绿灯 GN2 灭。

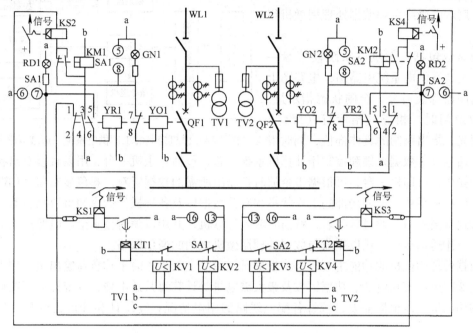

图 7-13　高压双电源互为备用的 APD 电路

WL1、WL2—电源进线　QF1、QF2—断路器　TV1、TV2—电压互感器（其二次侧相序为 a、b、c）

SA1、SA2—控制开关　KV1 ~ KV4—电压继电器　KT1、KT2—时间继电器　KM1、KM2—中间继电器

KS1 ~ KS4—信号继电器　YR1、YR2—跳闸线圈　YO1、YO2—合闸线圈

RD1、RD2—红色指示灯　GN1、GN2—绿色指示灯

反之，如果运行的备用电源 WL2 又断电时，同样地，电压继电器 KV3、KV4 将使断路器 QF2 跳闸，使 QF1 合闸，又自动投入电源 WL1。

三、工厂供电系统远动化简介

（一）概述

随着工业生产的发展和科学技术的进步，工厂（特别是现代化大型工厂）供电系统的控制、信号和监测工作，已开始由人工管理、就地监控发展为远动化，实现遥控、遥信和遥测，即所谓"三遥"。

工厂供电系统的远动化，就是由工厂的动力中心调度室对本系统所属各变配电所或其他动力设施的运行实现遥控、遥信和遥测。

工厂供电系统实现远动化以后，不仅可提高工厂供电系统管理的自动化水平，而且可在一定程度上实现工厂供电系统的优化运行，能够及时处理事故，减少事故停电的时间，更好地保证工厂供电系统的安全经济运行。

工厂供电系统的远动装置，现在多采用微机（微型计算机简称）来实现。

（二）微机控制的供电系统三遥装置简介

微机控制的供电系统三遥装置，由调度端、执行端及联系两端的信号通道等三部分组成，如图7-14所示。

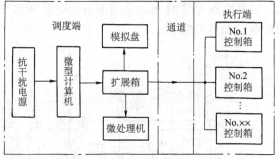

1. 调度端

调度端由操纵台和数据处理用微机组成。

操纵台包括：①供电系统模拟盘一块，盘上绘有供电系统电路图，电路图上每台断路器都装有分、合闸状态指示灯。在事故跳闸时，相应的指示灯（绿灯）还要闪光，指出跳闸的具体部位，同时发

图7-14　微机控制的工厂供电系统三遥装置框图

出音响信号。②数据采集和控制用计算机系统一套，包括：主机一台，用以直接发出各项指令进行操作；打印机一台，可根据指令随时打印出所需的数据资料；彩色显示器（CRT）一台，用以显示系统全部或局部的工作状态和有关数据以及各种操作命令和事故状态等。③若干路就地常测入口，通过数字表，将信号输入计算机，并用以随时显示全厂电源进线的电压和功率。④通信接口，用以完成与数据处理用微机之间的通信联络。

数据处理用微机的功能主要有：①根据所记录的全天半小时平均负荷绘出全厂用电负荷曲线；②按全厂有功电能、功率因数及最大需电量等计算每月总电费；③统计全厂高峰负荷时间的用电量；④根据需要，统计各配电线路的用电情况；⑤统计和分析运行及事故情况等。

2. 信号通道

信号通道是用来传递调度端操纵台与执行端控制箱之间往返的信号用的通道，一般采用带屏蔽的电话电缆；传递距离小于1km时，也可采用控制电缆或塑料绝缘导线。通道的敷设一般采用树干式，各车间变电所通过分线盒与之相联，如图7-15所示。

3. 执行端

执行端是用逻辑电路和继电器组装而成的成套控制箱，每一被控点至少要装设一台。它的主要功能是：

（1）遥控　对断路器进行远距离分、合闸操作。

（2）遥信　其中一部分反应被控断路器的分、合闸状态以及事故跳闸的报警；另

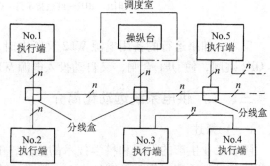

图7-15　三遥装置通道敷设示意图

一部分反应事故预告信号，可实现过负荷、过电压、变压器瓦斯保护及超温等的报警。

（3）遥测　包括电流、电压等参数的遥测，其中可设一路电流、电压等参数为常测，其余为定时循环检测或自动选测。

（4）电能遥测　分别遥测有功和无功电能。电能信号分别取自有功和无功电能表，表内装有光电转换单元，将电能表的铝盘转数转换成脉冲信号送回调度端。

微机在工厂供电系统中的应用，大大提高了供电系统的运行水平，使供电系统的运行更加安全、可靠、优质和经济合理。

❖❖❖　第五节　二次回路的安装接线和接线图　❖❖❖

一、二次回路的安装接线要求

按 GB 50171—2012《电气装置安装工程　盘、柜及二次回路结线施工及验收规范》规定，二次回路的安装接线应符合下列要求：

1）按图施工，接线正确。

2）导线与电气元件间采用螺栓连接、插接、焊接或压接等，均应牢固可靠。

3）盘、柜内的导线中间不应有接头，导线芯线应无损伤。

4）多股导线与端子、设备连接应压终端附件。

5）电缆芯线和所配导线的端部均应标明其回路编号，编号应正确，字迹应清楚，且不易脱色。

6）配线应整齐、清晰、美观，导线绝缘应良好、无损伤。

7）每个接线端子的每侧接线宜为一根，不得超过 2 根；对于插接式端子，不同截面的两根导线不得接在同一端子上；对于螺栓连接端子，当接两根导线时，中间应加平垫片。

8）盘、柜内的二次回路配线：电流回路应采用电压不低于 500V 的铜芯绝缘导线，其截面积不应小于 2.5mm^2；其他回路截面积不应小于 1.5mm^2；对电子元件回路、弱电回路采用锡焊连接时，在满足载流量和电压降及有足够机械强度的情况下，可采用截面积不小于 0.5mm^2 的铜芯绝缘导线。

用于连接盘、柜门上的电器及控制台板等可动部位的导线，还应符合下列要求：

1）应采用多股铜芯软导线，敷设长度应有适当裕度。

2）线束应有外套塑料缠绕管保护。

3）与电器连接时，导线端部应压接终端附件。

4）在可动部位两端的导线应用卡子固定牢固。

引入盘、柜内的电缆及其芯线应符合下列要求：

1）电缆、导线不应有中间接头。必要时，接头应接触良好、牢固，不承受机械拉力，并应保证原有的绝缘水平；屏蔽电缆应保证其原有的屏蔽电气连接作用。

2）引入盘、柜的电缆应排列整齐，编号清晰，避免交叉，固定牢固，不得使所接的端子承受机械应力。

3）铠装电缆在进入盘、柜后，应将钢带切断，切断处应扎紧，并应将钢带接地。

4）屏蔽电缆的屏蔽层应接地良好。

5）橡胶绝缘芯线应外套绝缘管保护。

6）盘、柜内的电缆芯线，接线应牢固，排列整齐，并应留有适当裕度；备用芯线应引至盘、柜顶部或线槽末端，并应标明备用标识，芯线导体不得外露。

7）强电与弱电回路不能使用同一根电缆，并应分别成束分开排列。

8）电缆芯线及其绝缘不应有损伤；单股芯线不应因弯曲半径过小而损坏其线芯及其绝缘；单股芯线弯圈接线时，其弯线方向应与螺栓紧固方向一致；多股软线与端子连接时，应压接相应规格的终端附件。

二次回路接线还应**注意**：在油污环境，二次回路应采用耐油的绝缘导线，如塑料绝缘导线。在日光直照环境中，橡胶或塑料绝缘导线均应采取保护措施，如穿金属管、蛇皮管保护。

二、二次回路安装接线图的绘制要求与方法

二次回路安装接线图简称二次回路接线图，是用来表示成套装置或设备中二次回路的各元器件之间连接关系的一种简图。必须注意，这里的接线图与通常等同于电路图的接线图含义是不同的，其用途也有区别。

二次回路接线图主要用于二次回路的安装接线、线路检查维修和故障处理。在实际应用中，安装接线图通常与原理电路图配合使用。接线图有时也与接线表配合使用。接线表的功能与接线图相同，只是绘制形式不同。接线图和接线表一般都应表示出各个项目（指元件、器件、部件、组件和成套设备等）的相对位置、项目代号、端子号、导线号、导线类型和导线截面、根数等内容。

绘制二次回路接线图，必须遵循现行国家标准 GB/T 6988.1—2008《电气技术用文件的编制　第 1 部分：规则》的有关规定，其图形符号应符合 GB/T 4728《电气简图用图形符号》系列标准的有关规定，其文字符号包括项目代号应符合 GB/T 5094《工业系统、装置与设备以及工业产品结构原则与参照代号》系列标准和 00DX001《建筑电气工程设计常用图形符号和文字符号》等的有关规定。

下面分别介绍接线图中二次设备、接线端子及连接导线的表示方法。

（一）二次设备的表示方法

由于二次设备是从属于某一次设备或一次电路的，而一次设备或一次电路又从属于某一成套装置，因此为避免混淆，所有二次设备都必须按 GB/T 5094 系列标准规定标明其项目代号。项目是指接线图上用图形符号所表示的元件、部件、组件、功能单元、设备和系统等，例如电阻器、继电器、发电机、放大器、电源装置和开关设备等。

项目代号是用来识别项目种类及其层次关系与位置的一种代号。一个完整的项目代号包括四个代号段，每一代号段之前还有一个前缀符号作为代号段的特征标记，如表 7-1 所示。例如前面图 7-6 所示高压线路的测量仪表电路图中，无功电能表的项目代号为 PJR。假设这一高压线路的项目代号为 W3，而此线路又装在项目代号为 A5 的高压开关柜内，则上述无功电能表的项目代号的完整表示为"= A5 + W3 − PJR"。对于该无功电能表上的第 7 号端子，其项目代号则应表示为"= A5 + W3 − PJR: 7"。不过在不致引起混淆的情况下可以简化，例如上述无功电能表第 7 号端子，就可表示为"− PJR: 7"或"PJR: 7"。

表 7-1　项目代号的层次与符号

项目层次（段）	代号名称	前缀符号	示　例
第一段	高层代号	=	= A5
第二段	位置代号	+	+ W3
第三段	种类代号	−	− PJR
第四段	端子代号	:	: 7

（二）接线端子的表示方法

盘、柜外的导线或设备与盘、柜内的二次设备相连接时，必须经过端子排。端子排由专门的接线端子板组合而成。

接线端子板分为普通端子板、连接端子板、试验端子板和终端端子板等型式。

普通端子板用来连接由盘外引至盘内或由盘内引至盘外的导线。

连接端子板有横向连接片，可与临近端子板相连，用来连接有分支的二次回路导线。

试验端子板用来在不断开二次回路的情况下，对仪表、继电器等进行试验。如图7-16所示两个试验端子，将工作电流表PA1与电流互感器TA的二次侧相连。当需要换下工作电流表PA1进行试验时，可用另一备用电流表PA2分别接在两试验端子的接线螺钉2和7上，如图7-16中虚线所示。然后拧开螺钉3和8，拆下工作电流表PA1进行试验。PA1校验完毕后，再将它接入，并拆下备用电流表PA2，整个电路恢复原状运行。

终端端子板是用来固定或分隔不同安装项目的端子排。

在二次回路接线图中，端子排中各种型式端子板的符号标志如图7-17所示。端子排的文字符号为X，端子的前缀符号为"："。

（三）连接导线的表示方法

二次回路接线图中端子之间的连接导线有以下两种表示方法：

（1）连续线表示法　表示两端子之间连接导线的线条是连续的，如图7-18a所示。

（2）中断线表示法　表示两端子之间连接导线的线条是中断的，如图7-18b所示。必须注意：在线条中断处必须标

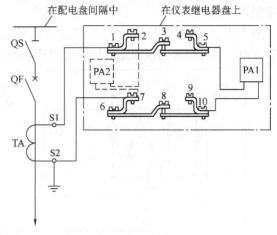

图7-16　试验端子的结构及其应用

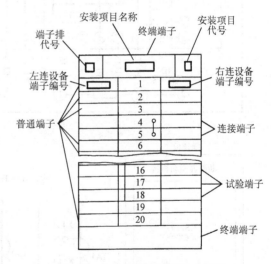

图7-17　二次回路端子排标志图例

明导线的去向，即在接线端子出线处标明对面端子的代号。因此这种标号法，又称为"相对标号法"或"对面标号法"。

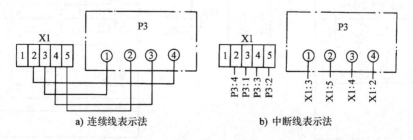

a) 连续线表示法　　　　b) 中断线表示法

图7-18　二次回路端子间连接导线的表示方法

用连续线表示的连接导线如果全部画出，有时使整个接线图显得过于繁复，因此在不致引起误解的情况下，也可以将导线组和电缆等用加粗的线条来表示。不过现在的二次回路接线图上多采用中断线来表示连接导线，因为这使接线图显得简明清晰，对安装接线和维护检修都很方便。

图7-19是用中断线来表示二次回路连接导线的一条高压线路二次回路安装接线图。为阅读方便，另绘出该二次回路的展开式原理电路图如图7-20所示，供对照参考。

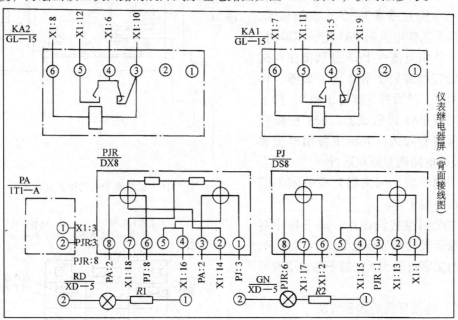

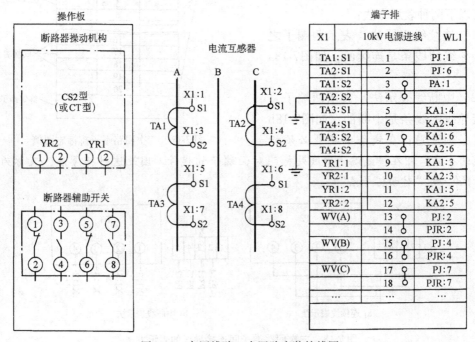

图7-19 高压线路二次回路安装接线图

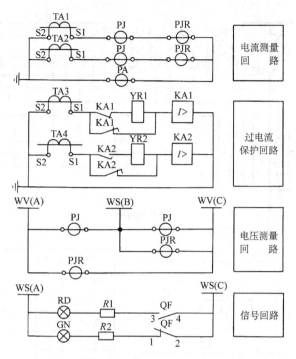

图 7-20 高压线路二次回路展开式原理电路图

复习思考题

7-1 什么是二次回路？什么是二次回路的操作电源？常用的直流操作电源和交流操作电源各有哪几种？交流操作电源与直流操作电源比较，有何主要特点？

7-2 对高压断路器的控制和信号回路有哪些主要要求？什么是断路器事故跳闸信号回路构成的"不对应原理"？

7-3 对常用测量仪表的选择有哪些要求？对电能计量仪表的选择又有哪些要求？一般 6～10kV 线路装设哪些仪表？220/380V 的动力线路和照明线路一般又各装设哪些仪表？并联电容器组的总回路上一般又装设哪些仪表？

7-4 作为绝缘监视用的 $Y_0/Y_0/\triangle$ 联结的三相电压互感器，为什么要用五芯柱的而不能用三芯柱的电压互感器？

7-5 什么叫"自动重合闸（ARD）"？试分析图 7-10 所示原理电路如何实现自动重合闸？分析图 7-11 所示电路图又如何实现自动重合闸？什么叫"防跳"？图 7-11 电路是如何实现防跳的？

7-6 什么叫"备用电源自动投入（APD）"？试分别分析图 7-12 和图 7-13 所示电路各是如何实现备用电源自动投入的？

7-7 变电所远动化有何意义？变电所的"三遥"包括哪些内容？

7-8 二次回路的安装接线应符合哪些要求？二次设备项目代号中的"="、"+"、"-"和"："各是什么符号？含义是什么？什么叫连接导线的连续线表示法和中断线表示法（相对标号法）？

习 题

7-1 某供电给高压并联电容器组的线路上，装有一只无功电能表和三只电流表，如图 7-21a 所示。试按中断线表示法在图 7-21b 上标出图 7-21a 的仪表和端子排的端子标号。

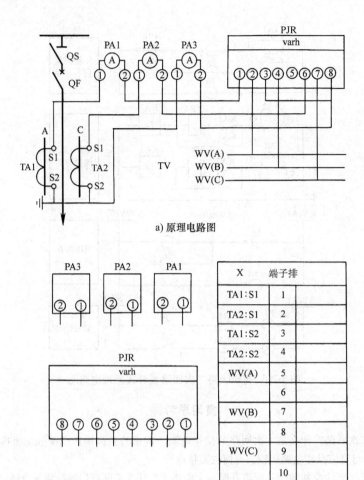

a) 原理电路图

b) 安装接线图(待标号)

图 7-21 习题 7-1 的原理电路图和安装接线图

第八章
防雷、接地及电气安全

本章首先讲述过电压与防雷，包括过电压和雷电的有关概念、防雷设备及电气装置的防雷、建筑物的防雷等；然后讲述电气装置的接地，包括接地的有关概念、电气装置接地电阻的计算以及接地装置的装设与布置；接着讲述低压配电系统的接地故障保护、漏电保护和等电位联结；最后讲述电气安全与触电急救知识。本章内容贯穿一条"电气安全"的主线。

❖❖❖ 第一节 过电压与防雷 ❖❖❖

一、过电压及雷电的有关概念

（一）过电压的形式

过电压是指在电气线路上或电气设备上出现的超过正常工作电压的对绝缘很有危害的异常电压。在电力系统中，过电压按其产生的原因，可分为内部过电压和雷电过电压两大类。

1. 内部过电压

内部过电压是由于电力系统本身的开关操作、负荷剧变或发生故障等原因，使系统的工作状态突然改变，从而在系统内部出现电磁能量转换、振荡而引起的过电压。

内部过电压又分操作过电压和谐振过电压等形式。操作过电压是由于系统中的开关操作或负荷剧变而引起的过电压。谐振过电压是由于系统中的电路参数（R、L、C）在不利的组合下发生谐振或由于故障而出现断续性接地电弧而引起的过电压，也包括电力变压器铁心饱和而引起的铁磁谐振过电压。

运行经验证明，内部过电压一般不会超过系统正常运行时相对地（即单相）额定电压的 $3 \sim 4$ 倍，因此对电力系统和电气设备绝缘的威胁不是很大。

2. 雷电过电压

雷电过电压又称大气过电压，也称外部过电压，它是由于电力系统中的线路、设备或建（构）筑物遭受来自大气中的雷击或雷电感应而引起的过电压。雷电过电压产生的雷电冲击波，其电压幅值可高达 1 亿伏，其电流幅值可高达几十万安，因此对供电系统危害极大，必须加以防护。

雷电过电压有两种基本形式：

（1）直接雷击 它是雷电直接击中电气线路、设备或建（构）筑物，其过电压引起的强大的雷电流通过这些物体放电入地，从而产生破坏性极大的热效应和机械效应，相伴的还有电磁脉冲和闪络放电。这种雷电过电压称为**直击雷**。

（2）间接雷击 它是雷电没有直接击中电力系统中的任何部分，而是由雷电对线路、设备或其他物体的静电感应或电磁感应所产生的过电压。这种雷电过电压称为**感应雷或雷电感应**。

雷电过电压除上述两种雷击形式外，还有一种是由于架空线路或金属管道遭受直接雷击或间接雷击而引起的过电压波，沿着架空线路或金属管道侵入变配电所或其他建筑物。这种雷电过电压形式，称为**高电位侵入或雷电波侵入**。据我国几个大城市统计，供电系统中由于雷电波侵入而造成的雷害事故，占整个雷害事故的 50% ~70%，比例很大，因此对雷电波侵入的防护应予以足够的重视。

（二）雷电的形成原理

1. 雷云的形成

雷电是带有电荷的"雷云"之间或"雷云"对大地或物体之间产生急剧放电的一种自然现象。

关于雷云形成的理论或学说较多，但比较普遍的看法是：在闷热的天气里，地面上的水汽蒸发上升，在高空低温影响下水汽凝结成冰晶。冰晶受到上升气流的冲击而破碎分裂。气流挟带一部分带正电的小冰晶上升，形成"正雷云"，而另一部分较大的带负电的冰晶则下降，形成"负雷云"。由于高空气流的流动，所以正、负雷云均在天空中飘浮不定。据观测，在地面上产生雷击的雷云多为负雷云。

2. 直击雷的形成

当空中的雷云靠近大地时，雷云与大地之间形成一个很大的雷电场。由于静电感应作用，使地面出现与雷云的电荷极性相反的电荷，如图 8-1a 所示。

当雷云与大地之间在某一方位的电场强度达到 25 ~30kV/cm 时，雷云就会开始向这一方位放电，形成一个导电的空气通道，称为**雷电先导**。大地的异性电荷集中的上述方位尖端上方，在雷

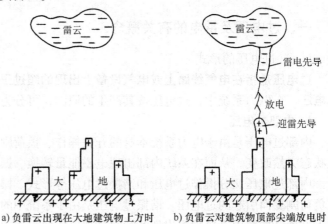

a) 负雷云出现在大地建筑物上方时　　b) 负雷云对建筑物顶部尖端放电时

图 8-1　雷云对大地放电（直击雷）示意图

电先导下行到离地面 100 ~300m 时，也形成一个上行的迎雷先导，如图8-1b所示。当上、下先导相互接近时，正、负电荷强烈吸引中和而产生强大的雷电流，并伴有雷鸣电闪，这就是直击雷的主放电阶段。这时间极短，一般只有 50 ~100μs。主放电阶段之后，雷云中的剩余电荷继续沿着主放电通道向大地放电，形成断续的隆隆雷声，这就是直击雷的余辉放电阶段，时间约为 0.03 ~0.15s，电流较小，约几百安。

雷电先导在主放电阶段前与地面上雷击对象之间的最小空间距离，称为闪击距离，简称击距。雷电的闪击距离与雷电流的幅值和陡度有关。确定直击雷防护范围的"滚球半径"大小，就与闪击距离有关。

3. 雷电感应过电压的形成

架空线路在其附近出现对地雷击时，极易产生感应过电压。当雷云出现在架空线路上方

时，线路上由于静电感应而积聚大量异性的束缚电荷，如图 8-2a 所示。当雷云对地放电或与其他异性雷云中和放电后，线路上的束缚电荷被释放而形成自由电荷，向线路两端泄放，形成很高的感应过电压，如图 8-2b 所示。高压线路上的感应过电压可高达几十万伏，低压线路上的感应过电压也可达几万伏，对供电系统的危害都很大。

当强大的雷电流沿着导体（如接地引下线）泄放入地时，由于雷电流具有很大的幅值和陡度，因此在它周围会产生强大的电磁场。如果附近有一开口的金属环，如图 8-3 所示，则将在该金属环的开口（间隙）处感生相当大的电动势而产生火花放电。这对存放有易燃易爆物品的建筑物是十分危险的。为了防止雷电流的电磁感应引起的危险过电压，应该用跨接导体或用焊接将开口金属环（包括包装箱上的铁皮箍）连成闭合回路后接地。

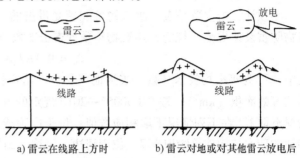

图 8-2 架空线路上的感应过电压

（三）雷电的有关名词概念

1. 雷电流的幅值和陡度

雷电流是指流入雷击点的电流，是一个幅值很大、陡度很高的冲击波电流，如图 8-4 所示。

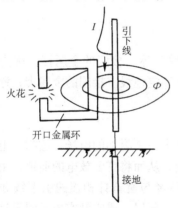

图 8-3 开口金属环上的电磁感应过电压

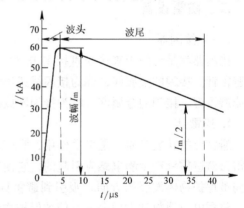

图 8-4 雷电流的波形

雷电流的幅值 I_m，与雷云中的电荷量及雷电放电通道的阻抗有关。雷电流一般在 1 ~ 4μs 内增长到幅值 I_m。雷电流在达到幅值以前的一段波形称为**波头**，而从幅值起到 $I_m/2$ 的一段波形称为**波尾**。雷电流的陡度 α 用雷电流波头部分增长的速率来表示，即 $\alpha = di/dt$。雷电流的陡度，据测定，可达 50$kA/\mu s$ 以上。对电气设备绝缘来说，雷电流的陡度越大，由 $u_L = Ldi/dt$ 可知，产生的过电压越高，对设备绝缘的破坏性也越严重。因此，如何降低雷电流的幅值和陡度是防雷保护的一个重要课题。

2. 年平均雷暴日数

凡有雷电活动的日子，包括看到雷闪和听见雷声，都称为**雷暴日**。由当地气象台、站统计的多年雷暴日的平均值，称为年平均雷暴日数。年平均雷暴日数不超过 15 天的地区，称为少雷区。年平均雷暴日数超过 40 天的地区，称为**多雷区**。年平均雷暴日数超过 90 天的地区及雷害特别严重的地区，称为雷电活动特别强烈地区，亦可归入多雷区。年平均雷暴日数越多，说明该地区的雷电活动越频繁，因此防雷要求越高，防雷措施越需加强。

3. 年预计雷击次数

年预计雷击次数是表征建筑物可能遭受雷击的一个频率参数。按 GB 50057—2010《建筑物防雷设计规范》规定，建筑物年预计雷击次数 N（单位为次/年）按下式计算：

$$N = 0.1KT_aA_e \tag{8-1}$$

式中，T_a 为年平均雷暴日数，按当地气象台、站资料确定；A_e 为与建筑物截收雷击次数相同的等效面积（km^2），按 GB 50057—2010 规定的方法计算，此略；K 为校正系数，在一般情况下取 1，在下列情况下取相应数值：位于山顶或旷野的孤立建筑物取 2，金属屋面没有接地的砖木结构建筑物取 1.7，位于河边、湖边、山坡下或山地中土壤电阻率较小处、土山顶部、山谷风口等处的建筑物以及特别潮湿的建筑物，取 1.5。

4. 雷电电磁脉冲

雷电电磁脉冲又称浪涌电压，它是雷电直接击在建筑物的防雷装置上或击在建筑物附近所引起的一种电磁感应效应，绝大多数是通过连接导体使相关联设备的电位升高而产生电流冲击，或产生电磁辐射，使电子信息系统受到干扰。因此，雷电电磁脉冲对电子信息系统是一种干扰源，必须加以防护。

二、防雷设备

（一）接闪器

接闪器就是专门用来接受直接雷击（雷闪）的金属物体。接闪的金属杆，称为接闪杆或避雷针。接闪的金属线，称为接闪线或避雷线，亦称架空地线。接闪的金属带，称为接闪带或避雷带。接闪的金属网，称为接闪网或避雷网。

1. 避雷针

避雷针的功能实质上是引雷作用，它能对雷电场产生一个附加的电场，这附加电场是由于雷云对避雷针产生静电感应引起的，它使雷电场畸变，从而将雷云放电的通道，由原来可能向被保护物体发展的方向，吸引到避雷针本身，然后经与避雷针相连的引下线和接地装置，将雷电流泄放到大地中去，使被保护物体免受雷击。所以，避雷针实质是引雷针，它把雷电流引入地下，从而保护了线路、设备和建筑物等。

避雷针一般采用镀锌圆钢(针长 1m 以下时直径不小于 12mm、针长 1～2m 时直径不小于 16mm)或镀锌钢管(针长 1m 以下时内径不小于 20mm、针长 1～2m 时内径不小于 25mm)制成。它通常安装在电杆(支柱)或构架、建筑物上，它的下端要经引下线与接地装置相连。

避雷针的保护范围，以它能够防护直击雷的空间来表示。

我国过去的防雷设计规范（如 GBJ 57—1983）或过电压保护设计规范（如 GBJ 64—1983），对避雷针和避雷线的保护范围都是按"折线法"来确定的，而现行国家标准 GB 50057—2010《建筑物防雷设计规范》则规定采用 IEC 推荐的"滚球法"来确定⊖。

⊖ 现行电力行业标准 DL/T 620—1997《交流电气装置的过电压保护和绝缘配合》中规定的避雷针、线保护范围，仍与 GBJ 64—1983 相同，也按"折线法"来确定，适用于变配电所和电力线路的过电压保护。

所谓"滚球法"（roll-ball method），就是选择一个半径为 h_r（滚球半径）的球体，按需要防护直击雷的部位滚动，如果球体只接触到避雷针（线）或避雷针（线）与地面，而不触及需要保护的部位，则该部位就在避雷针（线）的保护范围之内。滚球半径 h_r 按建筑物的防雷类别不同而取不同值，如表 8-1 所示。

表 8-1　按建筑物防雷类别确定滚球半径和接闪器网格尺寸（据 GB 50057—2010）

建筑物防雷类别	滚球半径 h_r/m	接闪器网格尺寸/m
第一类防雷建筑物	30	≤5×5 或 ≤6×4
第二类防雷建筑物	45	≤10×10 或 ≤12×8
第三类防雷建筑物	60	≤20×20 或 ≤24×16

单支避雷针的保护范围，按 GB 50057—2010 规定，应按下列方法确定（参看图 8-5）。

（1）当避雷针高度 $h ≤ h_r$ 时

1）在距地面 h_r 处作一平行于地面的平行线。

2）以避雷针的针尖为圆心、h_r 为半径，作弧线交于平行线的 A、B 两点。

3）以 A、B 为圆心，h_r 为半径作弧线，该弧线与针尖相交并与地面相切。从此弧线起到地面上的整个锥形空间，就是避雷针的保护范围。

4）避雷针在被保护物高度 h_x 的 xx' 平面上的保护半径，按下式计算：

$$r_x = \sqrt{h(2h_r - h)} - \sqrt{h_x(2h_r - h_x)}$$

$$(8-2)$$

式中，h_r 为滚球半径，按表 8-1 确定。

5）避雷针在地面上的保护半径，按下式计算

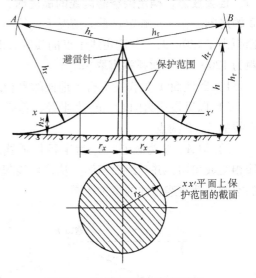

图 8-5　单支避雷针的保护范围

$$r_0 = \sqrt{h(2h_r - h)} \qquad (8-3)$$

（2）当避雷针高度 $h > h_r$ 时

在避雷针上取高度 h_r 的一点代替单支避雷针的针尖作圆心，其余的作法与上述 $h ≤ h_r$ 时的作法相同。

关于两支及多支避雷针的保护范围，可参看 GB 50057—2010 或有关设计手册，此略。

例 8-1　某厂一座高 30m 的水塔旁边，建有一水泵房（属第三类防雷建筑物），尺寸如图 8-6 所示。水塔上安装有一支高 2m 的避雷针。试问此避雷针能否保护这一水泵房？

解：查表 8-1 得滚球半径 $h_r = 60$m，而 $h = 30$m + 2m = 32m，$h_x = 6$m。故由式（8-2）得避雷针在水泵房顶部高度上的水平保护半径为

$$r_x = \sqrt{32 \times (2 \times 60 - 32)}\,\text{m} - \sqrt{6 \times (2 \times 60 - 6)}\,\text{m} = 26.9\,\text{m}$$

而水泵房顶部最远一角距离避雷针的水平距离为

$$r = \sqrt{(12+6)^2 + 5^2}\,\text{m} = 18.7\,\text{m} < r_x$$

由此可见，水塔上的避雷针完全能够保护这一水泵房。

2. 避雷线

避雷线的功能和原理，与避雷针基本相同。

避雷线一般采用截面积不小于 50mm^2 的镀锌钢绞线，架设在架空线路的上方，以保护架空线路或其他物体（包括建筑物）免遭直接雷击。由于避雷线既是架空，又要接地，因此又称为架空地线。

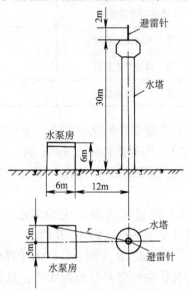

单根避雷线的保护范围，按 GB 50057—2010 规定：当避雷线高度 $h \geq 2h_r$ 时，无保护范围。当避雷线的高度 $h < 2h_r$ 时，应按下列方法确定（参看图 8-7）。**但要注意，确定架空避雷线的高度时，应计及弧垂的影响。**在无法确定弧垂的情况下，等高支柱间的档距小于 120m 时，其避雷线中点的弧垂宜取 2m；档距为 120～150m 时弧垂宜取 3m。

1）距地面 h_r 处作一平行于地面的平行线。

2）以避雷线为圆心，h_r 为半径，作弧线交于平行线的 A、B 两点。

3）以 A、B 为圆心，h_r 为半径作弧线，该两弧线相交或相切，并与地面相切。从该弧线起到地面止的空间，就是避雷线的保护范围。

图 8-6　例 8-1 所示避雷针的保护范围

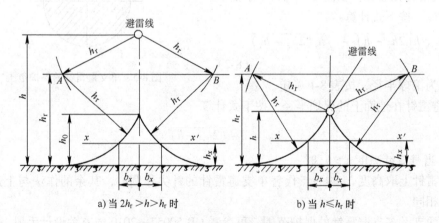

a）当 $2h_r > h > h_r$ 时　　　b）当 $h \leq h_r$ 时

图 8-7　单根避雷线的保护范围

4）当 $2h_r > h > h_r$ 时，保护范围最高点的高度 h_0 按下式计算：

$$h_0 = 2h_r - h \tag{8-4}$$

5）避雷线在 h_0 高度的 xx' 平面上的保护宽度 b_x 按下式计算：

$$b_x = \sqrt{h(2h_r - h)} - \sqrt{h_x(2h_r - h_x)} \tag{8-5}$$

关于两根等高避雷线的保护范围，可参看 GB 50057—2010 或有关设计手册，此略。

3. 避雷带和避雷网

避雷带和避雷网主要用来保护建筑物特别是高层建筑物，使之免遭直接雷击和雷电感应。

避雷带和避雷网宜采用圆钢或扁钢，优先采用圆钢。圆钢直径应不小于8mm；扁钢截面应不小于48mm²，其厚度应不小于4mm。当烟囱上采用避雷环时，其圆钢直径应不小于12mm；扁钢截面应不小于100mm²，其厚度应不小于4mm。避雷网的网格尺寸要求如表8-1所示。

以上接闪器均应经引下线与接地装置连接。引下线宜采用圆钢或扁钢，优先采用圆钢，其尺寸要求与避雷带、网采用的相同。引下线应沿建筑物外墙明敷，并经最短路径接地；建筑艺术要求较高者可暗敷，但其圆钢直径应不小于10mm，扁钢截面应不小于80mm²。

（二）避雷器

避雷器是用来防止雷电过电压波沿线路侵入变配电所或其他建筑物内，以免危及被保护设备的绝缘，或防止雷电电磁脉冲对电子信息系统的电磁干扰。

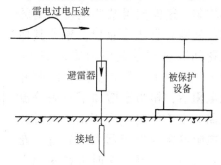

避雷器应与被保护设备并联，且安装在被保护设备的电源侧，如图8-8所示。当线路上出现危及设备绝缘的雷电过电压时，避雷器的火花间隙就被击穿，或由高阻抗变为低阻抗，使雷电过电压通过接地引下线对大地放电，从而保护了设备的绝缘，或消除了雷电电磁干扰。

图8-8 避雷器的连接

避雷器的类型，有阀式避雷器、排气式避雷器、保护间隙、金属氧化物避雷器和电涌保护器等。

1. 阀式避雷器

阀式避雷器（valve-type lightning arrester，文字符号FV）又称为阀型避雷器，主要由火花间隙和阀片组成，装在密封的瓷套管内。火花间隙用铜片冲制而成，每对间隙用厚0.5～1mm的云母垫圈隔开，如图8-9a所示。正常情况下，火花间隙能阻断工

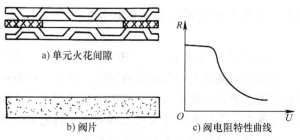

a) 单元火花间隙

b) 阀片

c) 阀电阻特性曲线

图8-9 阀式避雷器的组成部件及其特性曲线

频电流通过，但在雷电过电压作用下，火花间隙被击穿放电。阀片是用陶料粘固的电工用金刚砂（碳化硅）颗粒制成的，如图8-9b所示。这种阀片具有非线性电阻特性，正常电压时，阀片电阻很大，而过电压时，阀片电阻则变得很小，如图8-9c的特性曲线所示。因此阀式避雷器在线路上出现雷电过电压时，其火花间隙被击穿，阀片电阻变得很小，能使雷电流顺畅地向大地泄放。当雷电过电压消失、线路上恢复工频电压时，阀片电阻又变得很大，使火花间隙的电弧熄灭、绝缘恢复而切断工频续流，从而恢复线路的正常运行。

阀式避雷器中火花间隙和阀片的多少，与其工作电压高低成比例。高压阀式避雷器串联很多单元火花间隙，目的是将长弧分割成多段短弧，以加速电弧的熄灭。但阀电阻的限流作用是加速电弧熄灭的主要因素。

图 8-10a、b 分别是 FS4-10 型高压阀式避雷器和 FS-0.38 型低压阀式避雷器的结构图。

普通阀式避雷器除上述 FS 型外，还有一种 FZ 型。FZ 型阀式避雷器内的火花间隙旁边并联有一串分流电阻。这些并联电阻主要起均压作用，使与之并联的火花间隙上的电压分布比较均匀。火花间隙未并联电阻时，由于各火花间隙对地和对高压端都存在着不同的杂散电容，从而造成各火花间隙的电压分布也不均匀，这就使得某些电压较高的火花间隙容易击穿重燃，导致其他火花间隙也相继重燃而难以熄灭，使工频放电电压降低。火花间隙并联电阻后，相当于增加了一条分流支路。在工频电压作用下，通过并联电阻的电导电流远大于通过火花间隙的电容电流。这时火花间隙上的电压分布主要取决于并联电阻的电压分布。由于各火花间隙的并联电阻是相等的，因此各火花间隙上的电压分布也相应地比较均匀，从而大大改善了阀式避雷器的保护特性。

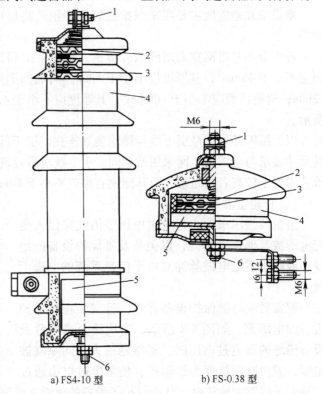

a) FS4-10 型   b) FS-0.38 型

图 8-10　高低压普通阀式避雷器
1—上接线端子　2—火花间隙　3—云母垫圈
4—瓷套管　5—阀片　6—下接线端子

FS 型阀式避雷器主要用于中小型变配电所，FZ 型则用于发电厂和大型变配电站。

阀式避雷器除上述两种普通型外，还有一种磁吹型，即 FC 型磁吹阀式避雷器，其内部附加有磁吹装置以加速火花间隙中电弧的熄灭，从而进一步改善其保护性能，降低残压。它专用来保护重要的而绝缘又比较薄弱的旋转电动机等。

阀式避雷器型号的表示和含义如下：

必须说明：上述型号中的"额定电压"，过去是用避雷器所适应的系统额定电压来标注的，例如 FS□-6 型，表示它适应在额定电压为 6kV 的系统上工作。而现在生产的避雷器，其额定电压多按其灭弧电压值来标注，例如上述 FS□-6 型，由于其灭弧电压是 7.6kV，故其型号现表示为 FS□-7.6 型。同样，原 FS□-10 型现表示为 FS□-12.7 型，FS□-35 型现表示为 FS□-41 型，等等。

2. 排气式避雷器

排气式避雷器（expulsion-type lightning arrester，文字符号 FE）通称管型避雷器，由产气管、内部间隙和外部间隙等三部分组成，如图 8-11 所示。产气管由纤维、有机玻璃或塑料制成。内部间隙装在产气管内，一个电极为棒形，另一个电极为环形。

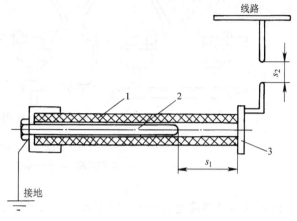

图 8-11　排气式避雷器
1—产气管　2—棒形电极　3—环形电极
s_1—内部间隙　s_2—外部间隙

当线路上遭到雷击或雷电感应时，雷电过电压使排气式避雷器的内、外间隙击穿，强大的雷电流通过接地装置入地。由于避雷器放电时内阻接近于零，所以其残压极小，但工频续流极大。雷电流和工频续流使产气管内部间隙发生强烈的电弧，使管内壁材料燃烧产生大量灭弧气体，由管口喷出，强烈吹弧，使电弧迅速熄灭，全部灭弧时间最多为 0.01s（半个周期）。这时外部间隙的空气迅速恢复绝缘，使避雷器与系统隔离，恢复系统的正常运行。

为了保证避雷器可靠工作，在选择排气式（管型）避雷器时，其开断电流的上限，应不小于安装处短路电流的最大有效值（考虑非周期分量）；而其开断电流的下限，应不大于安装处短路电流可能的最小值（不考虑非周期分量）。在排气式（管型）避雷器的全型号中也表示出了开断电流的上、下限。

排气式（管型）避雷器全型号的表示和含义如下：

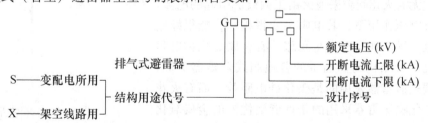

排气式避雷器具有简单经济、残压很小的优点，但它动作时有电弧和气体从管中喷出，因此它只能用在室外架空场所，主要用在架空线路上。此外，它动作时工频续流很大，相当于相间短路，往往要引起线路开关跳闸，因此对于装有排气式避雷器的线路，宜装设一次自动重合闸装置（ARD），以便迅速恢复供电。

3. 保护间隙

保护间隙（protective gap，文字符号 FG）又称角型避雷器，其结构如图 8-12 所示。它简单经济，维护方便，但保护性能差，灭弧能力小，容易造成接地或短路故障，使线路停电。因此对于装有保护间隙的线路，一般也宜装设自动重合闸装置，以提高供电可靠性。

保护间隙的安装，是一个电极接线路，另一个电极接地。但为了防止间隙被外物（如鼠、鸟、树枝等）偶然短接而造成接地或短路故障，没有辅助间隙的保护间隙（图 8-12a、

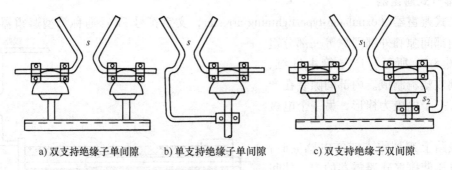

a) 双支持绝缘子单间隙　　b) 单支持绝缘子单间隙　　c) 双支持绝缘子双间隙

图 8-12　保护间隙

s—保护间隙　*s*₁—主间隙　*s*₂—辅助间隙

b）必须在其公共接地引下线中间串入一个辅助间隙，如图 8-13 所示。这样即使主间隙被外物短接，也不致造成接地或短路。

保护间隙只用于室外不重要的架空线路上。

4. 金属氧化物避雷器

金属氧化物避雷器（metal-oxide lightning arrester，文字符号 FMO）按有无火花间隙可分为两种类型，最常见的一种是没有火花间隙只有压敏电阻片的避雷器。压敏电阻片是由氧化锌或氧化铋等金属氧化物烧结而成的多晶半导体陶瓷元件，具有理想的阀电阻特性。在正常工频电压下，它呈现极大的电阻，能迅速有效地阻断工频续流，因此无需火花间隙来熄灭由工频续流引起的电弧。而在雷电过电压作用下，其电阻又变得很小，能很好地泄放雷电流。另一种是有火花间隙并有金属氧化物电阻片的避雷器，其结构与前面讲的普通阀式避雷器类似，只是普通阀式避雷器采用的是碳化硅电阻片，而有火花间隙金属氧化物避雷器采用的是性能更优异的金属氧化物电阻片，是普通阀式避雷器的更新换代产品。

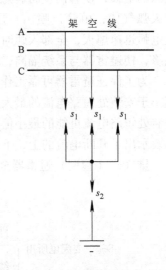

图 8-13　三相线路上保护间隙的连接

*s*₁—主间隙　*s*₂—辅助间隙

金属氧化物避雷器全型号的表示和含义如下：

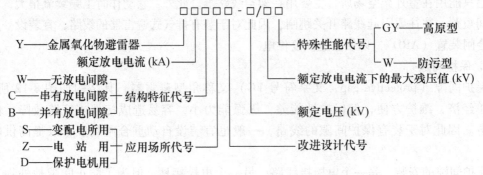

注意：金属氧化物避雷器的额定电压，现在也多用其灭弧电压值表示。

5. 电涌保护器

电涌保护器又称为浪涌保护器（Surge Protective Device，缩写 SPD），是用于低压配电系统中电子信号设备上的一种雷电电磁脉冲（浪涌电压）保护设备。它的连接与一般避雷器一样，也与被保护设备并联，接于被保护设备的电源侧，如前图 8-8 所示。

电涌保护器按应用性质分，有电源线路电涌保护器和信号线路电涌保护器两种。这两种 SPD 的原理结构基本相同，只是信号线路 SPD 的结构较简单，工作电压较低，放电电流也小得多，但它对传输速度的要求高，要求响应时间（即动作时间）极短。

电涌保护器按工作原理分，有电压开关型、限压型和复合型。电压开关型 SPD 是在没有浪涌电压时具有高阻抗，而一旦出现浪涌电压即变为低阻抗，其常用元件有放电间隙或晶闸管、气体放电管等。限压型 SPD 是在没有浪涌电压时为高阻抗，而出现浪涌电压时，则随着浪涌电压的持续升高，其阻抗也持续降低，以抑制加在被保护设备上的电压，其常用元件为压敏电阻。复合型 SPD 是开关型和限压型两类元件的组合，因此兼有以上两种 SPD 的性能。

三、电气装置的防雷

（一）架空线路的防雷措施

（1）架设避雷线　这是防雷的有效措施，但造价高，因此只在 66kV 及以上的架空线路上才全线架设。35kV 的架空线路上，一般只在进出变配电所的一段线路上装设。而 10kV 及以下的架空线路上一般不装设避雷线。

（2）提高线路本身的绝缘水平　在架空线路上，可采用木横担、瓷横担或高一级电压的绝缘子，以提高线路的防雷水平。这是 10kV 及以下架空线路防雷的基本措施之一。

（3）利用三角形排列的顶线兼作防雷保护线　对于中性点不接地系统的 3～10kV 架空线路，可在其三角形排列的顶线绝缘子上装设保护间隙，如图 8-14 所示。在出现雷电过电压时，顶线绝缘子上的保护间隙被击穿，通过其接地引下线对地泄放雷电流，从而保护了下边两根导线。由于线路为中性点不接地系统，一般也不会引起线路断路器的跳闸。

（4）装设自动重合闸装置　线路上因雷击放电造成线路电弧短路时，会引起线路断路器跳闸，但断路器跳闸后电弧会自行熄灭。如果线路上装设一次自动重合闸装置，使断路器经 0.5s 自动重合闸，电弧通常不会复燃，从而能恢复供电，这对一般用户不会有多大影响。

（5）个别绝缘薄弱地点加装避雷器　对架空线路中个别绝缘薄弱地点，如跨越杆、转角杆、分支杆、带拉线杆以及木杆线路中个别金属杆等处，可装设排气式避雷器或保护间隙。

（二）变配电所的防雷措施

（1）装设避雷针　室外配电装置应装设避雷针来防护直击雷。如果变配电所处在附近

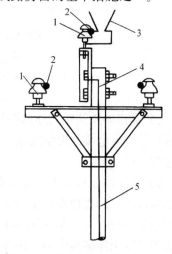

图 8-14　顶线绝缘子附加保护间隙
1—绝缘子　2—架空导线　3—保护间隙
4—接地引下线　5—电杆

更高的建筑物上防雷设施的保护范围之内或变配电所本身为车间内型，则可不必再考虑直击雷的防护。

独立避雷针宜设独立的接地装置。在非高土壤电阻率地区，其工频接地电阻 $R_E \leq 10\Omega$。当设独立接地装置有困难时，可将避雷针与变配电所的主接地网相连接，但避雷针与主接地网的地下连接点至 35kV 及以下设备与主接地网的地下连接点之间，沿接地线的长度不得小于 15m。

独立避雷针及其引下线与变配电装置在空气中的水平间距不得小于 5m。当独立避雷针的接地装置与变配电所的主接地网分开时，则它们在地中的水平间距不得小于 3m。这些规定都是为了防止雷电过电压对变配电装置进行反击闪络。

(2) 装设避雷线　处于峡谷地区的变配电所，可利用避雷线来防护直击雷。在 35kV 及以上的变配电所架空进线上，架设 1~2km 的避雷线，以消除这一段进线上的雷击闪络，避免其引起的雷电波侵入对变配电所电气装置的危害。

(3) 装设避雷器　用来防止雷电波侵入对变配电所电气装置特别是对主变压器的危害。图 8-15 是变配电所对雷电波侵入防护的接线图。

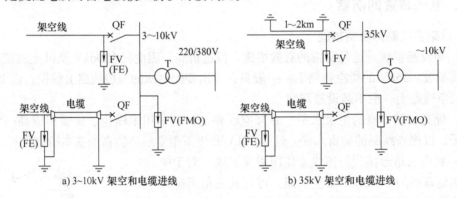

a) 3~10kV 架空和电缆进线　　　　b) 35kV 架空和电缆进线

图 8-15　变配电所对雷电波侵入的防护
FV—阀式避雷器　FE—排气式避雷器　FMO—金属氧化物避雷器

1) 高压架空线路的终端杆装设阀式避雷器（FV）或排气式避雷器（FE）。如果进线是带有一段引入电缆的架空线路，则架空线路终端装设的避雷器接地线应与电缆头的金属外皮相连并一同接地。

2) 每组高压母线上均应装设阀式避雷器（FV）或金属氧化物避雷器（FMO）。所有避雷器应以最短的接地线与主接地网连接。阀式避雷器与主变压器及其他被保护设备的电气距离应尽量缩短：与一路 3~10kV 进线的主变压器的最大电气距离为 15m，与两路 3~10kV 进线的主变压器的最大电气距离为 23m；进线电压越高，两者的电气距离要求越大。

3) 3~10kV 配电变压器低压侧中性点不接地时（如 IT 系统），应在中性点装设击穿保险器。35/0.4kV 配电变压器的高低压侧均应装设阀式避雷器。变压器两侧的避雷器应与变压器中性点及其金属外壳一同接地。

(三) 高压电动机的防雷措施

高压电动机的定子绕组是采用固体介质绝缘的，其冲击耐压试验值大约只有相同电压等级的油浸式电力变压器的 1/3 左右，加之长期运行，固体介质还要受潮、腐蚀和老化，会进一步降低其耐压水平。因此高压电动机对雷电波侵入的防护，不能采用普通的 FS 型或 FZ 型阀式避雷器，而应采用专用于保护旋转电动机用的 FCD 型磁吹阀式避雷器，或采用有串联间隙的金属氧化物避雷器。对定子绕组中性点能引出的高压电动机，可在中性点装设磁吹阀式避雷器或金属氧化物避雷器。对定子绕组中性点不能引出的高压电动机，可采用如图 8-16 所示的接线。为降低沿线路侵入的雷电波波头陡度，减轻其对电动机绕组绝缘的危害，可在电动机进线上加一段 100～150m 的引入电缆，并在电缆前的电缆头处安装一组普通阀式或排气式避雷器，而在电动机电源端（母线上）安装一组并联有电容器（0.25～0.5μF）的 FCD 型磁吹阀式避雷器。

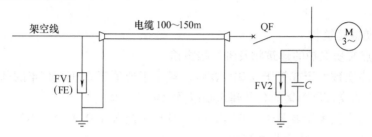

图 8-16　高压电动机对雷电波侵入的防护

FV1—普通阀式避雷器　FV2—磁吹阀式避雷器　FE—排气式避雷器

四、建筑物的防雷

（一）建筑物的防雷类别

建筑物（含构筑物，下同）根据其重要性、使用性质、发生雷电事故的可能性和后果，按防雷要求分为三类（据 GB 50057—2010 规定）：

1. 第一类防雷建筑物

1）凡制造、使用或储存火炸药及其制品的危险建筑物，因电火花而引起爆炸、爆轰会造成巨大破坏和人身伤亡者。

2）具有 0 区或 20 区爆炸危险场所的建筑物⊖。

3）具有 1 区或 21 区爆炸危险场所的建筑物，因电火花而引起爆炸会造成巨大破坏和人身伤亡者。

2. 第二类防雷建筑物

1）国家级重点文物保护的建筑物。

2）国家级的会堂、办公建筑物、大型展览和博览建筑物、大型火车站和飞机场（不含停放飞机的露天场所和跑道）、国宾馆、国家级档案馆、大型城市的重要给水泵房等特别重要的建筑物。

3）国家级计算中心、国家通信枢纽等对国民经济有重要意义的建筑物。

4）国家特级和甲级大型体育馆。

5）制造、使用或储存火炸药及其制品的危险建筑物，但电火花不易引起爆炸或不致造

⊖ 关于爆炸危险场所的分区（据 GB 50058—2014《爆炸危险环境电力装置设计规范》规定），参考附录表 21。

成巨大破坏和人身伤亡者。

6）具有 1 区或 21 区爆炸危险场所的建筑物，但电火花不易引起爆炸或不致造成巨大破坏和人身伤亡者。

7）具有 2 区或 22 区爆炸危险场所的建筑物。

8）有爆炸危险的露天钢质封闭气罐。

9）预计雷击次数大于 0.05 次/年的部、省级办公建筑物及其他重要的或人员密集的公共建筑物以及火灾危险场所。

10）预计雷击次数大于 0.25 次/年的住宅、办公楼等一般性民用建筑物或一般性工业建筑物。

3. 第三类防雷建筑物

1）省级重点文物保护的建筑物及省级档案馆。

2）预计雷击次数大于或等于 0.01 次/年、且小于或等于 0.05 次/年的部、省级办公建筑物及其他重要的或人员密集的公共建筑物以及火灾危险场所。

3）预计雷击次数大于或等于 0.05 次/年、且小于或等于 0.25 次/年的住宅、办公楼等一般性民用建筑物或一般性工业建筑物。

4）在平均雷暴日大于 15 日/年的地区，高度在 15m 及以上的烟囱、水塔等孤立的高耸建筑物；在平均雷暴日小于或等于 15 日/年的地区，高度在 20m 及以上的烟囱、水塔等孤立的高耸建筑物。

（二）建筑物的防雷措施

按 GB 50057—2010 规定，各类防雷建筑物应在建筑物上装设防直击雷的接闪器，避雷带、网应沿表 8-2 所示的屋角、屋脊、屋檐和檐角等易受雷击的部位敷设。

表 8-2　建筑物易受雷击的部位（据 GB 50057—2010）

序号	屋面情况	易受雷击的部位	备注
1	平屋面	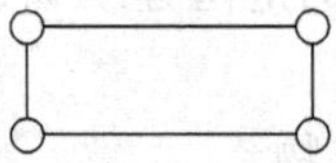	
2	坡度不大于 1/10 的屋面	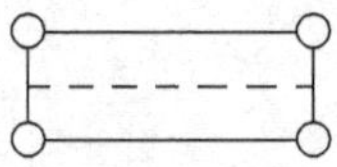	① 图上圆圈 "○" 表示雷击率最高的部位，实线 "———" 表示易受雷击部位，虚线 "----" 表示不易受雷击部位
3	坡度大于 1/10 且小于 1/2 的屋面		② 对序号 3、4 所示屋面，在屋脊有避雷带的情况下，当屋檐处于屋脊避雷带的保护范围内时，屋檐上可不再装设避雷带
4	坡度不小于 1/2 的屋面	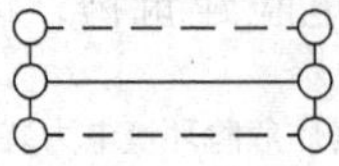	

1. 第一类防雷建筑物的防雷措施

（1）防直击雷　装设独立避雷针或架空避雷线（网），使被保护建筑物及其风帽、放散管等突出屋面的物体均处于接闪器的保护范围内。接闪器网格尺寸不应大于 5m×5m 或 6m×4m。独立避雷针和架空避雷线（网）的支柱及其接地装置至被保护建筑物及与其有联系的管道、电缆等金属物之间的距离，架空避雷线（网）至被保护建筑物屋面和各种突出屋面物体之间的距离，均不得小于 3m。接闪器接地引下线的冲击接地电阻 R_{sh}≤10Ω。当建筑物高于 30m 时，尚应采取防侧击雷的措施。

（2）防雷电感应　建筑物内外的所有可产生雷电感应的金属物件均应接到防雷电感应的接地装置上，其工频接地电阻 R_E≤10Ω。

（3）防雷电波侵入　低压线路宜全线采用电缆直接埋地敷设。在入户端，应将电缆的金属外皮、钢管接到防雷电感应的接地装置上。当全线采用电缆有困难时，可采用水泥电杆和铁横担的架空线，并使用一段电缆穿钢管直接埋地引入，其埋地长度不应小于 15m。在电缆与架空线连接处，还应装设避雷器。避雷器、电缆金属外皮、钢管及绝缘子铁脚、金具等均应连接在一起接地，其冲击接地电阻 R_{sh}≤10Ω。

2. 第二类防雷建筑物的防雷措施

（1）防直击雷　宜采取在建筑物上装设避雷网（带）或避雷针或由其混合组成的接闪器，使被保护的建筑物及其风帽、放散管等突出屋面的物体均处于接闪器的保护范围内。接闪器网格尺寸不应大于 10m×10m 或 12m×8m。接闪器接地引下线的冲击接地电阻 R_{sh}≤10Ω。当建筑物高于 45m 时，尚应采取防侧击雷的措施。

（2）防雷电感应　建筑物内的设备、管道、构架等主要金属物，应就近接至防直击雷的接地装置或电气设备的保护接地装置上，可不另设接地装置。

（3）防雷电波侵入　当低压线路全长采用埋地电缆或敷设在架空金属线槽内的电缆引入时，在入户端应将电缆金属外皮和金属线槽接地。低压架空线改换一段埋地电缆引入时，埋地长度也不应小于 15m。平均雷暴日小于 30 日/年地区的建筑物，可采用低压架空线直接引入建筑物内，但在入户处应装设避雷器，或设 2~3mm 的保护间隙，并与绝缘子铁脚、金具连接在一起接到防雷装置上，其冲击接地电阻 R_{sh}≤10Ω。

3. 第三类防雷建筑物的防雷措施

（1）防直击雷　也宜采取在建筑物上装设避雷网（带）或避雷针或由其混合组成的接闪器。接闪器网格尺寸不应大于 20m×20m 或 24m×16m。接闪器接地引下线的冲击接地电阻 R_{sh}≤30Ω。当建筑物高于 60m 时，尚应采取防侧击雷的措施。

（2）防雷电感应　为防止雷电流流经引下线和接地装置时产生的高电位对附近金属物或电气线路的反击，引下线与附近金属物和电气线路的间距应符合规范的要求。

（3）防雷电波侵入　对电缆进出线，应在进出端将电缆的金属外皮、钢管等与电气设备的接地相连接。当电缆转换为架空线时，应在转换处装设避雷器。电缆金属外皮和绝缘子铁脚、金具等应连接在一起接地，其冲击接地电阻 R_{sh}≤30Ω。进出建筑物的架空金属管道，在进出处应就近连接到防雷或电气设备的接地装置上或单独接地，其冲击接地电阻 R_{sh}≤30Ω。

◇◇◇ 第二节　电气装置的接地 ◇◇◇

一、接地的有关概念

（一）接地和接地装置

电气装置的某部分与大地之间作良好的电气连接，称为**接地**。埋入地中并直接与大地接触的金属导体，称为**接地体或接地极**。专门为接地而人为装设的接地体，称为**人工接地体**。兼作接地体用的直接与大地接触的各种金属构件、金属管道及建筑物的钢筋混凝土基础等，称为**自然接地体**。连接接地体与设备、装置接地部分的金属导体，称为**接地线**。接地线在设备、装置正常运行情况下是不载流的，但在故障情况下要通过接地故障电流。

接地线与接地体合称为**接地装置**。由若干接地体在大地中相互用接地线连接起来的一个整体，称为**接地网**。其中接地线又分接地干线和接地支线，如图 8-17 所示。接地干线一般应采用不少于两根导体在不同地点与接地网相连接。

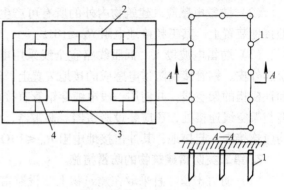

图 8-17　接地网示意图
1—接地体　2—接地干线　3—接地支线　4—电气设备

（二）接地电流和对地电压

当电气设备发生接地故障时，电流就通过接地体向大地作半球形散开。这一电流，称为**接地电流**（earthing current），用 I_E 表示。这半球形的球面，距离接地体越远球面越大，其散流电阻越小，相对于接地点的电位来说，其电位越低。接地电流、对地电压及接地电流的电位分布如图 8-18 所示。

试验表明，在距离接地故障点约 20m 的地方，散流电阻实际上已接近于零。这电位为零的地方，称为电气上的"地"或"大地"。

电气设备的接地部分，例如接地的外壳和接地体等，与零电位的"地"（大地）之间的电位差，就称为**接地部分的对地电压**（voltage to earth），如图 8-18 中的

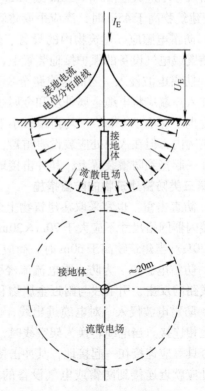

图 8-18　接地电流、对地电压及接地电流电位分布曲线
I_E—接地电流　U_E—对地电压

U_E。

（三）接触电压和跨步电压

1. 接触电压

接触电压（touch voltage）是指电气设备的绝缘损坏时，在身体可触及的两部分之间出现的电位差。例如人站在发生接地故障的设备旁边，手触及设备的金属外壳，则人手与脚之间所呈现的电位差，即为接触电压，如图8-19中的U_{tou}。

2. 跨步电压

跨步电压（step voltage）是指在接地故障点附近行走时，两脚之间所出现的电位差，如图8-19中的U_{step}。在带电的断线落地点附近及雷击时防雷装置泄放雷电流的接地体附近行走时，同样也有跨步电压。越靠近接地点及跨步越长，跨步电压越大。离接地故障点达20m时，跨步电压为零。

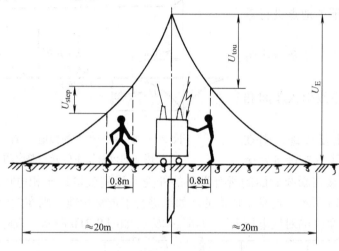

图8-19 接触电压和跨步电压说明图

U_{tou}—接触电压 U_{step}—跨步电压

（四）工作接地、保护接地和重复接地

1. 工作接地

工作接地是为保证电力系统和设备达到正常工作要求而进行的一种接地，例如电源中性点的接地、防雷装置的接地等。各种工作接地有各自的功能，例如电源中性点直接接地，能在运行中维持三相系统中相线对地电压不变。而防雷装置的接地，是为了对地泄放雷电流，实现防雷保护的要求。

2. 保护接地与接零

保护接地是为保障人身安全、防止间接触电而将设备的外露可导电部分接地。

保护接地的型式有两种：

1）设备的外露可导电部分经各自的接地线（PE线）直接接地，如TT系统和IT系统中设备外壳的接地（参看图1-16和图1-17）。

2）设备的外露可导电部分经公共的PE线（如在TN-S系统中，参看图1-15b）或经PEN线（如在TN-C系统中，参看图1-15a）接地。这种接地型式，我国电工界过去习惯称为"保护接零"。上述的 PEN 线和 PE 线就称为"零线"。

必须注意：同一低压配电系统中，不能有的设备采取保护接地而有的设备又采取保护接零；否则，当采取保护接地的设备发生单相接地故障时，采取保护接零的设备外露可导电部分（外壳）将带上危险的电压，如图 8-20 所示。

3. 重复接地

在 TN 系统中，为确保公共 PE 线或 PEN 线安全可靠，除在电源中性点进行工作接地外，还应在 PE 线或 PEN 线的下列地点进行重复接地：

1）在架空线路终端及沿线每隔 1km 处。

2）电缆和架空线引入车间和其他建筑物处。

如果不进行重复接地，则在 PE 线或 PEN 线断线且有设备发生

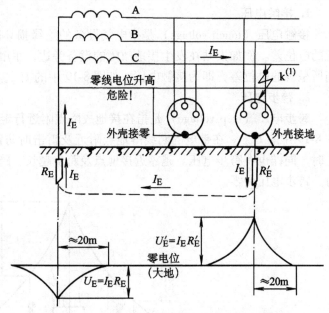

图 8-20 同一系统中有的接地、有的接零在外壳接地的设备发生碰壳短路时的情况

单相接壳短路时，接在断线后面的所有设备的外壳都将呈现接近于相电压的对地电压，即 $U_E \approx U_\varphi$，如图 8-21a 所示，这是很危险的。如果进行了重复接地，则在发生同样故障时，断线后面的设备外壳呈现的对地电压 $U'_E = I_E R'_E \ll U_\varphi$，如图 8-21b 所示，危险程度大大降低。

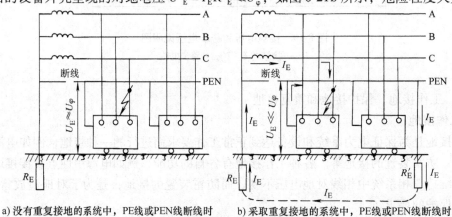

a) 没有重复接地的系统中，PE线或PEN线断线时   b) 采取重复接地的系统中，PE线或PEN线断线时

图 8-21 重复接地的作用说明

二、电气装置的接地及其接地电阻

（一）电气装置应该接地或接零的金属部分

GB 50169—2010《电气装置安装工程 接地装置施工及验收规范》规定，电气装置的下列金属部分，均应接地或接零：

1）电机、变压器、电器、携带式或移动式用电器具等的金属底座和外壳。

2）电气设备的传动装置。

3）室内外配电装置的金属或钢筋混凝土构架以及靠近带电部分的金属遮栏和金属门。

4）配电、控制、保护用的屏（柜、箱）及操作台等的金属框架和底座。

5）交、直流电力电缆的接头盒、终端头和膨胀器的金属外壳和可触及的电缆金属护层和穿线的钢管。穿线的钢管之间或钢管与电器设备之间有金属软管过渡的，应保证金属软管段接地畅通。

6）电缆桥架、支架和井架。

7）装有避雷线的电力线路杆塔。

8）装在配电线路杆上的电力设备。

9）在非沥青地面的居民区内，不接地、经消弧线圈接地和高电阻接地系统中无避雷线的架空电力线路的金属杆塔和钢筋混凝土杆塔。

10）承载电气设备的构架和金属外壳。

11）发电机中性点柜外壳、发电机出线柜、封闭母线的外壳及其他裸露的金属部分。

12）气体绝缘全封闭组合电器（GIS）的外壳接地端子和箱式变电站的金属箱体。

13）电热设备的金属外壳。

14）铠装控制电缆的金属护层。

15）互感器的二次绕组。

（二）电气装置可不接地或不接零的金属部分

GB 50169—2010 规定，电气装置的下列金属部分可不接地或不接零：

1）在木质、沥青等不良导电地面的干燥房间内，交流额定电压为 400V 及以下或直流额定电压为 440V 及以下的电气设备的外壳；但当有可能同时触及上述电气设备外壳和已接地的其他物体时，则仍应接地。

2）在干燥场所，交流额定电压为 127V 及以下或直流额定电压为 110V 及以下的电气设备的外壳。

3）安装在配电屏、控制屏和配电装置上的电气测量仪表、继电器和其他低压电器等的外壳，以及当发生绝缘损坏时，在支持物上不会引起危险电压的绝缘子的金属底座等。

4）安装在已接地金属构架上的设备，如穿墙套管等。

5）额定电压为 220V 及以下的蓄电池室内的金属支架。

6）由发电厂、变电所和工业企业区域内引出的铁路轨道。

7）与已接地的机床、机座之间有可靠电气接触的电动机和电器的外壳。

（三）接地电阻及其要求

接地电阻是接地线和接地体的电阻与接地体散流电阻的总和。由于接地线和接地体的电阻相对很小，因此接地电阻可认为就是接地体的散流电阻。

接地电阻按其通过电流的性质可分为以下两种：

1）**工频接地电阻**：是工频接地电流流经接地装置入地所呈现的接地电阻，用 R_E（或 $R_\sim$）表示。

2）**冲击接地电阻**：是雷电流流经接地装置入地所呈现的接地电阻，用 R_{sh}（或 R_i）表示。

我国有关规程规定的部分电力装置所要求的工作接地电阻（包括工频接地电阻和冲击接地电阻）值，如附录表 23 所示，供参考。

关于低压 TT 系统和 IT 系统中电力设备外露可导电部分的保护接地电阻 R_E，按规定应满足这样的条件，即在接地电流 I_E 通过 R_E 时产生的对地电压不应高于 50V（安全特低电压），因此保护接地电阻应为

$$R_E \leqslant \frac{50\text{V}}{I_E} \tag{8-6}$$

如果作为设备单相接壳故障保护的漏电断路器的动作电流 $I_{\text{op(E)}}$ 取为 30mA（安全电流值），则 $R_E \leqslant 50\text{V}/0.03\text{A} = 1667\Omega$。这一电阻值很大，很容易满足要求。一般取 $R_E \leqslant 100\Omega$，以确保安全。

对低压 TN 系统，由于其中所有设备的外露可导电部分均接公共 PE 线或 PEN 线，即采取保护接零，因此不存在保护接地电阻问题。

三、接地装置的装设

（一）自然接地体的利用

在设计和装设接地装置时，首先应充分利用自然接地体，以节约投资，节约钢材。如果实地测量所利用的自然接地体接地电阻已满足要求，且这些自然接地体又满足短路热稳定度条件时，除 35kV 及以上变配电所外，一般就不必再装设人工接地装置了。

可以利用的自然接地体，按 GB 50169—2010 规定有：

1）埋设在地下的金属管道，但不包括可燃和有爆炸物质的管道。

2）金属井管。

3）与大地有可靠连接的建筑物的金属结构。

4）水工建筑物及其类似的构筑物的金属管、桩等。

对于变配电所来说，可利用其建筑物的钢筋混凝土基础作为自然接地体。对 3～10kV 变配电所来说，如果其自然接地电阻满足规定值时，可不另设人工接地。对 35kV 及以上变配电所则还必须敷设以水平接地体为主的人工接地网。

利用自然接地体时，一定要保证其良好的电气连接。在建、构筑物结构的结合处，除已焊接者外，都要采用跨接焊接，而且跨接线不得小于规定值。

（二）人工接地体的装设

人工接地体有垂直埋设和水平埋设两种，如图 8-22 所示。

最常用的垂直接地体为直径 50mm、长 2.5m 的钢管。如果采用的钢管直径小于 50mm，则因钢管的机械强度较小，易弯曲，不适于用机械方法打入土中；如果钢管直径大于 50mm，则钢材耗用增大，而散流电阻减小甚微，很不经济（例如钢管直径由 50mm 增大到 125mm 时，散流电阻仅减小

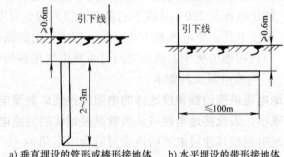

a) 垂直埋设的管形或棒形接地体　　b) 水平埋设的带形接地体

图 8-22　人工接地体

15%）。如果采用的钢管长度小于2.5m时，散流电阻增加很多；如果钢管长度大于2.5m时，则难于打入土中，而散流电阻也减小不多。由此可见，采用直径为50mm、长度为2.5m的钢管作为垂直接地体是最为经济合理的。但是为了减少外界温度变化对散流电阻的影响，埋入地下的接地体，其顶端离地面不宜小于0.6m。

当土壤电阻率（参看附录表24）偏高时，例如土壤电阻率 $\rho \geqslant 300\Omega \cdot m$ 时，为降低接地装置的接地电阻，可采取以下措施：

1）采用多支线外引接地装置，其外引线长度不宜大于 $2\sqrt{\rho}$，这里的 ρ 为埋设地点的土壤电阻率。

2）如果地下较深处土壤电阻率较低时，可采用深埋式接地体。

3）局部进行土壤置换处理，换以电阻率较低的粘土或黑土（见图8-23），或进行土壤化学处理，填充以炉渣、木炭、石灰、食盐、废电池等降阻剂（见图8-24）。

按 GB 50169—2010《电气装置安装工程 接地装置施工及验收规范》规定，钢接地体和接地线的截面不应小于表8-3所列规格。对110kV及以上变电所或腐蚀性较强场所的接地装置，应采用热镀锌钢材，或适当加大截面。不得采用铝导体作接地体或接地线。

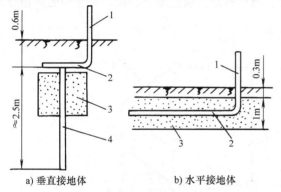

a）垂直接地体 b）水平接地体

图 8-23 土壤置换处理

1—引下线 2—连接扁钢 3—粘土 4—钢管

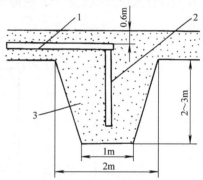

图 8-24 土壤化学处理

1—扁钢 2—钢管 3—降阻剂

表 8-3 钢接地体和接地线的最小规格（据 GB 50169—2010）

种类、规格及单位		地　上		地　下	
		室内	室外	交流回路	直流回路
圆钢直径/mm		6	8	10	12
扁钢	截面积/mm²	60	100	100	100
	厚度/mm	3	4	4	6
角钢厚度/mm		2	2.5	4	6
钢管管壁厚度/mm		2.5	2.5	3.5	4.5

注：1. 电力线路杆塔的接地体引出线截面不应小于50mm²。引出线应热镀锌。

2. 本表规格也符合 GB 50303—2011《建筑电气工程施工质量验收规范》的规定。

由于多根接地体邻近时，会出现电流相互排挤的屏蔽效应（参看图8-25），使接地装置的利用率下降，因此垂直接地体之间的间距不宜小于接地体长度的2倍，而水平接地体之间的间距一般不宜小于5m。

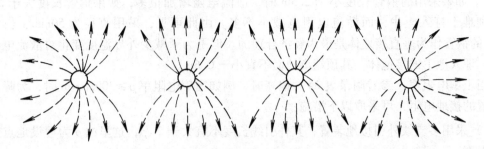

图 8-25　接地体间的电流屏蔽效应

　　人工接地网的布置应尽量使地面的电位分布均匀，以降低接触电压和跨步电压。人工接地网的外缘应闭合。外缘各角应作成圆弧形，圆弧的半径不宜小于下述均压带间距的一半。

　　35kV 及以上变电所的人工接地网内应敷设水平均压带，如图 8-26 所示。为保障人身安全，在经常有人出入的走道处，应铺设碎石、沥青路面，或在地下装设两条与接地网相连的均压带。

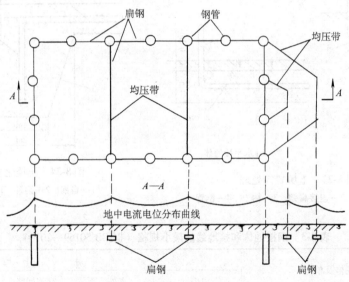

图 8-26　加装均压带的人工接地网

　　为了减小建筑物的接触电压，接地体与建筑物的基础间应保持不小于 1.5m 的水平距离，通常取 2 ~ 3m。

　　（三）防雷装置的接地装置要求

　　避雷针宜设独立的接地装置。防雷的接地装置（包括接地体和接地线）及避雷针（线、网）引下线的结构尺寸，应符合 GB 50057—2010 规定的要求。

　　为了防止雷击时雷电流在接地装置上产生的高电位对被保护的建筑物和配电装置及其接地装置进行"反击闪络"，危及建筑物和配电装置的安全，防直击雷的接地装置与建筑物和配电装置及其接地装置之间应有一定的安全距离，此安全距离与建筑物的防雷等级有关，在

GB 50057—2010 中有具体规定，但总的来说，空气中的安全距离 $s_0 \geqslant 5\mathrm{m}$，地下的安全距离 $s_\mathrm{E} \geqslant 3\mathrm{m}$，如图 8-27 所示。

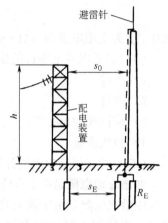

四、接地装置的计算

（一）人工接地体工频接地电阻的计算

在工程设计中，人工接地体的工频接地电阻可采用下列简化公式计算[31]：

（1）单根垂直管形或棒形接地体的接地电阻（单位为 Ω）

$$R_{\mathrm{E}(1)} \approx \frac{\rho}{l} \qquad (8\text{-}7)$$

式中，ρ 为土壤电阻率（$\Omega \cdot \mathrm{m}$）；l 为接地体长度（m）。

（2）n 根并联垂直接地体的接地电阻（单位为 Ω）

n 根垂直接地体通过连接扁钢（或圆钢）并联时，入地的流散电流将相互排挤，产生如图 8-25 所示的屏蔽效应。由于这种屏蔽效应，使得 n 根垂直接地体并联的总的接地电阻 $R_\mathrm{E} > R_{\mathrm{E}(1)}/n$，因此实际总的接地电阻为

$$R_\mathrm{E} = \frac{R_{\mathrm{E}(1)}}{n\eta_\mathrm{E}} \qquad (8\text{-}8)$$

图 8-27　防直击雷的接地装置对建筑物和配电装置及其接地装置间的安全距离

s_0—空气中间距（不小于 5m）

s_E—地下间距（不小于 3m）

式中，η_E 为接地体的利用系数，垂直管形接地体的利用系数如附录表 25 所列。利用管间距离 a 与管长 l 之比及管子数目 n 去查。由于该表所列 η_E 未列入连接扁钢的影响，因此实际的 η_E 值比表列数值略高，但这样更能满足接地的要求。

（3）单根水平带形接地体的接地电阻（单位为 Ω）

$$R_\mathrm{E} \approx \frac{2\rho}{l} \qquad (8\text{-}9)$$

式中，ρ 为土壤电阻率（$\Omega \cdot \mathrm{m}$）；l 为接地体长度（m）。

（4）n 根放射形水平接地带（$n \leqslant 12$，每根长度 $l \approx 60\mathrm{m}$）的接地电阻（单位为 Ω）

$$R_\mathrm{E} \approx \frac{0.062\rho}{n + 1.2} \qquad (8\text{-}10)$$

式中，ρ 为土壤电阻率（$\Omega \cdot \mathrm{m}$）。

（5）环形接地网（带）的接地电阻（单位为 Ω）

$$R_\mathrm{E} \approx \frac{0.6\rho}{\sqrt{A}} \qquad (8\text{-}11)$$

式中，A 为环形接地网（带）所包围的面积（m^2）。

（二）自然接地体工频接地电阻的计算

部分自然接地体的工频接地电阻可按下列简化计算公式计算：

（1）电缆金属外皮和水管等的接地电阻（单位为 Ω）

$$R_\mathrm{E} \approx \frac{2\rho}{l} \qquad (8\text{-}12)$$

式中，ρ 为土壤电阻率（$\Omega \cdot \mathrm{m}$）；l 为电缆和水管等的埋地长度（m）。

（2）钢筋混凝土基础的接地电阻（单位为 Ω）

$$R_E \approx \frac{0.2\rho}{\sqrt[3]{V}} \tag{8-13}$$

式中，ρ 为土壤电阻率（$\Omega \cdot m$）；V 为钢筋混凝土基础的体积（m^3）。

（3）钢筋混凝土电杆的接地电阻（单位为 Ω）

1）单杆 $R_E \approx 0.3\rho$ (8-14)

2）双杆 $R_E \approx 0.2\rho$ (8-15)

3）带拉线的单、双杆 $R_E \approx 0.1\rho$ (8-16)

4）拉线底盘 $R_E \approx 0.28\rho$ (8-17)

（三）冲击接地电阻的计算

冲击接地电阻是指雷电流经接地装置泄放入地所呈现的电阻，包括接地线、接地体电阻和地中散流电阻。由于强大的雷电流泄放入地时，当地的土壤被雷电波击穿并产生火花，使散流电阻显著降低。当然，雷电波的陡度很大，具有高频特性，同时会使接地线的感抗增大；但接地线阻抗较之散流电阻毕竟小得多，因此冲击接地电阻一般是小于工频接地电阻的。按 GB 50057—2010 规定，冲击接地电阻按下式计算：

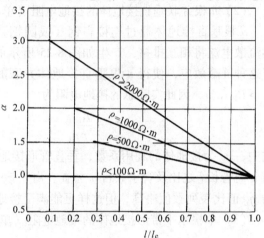

$$R_{sh} = \frac{R_E}{\alpha} \tag{8-18}$$

式中，R_E 为工频接地电阻；α 为换算系数，为 R_E 与 R_{sh} 的比值，由图 8-28 确定。

图 8-28   确定换算系数 $\alpha = R_E/R_{sh}$ 的计算曲线

图 8-28 中的 l_e 为接地体的有效长度（m），按 GB 50057—2010 规定，应按下式计算：

$$l_e = 2\sqrt{\rho} \tag{8-19}$$

式中，ρ 为土壤电阻率（$\Omega \cdot m$）。

图 8-28 中的 l：对单根接地体，为其实际长度；对有分支线的接地体，为其最长分支线的长度（参看图 8-29）；对环形接地网，为其周长的一半。如果 $l_e < l$ 时，则取 $l_e = l$，即 $\alpha = 1$，亦即 $R_{sh} = R_E$。

（四）接地装置的计算程序及示例

接地装置的计算程序如下：

1）按设计规范的要求确定允许的接地电阻 R_E 值。

2）实测或估算可以利用的自然接地体的接地电阻 $R_{E(net)}$ 值。

3）计算需要补充的人工接地体的接地电阻为

$$R_{E(man)} = \frac{R_{E(net)} R_E}{R_{E(net)} - R_E} \tag{8-20}$$

如果不考虑利用自然接地体，则 $R_{E(man)} = R_E$。

4）在装设接地体的区域内初步安排接地体的布置，并按一般经验试选，初步确定接地

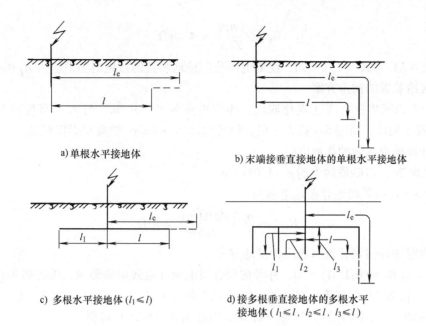

a) 单根水平接地体　　　　　b) 末端接垂直接地体的单根水平接地体

c) 多根水平接地体 ($l_1 \leqslant l$)　　　　d) 接多根垂直接地体的多根水平
　　　　　　　　　　　　　　接地体 ($l_1 \leqslant l$, $l_2 \leqslant l$, $l_3 \leqslant l$)

图 8-29　接地体的长度 l 和有效长度 l_e

体和接地线的尺寸。

5）计算单根接地体的接地电阻 $R_{E(1)}$。

6）用逐步渐近法计算接地体的数量

$$ n = \frac{R_{E(1)}}{\eta_E R_{E(man)}} \tag{8-21} $$

7）校验短路热稳定度。对于大接地电流系统中的接地装置，可按式（4-60）进行单相短路热稳定度的校验。由于钢线的热稳定系数 $C = 70$，因此满足短路热稳定度的钢接地线的最小允许截面（单位为 mm^2）为

$$ A_{min} = \frac{I_k^{(1)} \sqrt{t_k}}{70} \tag{8-22} $$

式中，$I_k^{(1)}$ 为单相接地短路电流（A），为计算简便，并使热稳定度更有保障，可取为 $I_k^{(3)}$；t_k 为短路电流持续时间（s）。

例 8-2　某车间变电所的主变压器容量为 500kVA，电压为 10/0.4kV，Yyn0 联结。试确定此变电所公共接地装置的垂直接地钢管和连接扁钢的尺寸。已知装设地点的土质为砂质粘土，10kV 侧有电气联系的架空线路长 70km，电缆线路长 25km。

解：（1）确定接地电阻值

查附录表 23，可确定此变电所公共接地装置的接地电阻应满足以下两个条件：

$$ R_E \leqslant \frac{120V}{I_E} \tag{1} $$

$$ R_E \leqslant 4\Omega \tag{2} $$

式（1）中的 I_E 由式（1-3）计算为

$$ I_E = I_C = \frac{10 \times (70 + 35 \times 25)}{350}A = 27A $$

故式（1）

$$R_E \leqslant \frac{120V}{27A} = 4.44\Omega \tag{3}$$

比较式（2）与式（3）可知，此变电所公共接地装置的接地电阻值应为 $R_E \leqslant 4\Omega$。

（2）接地装置的初步方案

现初步考虑围绕变电所建筑物四周，距变电所外墙 2~3m，打入一圈直径 50mm、长 2.5m 的钢管接地体，每隔 5m 打入一根。钢管间用 $40 \times 4mm^2$ 的扁钢焊接相连。

（3）计算单根钢管的接地电阻

查附录表 24，得砂质粘土的 $\rho = 100\Omega \cdot m$。

按式（8-7）得单根钢管接地电阻为

$$R_{E(1)} \approx \frac{\rho}{l} = \frac{100\Omega \cdot m}{2.5m} = 40\Omega$$

（4）确定接地的钢管数和最后的接地方案

根据 $R_{E(1)}/R_E = 40\Omega/4\Omega = 10$，并考虑到管间电流屏蔽效应的影响，因此初步选择 15 根管径 50mm、长 2.5m 的钢管作接地体。以 $n = 15$ 和 $a/l = 2$ 去查附录表 25-2（取 $n = 10 \sim 20$ 在 $a/l = 2$ 时的 η_E 的中间值），得 $\eta_E \approx 0.66$。因此由式（8-21）可得

$$n = \frac{R_{E(1)}}{\eta_E R_E} = \frac{40\Omega}{0.66 \times 4\Omega} \approx 15$$

考虑到接地体的均匀对称布置，选 16 根直径 50mm、长 2.5m 的钢管作接地体，用 $40 \times 4mm^2$ 的扁钢连接，环形布置。因题目未给短路电流数据，短路热稳定度校验从略。

◇◇◇ 第三节　低压配电系统的接地故障保护、漏电保护和等电位联结 ◇◇◇

一、低压配电系统的接地故障保护

接地故障是指低压配电系统中的相线对地或对与地有联系的导体之间的短路，包括相线与大地、相线与 PE 线或 PEN 线以及相线与设备的外露可导电部分之间的短路。

接地故障的危害很大。在 TN 系统中，接地故障就是单相短路，故障电流很大，必须迅速切除，否则将产生严重后果，甚至引起火灾或爆炸。在 TT 系统和 IT 系统中，接地故障电流虽然较小，但故障设备的外露可导电部分可能呈现危险的对地电压。如不及时予以信号报警或切除故障，就有发生人身触电事故的可能。因此对接地故障必须重视，应该对接地故障采取适当的安全防护措施。

接地故障保护电器的选择，应根据低压配电系统的接地型式、电气设备类别（移动式、手握式或固定式）以及导体截面大小等因素确定。

（一）TN 系统中的接地故障保护

TN 系统中配电线路的接地故障保护可由线路的过电流保护或零序电流保护来实现。接地故障保护的动作电流 $I_{op(E)}$ 应符合下式要求：

$$I_{op(E)} \leqslant \frac{U_\varphi}{|Z_{\Sigma(\varphi-0)}|} \tag{8-23}$$

式中，U_φ 为 TN 系统的相电压；$|Z_{\Sigma(\varphi-0)}|$ 为接地故障回路的总阻抗模，其计算参看式（4-38）。

接地故障保护的动作时间，对已有总等电位联结措施、且配电线路只供给固定式电气设备的末端线路，不宜大于 5s，即 $t_{op(E)} \leqslant 5s$。对已有总等电位联结措施，但只供电给手握式和移动式电气设备的末端线路，其接地故障保护的动作时间不应大于 0.4s，即 $t_{op(E)} \leqslant 0.4s$。

接地故障如果采用熔断器保护，则接地故障电流 $I_k^{(1)}$ 与熔断器熔体额定电流 $I_{N.FE}$ 的比值 K，不应小于表 6-2（见第六章第二节）所列数值。如果满足表 6-2 要求，则可认为满足接地故障保护的要求。

如果上述接地故障保护达不到保护要求，则应采取漏电电流保护。但漏电电流保护只适用于 TN-S 系统，不适用于 TN-C 系统，或将 TN-C 系统改为 TN-C-S 系统来装设漏电电流保护（参看图 8-34）。

（二）TT 系统中的接地故障保护

在 TT 系统中，一般装设漏电电流保护作接地故障保护。但在已采取总等电位联结措施、且其作为接地故障保护的过电流保护满足下式要求时，即可认为已达到防触电的安全要求，不必另装漏电电流保护：

$$I_{op(E)}R_E \leqslant 50V \qquad (8-24)$$

式中，$I_{op(E)}$ 为接地故障保护的动作电流；R_E 为电气设备外露可导电部分的接地电阻与 PE 线电阻之和。

当采用过电流保护时，反时限特性过电流保护电器的 $I_{op(E)}$ 应保证在 5s 内切除接地故障回路。当采用瞬时动作特性过电流保护时，$I_{op(E)}$ 应保证瞬时切除接地故障回路。当过电流保护达不到上述要求时，则应采取漏电电流保护。

（三）IT 系统中的接地故障保护

在 IT 系统中，当发生第一次接地故障时，应由绝缘监视装置发出音响或灯光报警信号，其动作电流应符合下式要求：

$$I_E R_E \leqslant 50V \qquad (8-25)$$

式中，I_E 为相线与设备外露可导电部分之间的短路故障电流，由于 IT 系统中性点不接地或经阻抗接地，因此 I_E 为单相接地电容电流；R_E 为设备外露可导电部分的接地电阻与 PE 线电阻之和。

当发生第二次接地故障时，可形成两相接地短路，这时应由过电流保护或漏电电流保护来切断故障回路，并应符合下列要求：

1）当 IT 系统不引出 N 线、线路电压为 220/380V 时，保护电器应在 0.4s 内切断故障回路，并满足下式要求：

$$I_{op}|Z_\Sigma| \leqslant \frac{\sqrt{3}}{2}U_\varphi \qquad (8-26)$$

式中，$|Z_\Sigma|$ 为包括相线和 PE 线在内的故障回路阻抗模。

2）当 IT 系统引出 N 线、线路电压为 220/380V 时，保护电器应在 0.8s 内切断故障回路，并满足下式要求：

$$I_{op}|Z'_\Sigma| \leqslant \frac{1}{2}U_\varphi \qquad (8-27)$$

式中，$|Z'_\Sigma|$ 为包括相线、N 线和 PE 线在内的故障回路阻抗模。

以上两式中的 I_{op} 均为保护装置的动作电流，U_φ 为线路的相电压。

二、低压配电系统的漏电电流保护

（一）漏电保护器的功能与原理

漏电保护器又称"剩余电流保护器"（IEC 标准名称，英文为 Residual current protective device，简称 RCD），它是在规定条件下，当漏电电流（剩余电流）达到或超过规定值时能自动断开电路的一种保护电器。它用来对低压配电系统中的漏电和接地故障进行安全防护，防止发生人身触电事故及因接地电弧引发的火灾。

漏电保护器按其反应动作的信号分，有电压动作型和电流动作型两类。电压动作型技术上存在一些问题，所以现在生产的漏电保护器差不多都是电流动作型。

电流动作型漏电保护器利用零序电流互感器来反应接地故障电流，以动作于脱扣机构。它按脱扣机构的结构分，又有电磁脱扣型和电子脱扣型两类。

电流动作的电磁脱扣型漏电保护器的原理接线图如图 8-30 所示。设备正常运行时，穿过零序电流互感器 TAN 的三相电流相量和为零，零序电流互感器 TAN 二次侧不产生感应电动势，因此极化电磁铁 YA 的线圈中没有电流通过，其衔铁靠永久磁铁的磁力保持在吸合位置，使开关维持在合闸状态。当设备发生漏电或单相接地故障时，就有零序电流穿过互感器 TAN 的铁心，使其二次侧感生电动势，于是电磁铁 YA 的线圈中有交流电流通过，从而使电磁铁 YA 的铁心中产生交变磁通，与原有的永久磁通叠加，产生去磁作用，使其电磁吸力减小，衔铁被弹簧拉开，使自由脱扣机构 YR 动作，开关跳闸，断开故障电路，从而起到漏电保护的作用。

电流动作的电子脱扣型漏电保护器的原理接线图如图 8-31 所示。这种电子脱扣型漏电保护器是在零序电流互感器 TAN 与自由脱扣机构 YR 之间接入一个电子放大器 AV。当设备发生漏电或单相接地故障时，互感器 TAN 二次侧感生的电信号经电子放大器 AV 放大后，接通脱扣机构 YR，使开关跳闸，从而也起到漏电保护的作用。

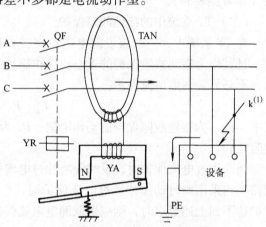

图 8-30 电流动作的电磁脱扣型漏
电保护器原理接线图

TAN—零序电流互感器　YA—极化电磁铁
QF—断路器　YR—自由脱扣机构

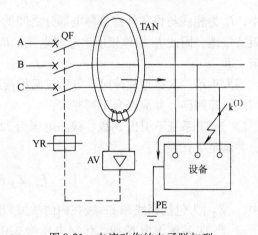

图 8-31 电流动作的电子脱扣型
漏电保护器原理接线图

TAN—零序电流互感器　AV—电子放大器
QF—断路器　YR—自由脱扣机构

（二）漏电保护器的分类

漏电保护器按其保护功能和结构特征，可分以下四类：

（1）漏电保护开关　它是将零序电流互感器、漏电脱扣器和主开关组装在一绝缘外壳之中，具有漏电保护及手动通断电路的功能，但不具过负荷和短路保护的功能。这类产品主要应用于住宅，通称漏电开关。

（2）漏电断路器　它是在低压断路器的基础上加装漏电保护部件所组成，因此具有漏电保护及过负荷和短路保护的功能。它的有些产品就是在低压断路器之外拼装漏电保护附件而成。例如 C45 系列小型断路器拼装漏电脱扣器后，就成了家用及类似场所广泛应用的漏电断路器。

（3）漏电继电器　它由零序电流互感器和继电器组成，具有检测和判断漏电和接地故障的功能，由继电器发出信号，并控制断路器或接触器切断电路。

（4）漏电保护插座　它由漏电开关或漏电断路器与插座组合而成，使插座回路连接的设备具有漏电保护功能。

漏电保护器按极数分，有单极 2 线、双极 2 线、3 极 3 线、3 极 4 线和 4 极 4 线等多种型式，其在低压配电线路中的接线如图 8-32 所示。

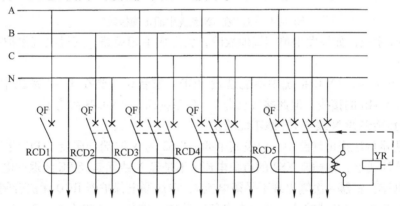

图 8-32　各种 RCD 在低压配电线路中的接线示意图

RCD1—单极 2 线　RCD2—双极 2 线　RCD3—3 极 3 线　RCD4—3 极 4 线

RCD5—4 极 4 线　QF—断路器　YR—漏电脱扣器

（三）漏电保护器的装设场所与要求

1. 漏电保护器（RCD）的装设场所

由于人手握住手持式或移动式电器时，如果该电器漏电，则人手因触电痉挛而很难摆脱，触电时间一长，就会导致死亡。而固定式电器漏电，如人体触及，会因电击刺痛而弹离，一般不会继续触电。由此可见，手持式和移动式电器触电的危险性远远大于固定式电器触电。因此一般规定，安装有手持式和移动式电器的回路上应装设 RCD。由于插座主要是用来连接手持式和移动式电器的，因此插座回路上一般也应装设 RCD。GB 50096—2011《住宅设计规范》规定，除空调电源插座外，其他电源插座回路均应装设 RCD。

2. PE 线和 PEN 线不得穿过 RCD 的零序电流互感器铁心

在 TN-S 系统中或 TN-C-S 系统中的 TN-S 段装设 RCD 时，PE 线不得穿过零序电流互感器的铁心。否则，在发生单相接地故障时，由于进出互感器铁心的故障电流相互抵消，RCD

不会动作，如图 8-33a 所示。而在 TN-C 系统中或 TN-C-S 系统中的 TN-C 段装设 RCD 时，PEN 线不得穿过零序电流互感器的铁心，否则，在发生单相接地故障时，RCD 同样不会动作，如图 8-33b 所示。

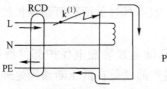
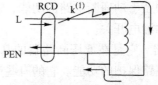

a) TN-S 系统中的 PE 线穿过 RCD　　　b) TN-C 系统中的 PEN 线穿过 RCD
　　互感器铁心时，RCD 不动作　　　　　互感器铁心时，RCD 不动作

图 8-33　PE 线和 PEN 线不得穿过 RCD 的零序电流互感器铁心说明

TN-S 系统中和 TN-C-S 系统的 TN-S 段中 RCD 的正确接线应如图 8-34 所示。

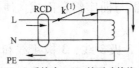
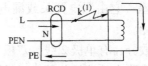

a) TN-S 系统中 RCD 的正确接线　　　b) TN-C-S 系统的 TN-S 段中 RCD 的正确接线

图 8-34　RCD 在 TN 系统中的正确接线

对于 TN-C 系统，如果发生单相接地故障，就形成单相短路，其过电流保护装置应该动作，切除故障。

由图 8-33b 可知，TN-C 系统中不能装设 RCD。或者说，要在 TN-C 系统中装设 RCD，必须采取如图 8-34b 的接线，但此接线已非 TN-C 系统而是 TN-C-S 系统了。

3. RCD 负荷侧的 N 线与 PE 线不能接反

图 8-35 所示低压配电线路中，假设其中插座 XS2 的 N 线端子误接于 PE 线上，而其 PE 线端子误接于 N 线上，则插座 XS2 的负荷电流 I 不是经 N 线而是经 PE 线返回电源，从而使 RCD 的零序电流互感器一次侧出现不平衡电流 I，造成漏电保护器 RCD 无法合闸。

为了避免 N 线与 PE 线接错，建议在电气安装中，按规定（参看表 5-2）N 线使用淡蓝色绝缘线，PE 线使用黄绿双色绝缘线，而 A、B、C 三相则分别使用黄、绿、红色绝缘线。

4. 装设 RCD 时，不同回路不应共用一根 N 线

在电气施工中，为节约线路投资，往往将几回配电线路共用一根 N 线。图 8-36 所示线路中，将装有 RCD 的回路与其他回路共用一根 N 线。这将使 RCD 的零序电流互感器一次侧出现不平衡电流而引起 RCD 误动，因此这种做法是不允许的。

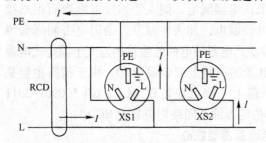
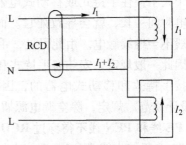

图 8-35　低压配电线路中如插座的 N 线与 PE　　　图 8-36　不同回路共用一根 N 线
　　　　　线接反时，RCD 无法合闸　　　　　　　　　　　　可引起 RCD 误动

5. 低压配电系统中多级 RCD 的装设要求

为了有效地防止因接地故障引起的人身触电事故及因接地电弧引发的火灾，通常在建筑物的低压配电系统中装设两级或三级 RCD，如图 8-37 所示。

线路末端装设的 RCD，通常为瞬动型，动作电流一般取为 30mA（安全电流值）；对手持式用电设备，RCD 动作电流则取为 15mA；对医疗电气设备，RCD 动作电流取为 10mA。线路末端为低压开关柜、配电箱时，RCD 动作电流也可取 100mA。其前一级 RCD 则采用选择型，其最长动作时间为 0.15s，动作电流则取 300~500mA，以保证前后 RCD 动作的选择性。根据国内外资料证实，接地电流只有达到 500mA 以上时，其电弧能量才有可能引燃起火。因此从防火安全来说，RCD 的动作电流最大可达 500mA。

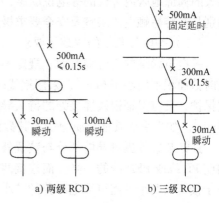

图 8-37　低压配电系统中的多级 RCD

三、低压配电系统的等电位联结

（一）等电位联结的功能与类别

等电位联结是使电气装置各外露可导电部分和装置外可导电部分的电位基本相等的一种电气联结。 等电位联结的功能在于降低接触电压，以确保人身安全。

按 GB 50054—2011《低压配电设计规范》规定：采用接地故障保护时，在建筑物内应作总等电位联结（main equipotential bonding，缩写 MEB）。当电气装置或其某一部分的接地故障保护不能满足要求时，尚应在其局部范围内进行局部等电位联结（Local Equipotential Bonding，缩写 LEB）。

1. 总等电位联结（MEB）

总等电位联结是在建筑物进线处，将 PE 线或 PEN 线与电气装置接地干线、建筑物内的各种金属管道（如水管、煤气管、采暖空调管道等）以及建筑物的金属构件等都接向总等电位联结端子，使它们都具有基本相等的电位，如图 8-38 中的 MEB。

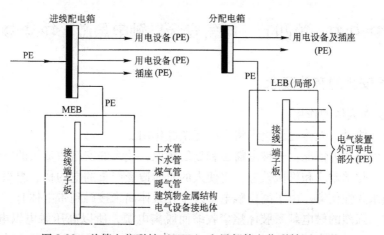

图 8-38　总等电位联结（MEB）和局部等电位联结（LEB）

2. 局部等电位联结（LEB）

局部等电位联结又称辅助等电位联结，是在远离总等电位联结处，非常潮湿、触电危险性大的局部地区内进行的等电位联结，作为总等电位联结的一种补充，如图 8-38 中的 LEB。特别是在容易触电的浴室及安全要求极高的胸腔手术室等处，宜作局部等电位联结。

（二）等电位联结的联结线要求

等电位联结的主母线截面，规定不应小于装置中最大 PE 线或 PEN 线的一半，但采用铜线时截面积不应小于 $6mm^2$，采用铝线时截面积不应小于 $16mm^2$。采用铝线时，必须采取机械保护，且应保证铝线连接处的持久导电性。如果采用铜导线作联结线，其截面积可不超过 $25mm^2$。如果采用其他材质导线，其截面应能承受与之相当的载流量。

连接装置外露可导电部分与装置外可导电部分的局部等电位联结线，其截面也不应小于相应 PE 线或 PEN 线的一半。而连接两个外露可导电部分的局部等电位联结线，其截面不应小于接至该两个外露可导电部分的较小 PE 线的截面。

（三）等电位联结中的几个具体问题

1）两金属管道连接处缠有黄麻或聚乙烯薄膜时，是否需要做跨接线？

由于两管道在做丝扣连接时，上述包缠材料实际上已被损伤而失去了绝缘作用，因此管道连接处在电气上依然是导通的。所以除自来水管的水表两端需做跨接线外，金属管道连接处一般不需跨接。

2）现在有些管道系统以塑料管取代金属管，塑料管道系统要不要做等电位联结？

做等电位联结的目的在于使人体可同时触及的导电部分的电位相等或相近，以防人身触电。而塑料管是不导电物质，不可能传导电流或呈现电位，因此不需对塑料管道做等电位联结。但是对金属管道系统内的小段塑料管需做跨接。

3）在等电位联结系统内是否需对一管道系统做多次重复联结？

只要金属管道全长导通良好，原则上只需做一次等电位联结。例如在水管进入建筑物的主管上做一次总等电位联结，再在浴室内的水道主管上做一次局部等电位联结就行了。

4）是否需在建筑物的出入口处采取均衡电位的措施，以降低跨步电压？

对于 1000V 及以下的工频低压装置，不必考虑跨步电压的危害，因为一般情况下，其跨步电压不足以构成对人体的伤害。

◈◈◈ 第四节 电气安全与触电急救 ◈◈◈

一、电气安全的有关概念

（一）电流对人体的作用

电流通过人体时，人体内部组织将产生复杂的作用。

人体触电可分两种情况：**一种是雷击和高压触电**，较大的安培数量级的电流通过人体所产生的热效应、化学效应和机械效应，将使人的肌体遭受严重的电灼伤、组织炭化坏死及其他难以恢复的永久性伤害。由于高压触电多发生在人体尚未接触到带电体时，在肢体受到电弧灼伤的同时，强烈的触电刺激肢体痉挛收缩而脱离电源，所以高压触电以电灼伤者居多。但在特殊场合，人触及高压后，由于不能自主地脱离电源，将导致迅速死亡的严重后果。**另**

一种是低压触电，在数十至数百毫安电流作用下，使人的肌体产生病理生理性反应，轻的有针刺痛感，或出现痉挛、血压升高、心律不齐以致昏迷等暂时性的功能失常，重的可引起呼吸停止、心脏骤停、心室纤维性颤动，严重的可导致死亡。因此通常将如图 8-39 所示的由国际电工委员会（IEC）提出的人体触电时间和通过人体电流（50Hz）对人身肌体反应的曲线中的①、②、③区视为"安全区"。③区与④区之间的一条曲线，称为"安全曲线"。但③区也不是绝对安全的，这一点必须注意。

（二）安全电流及其有关因素

安全电流是人体触电后的最大摆脱电流。对于安全电流值，各国规定并不完全一致。我国一般取 30mA（50Hz 交流）为安全电流，但是触电时间按不超过 1s 计，因此这一安全电流也称为30mA·s。由图 8-39 所示安全曲线也可以看出，如果通过人体的电流不超过30mA·s时，对人身肌体不会有损伤，不致引起心室颤动或器质性损伤。如果通过人体的电流达到50mA·s时，对人就有致命危险。而达到100mA·s时，一般要致人死命。这 100mA 即为"致命电流"。

安全电流主要与下列因素有关：

（1）触电时间　由图 8-39 的安全曲线可以看出，触电时间在 0.2s 以下和 0.2s 以上（即以 200ms 为界），电流对人体的危害程度是有很大差别的。触电时间超过 0.2s 时，致颤电流值将急剧降低。

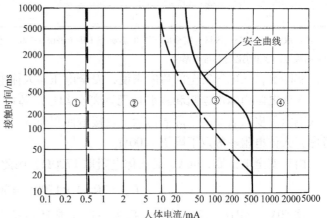

图 8-39　IEC 提出的人体触电时间和通过人体电流
（50Hz）对人身肌体反应的曲线
①—人体无反应区　②—人体一般无病理生理反应区
③—人体一般无心室纤维性颤动和器质性损伤区
④—人体可能发生心室纤维性颤动区

（2）电流性质　试验表明，直流、交流和高频电流通过人体时对人体的危害程度是不一样的，通常以 50~60Hz 的工频电流对人体的危害最为严重。

（3）电流路径　电流对人体的伤害程度，主要取决于心脏的受损程度。试验表明，不同路径的电流对心脏有不同的伤害程度，而以电流从手到脚特别是从一手到另一手对人最为危险。

（4）体重和健康状况　健康人的心脏和虚弱病人的心脏对电流伤害的抵抗能力是大不一样的。人的心理状态、情绪好坏以及人的体重等，也使电流对人体的危害程度有所差异。

（三）安全电压和人体电阻

安全电压是指不致使人直接致死或致残的电压。

我国原国家标准 GB 3805—1983《安全电压》规定的安全电压等级如表 8-4 所示。表内的额定电压值，是由特定电源供电的电压系列，这个特定电源是指用安全隔离变压器与供电干线隔离开的电源。表中所列空载上限值，主要是考虑到某些重载的电气设备，其额定电压虽然符合规定，但空载电压往往很高，如果超过规定的上限值，仍不能认为符合安全电压标准。

表 8-4 安全电压

安全电压（交流有效值）/ V		选 用 举 例
额定值	空载上限值	
42	50	在有触电危险的场所使用的手持式电动工具等
36	43	在矿井、多导电粉尘等场所使用的行灯等
24	29	可供某些具有人体可能偶然触及的带电体设备选用
12	15	
6	8	

注：取代 GB 3805—1983《安全电压》的新标准 GB/T 3805—2008《特低电压（ELV）限值》中没有"安全电压"的简明规定，这里仍以老标准作参考。

实际上，从电气安全的角度来说，安全电压与人体电阻是有关系的。

人体电阻由体内电阻和皮肤电阻两部分组成。体内电阻约为 500Ω，与接触电压无关。皮肤电阻随皮肤表面的干湿洁污状况及接触面积而变，约 1200～2000Ω。从人身安全的角度考虑，人体电阻一般取下限值 1700Ω。

由于安全电流取 30mA，而人体电阻取 1700Ω，因此人体允许持续接触的安全电压为

$$U_{saf} = 30mA \times 1700\Omega = 50V$$

这 50V（50Hz 交流有效值）称为一般正常环境条件下允许持续接触的"安全特低电压"。GB 50054—2011《低压配电设计规范》也规定："设备所在环境为正常环境，人身电击安全电压限值为 50V。"

（四）直接触电防护和间接触电防护

根据人体触电的情况将触电防护分为直接触电防护和间接触电防护两种。

（1）直接触电防护 指对直接接触正常时带电部分的防护，例如对带电导体加隔离栅栏或加保护罩等。

（2）间接触电防护 指对故障时可带危险电压而正常时不带电的电气装置外露可导电部分的防护，例如将正常不带电的设备金属外壳和框架等接地，并装设接地故障保护等。

二、电气安全的一般措施

在供用电工作中，必须特别注意电气安全。如果稍有麻痹或疏忽，就可能造成严重的人身触电事故，或者引起火灾或爆炸，给国家和人民带来极大的损失。保证电气安全的一般措施如下：

1. 加强电气安全教育

电能够造福于人，但如果使用不当，也能给人以极大危害，甚至致人死亡。因此必须加强电气安全教育，人人树立"以人为本，安全第一"的观点，个个都做好安全教育工作，力争供用电系统无事故地运行，防患于未然。

2. 严格执行安全工作规程

国家颁布的和现场制定的安全工作规程，是确保工作安全的基本依据。只有严格执行安

全工作规程，才能确保工作安全。例如在变配电所工作，就必须严格执行国家电网公司2005年发布试行的《国家电网公司电力安全工作规程（变电站和发电厂电气部分）》（下称《电力安全工作规程》）的有关规定。作为电气工作人员，首先必须具备以下基本条件：

1）经医师鉴定，无妨碍工作的病症（体格检查每两年至少一次）。

2）具备必要的电气知识和业务技能，且按工作性质，熟悉上述《电力安全工作规程》的有关部分，并经考试合格。

3）具备必要的安全生产知识，学会紧急救护法，特别要学会触电急救。

3. 严格遵循设计、安装规范

国家制定的设计、安装规范，是确保设计、安装质量的基本依据。例如进行工厂供电设计，就必须遵循国家标准 GB 50052—2009《供配电系统设计规范》、GB 50053—2013《20kV 及以下变电所设计规范》、GB 50054—2011《低压配电设计规范》等一系列设计规范；而进行供电工程的安装，则必须遵循国家标准 GB 50147—2010《电气装置安装工程 高压电器施工及验收规范》、GB 50148—2010《电气装置安装工程 电力变压器、油浸电抗器、互感器施工及验收规范》、GB 50168—2006《电气装置安装工程 电缆线路施工及验收规范》、GB 50173—2014《电气装置安装工程 66kV 及以下架空电力线路施工及验收规范》、GB 50303—2011《建筑电气工程施工质量验收规范》等一系列施工及验收规范。

4. 加强运行维护和检修试验工作

加强供用电设备的运行维护和检修试验工作，对于供用电系统的安全运行，也具有很重要的作用，这方面也应遵循有关的规程、标准。例如电气设备的交接试验，应遵循 GB 50150—2006《电气装置安装工程 电气设备交接试验标准》的规定。

5. 采用安全电压及符合安全要求的相应电器

对于容易触电及有触电危险的场所，应按表8-4的规定采用相应的安全电压。

对于在有爆炸和火灾危险的环境中使用的电气设备和导线、电缆，应符合 GB 50058—2014《爆炸危险环境电力装置设计规范》的规定。GB 50058—2014 关于爆炸性气体和粉尘危险区域的划分，如附录表21所示。关于在爆炸危险环境内 1000V 以下采用钢管配线的技术要求，可参看附录表22。

6. 按规定使用电气安全用具

电气安全用具分基本安全用具和辅助安全用具两类：

（1）基本安全用具　这类安全用具的绝缘足以承受电气设备的工作电压，操作人员必须使用它，才允许操作带电设备。例如操作高压隔离开关和跌开式熔断器的绝缘操作棒（俗称令克棒，见图8-40）和用来装拆低压熔断器熔管的绝缘操作手柄（见图2-50d）等。

（2）辅助安全用具　这类安全用具的绝缘不足以完全承受电气设备工作电压的作用，但是工作人员使用它，可使人身安全有进一步的保障。例如绝缘手套、绝缘靴、绝缘地毯、绝缘垫台、高压验电器（见图8-41a）、低压试电笔（见图8-41b）、临时接地线（见图8-42）及"禁止合闸，有人工作"、"止步，高压危险！"等标示牌等。

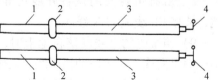

图8-40　高压绝缘操作棒

1—操作手柄　2—护环　3—绝缘杆　4—金属钩

使用电气安全用具必须遵循国家电网公司2005年颁布的《电力安全工作规程》的规

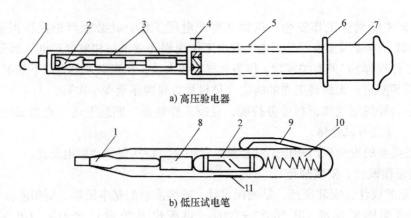

a) 高压验电器

b) 低压试电笔

图 8-41 验电工具

1—触头 2—氖灯 3—电容器 4—接地螺钉 5—绝缘棒 6—护环 7—绝缘手柄
8—碳质电阻 9—金属挂钩 10—弹簧 11—观察窗口

定。例如用绝缘操作棒拉合高压隔离开关时，应带绝缘手套。雨天室外操作时，绝缘操作棒应有防雨罩，还应穿绝缘靴。所有绝缘用具应定期进行试验。例如高压绝缘操作棒每年应进行一次耐压试验，合格的才能继续使用。

7. 普及安全用电常识

1）不得私拉电线，装拆电线应请电工，以免发生短路和触电事故。

2）不得超负荷用电，不得随意加大熔断器熔体规格或更换熔体材质。

3）绝缘电线上不得晾晒衣物，以防电线绝缘破损，漏电伤人。

4）不得在架空线路和变配电所附近放风筝，以免造成线路短路或接地故障。

5）不得用鸟枪或弹弓来打电线上的鸟，以免击毁线路绝缘子。

6）不得擅自攀登电杆和变配电装置的构架。

7）移动式和手持式电器的电源插座，一般应采用带保护接地（PE）插孔的三孔插座。

8）所有可触及的设备外露可导电部分必须接地，或接 PE 线或 PEN 线。

9）当带电的电线断落在地上时，不可走近，更不能用手去拣。对落地的高压线，人应该离开落地点 8～10m 以上。遇到此类断线落地故障时，应划定禁止通行区，派人看守，并通知电工或供电部门前来处理。

10）如遇有人触电，应立即设法断开电源，并按规定进行急救处理。

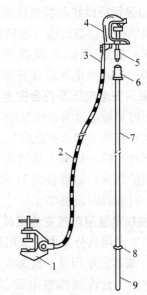

图 8-42 临时接地线和接地操作棒
1—接地端线夹 2—接地线（有外护层的软铜绞线） 3—铜绞线上的线鼻 4—导线端线夹 5—导线端线夹上的紧固件 6—接地操作棒上的紧固头 7—接地操作棒的绝缘部分 8—操作棒的护环 9—接地操作棒的手柄

8. 正确处理电气失火事故

（1）电气失火的特点

1）失火的电气线路或设备可能带电，因此灭火时要防止触电，首先应尽快切断电源。

2）失火的电气设备内可能充有大量的可燃油，因此要防止充油设备爆炸，并引起火势蔓延。

3）电气失火时会产生大量浓烟和有毒气体，不仅对人体有害，而且会对电气设备产生二次污染，影响电气设备今后的安全运行，因此在扑灭电气火灾后，必须仔细清除这种二次污染。

（2）带电灭火的措施和注意事项

1）应使用二氧化碳（CO_2）灭火器、干粉灭火器或1211（二氟一氯一溴甲烷）灭火器。这些灭火器的灭火剂不导电，可直接用来扑灭带电设备的失火。但使用二氧化碳灭火器时，要防止冻伤和窒息，因为其二氧化碳是液态的，灭火时它喷射出来后，强烈扩散，大量吸热，形成温度很低（可低至 $-78℃$）的雪花状干冰，降温灭火，并隔绝氧气。因此使用二氧化碳灭火器时，要打开门窗，并要离开火区 $2 \sim 3m$，不要使干冰沾着皮肤，以防冻伤。

2）不能使用一般泡沫灭火器，因为其灭火剂（水溶液）具有一定的导电性，而且对电气设备的绝缘有一定的腐蚀性。一般也不能用水来灭电气失火，因为水中多少含有导电杂质，用水进行带电灭火，容易发生触电事故。

3）可使用干砂覆盖进行带电灭火，但只能是小面积的。

4）带电灭火时，应采取防触电的可靠措施。如有人触电，应按下述方法进行急救处理。

三、触电的急救处理

触电者的现场急救，是抢救过程中关键的一步。如果处理及时和正确，则因触电而呈假死的人就有可能获救；反之，则会带来不可弥补的后果。

（一）脱离电源

触电急救，首先要使触电者迅速脱离电源，越快越好，因为触电时间越长，伤害越重。

1）脱离电源就是要将触电者接触的那一部分带电设备的电源开关断开，或者设法使触电者与带电设备脱离。在脱离电源时，救护人员既要救人，又要注意保护自己，防止触电。触电者未脱离电源前，救护人员不得用手触及触电者。

2）如果触电者触及低压带电设备，救护人员应设法迅速切断电源。如拉开电源开关或拔下电源插头；或者使用绝缘工具、干燥木棒等不导电物体解脱触电者；也可抓住触电者干燥而不贴身的衣服将其拖开；也可戴绝缘手套或将手用干燥衣物等包裹绝缘后解脱触电者。救护人员也可站在绝缘垫上或干木板上进行救护。

3）如果触电者触及高压带电设备，救护人员应立即通知有关供电单位或用户停电；或迅速用相应电压等级的绝缘工具按规定要求拉开电源开关或熔断器；也可抛掷先接好地的裸金属线使高压线路短路接地，迫使线路的保护装置动作，断开电源。但抛掷短接线时一定要注意安全。抛出短接线后，要迅速离开短接线接地点 8m 以外，或双脚并拢，以防跨步电压伤人。

4）如果触电者处于高处，解脱电源后触电者可能从高处掉下，因此要采取相应的安全措施，以防触电者摔伤或致死。

5）如果触电事故发生在夜间，在切断电源救护触电者时，应考虑到救护所必需的应急照明，但也不能因此而延误切断电源、进行抢救的时间。

（二）急救处理

当触电者脱离电源后，应立即根据具体情况进行急救处理，同时通知医生前来抢救。

1）如果触电者神志尚清醒，则应使之就地躺平，或抬至空气新鲜、通风良好的地方让其躺下，严密观察，暂时不要让他站立或走动。

2）如果触电者已神志不清，则应使之就地仰面躺平，且确保空气通畅，并用 5s 左右时间，呼叫伤员或轻拍其肩部，以判定其是否意识丧失。禁止摇动伤员头部呼叫伤员。

3）如果触电者已失去知觉，停止呼吸，但心脏微有跳动时，应在通畅气道后，立即施行口对口或口对鼻的人工呼吸。

4）如果触电者伤害相当严重，心跳和呼吸均已停止，完全失去知觉时，则在通畅气道后，立即同时进行口对口（鼻）的人工呼吸和胸外按压心脏的人工循环。如果现场仅有一人抢救时，可交替进行人工呼吸和人工循环。先胸外按压心脏 4～8 次，然后口对口（鼻）吹气 2～3 次，再按压心脏 4～8 次，又口对口（鼻）吹气 2～3 次，……如此循环反复进行。

由于人的生命的维持，主要是靠心脏跳动而造成的血液循环和呼吸而形成的氧气与废气的交换，因此采取胸外按压心脏的人工循环和口对口（鼻）吹气的人工呼吸的方法，能对处于因触电而暂时停止了心跳和呼吸的"假死"状态的人起暂时弥补的作用，促使其血液循环和正常呼吸，达到"起死回生"，因此这两种急救方法统称为**"心肺复苏法"**。

在急救过程中，人工呼吸和人工循环的措施必须坚持进行。在医务人员未来接替救治前，不应放弃现场抢救，更不能只根据没有呼吸和脉搏就擅自判定伤员死亡，放弃抢救。只有医生有权作出伤员死亡的论断。

（三）人工呼吸法

人工呼吸法有仰卧压胸法、俯卧压背法和口对口（鼻）吹气法等，这里只介绍现在公认简便易行且效果较好的口对口（鼻）吹气法。

1）首先迅速解开触电者衣服、裤带，松开其上身的紧身衣、胸罩、围巾等，使其胸部能自由扩张，不致妨碍呼吸。

2）应使触电者仰卧，不垫枕头，头先侧向一边，清除其口腔内的血块、假牙及其他异物。如果舌根下陷，应将舌根拉出，使气道畅通。如果触电者牙关紧闭，救护人员应以双手托住其下颌骨的后角处，大拇指放在下颌角边缘，用手将下颌骨慢慢向前推移，使下牙移到上牙之前；也可用开口钳、小木片、金属片等，小心地从口角伸入牙缝撬开牙齿，清除口腔内异物。然后将其头扳正，使之尽量后仰，鼻孔朝天，使气道畅通。

3）救护人位于触电者一侧，用一只手捏紧鼻孔，不使漏气；用另一只手将下颌拉向前下方，使嘴巴张开。可在其嘴上盖一层纱布，准备进行吹气。

4）救护人作深呼吸后，紧贴触电者嘴巴，向他大口吹气，如图 8-43a 所示。如果掰不开嘴，也可捏紧嘴巴，紧贴鼻孔吹气。吹气时，要使其胸部膨胀。

5）救护人吹完气换气时，应立即离开触电者的嘴巴（或鼻孔），并放松紧捏的鼻孔（或嘴巴），让其自由排气，如图 8-43b 所示。

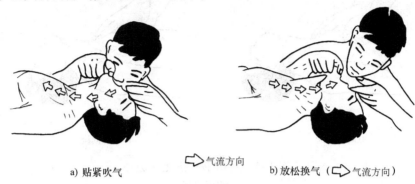

a) 贴紧吹气 ⇨气流方向 b) 放松换气（⇦气流方向）

图 8-43　口对口吹气的人工呼吸法

按照上述操作要求对触电者反复地吹气、换气，每分钟约 12 次。对幼小儿童施行此法时，鼻子不必捏紧，任其自由漏气，而且吹气也不能过猛，以免其肺泡胀破。

（四）胸外按压心脏的人工循环法

按压心脏的人工循环法有胸外按压和开胸直接挤压两种。后者是在胸外按压心脏效果不大的情况下，由胸外科医生进行的一种手术。这里只介绍胸外按压心脏的人工循环法。

1）与上述人工呼吸法的要求一样，首先要解开触电者的衣服、裤带、胸罩、围巾等，并清除口腔内异物，使气道畅通。

2）使触电者仰卧，姿势与上述口对口吹气法一样，但后背着地处的地面必须平整牢固，为硬地或木板之类。

3）救护人位于触电者一侧，最好是跨腰跪在触电者腰部，两手相叠（对儿童可只用一只手），手掌根部放在心窝稍高一点的地方，如图 8-44 所示。

4）救护人找到触电者的正确压点后，自上而下、垂直均衡地用力向下按压，压出心脏里面的血液，如图 8-45a 所示。对儿童，用力应适当小一些。

5）按压后，掌根迅速放松（但手掌不要离开胸部），使触电者胸部自动复原，心脏扩张，血液又回离到心脏里来，如图 8-45b 所示。

图 8-44　胸外按压
心脏的正确压点

按照上述操作要求对触电者的心脏反复地进行按压和放松，每分钟约 60 次。按压时，定位要准确，用力要适当。

在施行人工呼吸和心脏按压时，救护人应密切观察触电者的反应。只要发现触电者有苏醒征象，例如眼皮闪动或嘴唇微动，就应终止操作几秒钟，以让触电者自行呼吸和心跳。

对触电者施行心肺复苏法——人工呼吸和心脏按压，对于救护人员来说是非常劳累的，但为了救治触电者，还必须坚持不懈，直到医务人员前来救治为止。**事实说明，只要正确地坚持施行人工救治，触电假死的人被抢救成活的可能性是非常大的。**

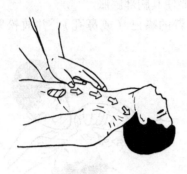 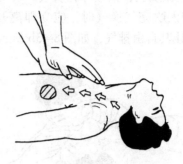

a) 向下按压   b) 放松回流

图 8-45   人工胸外按压心脏法

⇨血流方向

复习思考题

8-1   什么叫过电压？过电压有哪些类型？其中雷电过电压又有哪些形式？各是如何产生的？

8-2   什么叫年平均雷暴日数？什么叫多雷区和少雷区？

8-3   什么叫接闪器？其功能是什么？避雷针、避雷线和避雷带（网）各主要用在哪些场所？

8-4   什么叫"滚球法"？如何用滚球法来确定避雷针、线的保护范围？

8-5   避雷器的主要功能是什么？阀式避雷器、排气式避雷器、保护间隙和金属氧化物避雷器在结构、性能上各有哪些特点？各应用在哪些场合？

8-6   架空线路有哪些防雷措施？变配电所又有哪些防雷措施？

8-7   高压电动机应采用哪种类型避雷器进行防雷？为什么？

8-8   建筑物按防雷要求分哪几类？各类防雷建筑物各应采取哪些防雷措施？

8-9   什么叫接地？什么叫接地装置？什么叫人工接地体和自然接地体？

8-10   什么叫接地电流和对地电压？什么叫接触电压和跨步电压？

8-11   什么叫工作接地和保护接地？又什么叫保护接零？为什么同一低压配电系统中不能有的设备采取保护接地，有的设备又采取保护接零？

8-12   在 TN 系统中为什么要采取重复接地？哪些情况需重复接地？

8-13   什么叫接地电阻？人工接地电阻主要指的是哪部分电阻？

8-14   最常用的垂直接地体是哪一种？规格尺寸如何？为什么这种规格最为合适？

8-15   什么叫工频接地电阻？什么叫冲击接地电阻？两者如何换算？

8-16   什么叫接地故障保护？TN 系统、TT 系统和 IT 系统中各自的接地故障保护有什么特点？

8-17   在低压配电线路中装设漏电保护器（RCD）的目的是什么？电磁脱扣型 RCD 和电子脱扣型 RCD 各是如何进行漏电保护的？

8-18   为什么低压配电系统中装设 RCD 时，PE 线或 PEN 线不得穿过零序电流互感器的铁心？

8-19   为什么说 TN-C 系统中不能装设 RCD？如果 TN-C 系统中需要装设 RCD，应如何接线？

8-20   什么叫总等电位联结和局部等电位联结？其功能是什么？

8-21   什么叫安全电流？安全电流与哪些因素有关？一般认为的安全电流是多少？

8-22   什么叫安全电压？一般正常环境条件下的安全特低电压是多少？

8-23   什么叫直接触电防护和间接触电防护？试举例说明。

8-24 什么叫基本安全用具和辅助安全用具？试举例说明。

8-25 电气失火有哪些特点？可用哪些灭火器材带电灭火？

8-26 如果发现有人触电，应如何急救处理？什么叫心肺复苏法？

习 题

8-1 有一座第二类防雷建筑物，高 10m，其屋顶最远的一角距离一高 50m 的烟囱 15m 远。该烟囱上装有一根 2.5m 高的避雷针。试验算此避雷针能否保护该建筑物。

8-2 有一台 630kVA 的配电变压器低压中性点需进行接地，可利用的变电所钢筋混凝土基础的自然接地体电阻为 12Ω。试确定需补充的人工接地体的接地电阻值及人工接地的垂直埋地钢管、连接扁钢和布置方案。已知接地处的土壤电阻率为 100Ω·m，单相短路电流可达 2.8kA，短路电流持续时间为 0.7s。

第九章

节约用电、计划用电及供电系统的运行维护

本章首先讲述节约用电的意义及其一般措施，并介绍电力变压器经济运行及并联电容器的接线、装设、控制、保护和运行维护知识。接着讲述计划用电、用电管理与电费计收等问题。最后讲述工厂供电系统包括变配电所和电力线路的运行维护知识。上一章和本章的内容综合起来就是"三电"（安全用电、节约用电、计划用电）问题，这"三电"是供电系统运行管理必须遵循的原则。

◈◈◈ 第一节 节约用电的意义及其一般措施 ◈◈◈

一、节约用电的意义

电能是一种很重要的二次能源。由于电能与其他形式的能量转换容易，输送、分配和控制都比较简单经济，因此电能的应用非常广泛，几乎渗入社会生活的各个方面，特别是在工业生产中。

能源（包括电能）是发展国民经济的重要物质基础，也是制约国民经济发展的一个重要因素。而能源紧张是我国也是当今世界各国面临的一个严重问题，其中就包括电力供应紧张。由于电力供应不足，致使我国的工业生产能力得不到应有的发挥。因此我国将能源建设（包括电力建设）作为国民经济建设的战略重点之一，同时提出，在加强能源开发的同时，必须最大限度地提高能源利用的经济效益，大力降低能源消耗。

从我国电能消耗的情况来看，大约 70% 消耗在工业部门，所以工厂的节约用电特别值得重视。节约用电，不只是减少工厂的电费开支，降低工业产品的生产成本，可以为工厂积累更多的资金，更重要的是，由于电能能创造比它本身价值高几十倍甚至上百倍的工业产值，因此多节约 $1kW \cdot h$ 电能，就能为国家多创造若干财富，有力地促进国民经济的持续发展。由此可见，节约用电具有十分重要的意义。

二、节约用电的一般措施

工厂的节约用电，需从科学管理和技术改造两方面采取措施。

（一）加强工厂供用电系统的科学管理

（1）加强能源管理,建立和健全能源管理机构和制度　对于工厂的各种能源(包括电能),要进行统一管理。工厂不仅要建立一个精干的能源管理机构,形成一个完整的管理体系,而且要建立一套科学的能源管理制度。能源管理的基础,是能耗的定额管理。不少工厂的实践说明,实行能耗定额管理和相应的奖惩制度,对开展工厂的节电节能工作具有巨大的推动作用。

(2) 实行计划供用电,提高能源利用率　电能是一种特殊商品,由于它对国民经济影响极大,所以国家必须宏观调控。计划供用电就是宏观调控的一种手段。工厂应按与供电部门签订的《供用电合同》实行计划用电。供电部门可对工厂采取必要的限电措施。对工厂内部供用电系统来说,各车间用电也应按工厂下达的指标实行计划用电。为了加强用电管理,各车间的供电线路上宜装设电能表计量电能,以便考核。对工厂的各种生活用电和职工家庭用电,也应装表计量。

(3) 实行"需求侧管理",进行负荷调整　需求侧管理,就是电力供应方(即电网部门)对需求方(即电力用户)的负荷管理。负荷调整,就是根据供电系统的电能供应情况及各类用户的不同用电规律,合理地安排和组织各类用户的用电时间,以降低负荷高峰,填补负荷低谷,即所谓"削峰填谷",充分发挥发、变电设备的能力,提高电力系统的供电能力。负荷调整是一项带全局性的工作,也是实行需求侧管理和宏观调控的一种手段。现在已在部分地方电网实行、并将在全国推行的峰谷分时电价和丰枯季节电价政策(将在后面介绍),就是运用电价这一经济杠杆对用户用电进行调控的一项有效措施。由于工厂用电在整个电力系统中占的比重最大,所以电力系统负荷调整的主要对象是工厂。工厂的负荷调整主要有以下一些措施:①错开各车间的上下班时间、进餐时间等,使各车间的高峰负荷时间错开,从而降低工厂总的负荷高峰;②调整厂内大容量设备的用电时间,使之避开高峰时间用电;③调整各车间的生产班次和工作时间,实行高峰让电,等等。由于实行负荷调整,"削峰填谷",从而可提高变压器的负荷率和功率因数,既提高了供电能力,又节约了电能。

(4) 实行经济运行方式,全面降低系统能耗　所谓经济运行方式,是指能使整个电力系统的能耗减少、经济效益提高的一种运行方式。例如对于负荷率长期偏低的电力变压器,可以考虑更换为较小容量的电力变压器。如果运行条件许可,两台并列运行的电力变压器,可以考虑在低负荷时切除一台。同样地,对负荷长期偏低的电动机,也可以考虑更换为较小容量的电动机。这样处理,都可减少电能损耗,达到节电的效果。但是负荷率具体低到多少时才宜于"以小换大"或"以单代双",就需要通过计算来确定。关于电力变压器经济运行负荷的计算,将在后面讲述。

(5) 加强运行维护,提高设备的检修质量　节电工作,与供用电系统的运行维护和检修质量有密切关系。例如电力变压器通过检修,消除了铁心过热的故障,就能降低铁损,节约电能。又如电动机通过检修,使其转子与定子间的气隙均匀或减小,或者减小转子的转动摩擦,也都能降低电能损耗。再如将供电线路中接头的接触不良、严重发热的问题解决好,不仅能保证安全供电,而且使电能损耗也得以降低。对于其他的动力设施,加强维护保养,减少水、气、热等能源的跑、冒、滴、漏,也都能节约电能。从广义节能的概念来说,所有节约原材料和保养生产设备的一切措施,乃至爱护一切物资财富的行动,都属于节电节能的范畴,因为一切物资财富,都需要能源才能创造出来。所以要切实做好工厂的节电节能工作,单靠少数节能管理人员或电工人员是不行的,一定要动员全厂职工乃至家属,人人树立节能降耗的意识。只有人人重视节电节能,时时注意节电节能,处处做到节电节能,在全厂上下形成一种节电节能的新风尚,才能真正开创工厂节电节能的新局面。

(二) 搞好工厂供用电系统的技术改造

(1) 加快更新淘汰现有低效高耗能的供用电设备　以高效节能的电气设备取代低效高

耗能的电气设备，这是节约电能的一项基本措施。对于国家明令淘汰的电气设备，一定要坚决予以淘汰。采用高效节能设备取代低效高耗能设备的经济效益是十分明显的。以电力变压器为例，采用冷轧硅钢片的新型低损耗变压器，其空载损耗比采用热轧硅钢片的老型号变压器要低一倍以上。同是 10kV 电压级 1000kVA 的配电变压器，采用冷轧硅钢片的低损耗 S9型变压器，其空载损耗为 1.7kW，而采用热轧硅钢片的老型号的 SJL 型变压器，空载损耗为3.9kW。如果以 S9 型替换 SJL 型，则在变压器的空载损耗方面一年就可节电（3.9 - 1.7）kW×8760h = 19272kW·h，相当可观。又如电动机，Y 系列电动机与老的 JO2 系列相比，平均效率提高了 0.413%。如果全国按年产量 50×10^6kW 计算，年工作时间考虑为 4000h，则全国一年可因此节电 50×10^6kW×4000h×0.413/100 = 8.26×10^8kW·h，即 8.26 亿度电。再如我国生产的一种涂覆稀土元素荧光粉的节能荧光灯，其 9W 的照度相当于 60W 普通白炽灯的照度，而使用寿命又比普通白炽灯长 2 倍以上。假如我国 8000 万户城镇家庭中每家用一盏这样的节能灯，平均每天使用 3.5h，则一年就可节电（60 - 9）$\times 10^{-3}$kW×3.5h×365×8000×10^4 = 52.1×10^8kW·h，即 52.1 亿度电。此外，在供用电系统中推广应用电子技术、计算机技术以及远红外技术、微波加热技术等，也可大量节约电能。例如我国某电解铝厂，全部用硅整流器取代旧的汞弧整流器后，一天就可节电 21 万度电，全年可节约上亿元人民币，节电的经济效益十分显著。

（2）改造现有不合理的供配电系统，降低线路损耗　对现有不合理的供配电系统进行技术改造，能有效地降低线路损耗，节约电能。例如将迂回配电的线路，改为直配线路；将截面偏小的导线适当换粗，或将架空线改为电缆线；将绝缘破损、漏电严重的绝缘导线予以换新；在技术经济指标合理的条件下将配电系统升压运行；改选变配电所所址，适当分散装设变压器，使之更加靠近负荷中心，等等，都能有效地降低线损，收到节电的效果，同时还可大大改善电能质量。

（3）选用高效节能产品，合理选择设备容量，或进行技术改造，提高设备的负荷率　选用高效节能产品，合理选择设备容量，提高设备的负荷率，也是节电的一项基本措施。例如推广应用高频晶闸管调压装置、节能型变压器及其他节能产品。又如合理选择电力变压器的容量，使之接近于经济运行状态。如果变压器的负荷率长期偏低，则应按经济运行条件进行考核，适当更换较小容量的变压器。对电动机等电气设备也是一样，长期轻载运行是很不经济的，从节电的观点考虑，也宜更换为较小容量的电动机。如果异步电动机长期轻载运行，而其定子绕组原来为三角形联结，则可以改为星形联结，这样每相绕组承受的电压只有原承受电压的 $1/\sqrt{3}$，从而使其定子旋转磁场降为原旋转磁场的 $1/\sqrt{3}$，因此电动机的铁损相应减小。但要注意，这时电动机的转矩只有原来转矩的 1/3 了。如果长期轻载运行的异步电动机定子绕组不便改为星形联结，也可将每相定子绕组改接，使每相由原来三个并联支路改接为两个并联支路，如图 9-1 所示。改接后，每个支路电压只有原来支路电压的 2/3，从而使定子铁心中的磁通减少，使铁损降低，达到节电的目

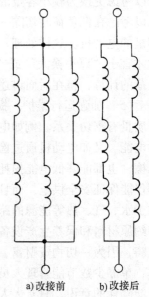

a) 改接前　　b) 改接后

图 9-1　异步电动机定子绕组
每相由三个并联支路
改接为两个并联支路

的。如果绕线转子异步电动机所带负载的生产工艺条件许可，还可以将其转子绕组改为励磁绕组，使电动机同步化运行，这可大大提高功率因数，收到明显的节电效果。

（4）改革落后工艺，改进操作方法 生产工艺不仅影响到产品的质量和产量，而且影响到产品的耗电量。例如在机械加工中，有的零件加工以铣代刨，就可使耗电量减少30%~40%；在铸造中，有的用精密铸造工艺来取代金属切削工艺，可使耗电量减少50%左右。改进操作方法也是节电的一条有效途径。例如在电加热处理中，电炉的连续作业就比间隙作业消耗的电能少。

（5）采用无功补偿设备，人工提高功率因数 GB 50052—2009《供配电系统设计规范》和 GB/T 3485—1998《评价企业合理用电技术导则》等都规定，在采用上述提高自然功率因数的措施后仍达不到规定的功率因数要求时，应合理装设无功补偿设备，以人工提高功率因数。所谓"提高自然功率因数"，是指不添置任何无功补偿设备，只是采取技术措施（如前所述，如合理选择设备容量，提高负荷率等），以减少无功功率消耗量，使功率因数提高。由于提高自然功率因数不需对无功补偿设备的额外投资，因此应予优先考虑。

进行无功功率人工补偿的设备，主要有同步补偿机和并联电容器。同步补偿机是一种专门用来改善功率因数的同步电动机，通过调节其励磁电流，可以起到补偿无功功率的作用。并联电容器是一种专门用来改善功率因数的电力电容器。并联电容器与同步补偿机比较，因并联电容器无旋转部分，具有安装简单、运行维护方便、有功损耗小及组装灵活、扩容方便等优点，所以并联电容器在工厂供电系统中应用最为普遍。GB 50052—2009 也规定："当采用提高自然功率因数措施后，仍达不到电网合理运行要求时，应采用并联电力电容器作为无功补偿装置。当经过技术经济比较，确认采用同步电动机作为无功补偿装置合理时，可采用同步电动机。"

第二节 电力变压器的经济运行及并联电容器的选择、装设与运行维护

一、电力变压器的经济运行

（一）经济运行与无功功率经济当量的概念

经济运行是指能使电力系统的有功损耗最小、经济效益最佳的一种运行方式。

电力系统的有功损耗不仅与设备的有功损耗有关，而且与设备的无功损耗有关，因为无功损耗的增加，将使电力系统中的电流增大，从而使电力系统中的有功损耗增加。

为了计算设备的无功损耗在电力系统中引起的有功损耗增加量，特引入一个换算系数——无功功率经济当量。

无功功率经济当量是表示电力系统每减少 1kvar 的无功功率，相当于电力系统所减少的有功功率损耗千瓦数，其符号为 K_q。这一 K_q 值，与电力系统的容量、结构及计算点与电源的相对位置等多种因素有关。

对于工厂变配电所，无功功率经济当量 $K_q = 0.02 \sim 0.15$，平均取 $K_q = 0.1$：

1）对由发电机电压直配的工厂，可取 $K_q = 0.02 \sim 0.04$。

2）对经两级变压的工厂，可取 $K_q = 0.05 \sim 0.08$。

3）对经三级及以上变压的工厂，可取 $K_q = 0.1 \sim 0.15$。

（二）一台变压器运行的经济负荷计算

变压器的损耗包括有功损耗和无功损耗两部分，而其无功损耗对电力系统来说，可通过 K_q 换算为等效的有功损耗。因此变压器的有功损耗加上变压器的无功损耗所换算的等效有功损耗，就称为变压器的有功损耗换算值。

一台变压器在负荷为 S 时的有功损耗换算值为

$$\Delta P \approx \Delta P_T + K_q \Delta Q_T \approx \Delta P_0 + \Delta P_k \left(\frac{S}{S_N}\right)^2 + K_q \Delta Q_0 + K_q \Delta Q_N \left(\frac{S}{S_N}\right)^2$$

即

$$\Delta P \approx \Delta P_0 + K_q \Delta Q_0 + (\Delta P_k + K_q \Delta Q_N)\left(\frac{S}{S_N}\right)^2 \tag{9-1}$$

式中，ΔP_0 为变压器的空载损耗；ΔP_k 为变压器的短路损耗；ΔP_T 为变压器的有功损耗，可按前面式（3-37）近似计算；ΔQ_0 为变压器空载时的无功损耗，可按下面式（9-2）近似计算；ΔQ_N 为变压器满载（二次侧短路）时的无功损耗，可按下面式（9-3）近似计算；ΔQ_T 为变压器的无功损耗，可按前面式（3-38）近似计算；S_N 为变压器的额定容量。

ΔQ_0 近似地与变压器空载电流 I_0 成正比，即

$$\Delta Q_0 \approx \frac{I_0\%}{100} S_N \tag{9-2}$$

ΔQ_N 近似地与变压器短路电压（阻抗电压）U_k 成正比，即

$$\Delta Q_N \approx \frac{U_k\%}{100} S_N \tag{9-3}$$

变压器的 ΔP_0、ΔP_k、$I_0\%$ 和 $U_k\%$ 可直接由产品样本查到，亦可查有关技术手册。S9、SC9 和 S11—M·R 系列配电变压器的技术数据可查附录表 1。

要使变压器运行在经济负荷 S_{ec} 下，就必须满足变压器单位容量的有功损耗换算值 $\Delta P/S$ 为最小值的条件。因此令 $\dfrac{\mathrm{d}(\Delta P/S)}{\mathrm{d}S} = 0$，可得变压器的经济负荷为

$$S_{ec} = S_N \sqrt{\frac{\Delta P_0 + K_q \Delta Q_0}{\Delta P_k + K_q \Delta Q_N}} \tag{9-4}$$

变压器经济负荷 S_{ec} 与变压器额定容量 S_N 之比，称为变压器的经济负荷率，用 K_{ec} 表示，即

$$K_{ec} = \sqrt{\frac{\Delta P_0 + K_q \Delta Q_0}{\Delta P_k + K_q \Delta Q_N}} \tag{9-5}$$

一般电力变压器的经济负荷率约为 50% 左右。

例 9-1 试计算 S9-800/10 型电力变压器（Dyn11 联结）的经济负荷和经济负荷率。

解： 查附录表 1 得 S9-800/10 型变压器（Dyn11 联结）的有关技术数据：$\Delta P_0 = 1.4\mathrm{kW}$，$\Delta P_k = 7.5\mathrm{kW}$，$I_0\% = 2.5$，$U_k\% = 5$。

由式（9-2）得

$$\Delta Q_0 \approx 800 \times 0.025\mathrm{kvar} = 20\mathrm{kvar}$$

由式（9-3）得

$$\Delta Q_N \approx 800 \times 0.05\mathrm{kvar} = 40\mathrm{kvar}$$

取 $K_q = 0.1$，由式（9-5）可求得变压器的经济负荷率为

$$K_{ec} = \sqrt{\frac{1.4 + 0.1 \times 20}{7.5 + 0.1 \times 40}} = 0.544$$

因此变压器的经济负荷为

$$S_{ec} = 0.544 \times 800\text{kVA} = 435\text{kVA}$$

（三）两台变压器经济运行的临界负荷计算

假设变电所有两台同型号同容量（均为 S_N）的变压器，而变电所的总负荷为 S。

一台变压器单独运行时，它承担总负荷 S 时的有功损耗换算值为

$$\Delta P_{\text{I}} \approx \Delta P_0 + K_q \Delta Q_0 + (\Delta P_k + K_q \Delta Q_N)\left(\frac{S}{S_N}\right)^2$$

两台变压器并列运行时，也承担总负荷 S 时的有功损耗换算值为

$$\Delta P_{\text{II}} \approx 2(\Delta P_0 + K_q \Delta Q_0) + 2(\Delta P_k + K_q \Delta Q_N)\left(\frac{S}{2S_N}\right)^2$$

将以上两式的 ΔP 与 S 的函数关系绘成如图 9-2 所示的两条曲线。这两条曲线相交于 a 点，a 点所对应的变压器负荷，就是两台并列运行变压器经济运行方式下的临界负荷（critical load），用 S_{cr} 表示。

当 $S = S' < S_{cr}$ 时，则因 $\Delta P_{\text{I}}' < \Delta P_{\text{II}}'$，故宜于一台变压器运行。

当 $S = S'' > S_{cr}$ 时，则因 $\Delta P_{\text{I}}'' > \Delta P_{\text{II}}''$，故宜于两台变压器运行。

当 $S = S_{cr}$ 时，则 $\Delta P_{\text{I}} = \Delta P_{\text{II}}$，即

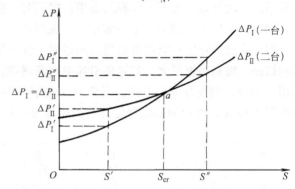

图 9-2　两台并列变压器经济运行的临界负荷

$$\Delta P_0 + K_q \Delta Q_0 + (\Delta P_k + K_q \Delta Q_N)\left(\frac{S}{S_N}\right)^2$$

$$= 2(\Delta P_0 + K_q \Delta Q_0) + 2(\Delta P_k + K_q \Delta Q_N)\left(\frac{S}{2S_N}\right)^2$$

由此可求得两台并列变压器经济运行的临界负荷为

$$S_{cr} = S_N \sqrt{2 \times \frac{\Delta P_0 + K_q \Delta Q_0}{\Delta P_k + K_q \Delta Q_N}} \tag{9-6}$$

如果是 n 台并列变压器，则判别 n 台与 $n-1$ 台经济运行的临界负荷为

$$S_{cr} = S_N \sqrt{(n-1)n \frac{\Delta P_0 + K_q \Delta Q_0}{\Delta P_k + K_q \Delta Q_N}} \tag{9-7}$$

例 9-2　某车间变电所装有两台 S9-800/10 型变压器（均 Dyn11 联结）试求其变压器经济运行的临界负荷。

解：利用例 9-1 查得的 S9-800/10 型变压器的技术数据，代入式（9-6）即得判别两台并列变压器经济运行的临界负荷为（取 $K_q = 0.1$）

$$S_{cr} = 800\text{kVA} \times \sqrt{2 \times \frac{1.4 + 0.1 \times 20}{7.5 + 0.1 \times 40}} = 615\text{kVA}$$

当负荷 $S < 615\text{kVA}$ 时，宜于一台运行；当负荷 $S > 615\text{kVA}$ 时，则宜于两台并列运行。

二、并联电容器的接线与装设

（一）并联电容器的接线

并联补偿的电力电容器大多数采用三角形（△）接线（除部分容量较大的高压电容器外）。低压并联电容器，绝大多数是做成三相的，而且内部已接成三角形。

三个电容为 C 的电容器接成三角形，其容量 $Q_{C(\triangle)} = 3\omega C U^2$，式中 U 为三相线路的线电压。如果三个电容为 C 的电容器接成星形（Y），则其容量为 $Q_{C(Y)} = 3\omega C U_\varphi^2$，式中 U_φ 为三相线路的相电压。由于 $U = \sqrt{3} U_\varphi$，因此 $Q_{C(\triangle)} = 3 Q_{C(Y)}$。这说明电容器接成三角形时的容量为同一电路中接成星形时容量的 3 倍，因此无功补偿的效果更好，这显然是并联电容器接成三角形的一大优点。另外，电容器采用△接线时，任一边电容器断线时，三相线路仍得到无功补偿；而采用Y接线时，某一相电容器断线时，该相就失去了无功补偿。

但是也**必须指出：电容器采用△接线时，任一边电容器击穿短路时，将造成三相线路的两相短路，短路电流很大，有可能引起电容器爆炸。**这对高压电容器特别危险。如果电容器采用Y接线，情况就完全不同。图 9-3a 为电容器 Y 接线正常工作时的电流分布，图 9-3b 为电容器 Y 接线 A 相电容器击穿短路时的电流分布和相量图。

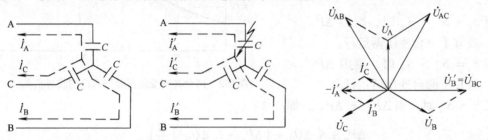

a) 正常工作时的电流分布   b) A 相电容器击穿短路时的电流分布和相量图

图 9-3 三相线路中电容器星形接线时的电流分布

电容器正常工作时（图 9-3a），有

$$I_A = I_B = I_C = \frac{U_\varphi}{X_C} \tag{9-8}$$

式中，$X_C = 1/\omega C$ 为每相容抗；U_φ 为相电压。

当 A 相电容器击穿短路时（图 9-3b），有

$$I_A' = \sqrt{3} I_B' = \sqrt{3} I_C' = \sqrt{3} \frac{U_{AB}}{X_C} = 3 \frac{U_\varphi}{X_C} = 3 I_A \tag{9-9}$$

这说明，电容器采用Y接线时，如果其中一相电容器击穿短路，其短路电流仅为正常工作电流的 3 倍，故其运行就安全多了。因此 GB 50053—2013《20kV 及以下变电所设计规范》规定：高压电容器组宜接成中性点不接地星形（Y），容量较小时（450kvar 及以下）宜接成三角形（△）。低压电容器组应接成三角形。

（二）并联电容器的装设

并联电容器在工厂供电系统中的装设位置，有高压集中补偿、低压集中补偿和分散就地补偿（个别补偿）等三种方式，如图9-4所示。

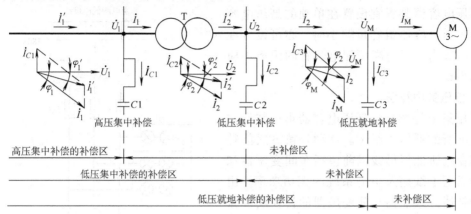

图9-4 并联电容器在工厂供电系统中的装设位置和补偿效果

1. 高压集中补偿

高压集中补偿是将高压电容器组集中装设在工厂变配电所的 6～10kV 母线上。这种补偿方式只能补偿 6～10kV 母线以前所有线路上的无功功率，而此母线后的厂内线路的无功功率得不到补偿，所以这种补偿方式的补偿效果没有后两种补偿方式好。但是这种补偿方式的初投资较少，便于集中运行维护，而且能对工厂高压侧的无功功率进行有效的补偿，以满足工厂总的功率因数的要求，所以这种补偿方式在一些大中型工厂中应用相当普遍。

图9-5是高压集中补偿的电容器组接线图。这里的高压电容器组采用△接线，装在高压电容器柜内。为防止电容器击穿时引起相间短路，所以△接线的各边均接有高压熔断器保护。

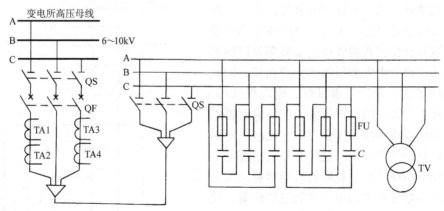

图9-5 高压集中补偿的电容器组接线

由于电容器从电网上切除后有残余电压，残余电压最高可达电网电压的峰值，这对人身是很危险的。因此 GB 50053—2013 规定：电容器组应装设放电装置，使电容器组两端的电压从峰值（$\sqrt{2}U_{N.C}$）降至50V 所需的时间，高压电容器不应超过 5min，低压电容器不应超过1min。对高压电容器组，通常利用电压互感器（如图9-5中的TV）的一次绕组来放电。为了确保可靠放电，电容器组的放电回路中不得装设熔断器或开关，以免放电回路断开，危及人身安全。

高压电容器装置宜设置在单独的高压电容器室内。当电容器组容量较小时，亦可设置在高压配电室内，但与高压配电装置的距离不应小于1.5m。

2. 低压集中补偿

低压集中补偿是将低压电容器集中装设在车间变电所的低压母线上。这种补偿方式能补偿车间变电所低压母线以前包括车间变压器和前面高压配电线路及电力系统的无功功率。由于这种补偿方式能使车间变压器的视在功率减小从而可使变压器的容量选得较小，因此比较经济，而且这种补偿的低压电容器柜一般可安装在低压配电室内（只有电容器柜较多时才考虑单设低压电容器室），运行维护安全方便，因此这种补偿方式在工厂中相当普遍。

图9-6是低压集中补偿的电容器组接线图。这种电容器组都采用△接线，一般利用220V、15～25W的白炽灯灯丝电阻来放电，但是也有采用专门的放电电阻来放电的。放电用的白炽灯同时兼作电容器组正常运行的指示灯。

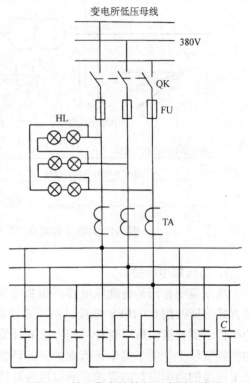

图9-6　低压集中补偿的电容器组接线

3. 分散就地补偿

分散就地补偿也称单独就地补偿，是将并联电容器组装设在需要进行无功补偿的各个用电设备旁边。这种补偿方式能够补偿安装部位以前的所有高低压线路和电力变压器的无功功率，因此其补偿范围最大，补偿效果最好，应优先选用。但是这种补偿方式总的投资较大，而且电容器组在被补偿的用电设备停止工作时，它也将一并被切除，因此其利用率较低。这种分散就地补偿方式特别适用于负荷平稳、长期运转而容量又大的设备，如大容量异步电动机、高频电热炉等，也适用于容量虽小但数量多且长期稳定运行的一些电器，如荧光灯等。对于供电系统中高压侧和低压侧的基本无功功率的补偿，仍宜采用高压集中补偿和低压集中补偿的方式。

图9-7是直接接在异步电动机旁就地补偿的

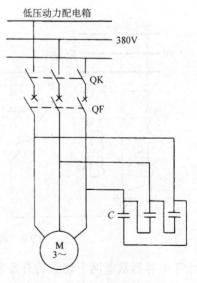

图9-7　异步电动机旁就地补偿的
低压电容器组接线

低压电容器组接线图。这种电容器组通常利用所补偿的用电设备本身的绕组电阻来放电。

在工厂供电设计中，实际上多是综合采用上述各种补偿方式，以求经济合理地达到总的无功补偿要求，使工厂电源进线处在最大负荷时的功率因数不低于规定值（高压进线时为0.9）。

三、并联电容器的控制、保护及其运行维护

（一）并联电容器的控制

并联电容器有手动投切和自动调节两种控制方式。

1. 手动投切并联电容器组

并联电容器组采用手动投切，具有简单经济、便于维护的优点，但是不便于调节补偿容量，更不能按负荷变动情况进行无功补偿以达到理想的补偿要求。

具有下列情况之一时，宜采用手动投切的并联电容器组补偿：①补偿低压基本无功功率；②常年稳定的无功功率补偿；③长期投入运行的变压器或变配电所投切次数较少的高压电容器组。

对集中补偿的高压电容器组（见图9-5），采用高压断路器进行手动投切。

对集中补偿的低压电容器组，可按补偿容量分组投切。图9-8a是利用

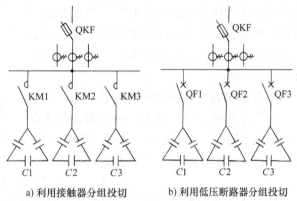

a) 利用接触器分组投切　　b) 利用低压断路器分组投切

图9-8　手动投切的低压电容器组

接触器 KM 进行分组投切的电容器组；图9-8b是利用低压断路器 QF 进行分组投切的电容器组。对分散就地补偿的电容器组，通常利用被补偿用电设备的控制开关来进行投切。

2. 自动调节的并联电容器组

具有自动调节功能的并联电容器组，通称无功自动补偿装置。采用无功自动补偿装置可以按负荷变动情况进行无功补偿，达到比较理想的无功补偿要求。但是这种补偿装置投资较大，且维修比较麻烦。因此，凡可不用自动补偿或者采用自动补偿效果不大的地方，均不必装设自动补偿装置。

具有下列情况之一时，宜装设无功自动补偿装置：①为避免过补偿，装设无功自动补偿装置在经济上合理时；②为避免轻载时电压过高，造成某些用电设备损坏而装设无功自动补偿装置在经济上合理时；③只有装设无功自动补偿装置才能满足在各种运行负荷情况下的允许电压偏差值时。

由于高压电容器组采用自动补偿时对电容器组回路中的切换元件要求较高，价格较贵，而且维修比较困难，因此当补偿效果相同或相近时，宜优先选用低压自动补偿装置。

低压无功自动补偿装置的原理电路如图9-9所示。电路中的功率因数自动补偿控制器，按电力负荷的变动及功率因数的高低，以一定的时间间隔（10～15s），自动控制各组电容器回路中接触器 KM 的投切，使电网的无功功率自动得到补偿，保持功率因数在0.95以上，而又不致过补偿。

（二）并联电容器的保护

1. 并联电容器保护的一般要求

并联电容器的主要故障形式是短路故障，它可造成电网的相间短路。对于低压电容器及容量不超过 450kvar 的高压电容器，可装设熔断器作为相间短路保护。对于容量较大的高压电容器组，则需采用高压断路器控制，并装设瞬时或短延时过电流保护作为相间短路保护。

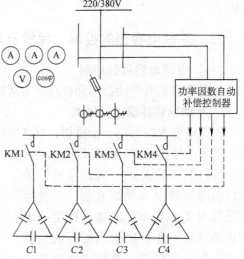

如果电容器组安装在含有大量整流设备或电弧炉等谐波源的电网上时，电容器组宜装设过负荷保护，带时限动作于信号或跳闸。

电容器对电压十分敏感，一般规定电网电压不得超过电容器额定电压 10%。因此凡电容器安装处的电网电压有可能超过 10% 时，应装设过电压保护。过电压保护可动作于信号或带时限动作于跳闸。

2. 并联电容器短路保护的整定

图 9-9　低压无功自动补偿装置的原理电路

（1）熔断器保护的整定　采用熔断器来保护并联电容器时，其熔体额定电流的选择，按 GB 50227—2008《并联电容器装置设计规范》规定：熔体额定电流 $I_{N.FE}$ 应按电容器额定电流 $I_{N.C}$ 的 1.37 ~ 1.50 倍选择，即

$$I_{N.FE} = (1.37 \sim 1.50)I_{N.C} \tag{9-10}$$

（2）电流继电器的整定　采用电流继电器作为相间短路保护时，电流继电器的动作电流应按下式计算：

$$I_{op} = \frac{K_{rel}K_w}{K_i}I_{N.C} \tag{9-11}$$

式中，K_{rel} 为保护装置的可靠系数，取 2 ~ 2.5；K_w 为保护装置的接线系数，相电流接线为 1；K_i 为电流互感器的电流比，考虑到电容器的合闸涌流，互感器一次电流宜选为 $I_{N.C}$ 的 1.5 ~ 2 倍。

（3）保护灵敏度的检验　并联电容器过电流保护的灵敏度应按电容器端子上发生两相短路的条件来检验，即

$$S_p = \frac{K_w I_{k.min}^{(2)}}{K_i I_{op}} \geqslant 1.5 \tag{9-12}$$

式中，$I_{k.min}^{(2)}$ 为在电力系统最小运行方式下电容器端子处的两相短路电流。

（三）并联电容器的运行维护

1. 并联电容器的投入和切除

并联电容器在供电系统正常运行时是否投入，主要视供电系统的功率因数或电压是否符合要求而定。如果功率因数过低，或者电压过低时，则应投入电容器，或者增加电容器的投入量。

并联电容器是否切除或部分切除，也主要视供电系统的功率因数或电压情况而定。如果

变配电所母线的母线电压偏高（例如超过电容器额定电压10%），则应将电容器切除或部分切除。

当发生下列情况之一时，应立即切除电容器：①电容器爆炸；②接头严重过热；③套管闪络放电；④电容器喷油或燃烧；⑤环境温度超过40℃。

如果变配电所停电，电容器也应切除，以免突然来电时，母线电压过高，击穿电容器。

在切除电容器时，须从仪表指示或指示灯观察其放电回路是否完好。电容器从电网切除后，应立即通过放电回路放电。为确保人身安全，人体接触电容器之前，还应用短接导线将所有电容器两端直接短接放电。

2. 并联电容器的维护

并联电容器在正常运行中，值班人员应定期检视其电压、电流和室温等，并检查其外部，看看有无漏油、喷油、外壳膨胀等现象，有无放电声响和放电痕迹，接头有无发热现象，放电回路是否完好，指示灯是否指示正常等。对装有通风装置的电容器室，还应检查通风装置各部分是否完好。

◆◆◆ 第三节 计划用电、用电管理与电费计收 ◆◆◆

一、计划用电的意义及其一般措施

（一）计划用电的意义

实行计划用电之所以必要，首先是由电力这一特殊商品的生产特点所决定的。电力的生产、供应和使用过程是同时进行的，只能用多少发多少，不像其他商品那样可以大量储存。发电、供电和用电每时每刻都必须保持平衡。如果用电负荷突然增加，则电力系统的频率和电压就要下降，可能造成严重的后果。

实行计划用电也是解决电力供需矛盾的一项重要措施。即使在电力供需矛盾出现缓和的情况下，实行计划用电也是完全必要的，它可以改善电力系统的运行状态，更好地保证电能的质量。

实行计划用电也是实现电能节约的重要保证，包括利用合理的电价政策这一经济杠杆来调整负荷，使电力系统"削峰填谷"，可以降低系统的电能损耗，提高发、供电设备的利用率。

（二）计划用电的一般措施

计划用电可有下列一般措施：

（1）建立健全计划用电的各种能源管理机构和制度 用户应组建能源办公室或"三电"（指安全用电、节约用电、计划用电）办公室，负责具体工作，做好用电负荷的预测、调度和管理。

（2）供用电双方签订《供用电合同》 供电企业与用户应在接电前根据用户的需要和供电企业的供电能力双方签订《供用电合同》。《供用电合同》应当具备以下条款：①供电方式、供电质量和供电时间；②用电容量和用电地址、用电性质；③计量方式和电价、电费结算方式；④供用电设施维护责任的划分；⑤合同的有效期限；⑥违约责任；⑦双方共同认为应当约定的其他条款。《供用电合同》为计划用电提供了基本依据。

(3) 实行分类电价 按用户用电性质的不同，各类电价也不同。分类电价有：①居民生活电价；②非居民照明电价；③商业电价；④普通工业电价；⑤大工业电价；⑥非工业电价；⑦农业电价等。通常居民生活电价和农业电价较低，以示优惠。

(4) 实行分时电价 分时电价包括峰谷分时电价和丰枯季节电价。峰谷分时电价就是一天内峰高谷低的电价。谷低电价可比平时段电价低 30% ~50% 或更低，峰高电价可比平时段电价高 30% ~50% 或更高，以鼓励用户避开负荷高峰用电。丰枯季节电价是水电比重较大地区的电网所实行的一种电价。丰水季节电价可比平时段电价低 30% ~50%，枯水季节电价可比平时段电价高 30% ~50%，以鼓励用户在丰水季节多用电，充分发挥水电的潜力。

(5) 实行"两部电费制" 两部电费即用户每月缴纳的电费包括基本电费和电度电费两部分。基本电费按用户的最大需量或最大装机容量来收取，以促使用户尽可能压低负荷高峰，提高低谷负荷，以减少其基本电费开支。而电度电费，是按用户每月用电量（电度数）收取的电费。按原国家经济贸易委员会和国家发展计划委员会 2000 年底发布的《节约用电管理办法》规定：要"扩大两部制电价的使用范围，逐步提高基本电价，降低电度电价；加速推广峰谷分时电价和丰枯电价，逐步拉大峰谷、丰枯电价差距；研究制订并推行可停电负荷电价。"利用电价政策这一经济杠杆进行用电管理的措施今后将更强。

(6) 装设电力负荷管理装置 电力负荷管理装置是指能够监视、控制用户电力负荷的各种仪器装置，包括音频、载波、无线电等集中型电力负荷管理装置和电力定量器、电流定量器、电力时控开关、电力监控仪、多费率电能表等分散型电力负荷管理装置。装设电力负荷管理装置的目的，是贯彻落实国家有关计划用电的政策，也是实现管理到户的一种技术手段。通过推广应用电力管理技术来加强计划用电和节约用电管理，保证重点用户用电，对居民生活用电优先予以保证，有计划地均衡用电负荷，保证电网的安全经济运行，尽量提高电力资源的社会效益。

二、用电管理与电费计收

(一) 用电管理的若干重要规定

1）我国的《电力法》明确规定：国家对电力供应和使用，实行安全用电、节约用电、计划用电（即"三电"）的管理原则。

2）供用电双方应当根据平等自愿、协商一致的原则，按照《电力供应与使用条例》的规定签订《供用电合同》，确定双方的权利和义务。

3）供电企业应当保证供给用户的供电质量符合国家标准。用户对供电质量有特殊要求的，供电企业应当根据其必要性和电网的可能，提供相应的电力。

4）供电企业在发电、供电系统正常的情况下，应当连续向用户供电，不得中断。因供电设备检修、依法限电或者用户违法用电等原因，需要中断供电时，供电企业应当按国家有关规定事先通知用户。

5）用户应当安装用电计量装置。用户受电装置的设计、施工安装和运行管理，应当符合国家标准或者电力行业标准。

6）用户用电不得危害供电、用电安全和扰乱供电、用电秩序。对危害供电、用电安全和扰乱供电、用电秩序的，供电企业有权制止。

7）供电企业应当按照国家标准的电价和用电计量的记录，向用户计收电费。

8）电价实行统一政策、统一定价原则。电价的制定，应当合理补偿成本、合理确定收益、依法计入税金、坚持公平负担、促进电力建设。要实行分类电价和分时电价。对同一电网内的同一电压等级、同一类别的用户，执行相同的电价标准。禁止任何单位和个人在电费中加收其他费用；法律、行政法规另有规定的，按照规定执行。

9）任何单位或个人需新装用电或增加用电容量、变更用电，都必须按《供电营业规则》规定，事先到供电企业用电营业场所提出申请，办理手续。供电企业应在用电营业场所公告办理各项用电业务的程序、制度和收费标准。

10）供电企业应按《用电检查管理办法》规定，对本供电营业区内的用户进行用电检查，用户应接受检查，并为供电企业的用电检查提供方便。用电检查的内容有：①用户执行国家有关电力供应与使用的法规、方针、政策、标准和规章制度的情况；②用户受（送）电装置工程的施工质量检验；③用户受（送）电装置中电气设备运行的安全状况；④用户的保安电源和非电性质的保安措施；⑤用户的反事故措施；⑥用户进网作业电工的资格、进网作业的安全状况及作业的安全保障措施；⑦用户执行计划用电、节约用电情况；⑧用电计量装置、电力负荷控制装置、继电保护和自动装置、调度通信等的安全运行状况；⑨《供用电合同》及有关协议履行的情况；⑩受电端电能的质量状况；⑪违章用电和窃电行为；⑫并网电源、自备电源并网安全状况等。

（二）用电计量与电费计收

1. 用电计量的有关规定

关于用电计量，《供电营业规则》规定了以下要求：

1）供电企业应在用户每一个受电点内按不同电价类别，分别安装用电计量装置。每个受电点作为用户的一个计量单位。

2）计费电能表及其附件的购置、安装、移动、更换、校验、拆除、加封、启封及表计接线等，均由供电企业负责办理，用户应提供工作上的方便。高压用户的成套设备中装有自备电能表及附件时，经供电企业检验合格、加封并移交供电企业维护管理的，可作为计费用电能表。

3）对10kV及以下电压供电的用户，应配置专用的电能计量柜；对35kV及以上电压供电的用户，应有专用的电流互感器二次线圈和专用的电压互感器二次连接线，并不得与保护、测量回路共用。

4）用电计量装置原则上应装在供电设施的产权分界处。如果产权分界处不适宜装表时，对专线供电的高压用户，可在供电变压器低压侧计量。当用电计量装置不装在产权分界处时，线路与变压器损耗的有功和无功电能均须由产权所有者负担。在计算用户基本电费、电度电费及功率因数调整电费时，应将上述损耗电能计算在内。

5）供电企业必须按规定周期校验、轮换计费电能表，并对计费电能表进行不定期检查。

2. 电费计收的要求与环节

电费计收是按照国家批准的电价，依据用户实际用电情况和用电计量装置记录来定时计算和收取电费。

电费计收包括抄表、核算和收费等环节。

（1）抄表　抄表就是供电企业抄表人员定期抄录用户所装用电计量装置记录的读数，以便计收电费。抄表有现场手抄或通过微机抄表器抄表、远程遥测抄表、电话抄表和委托专业抄表公司代理抄表等多种方式。

（2）电费核算　电费核算是电费管理的中枢。电费是否按照规定及时、准确地收回，账务是否清楚，统计数字是否准确，关键在于电费核算的质量。因此电费核算一定要严肃认真，一丝不苟，逐项审查，而且要注意账务处理和汇总工作。

（3）电费收取　电费的收取，有上门收费、定期定点收费、委托银行代收、用户电费储蓄扣收及用户购电付费等多种方式。其中用户购电付费，是用户持供电企业发放的购电卡前往供电企业营业部门售电微机购电，将购电数量存储于购电卡中。用户持卡插入电卡式智能电能表后，其电源开关即自动合闸送电。如果购电卡上存储的电量余额不足50kW·h时，智能电能表将显示余额，提醒用户再去购电。当余额不足3kW·h时，即停电一次以警告用户速去购电，而用户将电卡再插入一次智能电能表即可恢复供电。当所购电量全部用完时，则自动断电，直到用户插入新购电卡后，方可恢复用电。这种付费购电方式改革了传统的人工抄表、核收电费制度，从根本上解决了有的用户只管用电、不按时交纳电费的问题，值得推广。

◆◆◆ 第四节　工厂变配电所的运行维护 ◆◆◆

一、变配电所的值班制度和值班员职责

（一）变配电所的值班制度

工厂变配电所的值班制度主要有轮换值班制和无人值班制。采用无人值班制，可以节约人力，减少运行费用，但需要有较完善的监测信号系统和自动装置等，才能确保变配电所的安全运行。从发展方向来说，工厂变配电所肯定要向自动化和无人值班的方向发展。但在当前，我国大多数工厂变配电所仍以三班轮换的值班制度为主，即全天分为早、中、晚三班，而值班人员则分为若干组，轮流值班，全年都不间断。这种值班制度对于确保变配电所的安全运行有很大好处，但人力耗费较多。一些小型工厂的变配电所和大中型工厂的一些车间变电所，则往往采用无人值班制，仅由工厂的维修电工或工厂总变配电所的值班电工每天定时巡视检查。

有高压设备的变配电所，为保证安全，一般应不少于两人值班。但按原电力行业标准 DL 408—1991《电业安全工作规程》或国家电网公司 2005 年发布的《电力安全工作规程》规定：当室内高压设备的隔离室设有遮拦，遮拦的高度在 1.7m 以上，安装牢固并加锁者，且室内高压开关的操作机构用墙或金属板与该开关隔离，或装有远方操作机构者，可单人值班。

（二）变配电所值班员的职责

1）遵守变配电所值班工作制度，坚守工作岗位，不进行与工作无关的其他活动，确保变配电所的安全运行。

2）积极钻研本职工作，认真学习和贯彻有关规程，包括国家电网公司 2005 年发布的《电力安全工作规程》及其 2006 年发布的《变电站管理规范》等，熟悉变配电所的设备和接线及其运行维护和倒闸操作要求，掌握安全用具和消防器材的使用方法及触电急救法，了解变配电所现在的运行方式、负荷情况及负荷调整、电压调节等措施。

3）监视所内各种设备的运行情况，定期巡视检查，按照规定抄报各种运行数据，记录

运行日志。发现设备缺陷和运行不正常时，及时处理，并做好有关记录，以备查考。

4）按上级调度命令进行操作，发生事故时进行紧急处理，并做好记录，以备查考。

5）保管所内各种资料图表、工具仪器和消防器材等，并做好和保持所内设备和环境的清洁卫生。

6）按规定进行交接班。值班员未办好交接手续时，不得擅离岗位。在处理事故时，一般不得交接班。接班的值班员可在当班的值班员要求和主持下，协助处理事故。如果事故一时难以处理完毕，在征得接班的值班员同意或上级同意后，可进行交接班。

这里必须**指出：不论高压设备带电与否，值班员不得单独移开或越过遮拦进行工作**；如有必要移开遮拦时，必须有监护人在场，并符合《电力安全工作规程》规定的设备不停电时的安全距离——10kV 及以下为 0.7m，20～35kV 为 1m，66～110kV 为 1.5m，220kV 为 3m。在雷雨天巡视露天高压设备时，必须穿绝缘靴，且不得靠近避雷器和避雷针。当高压设备发生接地故障时，室内不得接近故障点 4m 以内，室外不得接近故障点 8m 以内。进入上述范围的人员必须穿绝缘靴，接触设备的外壳和构架时，应戴绝缘手套。

二、变配电所的送电和停电操作

（一）操作的一般要求

为了确保运行安全，防止误操作，按《电力安全工作规程》规定，倒闸操作应根据值班调度员或值班负责人的指令，受令人复诵无误后执行。倒闸操作由操作人员填写操作票。变电所倒闸操作票格式如表 9-1 所示。

表 9-1　变电所倒闸操作票格式

变电所倒闸操作票

单位＿＿＿＿＿＿＿＿　　　　　　　　　编号＿＿＿＿＿＿＿

发令人		受令人		发令时间：　　年　　月　　日　　时　　分
操作开始时间：　　年　　月　　日　　时　　分				操作结束时间：　　年　　月　　日　　时　　分
（　）监护下操作　　　　　（　）单人操作　　　　　（　）检修人员操作				
操作任务：				

顺序	操　作　项　目	√

备注：

操作人：　　　　　监护人：　　　　　值班负责人（值长）：

操作票应用钢笔或圆珠笔填写。用计算机开出的操作票应与手写格式一致。操作票票面应清楚整洁，不得任意涂改。操作人和监护人应根据模拟电路图板或接线图核对所填写的操作项目，并分别签名，然后经值班负责人（检修人员操作时由工作负责人）审核签名。每张操作票只能填写一个操作任务。

操作票应填写下列项目：

1）应拉、合的开关设备，验电，装拆接地线，安装或拆除控制回路或电压互感器回路的熔断器，切换保护回路和自动化装置及检验是否确无电压等。

2）拉合开关设备后检查其位置。

3）进行停、送电操作时，在拉、合隔离开关（刀闸）或拉出、推入手车式开关前，检查断路器确实在分闸位置。

4）在进行切换负荷或解、并列操作前后，检查相关电源运行及负荷分配情况。

5）设备检修后合闸送电前，检查送电范围内接地刀闸是否拉开，接地线是否拆除。

操作票应填写设备的双重名称，即其本身名称和编号。

开始操作前，应先在模拟电路图板（或微机防误装置、微机监控装置）上进行核对性模拟预演，无误后再进行操作。操作前应先核对设备名称、编号和位置，操作中应认真执行监护复诵制度（单人操作时也应高声唱票），宜全过程录音。操作过程中应按操作票填写的顺序逐项操作。每操作完一步，并检查无误后做一个"√"记号，全部操作完毕后进行复查。

监护操作时，操作人在操作过程中不得有任何未经监护人同意的操作行为。

操作中发生疑问时，应立即停止操作，并向发令人报告。待发令人再行许可后，方可继续进行操作。不准擅自更改操作票。

用绝缘操作棒拉、合隔离开关或经传动机构拉、合断路器和隔离开关时，均应戴绝缘手套。雨天操作室外高压设备时，绝缘操作棒应有防雨罩，还应穿绝缘靴。接地网的接地电阻不符合要求的，晴天也要穿绝缘靴。雷雨时，一般不进行倒闸操作。

在发生人身触电事故时，为了抢救触电者，可以不经许可，即行断开有关设备的电源，但事后应立即报告调度和上级部门。

下列各项工作可不用操作票：①事故应急处理；②拉、合断路器的单一操作；③拉开或拆除全所唯一的一组接地刀闸或接地线。上述操作完成后，应做好记录，事故应急处理应保存原始记录。

（二）变配电所的送电操作

变配电所送电时，一般应从电源侧的开关合起，依次合到负荷侧开关。按这种程序操作，可使开关的闭合电流减至最小，比较安全。万一某部分存在故障，也容易发现。但是在高压隔离开关-断路器电路及低压刀开关-断路器（自动开关）电路中，一定要按照先合母线侧隔离开关或刀开关、再合线路侧隔离开关或刀开关、最后合高低压断路器的顺序依次操作。

如果变配电所是事故停电后的恢复送电操作，则操作的程序应视开关类型而有所不同。若电源进线装设的是高压断路器，则在高压母线发生短路故障时，断路器自动跳闸。在故障消除后，直接合上断路器即可恢复送电。若电源进线装设的是高压负荷开关，则在故障消除并更换熔断器熔管后，合上负荷开关即可恢复送电。如果电源进线装设的是高压隔离开关-熔断器，则在故障消除、更换熔断器熔管后，必须先断开所有出线开关，然后合隔离开关，再合所有出线开关才能恢复送电。若电源进线装设的是一般跌开式熔断器，则其操作程序与上述装设隔离开关-熔断器的操作程序相同；若装设的是负荷型跌开式熔断器，则其操作程序与上述装设负荷开关的操作程序相同。

（三）变配电所的停电操作

变配电所停电时，一般应从负荷侧的开关拉起，依次拉到电源侧开关。按这种程序操作，可使开关的开断电流减至最小，也比较安全。但在高压隔离开关-断路器电路及低压刀开关-断路器（自动开关）电路中，停电时，一定要按照先拉高低压断路器、再拉线路侧隔离开关或刀开关、最后拉母线侧隔离开关或刀开关的顺序依次操作。

线路或设备停电以后，为了安全，一般规定要在主开关的操作手柄上悬挂"禁止合闸，有人工作"之类的标示牌。如有线路或设备检修时，应在电源侧（如有可能两侧来电时，则应在其两侧）安装临时接地线。装设接地线时，应先接接地端，后接线路端；而拆除接地线时，则应先拆线路端，后拆接地端。

三、电力变压器的并列运行

两台或多台变压器并列运行时，必须满足以下三个基本条件：

（1）并列变压器的额定一、二次电压必须对应相等 亦即并列变压器的电压比必须相同，允许偏差不超过 $\pm 0.5\%$ 。如果并列变压器的电压比不同，则并列变压器二次绕组的回路内将出现环流，可导致绕组过热甚至烧毁。

（2）并列变压器的阻抗电压（即短路电压）必须相等 由于并列运行变压器的负荷是按其阻抗电压成反比分配的，如果阻抗电压相差过大，可能导致阻抗电压较小的变压器发生过负荷现象，所以要求并列变压器的阻抗电压必须相等，允许偏差不得超过 $\pm 10\%$ 。

（3）并列变压器的联结组别必须相同 亦即所有并列变压器一、二次电压的相序和相位都必须对应相同，否则不能并列运行。假如两台变压器并列运行，一台为 Yyn0 联结，另一台为 Dyn11 联结，则它们的二次电压将出现 30° 相位差，从而在两台变压器的二次绕组间产生电位差 ΔU，如图 9-10 所示。这一 ΔU 将在两变压器的二次侧产生一个很大的环流，可能使变压器绕组烧毁。

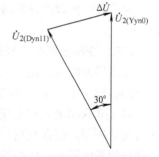

图 9-10　Yyn0 联结变压器与 Dyn11 联结变压器并列运行时二次电压相量图

此外，并列运行的变压器容量应尽可能相同或相近，其最大容量与最小容量之比，一般不能超过 3：1。如果容量相差悬殊，不仅运行很不方便，而且在变压器特性上稍有差异时，变压器间的环流将相当显著，特别是容量小的变压器容易过负荷或烧毁。

四、电力变压器的运行维护

（一）一般要求

电力变压器是变电所内最关键的设备，做好变压器的运行维护工作是十分重要的。

对于有人值班的变电所，应根据控制盘或开关柜上的仪表信号来监视变压器的运行情况，并每小时抄表一次。如果变压器在过负荷下运行，则至少每半小时抄表一次。安装在变压器上的温度计，应于巡视时检视和记录。

对于无人值班的变电所，应于每次定期巡视时，记录变压器的电压、电流和上层油温。

变压器应定期进行外部检查。有人值班的变电所，每天至少检查一次，每周进行一次夜间检查。无人值班的变电所，变压器容量大于 315kVA 的，每月至少检查一次；容量在 315kVA 及以下的，可每两月检查一次。根据现场的具体情况，特别是在气候骤变时，应适当增加检查次数。

（二）巡视项目

1）检查变压器的音响是否正常。变压器的正常音响应是均匀的嗡嗡声。如果其音响较平常正常时沉重，说明变压器过负荷。如果其音响尖锐，说明电源电压过高。

2）检查油温是否超过允许值。油浸变压器的上层油温一般不应超过 85℃，最高不应超过 95℃。油温过高，可能是变压器过负荷引起，也可能是变压器内部故障。

3）检查储油柜及瓦斯继电器的油位和油色，检查各密封处有无渗油和漏油现象。油面过高，可能是冷却装置运行不正常或变压器内部故障等所引起。油面过低，可能是有渗油或漏油现象。变压器油正常时应为透明略带浅黄色。如果油色变深变暗，则说明油质变坏。

4）检查瓷套管是否清洁，有无破损裂纹和放电痕迹；检查高低压接头的螺栓是否紧固，有无接触不良和发热现象。

5）检查防爆膜是否完好无损；检查吸湿器是否畅通，硅胶是否吸湿饱和。

6）检查接地装置是否完好。

7）检查冷却、通风装置是否正常。

8）检查变压器周围有无其他影响其安全运行的异物（例如易燃、易爆和腐蚀性物品等）和异常现象。

在巡视中发现的异常情况，应记入专用的记录簿内，重要情况应及时汇报上级，请示处理。

（三）变压器联结组别的检查判别

变压器大修后，在投入运行之前，应检查其联结组别是否与变压器铭牌的规定相符。这里介绍检查变压器绕组联结组别的直流感应极性测定法。

以 Yy0 联结的三相变压器为例，如图 9-11 所示，在其低压绕组的 ab、bc 和 ac 间分别接入直流电压表，而在其高压绕组 AB 间接入直流电压（电池），观察并记录接入直流电压瞬间低压侧各电压表指针的偏转方向（正、负）。然后又在 BC 间和 AC 间相继接入直流电压，同样观察并记录各电压表指针的偏转方向（正、负）。

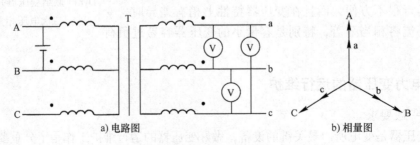

a) 电路图　　　　　　　　　b) 相量图

图 9-11　用直流感应法判别三相变压器的联结组别

（以 Yy0 联结变压器为例）

表 9-2 列出利用直流感应法判别几种常见三相变压器联结组别时各电压表指示的情况，供参考。

表 9-2　用直流感应法判别三相变压器联结组别

变压器联结组别	变压器高低压绕组电路图	加直流电压的高压绕组	低压绕组的电压表指示		
			ab	bc	ac
Yy0（或 Yyn0）	A—a, B—b, C—c, n	AB	+	−	+
		BC	−	+	+
		AC	+	+	+
Yy6（或 Yyn6）	A—a, B—b, C—c, n	AB	−	+	−
		BC	+		
		AC			
Dy11（或 Dyn11）	C—c, B—b, A—a, n	AB	+	0	+
		BC	−	+	0
		AC	0	+	+
Dy5（或 Dyn5）	C—c, B—b, A—a, n	AB	−	0	−
		BC	+	−	0
		AC	0	−	−

五、配电装置的运行维护

（一）一般要求

配电装置应定期进行巡视检查，以便及时发现运行中出现的设备缺陷和故障，例如导体接头部分发热、瓷绝缘子闪络或破损、油断路器漏油等，并设法采取措施予以消除。

在有人值班的变配电所内，配电装置应每班或每天进行一次外部检查。在无人值班的变配电所内，配电装置应至少每月检查一次。如遇短路引起开关跳闸或其他特殊情况（如雷击）时，应对设备进行特别检查。

（二）巡视项目

1）由母线及接头的外观或其温度指示装置（如变色漆、示温蜡等）的指示，检查母线及接头的发热温度是否超过允许值。

2）开关电器中所装的绝缘油颜色和油位是否正常，有无漏油现象，油位指示器有无破损。

3）瓷绝缘子是否脏污、破损，有无放电痕迹。

4）电缆及其接头有无漏油及其他异常现象。

5）熔断器的熔体是否熔断，熔断器有无破损和放电痕迹。

6）二次系统的设备如仪表、继电器等的工作是否正常。

7）接地装置及 PE 线、PEN 线的连接处有无松脱、断线的情况。

8）整个配电装置的运行状态是否符合当时的运行要求。停电检修部分有没有在其电源侧断开的开关操作手柄处悬挂"禁止合闸，有人工作"之类的标示牌，有没有装设必要的临时接地线。

9）高低压配电室及电容器室的通风、照明及安全防火装置等是否正常。

10）配电装置本身和周围有无影响其安全运行的异物（例如易燃、易爆和腐蚀性物品等）和异常现象。

在巡视中发现的异常情况，应记入专用记录簿内，重要情况应及时汇报上级，请示处理。

（三）配电装置的检查试验

配电装置大修后，在投入运行之前，应进行下列各项检查和试验：

1）检查开关设备的各相触头接触的严密性、分合闸的同时性以及操作机构的灵活性和可靠性，并测量二次回路的绝缘电阻。按 GB 50150—2006《电气装置安装工程 电气设备交接试验标准》规定：小母线在断开所有其他并联支路时，其绝缘电阻不应小于 10MΩ；二次回路的每一支路和断路器、隔离开关的操作机构的电源回路等的绝缘电阻，均不应小于 1MΩ，在比较潮湿的地方，可不小于 0.5MΩ。

2）检查和测量互感器的变比和极性等。

3）检查母线接头接触的严密性。

4）充油设备绝缘油的质量分析试验；油量不多的，可仅作耐压试验。

5）绝缘子的绝缘电阻、介质损耗角及多元件绝缘子的电压分布测量；对 35kV 及以下绝缘子仅作耐压试验。

6）检查接地装置，必要时测量接地电阻。

7）检查和试验继电保护装置和过电压保护装置。

8）检查熔断器及其他防护设施。

◇◇◇ 第五节 工厂电力线路的运行维护 ◇◇◇

一、架空线路的运行维护

（一）一般要求

对于厂区架空线路，一般要求每月进行一次巡视检查。如遇大风、大雨及发生故障等特殊情况时，应临时增加巡视次数。

（二）巡视项目

1）电杆有无倾斜、变形、腐朽、损坏及基础下沉等现象。如有，应设法修理或更换。

2）沿线路的地面是否堆放有易燃、易爆和强腐蚀性物品。如有，应立即设法挪开。

3）沿线路周围，有无危险建筑物。应尽可能保证在雷雨季节和大风季节里，周围建筑物不致对线路造成损坏。

4）线路上有无树枝、风筝等杂物悬挂。如有，应设法清除。

5）拉线和扳桩是否完好，绑扎线是否紧固可靠。如有缺陷，应设法修理或更换。

6）导线接头是否接触良好，有无过热发红、严重氧化、腐蚀或断脱现象，绝缘子有无破损和放电现象。如有，应设法修理或更换。

7）避雷装置的接地是否良好，接地线有无断脱情况。在雷雨季节来临之前，应重点检查，以确保防雷安全。

8）其他危及线路安全运行的异常情况。

在巡视中发现的异常情况，应记入专用记录簿内，重要情况应及时汇报上级，请示处理。

二、电缆线路的运行维护

（一）一般要求

电缆线路大多是敷设在地下的，要做好电缆线路的运行维护工作，就要全面了解电缆的型式、敷设方式、结构布置、线路走向及电缆头位置等。对电缆线路，一般要求每季进行一次巡视检查，并应经常监视其负荷大小和发热情况。如遇大雨、洪水或地震等特殊情况及发生故障时，须临时增加巡视次数。

（二）巡视项目

1）电缆头及瓷套管有无破损和放电痕迹；对填充有电缆胶（油）的电缆头，还应检查有无漏油溢胶现象。

2）对明敷电缆，还应检查电缆外皮有无锈蚀、损伤，沿线支架或挂钩有无脱落，线路上及附近有无堆放易燃、易爆及强腐蚀性物品。

3）对暗敷和埋地电缆，应检查沿线的盖板和其他保护设施是否完好，有无挖掘痕迹，线路标桩是否完整无缺。

4）电缆沟内有无积水或渗水现象，是否堆放有杂物及易燃、易爆等危险品。

5）线路上各种接地是否良好，有无松脱、断股和腐蚀现象。

6）其他危及电缆安全运行的异常情况。

在巡视中发现的异常情况，应记入专用记录簿内，重要情况应及时汇报上级，请示处理。

三、车间配电线路的运行维护

（一）一般要求

要做好车间配电线路的运行维护工作，必须全面了解线路的布线情况、导线型号规格及配电箱和开关、保护装置的位置等，并了解车间负荷的要求、大小及车间变电所的有关情况。对车间配电线路，有专门的维护电工时，一般要求每周进行一次巡视检查。

（二）巡视项目

1）检查导线的发热情况。例如裸母线在正常运行时的最高允许温度一般为70℃。如果温度过高，将使母线接头处的氧化加剧，使接触电阻增大，运行情况迅速恶化，最后可能导致接触不良甚至断线。所以通常在母线接头处涂以变色漆或示温蜡，以检查其发热情况。

2）检查线路的负荷情况。线路的负荷电流不得超过导线（或电缆）的允许载流量，否则导线会过热。对于绝缘导线，过热还可能引发火灾。因此运行维护人员要经常监视线路的负荷情况，除了可从配电屏上的电流表指示了解外，还可利用钳形电流表来测量线路的负荷电流。

3）检查配电箱、分线盒、开关、熔断器、母线槽及接地保护装置等的运行情况，着重检查其接线有无松脱、螺栓是否紧固、瓷绝缘子有无放电等现象。

4）检查线路上及线路周围有无影响线路安全的异常情况。绝对禁止在带电的绝缘导线上悬挂物体，禁止在线路近旁堆放易燃、易爆及强腐蚀性的危险品。

5）对敷设在潮湿、有腐蚀性物质场所的线路和设备，要作定期的绝缘检查，绝缘电阻一般不得小于 0.5MΩ。

在巡视中发现的异常情况，应记入专用记录簿内，重要情况应及时汇报上级，请示处理。

四、电力线路运行中突然停电的处理

电力线路在运行中，如突然停电时，可按不同情况分别处理。

1）当进线没有电压时，说明是电力系统方面暂时停电。这时总开关不必拉开，但出线开关必须全部拉开，以免突然来电时，用电设备同时起动，造成过负荷和电压骤降，影响供电系统的正常运行。

2）当双回路进线中的一回路进线停电时，应立即进行倒闸（切换）操作，将负荷特别是其中的重要负荷转移给另一回路供电。

3）厂内架空线路发生故障使开关跳闸时，如果开关的断流容量允许，可以试合一次，争取尽快恢复供电。由于架空线路的多数短路故障（含接地故障）是暂时性的，所以多数情况下可能试合成功，恢复供电。如果试合失败，开关再次跳闸，说明架空线路上的故障尚未消除，这时应该对故障线路进行停电隔离检修。

4）对放射式线路中某一分支线上的故障检查，可采用"分路合闸检查"的方法。如图 9-12 所示放射式供电系统，假设线路 WL8 发生短路故障，但由于保护装置失灵或选择配合不当，致使线路 WL1 的开关越级跳闸。现在采用"分路合闸检查"的方法进行检查，步骤如下：

①将出线 WL1 ~ WL6 的开关全部断开，然后合上 WL1 的开关，由于母线 WB1 正常，因此合闸成功。

②依次合 WL2 ~ WL6 的开关，结果除 WL5 的开关因其分支线 WL8 存在故障又跳闸外，其余开关均试合成功，恢复供电。

③将分支线 WL7 ~ WL9 的开关全部断开，然后试合 WL5 的开关，由于母线 WB2 正常，因此合闸成功。

④依次试合 WL7 ~ WL9 的开关，WL7 和 WL9 的开关因线路正常均试合成功，恢复供电，而 WL8 的开关则因其线路上存在故障又自动跳闸。找出故障线路后，即可组织力量进行检修。

这种分路合闸检查故障的方法，可将故障范围逐步缩小，迅速找出故障线路，并迅速恢复其他完好线路的供电。

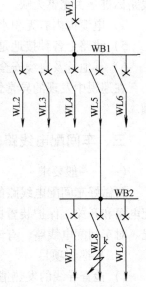

图 9-12 供电系统分路合闸
检查故障说明图

五、电力线路绝缘电阻的测量与定相

（一）线路绝缘电阻的测量

测量线路的绝缘电阻，目的在于检查绝缘导线和电缆的绝缘是否完好，有无接地和相间短路故障。测量绝缘电阻，利用绝缘电阻表（兆欧表）。测量时必须注意以下几点：

1）高压线路一般采用 2500V 绝缘电阻表测量，低压线路采用 1000V 绝缘电阻表测量。

2）在测量绝缘电阻前，应仔细检查沿线有无外物搭接，线路上有无人在工作，线路电源和负荷是否全部断开。只有线路上无人工作，且线路电源和负荷全部断开的情况下，才能摇测线路的绝缘电阻。

3）雷雨时不得摇测室外线路的绝缘电阻，以免雷电过电压伤人。

4）摇测电缆和绝缘导线的绝缘电阻时，应将其绝缘层接到绝缘电阻表的"保护环"（又称"屏蔽环"）接线端，如图 9-13 所示，以消除其表面泄漏电流对测量结果的影响。

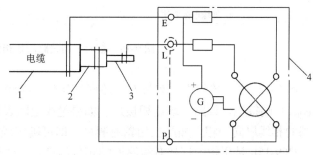

图 9-13 用绝缘电阻表测量电缆的绝缘电阻
1—电缆外皮 2—绝缘层 3—电缆芯线 4—绝缘电阻表
E—接地端子 L—线路端子 P—保护环端子

5）为避免线路的充电电压损坏绝缘电阻表，测量完毕后，应先取下相线，再停止摇动；并且应立即使线路短接放电，以免线路的充电电压伤人。

（二）三相线路的定相

定相就是测定三相线路的相序和核对相位。新安装的或改装后的三相线路投入运行前及双回路要并列运行前，均需经过定相，以免彼此的相序和相位不一致，投入运行时造成短路或环流而损坏设备，造成事故。

（1）测定相序 测定三相线路的相序，一般采用专用的相序表，也可采用如图 9-14 所示的电容式或电感式指示灯相序表。

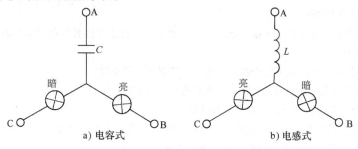

a）电容式 b）电感式

图 9-14 指示灯相序表的原理接线

图 9-14a 是电容式指示灯相序表的原理接线，A 相电容 C 的容抗与 B、C 两相白炽灯的阻值相等。此相序表接上待测的三相线路电源后，灯亮的相为 B 相，灯暗的相为 C 相。

图 9-14b 是电感式指示灯相序表的原理接线，A 相电感 L 的感抗与 B、C 两相白炽灯的阻值相等。此相序表接上待测的三相线路电源后，灯暗的相为 B 相，灯亮的相为 C 相。

（2）核对相位　常用的核对相位的方法有如图 9-15 所示的绝缘电阻表法和指示灯法。

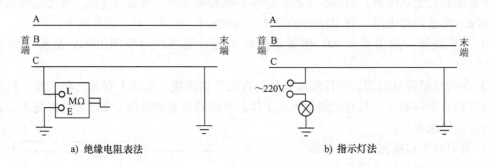

a) 绝缘电阻表法　　　　　　　　　　b) 指示灯法

图 9-15　核对三相线路两端相位的接线

图 9-15a 是用绝缘电阻表核对线路两端相位的接线。线路首端接绝缘电阻表，其 L 端接线路，E 端接地。线路末端逐相接地。如果绝缘电阻表指示为零，则说明末端接地的相线与首端的相线属同一相。如此三相轮流测量，即可确定线路首端和末端各自对应的相。

图 9-15b 是用指示灯核对线路两端相位的接线。线路首端接指示灯，而线路末端也逐相接地。如果指示灯通上电源时灯亮，则说明末端接地的相线与首端指示灯的相线属同一相。如此三相轮流测量，亦可确定线路首端和末端各自对应的相。

复习思考题

9-1　节约用电对国民经济建设有何重要意义？

9-2　什么叫负荷调整？工厂有哪些主要的调荷措施？

9-3　什么叫经济运行方式？电力变压器如何考虑经济运行？

9-4　什么叫提高自然功率因数？什么叫无功功率的人工补偿？为什么通常采用并联电容器来进行无功补偿？

9-5　什么叫无功功率经济当量？什么叫变压器的经济负荷？什么叫并列变压器经济运行的临界负荷？

9-6　并联电容器组采用△接线与采用Y接线各有哪些优缺点？各适用于什么情况？为什么容量较大的高压电容器组宜采用Y接线？

9-7　并联电容器组的高压集中补偿、低压集中补偿和分散就地补偿各有何特点？各适用于什么情况？各采取什么放电措施？

9-8　并联电容器在什么情况下应予投入？在什么情况下应予切除？

9-9　为什么有必要实行计划用电？计划用电有哪些主要措施？

9-10　什么叫分时电价？实行分时电价有什么好处？

9-11　电费计收包括哪几个环节？电费收取一般有哪些方式？什么叫付费购电方式？

9-12　变配电所通常有哪些值班制度？值班员有哪些主要职责？

9-13　在采用高压隔离开关-断路器的电路中，送电时应如何操作？停电时又应如何操作？

9-14　电力线路（包括架空线路和电缆线路）的日常巡视主要要注意哪些情况？

9-15　用绝缘电阻表测量电缆线路的绝缘电阻时应注意哪些问题？

9-16　如何测定三相线路的相序？如何核定线路两端的相位？

习　题

9-1　试计算 S9-1000/10 型配电变压器（Yyn0 联结）的经济负荷和经济负荷率（取 $K_q = 0.1$）。

9-2　某车间变电所有两台 Dyn11 联结的 S9-630/10 型变压器并列运行，而变电所负荷现在只有 520kVA。问是采用一台还是两台运行较为经济合理？（取 $K_q = 0.1$）

9-3　现有 BWF10.5-30-1 型并联电容器 18 台，星形接线，采用高压断路器控制，并采用 GL15 型电流继电器的两相两继电器接线的过电流保护。试选择电流互感器的电流比，并整定 GL15 型电流继电器的动作电流。

第十章
工厂的电气照明

本章首先介绍照明技术包括绿色照明的有关概念，接着讲述工厂常用电光源和灯具的类型及其选择与布置，然后重点讲述照明质量、照度标准及照度计算，最后讲述照明供配电系统及系统图、平面图知识，并讲述照明线路导线截面及其控制保护设备的选择。

◇◇◇ 第一节 照明技术的有关概念 ◇◇◇

一、概述

照明按光源性质分，有自然照明（即天然采光）和人工照明两大类。电气照明由于其灯光稳定、色彩丰富、控制调节方便和安全经济等优点，因而成为现代人工照明中应用最为广泛的一种照明方式。

实践证明，工业生产的产品质量和劳动生产效率，与照明质量有密切的关系。良好的照明条件是保证安全生产、提高劳动生产效率、提高产品质量、保障职工健康的必要措施。因此，电气照明的合理设计对工业生产具有十分重要的作用。

这里必须强调指出，合理的电气照明，必须达到绿色照明的要求。所谓"绿色照明"（green lights），是指节约能源，保护环境，有益于提高人们生产、工作、学习效率和生活质量，保护身心健康的照明。

二、照明技术的有关概念

（一）光与可见光

光是物质的一种形态，是一种波长比毫米无线电波短而比 X 射线长的电磁波，而所有电磁波都具有辐射能。

在电磁波的辐射谱中，光谱的大致范围是：波长 1mm ~ 1nm。其中红外线的波长为 780nm ~ 1mm；可见光的波长为 380 ~ 780nm；紫外线的波长为 1 ~ 380nm。

可见光谱分 7 种单色光，光谱的大致范围为：

1）红——波长 640 ~ 780nm；

2）橙——波长 600 ~ 640nm；

3）黄——波长 570 ~ 600nm；

4）绿——波长 490 ~ 570nm；

5）青——波长 450～490nm；

6）蓝——波长 430～450nm；

7）紫——波长 380～430nm。

人眼对各种波长的可见光，具有不同的敏感性。**实验证明，正常人眼对于波长为555nm的黄绿色光最敏感，也就是这种黄绿色光的辐射能引起人眼的最大视觉。** 因此波长越偏离555nm的光辐射，可见度越小。

（二）光通量

光通量（luminous flux）简称"光通"，是指光源在单位时间内向周围空间辐射出的使人产生光感的能量。光通的符号为 Φ，其单位为 lm（流明）。

（三）发光强度

发光强度（luminous intensity）简称"光强"，是指光源在给定方向的辐射强度。光强的符号为 I，其单位为 cd（坎德拉）。

对于向各个方向均匀辐射光通的光源，其各个方向的光强相同，其光强为

$$I \stackrel{\mathrm{def}}{=\!=\!=} \frac{\Phi}{\Omega} \tag{10-1}$$

式中，Φ 为光源在立体角 Ω 内所辐射的光通量；空间立体角 $\Omega = A/r^2$，这里的 A 为与立体角 Ω 相对应的球表面积，r 为球的半径。

配光曲线即发光强度分布曲线，是在通过光源对称轴的一个平面上绘出的灯具发光强度 I 与对称轴之间角度 α 的函数曲线。

对一般照明灯具，配光曲线通常绘在极坐标上，如图 10-1a 所示，其光源采用 1000lm 光通的假想光源。

对聚光很强的投光灯，由于其光通集中分布在一个很小的空间角内，因此其配光曲线通常绘在直角坐标上，如图 10-1b 所示。

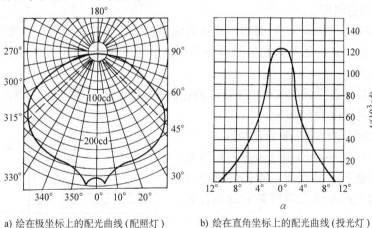

a) 绘在极坐标上的配光曲线（配照灯）　　b) 绘在直角坐标上的配光曲线（投光灯）

图 10-1　灯具的配光曲线

（四）照度

照度（illuminance）是指受照物体表面单位面积上投射的光通量。照度的符号为 E，其单位为 lx（勒克斯）。

如果光通量 Φ 均匀地投射在面积为 A 的表面上，则该表面上的照度为

$$E \stackrel{\text{def}}{=\!=\!=} \frac{\varPhi}{A} \tag{10-2}$$

（五）亮度

亮度（luminance）是表征发光体表面光亮程度的一个物理量。这发光体不仅指直接辐射光通的光源，受照物体表面由于它要反射光通，故也可看作间接发光体。亮度的符号为 L，其单位为 cd/m^2。

亮度用发光体在视线方向单位投影面上的发光强度来量度。如图 10-2 所示，设发光体表面法线方向的发光强度为 I，而人眼视线与发光体表面法线成 α 角，因此视线方向的发光强度为 $I_\alpha = I\cos\alpha$，而视线方向的投影面积为 $A_\alpha = A\cos\alpha$。由此可得发光体表面在视线方向的亮度为

$$L \stackrel{\text{def}}{=\!=\!=} \frac{I\cos\alpha}{A\cos\alpha} = \frac{I}{A} \tag{10-3}$$

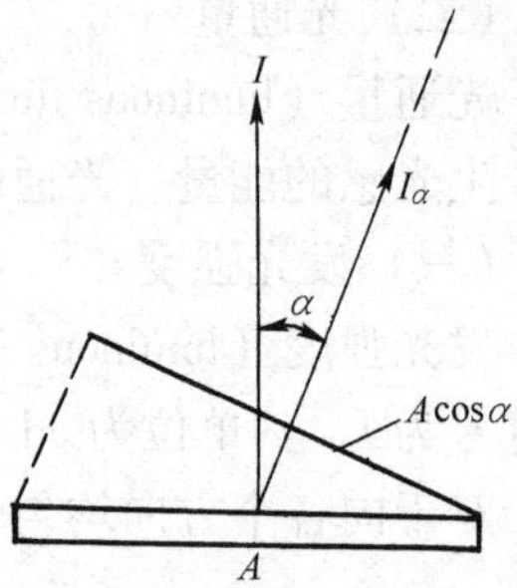

由上式可知，发光体表面的亮度实际上与视线方向无关。而且由上式可以看出，在发光体光强一定的条件下，发光面越大，其亮度越小。因此为降低发光体亮度对人眼的刺激（眩光）作用，可设法增大发光体表面的面积。

图 10-2　说明亮度的示意图

（六）眩光和统一眩光值

眩光（glare）是指由于视野中的亮度分布或亮度范围的不适宜，或者存在极端的对比，以致引起不舒适感觉或降低观察细部或目标的能力的一种视觉现象。

统一眩光值（Unified Glare Rating，缩写 UGR），是度量处于视觉环境中的灯具发出的光对人眼引起不舒适感觉主观反应的一个心理参量，其值按 GB 50034—2013《建筑照明设计标准》规定（亦即国际照明委员会 CIE 规定）的方法计算，此略。

（七）光源的色温度

色温度（colour temperature）是以发光体表面颜色来估计其温度的一个物理量。

光源的色温度用其所辐射的光的颜色与完全辐射的"黑体"所辐射的光的颜色相同时的黑体温度来度量。

色温度的单位为 K（开尔文）。白炽灯的色温度为 2400K（15W）～2920K（1000W），日光色荧光灯的色温度为 6500K。

（八）光源的显色性与一般显色指数

光源的显色性（colour rendering），是指光源对被照物体颜色显现的性能。物体的颜色以日光或与日光相当的参比光源照射下的颜色为准。

为表征光源的显色性，特引入"一般显色指数"（general colour rendering index）。

一般显色指数（符号 Ra），是指由国际照明委员会（CIE）规定的 8 种试验色样，在由被测光源照明时与由参比光源照明时其颜色相

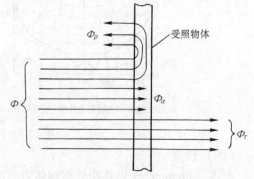

图 10-3　说明物体光照性能的示意图

$\varPhi_\rho$—反射光通　$\varPhi_\alpha$—吸收光通　$\varPhi_\tau$—透射光通

符程度来度量。以日光或与日光相当的参比光源的一般显色指数 $Ra=100$。被测光源的 Ra 越高，说明该光源的显色性越好，物体颜色在该光源照明下的失真度越小。白炽灯的 $Ra=97\sim99$，荧光灯的 $Ra=75\sim90$，这说明荧光灯的显色性比白炽灯稍差。

（九）物体的光照性能

当光通 Φ 投射到物体上时，一部分光通 Φ_ρ 从物体表面反射回去，一部分光通 Φ_α 被物体所吸收，而余下的一部分光通 Φ_τ 则透过物体，如图 10-3 所示。

为表征物体的光照性能，特引入以下三个参数：

（1）反射比　又称"反射率"或"反射系数"，用反射光通 Φ_ρ 与总投射光通 Φ 之比来度量，即

$$\rho \xlongequal{\text{def}} \frac{\Phi_\rho}{\Phi} \tag{10-4}$$

（2）吸收比　又称"吸收率"或"吸收系数"，用吸收光通 Φ_α 与总投射光通 Φ 之比来度量，即

$$\alpha \xlongequal{\text{def}} \frac{\Phi_\alpha}{\Phi} \tag{10-5}$$

（3）透射比　又称"透射率"或"透射系数"，用透射光通 Φ_τ 与总投射光通 Φ 之比来度量，即

$$\tau \xlongequal{\text{def}} \frac{\Phi_\tau}{\Phi} \tag{10-6}$$

以上 3 个参数之间存在下列关系：

$$\rho + \alpha + \tau = 1 \tag{10-7}$$

在照明技术中，反射比 ρ 应用最为广泛，因为它直接影响工作面上的照度。

各种情况下，墙壁、顶棚和地面的反射比近似值如表 10-1 所示，供参考。

表 10-1　墙壁、顶棚和地面的反射比近似值

反射物体表面情况	反射比
刷白的墙壁、顶棚，窗子装有白色窗帘	0.70
刷白的墙壁，但窗子未挂窗帘，或挂深色窗帘；刷白的顶棚，但房间潮湿；虽未刷白，但墙壁和顶棚干净光亮	0.50
有窗子的水泥墙壁、水泥顶棚；或木墙壁、木顶棚；糊有浅色纸的墙壁、顶棚；水泥地面	0.30
有大量深色灰尘的墙壁、顶棚；无窗帘遮蔽的玻璃窗；未刷白的砖墙；糊有深色纸的墙壁、顶棚；较脏污的水泥地面；广漆、沥青等地面	0.10

◈◈◈ 第二节　工厂常用的电光源和灯具 ◈◈◈

一、工厂常用电光源的类型、特性及其选择

（一）工厂常用电光源的类型和特性

电光源按其发光原理分，主要有热辐射光源和气体放电光源两大类。

1. 热辐射光源

热辐射光源是利用物体加热时辐射发光的原理所制成的光源，如白炽灯、卤钨灯。

（1）白炽灯　其结构如图10-4所示。它靠灯丝（钨丝）通过电流加热到白炽状态而引起热辐射发光。

白炽灯结构简单，价格低廉，使用方便，而且显色性好，因此应用极为普遍。但是它的发光效率（即单位电功率产生的光通量，简称"光效"）相当低，使用寿命比较短，且耐振性也较差。

普通照明白炽灯有单螺旋灯丝的 PZ 型和双螺旋灯丝的 PZS 型两种，后者的光效较前者高，宜优先选用。

（2）卤钨灯　其结构如图10-5所示。它实质是在白炽灯内充入含有少量卤素（碘、溴等）的气体，利用"卤钨循环"原理来提高灯的发光效率和使用寿命。

所谓"卤钨循环"原理是：当灯管工作时，灯丝温度很高，使钨丝表面的钨分子蒸发，向灯管内壁漂移。普通白炽灯之所以逐渐发黑，就是由于灯丝中的钨分子蒸发沉积在玻璃壳内壁所致。而卤钨灯由于灯管内充有卤素，所以钨分子在管内壁与卤素作用，生成气态的卤化钨，又由管壁向灯丝迁移。当卤化钨进入灯丝的高温区后，就分解为钨分子和卤素，而钨分子又沉积到灯丝上。当钨分子沉积的数量等于灯丝蒸发出去的钨分子数量时，就形成相对平衡状态。这一过程就称为"卤钨循环"。正因为如此，所以卤钨灯的玻璃管不易发黑，其光效比白炽灯高，使用寿命也大大延长。

为了使卤钨灯的卤钨循环顺利进行，安装时灯管必须保持水平，倾斜角不得大于4°，且不允许采用人工冷却措施（如使用电风扇）。由于卤钨灯工作时管壁温度可高达600℃，因此不可与易燃物靠近。卤钨灯的耐振性更差，须注意防振。卤钨灯的显色性好，使用也较方便，主要用于需高照度的场所。

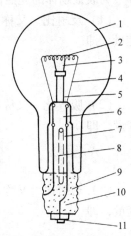

图 10-4　白炽灯

1—玻壳　2—灯丝（钨丝）
3—支架（钼丝）　4—电
极（镍丝）　5—玻璃芯柱
6—杜美丝（铜铁镍合金丝）
7—引入线（铜丝）
8—抽气管　9—灯头
10—封端胶泥
11—锡焊接触端

卤钨灯除上述两端引入的管型卤钨灯外，还有单端引入的卤钨灯，它主要用作放映灯。

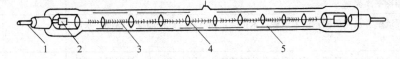

图 10-5　卤钨灯管

1—灯脚　2—钼箔　3—灯丝（钨丝）　4—支架
5—石英玻璃管（内充少量卤素）

2. 气体放电光源

气体放电光源是利用气体放电时发光的原理所制成的光源，如荧光灯、高压汞灯、钠灯、金属卤化物灯和氙灯等。

（1）荧光灯　其结构如图10-6所示。它利用低压汞蒸气在外加电压作用下产生弧光放电，发出少量可见光和大量紫外线，而紫外线又激励管内壁涂覆的荧光粉，使之再发出大量的可见光。由此可见，荧光灯的发光效率比白炽灯高得多，使用寿命也比白炽灯长得多。

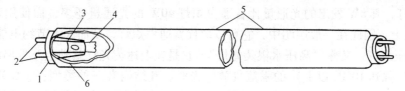

图 10-6　荧光灯管

1—灯头　2—灯脚　3—玻璃芯柱　4—灯丝（钨丝，电极）
5—玻璃管（内壁涂覆荧光粉，管内充惰性气体）　6—汞（少量）

荧光灯的接线如图 10-7 所示。图中辉光启动器 S 有两个电极，其中一个弯成 U 形的电极是双金属片。当荧光灯接上电压后，辉光启动器首先产生辉光放电，致使双金属片加热伸开，造成两极短接，从而使电流通过灯丝。灯丝加热后发射电子，并使管内的少量汞气化。图中镇流器 L 实际上是一个铁心电感线圈。当辉光启动器两极短接使灯丝加热后，辉光启动器辉光放电终止，双金属片冷却收缩，从而突然断开灯丝加热回路，使镇流器两端感生很高的电动势，连同电源电压叠加在灯管两端灯丝（电极）之间，使充满汞蒸气的灯管击穿，产生弧光放电。灯管点燃后，管内电压降很小，因此又要借助镇流器来产生很大一部分电压降，以维持灯管一定的电流，不致因电流过大而烧毁。图中电容器 C 用来提高电路的功率因数。未接 C 时，功率因数只有 0.5 左右；接上 C 后，功率因数可提高到 0.95 以上。

荧光灯工作时，其灯光将随着灯管两端电压的周期性交变而频繁闪烁，这就是"频闪效应"。频闪效应可使人眼发生错觉，可将一些由电动机驱动的旋转物体误认为静止物体，这当然是安全生产所不允许的。因此在有旋转机械的车间里不宜使用荧光灯。如果要使用荧光灯，则须设法消除其频闪效应。消除频闪的方法很多，最简便有效的方法，是在一个灯具内安装两根或三根荧光灯管，而各根灯管分别接在不同相的线路上。

荧光灯除有如图 10-6 所示的普通直管形荧光灯外，还有三基色直管形、环形和紧凑型荧光灯。紧凑型荧光灯有 U 形、2U 形、H 形和 2D 形等多种形式。常用的 2U 形紧凑型节能荧光灯的结构外形如图10-8所示。

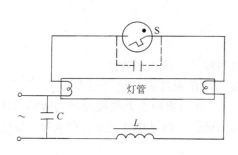

图 10-7　荧光灯的接线图

S—辉光启动器　L—镇流器　C—电容器

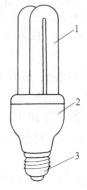

图 10-8　紧凑型节能荧光灯

1—放电管（内壁涂覆荧光粉，管端有灯丝，管内充少量汞）
2—底罩（内装镇流器、辉光启动器和电容器）
3—灯头（内接有引入线）

　　紧凑型荧光灯具有光色好、光效高、能耗低和使用寿命长的特点。例如图10-8所示紧凑型节能荧光灯，其8W发出的光通量比普通白炽灯40W的光通量还多，而使用寿命比白炽灯长10倍以上，因此在一般照明中，它可以取代普通白炽灯，从而大大节约电能。

　　（2）高压汞灯　又称"高压水银荧光灯"。它是在上述荧光灯基础上开发出的产品，属于高气压（压强达10^5Pa以上）的汞蒸气放电光源。其结构有三种类型：①GGY型荧光高压汞灯，这是最常用的一种，如图10-9所示。②GYZ型自镇流高压汞灯，它利用自身的灯丝兼作镇流器。③GYF型反射高压汞灯，它采用部分玻壳内壁镀反射层的结构，使其光线集中均匀地定向反射。

　　高压汞灯不需辉光启动器来预热灯丝，但必须与相应功率的镇流器L串联使用（除GYZ型外），其接线如图10-10所示。工作时，第一主电极与辅助电极（触发极）间首先击穿放电，使管内的汞蒸发，导致第一主电极与第二主电极之间击穿，发生弧光放电，使管内壁的荧光质受激，产生大量的可见光。

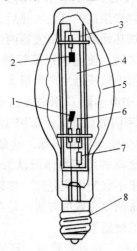

图 10-9　荧光高压汞灯（GGY型）

1—第一主电极　2—第二主电极　3—金属支架
4—内层石英玻璃壳（内充适量汞和氩）　5—外层
石英玻璃壳（内壁涂荧光粉，内外玻璃壳间充氮）
6—辅助电极（触发极）　7—限流电阻　8—灯头

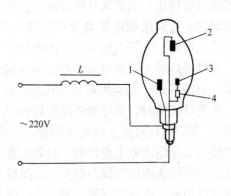

图 10-10　高压汞灯的接线

1—第一主电极　2—第二主电极　3—辅助电极
（触发极）　4—限流电阻

　　高压汞灯的光效较高，使用寿命较长，但启动时间较长，显色性较差。

　　（3）高压钠灯　其结构如图10-11所示。其接线与高压汞灯的接线（见图10-10）相同。它利用高气压（压强可达10^4Pa）的钠蒸气放电发光，其光谱集中在人眼视觉较为敏感的区间，因此其光效比高压汞灯还高约一倍，而且使用寿命更长，但显色性更差，启动时间也较长。

　　（4）金属卤化物灯　其结构如图10-12所示。它是在高压汞灯基础上为提高光效和改善显色性而开发出的一种新型光源。它主要依靠放电管内金属卤化物中金属原子的辐射发光。放电管内还充有适量汞，由于汞较金属卤化物易于蒸发，充汞可使灯易于启燃。当金属卤化物灯接上电压后（其接线也与图10-10所示高压汞灯接线大致相同），刚启燃时，其工作如高压汞灯；而启燃后，金属卤化物蒸发，这时转化为金属原子辐射为主，因此其光效和显色性比高压汞灯好得多。

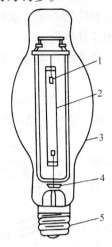

图 10-11　高压钠灯

1—主电极　2—半透明陶瓷放电管（内充钠、汞及
氙或氖、氩混合气体）　3—外玻璃壳（内外壳间充氮）
4—消气剂　5—灯头

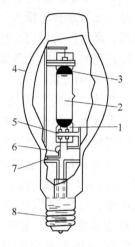

图 10-12　金属卤化物灯

1—主电极　2—放电管（内充汞和稀有气体及金属
卤化物）　3—保温罩　4—石英玻璃壳　5—消气剂
6—启动电极　7—限流电阻　8—灯头

目前我国应用的金属卤化物灯主要有三种：①充入钠、铊、铟碘化物的钠铊铟灯；②充入镝、铊、铟碘化物的镝灯；③充入钪、钠碘化物的钪钠灯。

金属卤化物灯的放电管中没有装辅助电极，不能自行启燃，因此其接线电路中需接入专用触发器，以便产生启燃的高压脉冲，通常使用电子触发器。为稳定工作电流，仍需接入镇流器。

（5）氙灯　它是一种充氙气的高功率（可高达 100kW）气体放电光源。它分长弧氙灯和短弧氙灯两种。长弧氙灯是圆柱形石英放电管，为防止爆炸，其工作气压约为 10^5 Pa。短弧氙灯的石英放电管，中间为椭圆形，两端为圆柱形，其工作气压可达 10^6 Pa 以上。

氙灯的光色接近天然日光，显色性好，适用于需正确辨色的场所作工作照明。又由于其功率大，故可用于广场、车站、码头、机场、大型车间等大面积场所的照明。它作为室内照明光源时，为防止紫外辐射对人体的伤害，应装设能隔紫的滤光玻璃。

（6）单光混光灯　这是近几年开发出来的一种高效节能型新光源，其外形与上述高压汞灯、钠灯和金属卤化物灯（统称"高强气体放电灯"）相似。

单灯混光灯现有以下三个系列：

①HXJ 系列金卤钠灯。由一支金属卤化物灯管芯和一支中显钠灯管芯串联组成，吸取了中显钠灯和金属卤化物灯光效高、寿命长等优点，又克服了这两种灯光色差、特别是金属卤化物灯在使用后期光通量衰减和变色严重的缺点，是一种光色好、光线柔和、寿命长以及色温、显色指数等技术指标均优于中显钠灯和金属卤化物灯的新型混光光源。

②HXG 系列中显钠汞灯。由一支中显钠灯管芯和一支汞灯管芯串联组成，克服了汞灯、钠灯及金属卤化物灯的光色不太适应人的视觉习惯和光效偏低、显色性差、寿命较短等缺点，是一种光效高、光色好、显色指数高、寿命长的部分技术指标优于汞灯、钠灯和金属卤化物灯的新型混光光源。

③HJJ 系列双管芯金属卤化物灯。它由两支金属卤化物灯管芯并联组成。当其中一支管芯失效时，另一支管芯自动投入运行，从而提高了灯的可靠性和使用寿命。这种光源特别适用于体育场馆、高大厂房等可靠性要求较高而维修更换比较困难的场所。

这里需要补充的是：电光源除上述常用的热辐射光源和气体放电光源外，还有一种近几年才兴起的 LED 照明光源。

LED 是"发光二极管"的英文 Light Emitting Diode 的缩写。早在 20 世纪初就发现了碳化硅的电致发光现象，但光线太暗，无法应用于照明。1965 年，世界上第一款发光二极管诞生。它是用锗材料制作的可发红光的 LED。其后又制作出可发橙光、黄光和白光的 LED。至本世纪初，美国一家公司推出一款新的发冷白光的 LED 照明光源，其发光效率和亮度都创下了新纪录。近几年来，LED 照明光源在我国也得到了飞速发展，且 LED 照明灯具逐渐多样化，发光效率不断提高，生产成本也在逐年下降。目前 LED 主要用于某些公共建筑的走廊、楼梯间、地下车库等场所特别是建筑装饰和信号照明。随着低碳生活理念在我国的深入，LED 照明灯具有可能发展为灯具市场的主流。

LED 照明灯的结构如图 10-13 所示。

常用电光源的主要技术特性比较如表 10-2 所示。

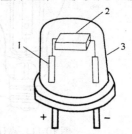

图 10-13　LED 照明灯的结构
1—电极　2—发光二极管芯片
3—封装树脂外壳

（二）常用电光源类型的选择

选用照明光源，应符合国家标准 GB 50034—2013《建筑照明设计标准》的规定：

1）选择光源时，应在满足显色性、启动时间等要求条件下，根据光源、灯具及镇流器等的效率、寿命等在进行综合技术经济分析比较后确定。

表 10-2　常用电光源的主要技术特性比较

光源特性参数	普通白炽灯	普通卤钨灯	普通荧光灯	普通高压汞灯	普通高压钠灯	金属卤化物灯	氙灯	单光混光灯
额定功率/W	10～1000	500～2000	6～125	50～1000	35～1000	125～3500	1500～100000	100～800
发光效率/（lm/W）	10～15	20～25	40～90	30～50	70～100	60～90	20～40	40～100
平均使用寿命/h	1000	1000～1500	1500～5000	2500～6000	12000～24000	500～3000	1000	10000
一般显色指数Ra	97～99	95～99	75～90	30～50	20～25	65～90	95～97	60～80
色温度/K	2400～2920	3000～3200	3000～6500	4400～5500	2000～3000	4500～7000	5700～6700	3100～3400
启动稳定时间	瞬时	瞬时	1～3s	4～8min	4～8min	4～8min	瞬时	4～8min
再启动稳定时间	瞬时	瞬时	瞬时	5～10min	10～15min	10～15min	瞬时	10～15min
功率因数	1.0	1.0	0.33～0.52	0.44～0.67	0.44	0.4～0.6	0.4～0.9	0.4～0.6
频闪效应	无	无	有	有	有	有	有	有
表面亮度	大	大	小	较大	较大	大	大	较大

（续）

光源特性参数	普通白炽灯	普通卤钨灯	普通荧光灯	普通高压汞灯	普通高压钠灯	金属卤化物灯	氙灯	单光混光灯
电压变化对光通的影响	大	大	较大	较大	大	较大	较大	较大
环境温度对光通的影响	小	小	大	较小	较小	较小	小	较小
耐振性能	较差	差	较好	好	较好	好	好	好
所需附件	无	无	镇流器 辉光启动器	镇流器	镇流器	镇流器 触发器	镇流器 触发器	镇流器 触发器

2）照明设计时可按下列条件选择光源：

①高度较低的房间，如办公室、教室、会议室及仪表、电子等生产车间宜采用细管径（≤26mm）的直管型荧光灯，因为这种荧光灯光效高，寿命长，显色性较好，比较适宜这些场合。

②商店营业厅也适宜使用细管径（≤26mm）的直管型荧光灯来取代较粗管径（>26mm）的直管型荧光灯；或者以紧凑型荧光灯来取代白炽灯，以节约电能。小功率的金属卤化物灯和单光混光灯，因其光效高、寿命长和显色性好，也可用于商店照明。

③高大的工业厂房应采用金属卤化物灯或高压钠灯。金属卤化物灯由于其光效高、寿命长而在高大厂房中得到普遍应用。而高压钠灯也具有光效高和寿命长的优点，且价格更低，但显色性差，因此可用于辨色要求不高的场所，如锻工车间、炼铁车间、材料库、成品库等。

④由于荧光高压汞灯与其他高强气体放电灯相比，其光效较低，寿命不长，显色指数也不太高，因此一般照明场所不宜采用。而自镇流荧光高压汞灯的光效更低，不应采用。

⑤由于普通照明白炽灯的光效低、寿命短，一般情况下不应采用。在特殊情况下必须采用时，应采用100W及以下的白炽灯。

3）下列工作场所可采用白炽灯：

①要求瞬时启动和连续调光的场所及使用其他光源技术经济不合理时，宜采用白炽灯。

②由于气体放电灯会产生高次谐波，从而产生电磁干扰，因此对防止电磁干扰要求严格的场所，宜采用白炽灯。

③由于气体放电灯频繁开关时会缩短使用寿命，因此灯开关频繁的场所，可使用白炽灯。

④照度要求不高、点燃时间不长的场所，可采用白炽灯，因为这种场所使用白炽灯，也不会造成太大的电能消耗。

⑤对装饰有特殊要求的场所，如果使用紧凑型荧光灯不合适时，可采用白炽灯。

4）应急照明灯应选用能快速点燃的光源，如白炽灯、卤钨灯或荧光灯，因为在正常照明断电时，白炽灯、卤钨灯和荧光灯可在接入应急电源后迅速点亮，而采用高强气体放电灯就达不到上述要求。

5）应根据识别颜色的要求和照明场所的特点，选择适当的光源。显色性要求高的场所，应采用显色指数高的光源，如 $Ra > 80$ 的三基色稀土荧光灯或混光光源。显色性要求不高的场所，则可采用显色指数较低而光效更高、寿命更长的光源。

二、常用灯具的类型及其选择与布置

（一）常用灯具的类型

1. 按灯具的配光特性分类

有两种分类方法，一种是国际照明委员会（CIE）提出的分类法，另一种是传统的分类法。

（1）CIE分类法 根据灯具向下和向上投射的光通量百分比，将灯具分为以下5种类型：

①直接照明型——灯具向下投射的光通量占总光通量的90%～100%，而向上投射的光通量极少。

②半直接照明型——灯具向下投射的光通量占总光通量的60%～90%，向上投射的光通量只有10%～40%。

③均匀漫射型——灯具向下投射的光通量与向上投射的光通量差不多相等，各为40%～60%之间。

④半间接照明型——灯具向上投射的光通占总光通量的60%～90%，向下投射的光通量只有10%～40%。

⑤间接照明型——灯具向上投射的光通量占总光通量的90%～100%，而向下投射的光通量极少。

（2）传统分类法 根据灯具的配光曲线形状，将灯具分为以下5种类型（参看图10-14）：

①正弦分布型——其发光强度是角度的正弦函数，并且在$\theta = 90°$时发光强度最大。

②广照型——其最大发光强度分布在较大角度上，可在较广的面积上形成均匀的照度。

③漫射型——其各个角度的发光强度基本一致。

④配照型——其发光强度是角度的余弦函数，并且在$\theta = 0°$时发光强度最大。

⑤深照型——其光通量和最大发光强度值集中在0°～30°的狭小立体角内。

2. 按灯具的结构特点分类

按灯具的结构特 - 点可分为以下5种类型：

①开启型——其光源与灯具外界的空间相通，例如一般的配照灯、广照灯、深照灯等。

②闭合型——其光源被透明罩包合，但内外空气仍能流通，如圆球灯、双罩型（又称万能型）灯和吸顶灯等。

③密闭型——其光源被透明罩密封，内外空气不能对流，如防潮灯、防水防尘灯等。

④增安型——亦称"防爆型"，其光源被高强度透明罩密封，且灯具能承受足够的压力，能安全地应用在有爆炸危险介质的场所。

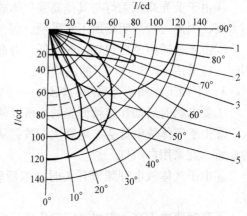

图10-14　灯具按配光曲线分类
1—正弦分布型　2—广照型　3—漫射型
4—配照型　5—深照型

⑤隔爆型——其光源也被高强度透明罩密封，但不是靠其密封性来防爆，而是在其灯座的法兰与灯罩的法兰之间有一隔爆间隙。当气体在灯罩内部爆炸时，高温气体经过隔爆间隙被充分冷却，从而不致引起外部爆炸性混合气体爆炸，因此隔爆型灯也能安全地应用在有爆炸危险介质的场所。

图 10-15 是工厂常用的几种灯具的外形和图形符号[⊖]，供参考。

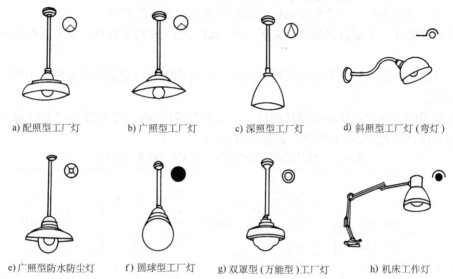

a) 配照型工厂灯　　b) 广照型工厂灯　　c) 深照型工厂灯　　d) 斜照型工厂灯（弯灯）

e) 广照型防水防尘灯　　f) 圆球型工厂灯　　g) 双罩型（万能型）工厂灯　　h) 机床工作灯

图 10-15　工厂常用的几种灯具

（二）常用灯具类型的选择

选用照明灯具，也应符合 GB 50034—2013《建筑照明设计标准》的规定：

1）在满足眩光限制和配光要求条件下，应选用效率高的灯具，并应符合下列规定：

①直管形荧光灯灯具的效率不应低于表 10-3 的规定。

表 10-3　直管形荧光灯灯具的效率（据 GB 50034—2013）

灯具出光口形式	开　敞　式	保护罩（玻璃或塑料）		格　　栅
		透　明	磨砂、棱镜	
灯 具 效 率	75%	70%	55%	65%

②高强气体放电灯灯具的效率不应低于表 10-4 的规定。

表 10-4　高强气体放电灯灯具的效率（据 GB 50034—2013）

灯具出光口形式	开　敞　式	格栅或透光罩
灯 具 效 率	75%	60%

GB 50034—2013 关于其他型式灯具效率的规定，限于篇幅，从略。

⊖　图 10-14 中灯具的图形符号，除图 10-14g 外，均引自 GB 4728.11—1985 的附录 B，现新国标GB/T 4728.11—2008 已予取消，这里列出仅供参考。此外需说明，在 GB 4728.11—1985 中，配照型灯与广照型灯的图形符号相同。关于其中图 10-14g 的图形符号，系按电工行业以往习惯绘制。

2）根据照明场所的环境条件，分别选用下列灯具：

①在潮湿的场所，应采用相应防护等级的防水灯具或带防水灯头的开敞式灯具。

②在有腐蚀性气体或蒸汽的场所，宜采用防腐蚀密闭式灯具。若采用开敞式灯具，则其各部分应有防腐蚀或防水的措施。

③在高温场所，宜采用散热性能好、耐高温的灯具。

④在有尘埃的场所，应按防尘的相应防护等级选择适宜的灯具。

⑤在装有锻锤、大型桥式吊车等振动、摆动较大场所使用的灯具，应有防振和防脱落的措施。

⑥在易受机械损伤、光源自行脱落可能造成人身伤害或财物损失的场所使用的灯具，应有防护措施。

⑦在有爆炸或火灾危险场所使用的灯具，应符合现行国标 GB 50058—2014《爆炸危险环境电力装置设计规范》的有关规定，如表 10-5 所示。

表 10-5　灯具防爆结构的选型（据 GB 50058—2014）

爆炸危险区域		1　　区		2　　区	
灯具防爆结构		隔 爆 型	增 安 型	隔 爆 型	增 安 型
灯具设备	固定式灯	适用	不适用	适用	适用
	移动式灯	慎用		适用	
	携带式电池灯	适用		适用	
	指示灯类	适用	不适用	适用	适用
	镇流器	适用	慎用	适用	适用

注：爆炸危险环境的分区，参看附录表22。

⑧在有洁净要求的场所，应采用不易积尘、易于擦拭的洁净灯具。

⑨在需防止紫外线照射的场所，应采用隔紫灯具或无紫光源。

3）直接安装在可燃材料表面上的灯具，当灯具发热部件紧贴在安装表面上时，必须采用带有Ⓕ标志的灯具，以免一般灯具的发热导致可燃材料燃烧，酿成火灾。

4）照明设计时，应按下列原则选择镇流器：

①自镇流荧光灯应配用电子镇流器。

②直管型荧光灯应配用电子镇流器或节能型电感镇流器。

③高压钠灯、金属卤化物灯应配用节能型电感镇流器；在电压偏差较大的场所，宜配用恒功率镇流器；功率较小者可配用电子镇流器。

④采用的镇流器应符合该产品的国家能效标准。

5）高强气体放电灯的触发器与光源的安装距离应符合产品的要求。

（三）室内灯具的悬挂高度

室内灯具不能悬挂过高。如悬挂过高，一方面降低了工作面上的照度，而要满足照度要求，势必增大光源功率，不经济；另一方面运行维修（如擦拭或更换灯具）也不方便。室内灯具也不能悬挂过低。如悬挂过低，一方面容易被人碰撞，不安全；另一方面会产生眩光，降低人的视觉。

室内一般照明灯具的最低悬挂高度，按机械工业行业标准 JBJ 6—1996《机械工厂电力设计规范》规定，如表 10-6 所示，可供照明设计参考。

表 10-6　室内一般照明灯具的最低悬挂高度（据 JBJ 6—1996）

光源种类	灯具型式	灯具遮光角	光源功率/W	最低悬挂高度/m
白炽灯	有反射罩	10°~30°	≤100	2.5
			150~200	3.0
			300~500	3.5
	乳白玻璃漫射罩	—	≤100	2.2
			150~200	2.5
			300~500	3.0
荧光灯	无反射罩	—	≤40	2.2
			>40	3.0
	有反射罩	—	≤40	2.2
			>40	2.2
荧光高压汞灯	有反射罩	10°~30°	<125	3.5
			125~250	5.0
			≥400	6.0
	有反射罩带格栅	>30°	<125	3.0
			125~250	4.0
			≥400	5.0
金属卤化物灯、高压钠灯、混光光源	有反射罩	10°~30°	<150	4.5
			150~250	5.5
			250~400	6.5
			>400	7.5
	有反射罩带格栅	>30°	<150	4.0
			150~250	4.5
			250~400	5.5
			>400	6.5

表 10-6 中所列灯具的遮光角，是指光源最边缘的一点和灯具出光口的连线与通过裸光源发光中心的水平线之间的夹角，如图 10-16 所示。遮光角表征了灯罩遮盖光源光线以免对人眼产生直接眩光的程度。

（四）室内灯具的布置

室内灯具的布置，与房间的结构及对照明的要求有关，既要实用经济，又要尽可能地协调美观。

室内一般照明灯具通常有两种布置方案：

（1）均匀布置　灯具在整个房间内均匀分布，其布置方案与设备位置无关，如图 10-17a 所示。

（2）选择布置　灯具的布置方案与生产设备的位置有关。大多按工作面对称布置，力求使工作面获得最有利的光照并消除阴影，如图 10-17b 所示。

由于均匀布置较之选择布置更为美观，且使整个房间的照度较为均匀，所以在既有一般

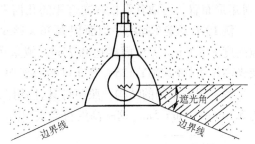

图 10-16　灯具的遮光角

照明又有局部照明的场所，其一般照明宜采用均匀布置。

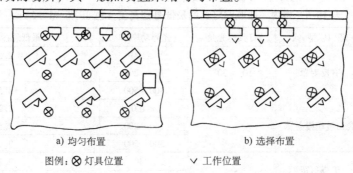

a) 均匀布置　　　　　　　　b) 选择布置

图例：⊗ 灯具位置　　　∨ 工作位置

图 10-17　一般照明灯具的布置

均匀布置的灯具可有两种排列方式：①灯具排列成矩形（含正方形），如图10-18a所示。矩形布置时，应尽量使 l 与 l' 相接近。②灯具排列成菱形，如图10-18b所示。等边三角形的菱形布置，即 $l' = \sqrt{3}l$ 时，照度分布最为均匀。

灯具间的距离，应按灯具的光强分布、悬挂高度、房屋结构及照度标准等多种因素而定。为了使工作面上获得较均匀的照度，应选择合理的"距高比"，即灯间距离 l 与灯在工作面上的悬挂高度 h 之比，一般不要超过各类灯具所规定的最大距高比，例如 GC1-A、B-2G 型工厂配照灯的最大允许距高比为 1.35，如附录表 28-1 中所列。其余灯具的最大距高比可参看有关设计手册。

从使整个房间获得较为均匀的照度考虑，靠边缘的一列灯具离墙的距离 l''（见图 10-18）为：靠墙有工作面时，可取 $l'' = (0.25 \sim 0.3) l$；靠墙为通道时，可取 $l'' = (0.4 \sim 0.6) l$。其中 l 为灯间距离（对矩形布置，可取其纵横两向灯距的几何平均值）。

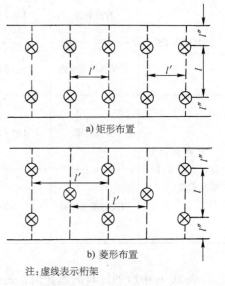

a) 矩形布置

b) 菱形布置

注：虚线表示桁架

图 10-18　灯具的均匀布置

例 10-1　某车间的平面面积为 $36 \times 18 \text{m}^2$，桁架跨度为 18m，桁架之间相距 6m，桁架离地高度为 5.5m，工作面离地 0.75m。拟采用 GC1-A-2G 型工厂配电灯（内装 220V、125W 荧光高压汞灯即 GGY-125）作车间的一般照明。试初步确定灯具的布置方案。

解　根据车间的结构，照明灯具宜悬挂在桁架上。如灯具下吊 0.5m，则灯具离地高度为 5.5m − 0.5m = 5m。这一高度符合表 10-6 规定的最低悬挂高度要求。

──────────

⊖　灯具型号的含义：

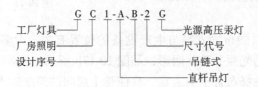

由于工作面离地 0.75m，故灯具在工作面上的悬挂高度 $h = 5\text{m} - 0.75\text{m} = 4.25\text{m}$，而由附录表 28-1 得知，这种灯具的最大允许距高比为 1.35，因此较合理的灯间距离为

$$l \leqslant 1.35h = 1.35 \times 4.25\text{m} = 5.7\text{m}$$

根据车间的结构和以上计算所得的较为合理的灯距，初步确定灯具布置方案如图 10-19 所示。该方案的灯距（几何平均值）$l = \sqrt{4.5 \times 6}\text{m} = 5.2\text{m} < 5.7\text{m}$，符合要求。但是此方案是否满足照度要求，还有待于通过照度计算来检验。

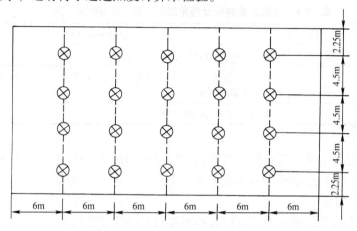

图 10-19　例 10-1 的灯具布置方案

◈◈◈ 第三节　照明质量及照度计算 ◈◈◈

一、照明质量与照度标准

照明质量包括眩光限制、光源颜色、照度均匀度及工作房间表面的反射比等问题，但最基本的是工作面上的照度是否达到规定的照度标准。此外，按 GB 50034—2013 规定，还需考虑照明的节能问题，在满足照度标准的前提下，照明功率密度值（W/m^2）也应满足要求。

（一）眩光限制

眩光能引起人眼视觉的不适或降低视力，因此在照明设计中必须限制眩光，以保证照明质量。

按 GB 50034—2013 规定，直接型灯具的遮光角不应小于表 10-7 所列数值。

表 10-7　直接型灯具的遮光角（据 GB 50034—2013）

光源平均亮度/（kcd/m²）	遮光角	光源平均亮度/（kcd/m²）	遮光角
1~20	10°	50~500	20°
20~50	15°	≥500	30°

前面表 10-6 所列的灯具最低悬挂高度的规定，也是为了满足眩光限制的要求，可供参考。

在需要有效地限制工作面上的光幕反射和反射眩光的房间和场所，可采用以下措施：

1）将灯具安装在不易形成眩光的区域内。

2）可采用低光泽度的表面装饰材料。

3）应限制灯具出光口表面的发光亮度。

4）墙面的平均照度不宜低于50lx，顶棚的平均照度不宜低于30lx。

（二）光源颜色

按 GB 50034—2013 规定，室内照明光源的色表可按其相关色温分为 3 组，各组色表适用的场所如表 10-8 所示。

表 10-8　光源色表特征及适用场所（据 GB 50034—2013）

相关色温（K）	色表特征	适用场所举例
<3300	暖	客房、卧室、病房、酒吧
3300～5300	中间	办公室、教室、阅览室、商场、诊室、检验室、实验室、控制室、机加工车间、仪表装配车间
>5300	冷	热加工车间、高照度场所

长期工作或停留的房间或场所，照明光源的显色指数（Ra）不宜小于80。在灯具安装高度大于8m的工业建筑场所，Ra 可低于80，但必须能够辨别安全色。

（三）照明均匀度

照明均匀度是在给定的照明区域内最小照度与平均照度之比。

公共建筑的工作房间和工业建筑作业区域内的一般照明照度均匀度，不应小于0.7，而作业面邻近周围的照度均匀度不应小于0.5。房间或场所内的通道和其他非作业区域的一般照明的照度值不宜低于作业区域一般照明照度值的1/3。

表 10-9 是 GB 50034—2013 提出的作业面邻近周围（指作业面外宽度不小于0.5m范围内）与作业面照度对应的最低照度值。

表 10-9　作业面邻近周围的照度（据 GB 50034—2013）

作业面照度/lx	作业面邻近周围照度值/lx	作业面照度/lx	作业面邻近周围照度值/lx
≥750	500	300	200
500	300	≤200	与作业面照度相同

（四）反射比

按 GB 50034—2013 规定，长时间工作的房间，其表面反射比宜按表 10-10 选取。

表 10-10　工作房间表面的反射比（据 GB 50034—2013）

表面名称	顶　棚	墙　面	地　面	作　业　面
反射比	0.6～0.9	0.3～0.8	0.1～0.5	0.2～0.6

（五）照度标准

为了创造良好的工作条件，提高工作效率和工作质量（含产品质量），保障人身安全，工作场所及其他活动环境的照明必须有足够的照度。

照度标准值的分级为：0.5、1、2、3、5、10、15、20、30、50、75、100、150、200、300、500、750、1000、1500、2000、3000、5000lx 等。

GB 50034—2013 规定的部分工业建筑一般照明标准值（含照度标准值、统一眩光值和一般显色指数值）列于附录表 26；GB 50034—2013 规定的部分民用和公共建筑照明标准值列于附录表 27。

GB 50034—2013 中规定的照度标准值，为作业面或参考平面上的平均照度值。

符合下列条件之一及以上时，作业面或参考平面的照度可按照度标准值分级提高一级：

1）视觉要求高的精细作业场所，眼睛至识别对象的距离大于 0.5m 时。

2）连续长时间紧张的视觉作业，对视觉器官有不良影响时。

3）识别移动对象，要求识别时间短促而辨认困难时。

4）视觉作业对操作安全有重要影响时。

5）识别对象与背景辨认困难时。

6）作业精度要求较高、且产生差错会造成很大损失时。

7）视觉能力显著低于正常能力时。

8）建筑等级和功能要求高时。

符合下列条件之一及以上时，作业面或参考平面的照度可按照度标准值分级降低一级：

1）进行很短时间的作业时。

2）作业精度或速度无关紧要时。

3）建筑等级和功能要求较低时。

按 GB 50034—2013 规定：设计照度值与照度标准值的偏差不应超过 ±5%。

二、照度的计算

在灯具的型式、悬挂高度及布置方案初步确定之后，就应该根据初步拟定的照明方案计算工作面上的照度，检验是否符合照度标准的要求；也可以在初步确定灯具型式和悬挂高度之后，根据工作面上的照度标准要求来确定灯具数目，然后确定布置方案。

照度的计算方法，有利用系数法、概算曲线法、比功率法和逐点计算法等。前三种计算法只用于计算水平工作面上的照度，其中概算曲线法实质是利用系数法的实用简化；而后一种则可用于计算任一倾斜面包括垂直面上的照度。限于篇幅，下面只介绍计算水平面照度的利用系数法和概算曲线法。

（一）利用系数法

1. 利用系数的概念

照明光源的利用系数（utilization coefficient），是表征照明光源的光通量有效利用程度的一个参数，用投射到工作面上的光通量（包括直射光通量和各方面反射到工作面上的光通量）与全部光源发出的光通量之比来表示，即利用系数

$$u \overset{\text{def}}{=} \frac{\Phi_e}{n\Phi} \tag{10-8}$$

式中，Φ_e 为投射到工作面上的有效光通量；Φ 为每盏灯发出的光通量；n 为灯的盏数。

利用系数 u 与下列因素有关：

1）与灯具的型式、光效和配光曲线有关。灯具的光效越高，光通量越集中，利用系数也越高。

2）与灯具的悬挂高度有关。悬挂越高，工作面上反射的光通量越多，利用系数也越高。

3）与房间的面积和形状有关。房间的面积越大，越接近于正方形，工作面上直射的光通量越多，利用系数也越高。

4）与墙壁、顶棚和地面的颜色和洁污情况有关。其颜色越浅，越洁净，其反射比越大，反射光通量越多，因此利用系数也越高。

附录表 28 列出 GC1-A、B-2G 型工厂配照灯的利用系数值，供参考。

2. 利用系数值的确定

由附录表 28 所列 GC1-A、B-2G 型工厂配照灯的利用系数表可以看出，利用系数值应按墙壁、顶棚和地面的反射比 ρ_w、ρ_c 和 ρ_f 及"室空间比"（Room Cabin Ratio，缩写 RCR）来确定。

室空间比 RCR 是表征受照房间空间特征的一个参数，按下式计算：

$$RCR = \frac{5h_{RC}(a+b)}{a \cdot b} \qquad (10-9)$$

式中，h_{RC} 为室空间高度，即灯具离工作面的高度；a、b 为房间的长、宽（参看图 10-20）。

由图 10-20 可知，受照房间按照明情况不同可分为顶棚空间、室空间和地板空间三部分。对于装设吸顶式或嵌入式灯具的房间，则不存在顶棚空间，对于以地面为工作面的房间，则不存在地板空间。

3. 按利用系数法计算工作面上的平均照度

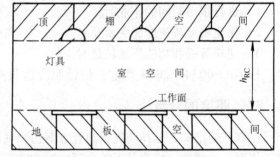

图 10-20　计算室空间比（RCR）的说明图

由于灯具在使用期间，光源本身的光效要逐渐降低，灯具也会陈旧脏污，受照场所的墙壁、顶棚也有污损的可能，从而使工作面上的光通量有所减少，因此在计算工作面上实际的平均照度时，应计入一个小于 1 的"减光系数"（Light Loss Factor，缩写 LLF，又称"维护系数"）。

表 10-11 为 GB 50034—2013 规定的灯具减光系数（维护系数）。

表 10-11　灯具的减光系数（维护系数）（据 GB 50034—2013）

环境污染特征		房间或场所举例	灯具最少擦拭次数（次/年）	减光系数
室内	清洁	卧室、办公室、影院、剧场、餐厅、阅览室、教室、病房、客房、仪器仪表装配间、电子元器件装配间、检验室、商店营业厅、体育场馆等	2	0.80
	一般	机场候机厅、候车室、机械加工车间、机械装配车间、农贸市场等	2	0.70
	污染严重	公用厨房、锻工车间、铸工车间、水泥车间等	3	0.60
开敞空间		雨篷、站台	2	0.65

工作面上实际的平均照度 E_{av} 按下式计算：

$$E_{av} = \frac{uKn\Phi}{A} \qquad (10\text{-}10)$$

式中，K 为减光系数（维护系数）；u 为利用系数；Φ 为每盏灯的额定光通量；n 为受照房间灯的盏数；A 为房间面积。

如果已知工作面上的照度标准值即 E_{av}，并已确定灯具型式及光源类型、功率时，则可由下式确定灯具盏数：

$$n = \frac{E_{av}A}{uK\Phi} \qquad (10\text{-}11)$$

例 10-2 试计算例 10-1 所初步确定的灯具布置方案（参看图 10-18）工作面上的平均照度。

解 该车间的室空间比为

$$RCR = \frac{5 \times 4.25 \times (36 + 18)}{36 \times 18} = 1.77$$

假设车间顶棚的反射比 $\rho_c = 70\%$，墙壁的反射比 $\rho_w = 50\%$，地面的反射比 $\rho_f = 20\%$。可从附录表 28-3 查得利用系数 $u \approx 0.6$。又由表 10-11 取减光系数 $K = 0.7$。再由附录表 28-1 查得灯具光源 GGY—125 的额定光通量为 4750lm。而由图 10-18 知 $n = 20$。因此按式（10-10）可求得该车间水平工作面的平均照度为

$$E_{av} = \frac{0.6 \times 0.7 \times 20 \times 4750\text{lm}}{36\text{m} \times 18\text{m}} = 61.6\text{lx}$$

（二）概算曲线法

1. 概算曲线简介

灯具的概算曲线是按照由利用系数法导出的公式（10-11）进行计算而绘制的被照房间面积与安装灯数之间的关系曲线，假设的条件是：被照水平工作面的平均照度为 100lx。

附表 28-4 列出了 GC1-A、B-2G 型工厂配照灯的概算曲线图表，供参考。其他灯具的概算图表可查有关设计手册。

2. 按概算曲线法进行灯数或照度计算

首先根据房屋的环境污染特征确定其顶棚、墙壁和地面的反射比 ρ_c、ρ_w 和 ρ_f，并求出该房间的水平面积 A。然后由相应的灯具概算曲线上查得对应的灯数 N。由于灯具概算曲线绘制依据的平均照度为 100lx，减光系数为某一值，均不一定与实际相符，因此实际需用的灯数 n 应按下式计算：

$$n = \frac{E_{av}K'}{100 \ (\text{lx}) \ K}N \qquad (10\text{-}12)$$

式中，E_{av} 为实际要求达到的平均照度值（lx）；K 为灯具实际的减光系数（维护系数）；K' 为概算曲线绘制依据的减光系数（维护系数）。

例 10-3 试按灯具概算曲线法验算例 10-1 和例 10-2 所计算的工作面上的平均照度。

解 根据 $\rho_c = 70\%$、$\rho_w = 50\%$、$\rho_f = 20\%$ 及 $h = 4.25\text{m}$ 和 $A = 36\text{m} \times 18\text{m} = 648\text{m}^2$ 去查附录表 28-4 的概算曲线，得 $N \approx 30$。因此由式（10-12）可得：

$$E_{av} = \frac{100(\text{lx})Kn}{K'N} = \frac{100 \times 0.7 \times 20}{0.7 \times 30}\text{lx} = 66.7\text{lx}$$

计算结果与例 10-2 的相近。

◇◆◇ 第四节 照明供配电系统及电气安装图 ◇◆◇

一、照明供配电系统及应急照明供电方式

照明供配电系统一般由接户线、进户线、总配电箱、干线、分配电箱、支线和用电设备（灯具、插座等）所组成，如图 10-21 所示。

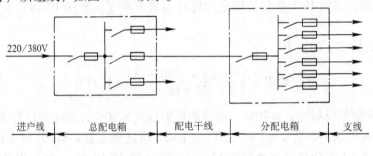

图 10-21 照明供配电系统的组成

照明供配电系统有放射式、树干式和混合式等接线方式。放射式接线的供电可靠性较高，但耗用的导线材料及控制保护设备较多，投资较大。树干式接线比较经济，但可靠性较差。实际的照明系统一般为混合式接线，如图 10-22 所示。

电气照明按照明地点分，有室内照明和室外照明两大类。按照明方式分，有一般照明和局部照明两大类。一般照明是不考虑局部的特殊需要，只为照亮整个场地而设置的照明。局部照明是为满足某些部位（如工作面）的特殊需要而设置的照明，例如工作台上的台灯和机床上的局部照明灯等。工厂的多数车间都采用由一般照明和局部照明组成的混合照明。

电气照明按用途分，有正常照明、应急照明、值班照明、警卫照明和障碍照明等。正常照明是指在正常情况下使用的室内外照明。应急照明（以往称为"事故照明"）是指因正常照明的电源发生故障而启用的照明。应急照明又分备用照明、安全照明和疏散照明。备用照明是用以确保正常活动继续进行的应急照明。安全照明是用以确保处于潜在危险之中的人员安全的应急照明。疏散照明是用以确保安全出口通道能被有效地辨认和应用、使人员能安全撤离的应急照明。

应急照明的电源应区别于正常照明的电源。应急照明的供电方式，宜按下列之一选用：

1）独立于正常电源的发电机组，如图 1-9 所示采用柴油发电机组做备用电源。

2）蓄电池。

3）供电系统中有效地独立于正常电源的供电线路。

4）应急照明灯自带直流逆变器。

5）当装有两台及以上变压器时，应急照明应与正常照明的供电干线分别接自不同的变压器，如图 10-23 所示。

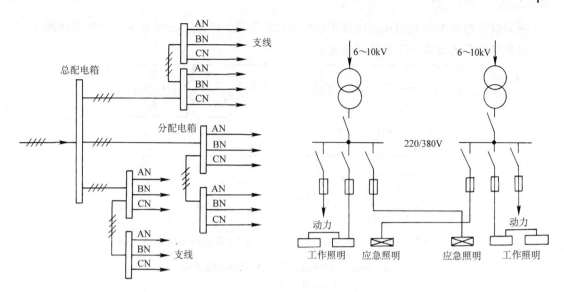

图 10-22　混合式照明供配电系统　　　　图 10-23　应急照明由两台变压器交叉供电的
　　　　　　　　　　　　　　　　　　　　　　　　　　照明供配电系统

6）仅装有一台变压器时，应急照明应与正常照明的供电干线自变电所的低压屏上或母线上分开，如图 10-24 所示。

应急照明的正常电源在故障停电时宜实行备用电源自动投入（APD），如图10-25所示。当正常电源停电时，接触器 KM1 因失电而断开，同时由于 KM1 的常闭触头 KM1 1-2 闭合（KM2 的常闭触头 KM2 1-2 原已闭合），使时间继电器 KT 动作，其延时闭合触头 KT 1-2 经 0.5s 后闭合，使接触器 KM2 的线圈通电动作，其主触头闭合，从而投入备用电源。KM2 的常开触头 KM2 3-4 同时闭合，保持 KM2 线圈通电动作状态；而其常闭触头 KM2 1-2 断开，切断时间继电器 KT 的回路，其触头 KT 1-2 断开。同时 KM2 5-6断开，切断 KM1 线圈回路。

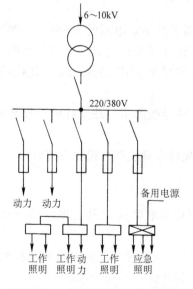

图 10-24　应急照明由一台变压器
供电的照明供配电系统

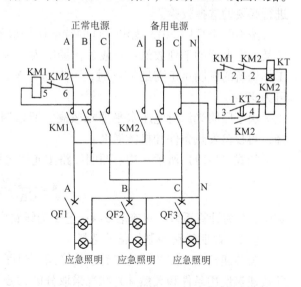

图 10-25　采用备用电源自动投入
（APD）的应急照明控制回路

照明灯具的基本控制回路的接线图如图 10-26 所示。**注意：控制开关应安装在相线（L）上，以保证灯具光源装卸及检修的安全。**

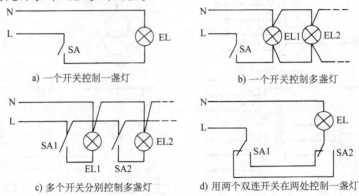

a) 一个开关控制一盏灯   b) 一个开关控制多盏灯

c) 多个开关分别控制多盏灯   d) 用两个双连开关在两处控制一盏灯

图 10-26　照明灯具的基本控制回路接线

EL—电灯　SA—控制开关

二、照明线路导线及控制保护设备的选择

（一）照明线路导线的选择

GB 50096—2011《住宅设计规范》规定，住宅线路导线应采用铜芯绝缘线，每套住宅进户线导线截面积不应小于 10mm^2，其分支回路导线截面积不应小于 2.5mm^2。因此室内照明线路一般应采用芯线截面积不小于 2.5mm^2 的铜芯绝缘线（通常采用铜芯塑料线）敷设。而 2.5mm^2 的铜芯塑料线穿管的允许载流量在 14A 以上（参看附录表 19），从发热条件考虑，可接用白炽灯 100W 达 30 个，因此一般室内照明线路无需进行发热校验。由于室内照明线路不长，一般也无需进行电压损耗校验。但对于线路较长的照明干线和室外照明线路，则宜进行必要的选择校验。

按 GB 50034—2013 规定，灯的端电压一般不宜高于其额定电压的 105%，同时不宜低于其额定电压的下列数值：一般工作场所为其额定电压的 95%；远离变电所的小面积一般工作场所的照明难于满足 95% 时，可降到 90%；应急照明和采用安全特低电压供电的照明，可为 90%。

由于照明光源对电压水平要求较高，所以照明线路导线通常先按允许电压损耗进行选择，再校验发热条件和机械强度。

如式（5-19）所示，均一照明线路按允许电压损耗选择导线截面积的公式为

$$A = \frac{\sum M}{C\Delta U_{\text{al}}\%}\% \tag{10-13}$$

式中，C 为计算系数，可查表 5-4；$\sum M$ 为线路中的有功功率矩 pL 之和（单位 kW·m）。

（二）照明线路控制设备的选择

公共建筑和工业建筑的走廊、楼梯间、门厅等公共场所的照明线路，宜采用集中控制，并按建筑使用条件和天然采光状况采取分区、分组控制措施。

居住建筑有天然采光的楼梯间、走道的照明，除应急照明外，宜采用节能自熄开关。

每一个照明开关所控制的灯具数不宜太多。每个房间灯的开关数不宜少于 2 个（只设

置 1 只光源的除外）。

房间或场所装设有两列或多列灯具时，宜按下列方式分组控制：

1）所控灯列与侧窗平行。

2）生产场所按车间、工段或工序分组。

3）电化教室、会议厅、多功能厅、报告厅等场所，按靠近或远离讲台分组。

有条件的场所，宜采用下列控制方式：

1）天然采光良好的场所，采用按该场所照度自动开关灯或自动调光。

2）个人使用的办公室，采用人体感应或动静感应等方式自动开关灯。

3）旅馆的门厅、电梯大堂和客房层走廊等场所，采用夜间定时降低照度的自动调光装置。

4）大中型建筑，按具体条件采用集中或分散的、多功能或单一功能的自动控制系统。

（三）照明线路保护装置的选择

照明线路可采用熔断器或低压断路器进行短路和过负荷保护，其保护装置的选择可参看表 10-12，其中保护装置电流，对熔断器为熔体额定电流，对低压断路器为过电流脱扣器脱扣电流。

表 10-12 照明线路保护装置的选择

保护装置类型	保护装置电流/照明线路计算电流		
	白炽灯、卤钨灯、荧光灯、金属卤化物灯	高压汞灯	高压钠灯
RL1 型熔断器	1	1.3 ~ 1.7	1.5
RC1A 型熔断器	1	1.0 ~ 1.5	1.1
带热脱扣器低压断路器	1	1.1	1
带瞬时脱扣器低压断路器	6	6	6

必须注意：用熔断器保护照明线路时，熔断器应安装在相线上，而在 PE 线和 PEN 线上不能安装熔断器。用低压断路器保护照明线路时，其过电流脱扣器应安装在相线上。

三、照明供配电系统的电气安装图

（一）照明供电系统图的绘制

照明供电系统图是用国家标准规定的电气简图符号概略地表示电气照明供电系统的一种简图，属一种电气安装图样。

绘制照明供电系统图必须注意以下几点：

1）照明供电系统图的设计与绘制，必须遵循有关规范标准的规定，并结合设计对象的照明要求，合理布线。

2）照明供电系统图一般采用单线图形式绘制，并在单线表示的线路上用短斜线加数字或数根短斜线标示出该线路的导线根数，如图 10-27a 所示。如果已另用虚线表示出 N 线、PE 线或 PEN 线时，则只在单线表示的相线上用短斜线标示出相线的导线根数，如图 10-27b 所示。必要时，照明供电系统图也可用多线图绘制，如图 10-27c 所示。

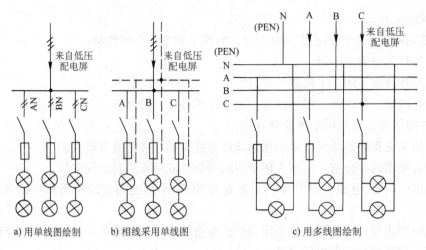

a) 用单线图绘制　　　b) 相线采用单线图　　　　　c) 用多线图绘制

图 10-27　照明供电系统图（示例）

3）用单线图绘制的照明供电系统图，通常着重表示其进出线，而线路上的控制和保护设备不一定一一绘出。用多线图绘制的照明供电系统图，通常全部绘出线路上的控制和保护设备。

4）照明供电系统图应在对应的线路侧或元件的图形符号旁，标注出线路和元件的型号、规格和安装方式等。对单相线路，宜标示其相序代号 A、B、C 或 AN、BN、CN 等。

5）照明供电系统图上标注的各种文字符号和编号，应与对应的照明平面布置图上标注的文字符号和编号相一致。

（二）照明平面布置图的绘制

照明平面布置图又称"照明平面布线图"或"照明平面图"。它是用国家标准规定的建筑和电气平面图图形符号及有关文字符号，表示照明区域内照明灯具、开关、插座及配电箱等的平面位置及其型号、规格、数量和安装方式、部位，并表示照明线路走向、敷设方式及导线型号、规格、根数等的一种技术图样。照明平面图与照明系统图一样，都属于电气安装图样，是照明线路安装的重要依据。

照明平面布置图上的照明线路通常都绘成单线图，并用短斜线在单线表示的线路上标示出导线的根数（两根导线的单相线路一般不标），如图 10-28a 所示。它所对应的原理性多线图如图 10-28b 所示。但按有关安装规程规定，线槽布线和穿管布线的导线，中间不得接线和接头，接线和接头必须经过专门的接线盒，因此其实际的接线图如图 10-28c 所示，接头均在开关接线盒内。由此可见，照明平面图上所表示的导线根数（见图 10-28a）通常是按构成照明回路所需的基本导线根数（见图 10-28b）来表示的。

必须注意：照明线路的控制开关一般应装在相线上，如图 10-27b、c 所示。装有开关的相线，称为照明回路的"受控线"。当开关断开时，由于受控线为相线，因此灯具的灯头上就完全断电，从而装卸和清扫灯具时都比较安全，无触电危险。

图 10-29 是图 5-35 所示机械加工车间一般照明的电气平面布置图（只绘出车间一角）。

照明平面布置图上有关设备和安装方式的文字符号及标注方法，已在前面表 5-5 和表 5-6 讲述，不再重复。关于光源类型，GB/T 4728 中已有明确规定，如果要求指出光源（灯）类型，则在靠近灯的图形符号旁标以下列代号：IN—白炽灯，FL—荧光灯，Hg—汞灯，Na—钠灯，I—碘（钨）灯，ARC—弧光灯等。关于灯具安装方式的标注，如表 10-13 所示。

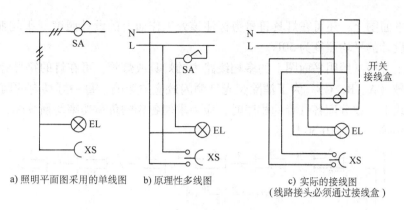

a) 照明平面图采用的单线图　　b) 原理性多线图　　　　c) 实际的接线图
（线路接头必须通过接线盒）

图 10-28　照明平面图上的照明线路

EL—电灯　XS—插座　SA—开关

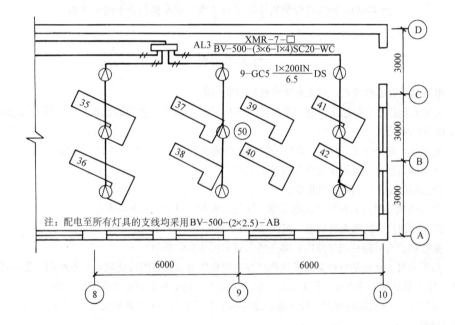

图 10-29　某机械加工车间（一角）的一般照明平面布置图

表 10-13　灯具安装方式的标注（据 00DX001）

安装方式	英 文 含 义	文字符号	安装方式	英 文 含 义	文字符号
线吊式	Wire suspension type	SW	顶棚内安装	Recessed in ceiling	CR
链吊式	Catenary suspension type	CS	墙壁内安装	Recessed in wall	WR
管吊式	Conduit suspension type	DS	支架上安装	Mounted on support	S
壁装式	Wall mounted type	W	柱上安装	Mounted on column	CL
吸顶式	Ceiling mounted type	C	座装	Holder mounting	HM
嵌入式	Flush type	R			

在照明平面图上，还可在灯具符号旁标注该处工作面上的设计照度（平均照度）。例如 ⑤ 表示该处设计的平均照度为50lx。

为了施工方便，照明平面图上的多相线路中的灯具或灯管，可在灯的符号旁边加注其安装的相序代号（A、B、C）。为了消除荧光灯频闪效应的影响，每一灯具内的两支灯管应接在不同的相线上。在分配各灯管的相序时，应力求使各相的负荷功率均衡分配，且使各相的电压降大体相等，如图10-30所示。

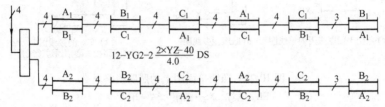

图10-30　安装双管荧光灯具（YG2型）的车间照明平面布线图

复习思考题

10-1　电气照明有哪些特点？对工业生产有何重要作用？

10-2　可见光包括哪些单色光？哪种单色光的波长最长？哪种单色光的波长最短？哪一波长的光可引起正常人眼的最大视觉？

10-3　光通量、发光强度、照度、亮度等物理量的定义是什么？其常用单位又各是什么？

10-4　什么叫反射比？反射比与照明有什么关系？

10-5　什么叫色温？什么叫显色指数？

10-6　什么叫热辐射光源和气体放电光源？发光二极管（LED）光源特点？

10-7　荧光灯回路中的辉光启动器、镇流器和电容器各有什么作用？

10-8　哪些场合宜采用白炽灯照明？哪些场合宜采用荧光灯照明？

10-9　高压汞灯、高压钠灯和金属卤化物灯在光照性能方面各有哪些优缺点？各适用于哪些场合？

10-10　什么是灯具的距高比？什么是灯具的遮光角？各对灯具的布置方案有何影响？

10-11　照明质量包括哪些方面？什么是照度标准值？哪些条件下可按照度标准值分级提高一级？又哪些条件下可降低一级？

10-12　什么叫照明光源的利用系数？它与哪些因素有关？什么叫减光系数（维护系数）？它与哪些因素有关？

10-13　什么叫应急照明？应急照明的电源可有哪些？

10-14　住宅内的照明线路按规定应采用什么材质线芯的绝缘导线？对其线芯截面有何要求？

10-15　哪些场所的照明宜采用节能自熄开关？哪类场所的照明应设置节能控制型总开关？

10-16　图10-27所示照明平面图上标注在照明配电箱旁的 $AL3 \dfrac{XMR\text{-}7\text{-}\square}{BV\text{-}500\text{-}(3\times6+1\times4)\ SC20\text{-}WC}$ 中各符号的含义是什么？灯具旁标注的 $9\text{-}GC5 \dfrac{1\times200IN}{6.5}DS$ 中各符号的含义又是什么？

习　题

10-1　某大件装配车间的面积为 $10\times30m^2$，顶棚离地5m，工作面离地0.75m。现拟采用GC1-A-2G型工厂配照灯（装GGY-125型荧光高压汞灯）作为车间一般照明。灯从顶棚吊下0.5m。车间顶棚、墙壁和地面的反射比分别为50%、30%和20%，减光系数（维护系数）可取为0.7。试用利用系数法确定灯数，并进行合理布置。

10-2 试用概算曲线法重作习题10-1。

10-3 试选择图10-31所示220V照明线路的BLV-500型导线截面。已知全线导线截面一致，明敷，全线允许电压损耗为3%，该地环境温度为+30℃。

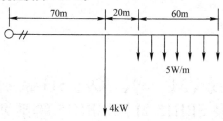

图10-31 习题10-3的照明线路

附　　录

附录表 1　S9、SC9、S11-M·R ◆◆◆ 及 SBH15-M、SCBH15 等系列 ◆◆◆ 配电变压器的主要技术数据

1. S9 系列油浸式铜线配电变压器的主要技术数据

型　　号	额定容量 / kVA	额定电压/kV		联结组 标号	损耗/W		空载 电流 （％）	阻抗 电压 （％）
		一次	二次		空载	负载		
S9-30/10（6）	30	11，10.5，10，6.3，6	0.4	Yyn0	130	600	2.1	4
S9-50/10（6）	50	11，10.5，10，6.3，6	0.4	Yyn0	170	870	2.0	4
				Dyn11	175	870	4.5	4
S9-63/10（6）	63	11，10.5，10，6.3，6	0.4	Yyn0	200	1040	1.9	4
				Dyn11	210	1030	4.5	4
S9-80/10（6）	80	11，10.5，10，6.3，6	0.4	Yyn0	240	1250	1.8	4
				Dyn11	250	1240	4.5	4
S9-100/10（6）	100	11，10.5，10，6.3，6	0.4	Yyn0	290	1500	1.6	4
				Dyn11	300	1470	4.0	4
S9-125/10（6）	125	11，10.5，10，6.3，6	0.4	Yyn0	340	1800	1.5	4
				Dyn11	360	1720	4.0	4
S9-160/10（6）	160	11，10.5，10，6.3，6	0.4	Yyn0	400	2200	1.4	4
				Dyn11	430	2100	3.5	4
S9-200/10（6）	200	11，10.5，10，6.3，6	0.4	Yyn0	480	2600	1.3	4
				Dyn11	500	2500	3.5	4
S9-250/10（6）	250	11，10.5，10，6.3，6	0.4	Yyn0	560	3050	1.2	4
				Dyn11	600	2900	3.0	4
S9-315/10（6）	315	11，10.5，10，6.3，6	0.4	Yyn0	670	3650	1.1	4
				Dyn11	720	3450	3.0	4
S9-400/10（6）	400	11，10.5，10，6.3，6	0.4	Yyn0	800	4300	1.0	4
				Dyn11	870	4200	3.0	4
S9-500/10（6）	500	11，10.5，10，6.3，6	0.4	Yyn0	960	5100	1.0	4
				Dyn11	1030	4950	3.0	4
		11，10.5，10	6.3	Yd11	1030	4950	1.5	4

（续）

型　号	额定容量 / kVA	额定电压/kV		联结组 标号	损耗/W		空载 电流 （％）	阻抗 电压 （％）
		一次	二次		空载	负载		
S9-630/10（6）	630	11, 10.5, 10, 6.3, 6	0.4	Yyn0	1200	6200	0.9	4
				Dyn11	1300	5800	3.0	4
		11, 10.5, 10	6.3	Yd11	1200	6200	1.5	4.5
S9-800/10（6）	800	11, 10.5, 10, 6.3, 6	0.4	Yyn0	1400	7500	0.8	4.5
				Dyn11	1400	7500	2.5	5
		11, 10.5, 10	6.3	Yd11	1400	7500	1.4	4.5
S9-1000/10（6）	1000	11, 10.5, 10, 6.3, 6	0.4	Yyn0	1700	10300	0.7	4.5
				Dyn11	1700	9200	1.7	5
		11, 10.5, 10	6.3	Yd11	1700	9200	1.4	5.5
S9-1250/10（6）	1250	11, 10.5, 10, 6.3, 6	0.4	Yyn0	1950	12000	0.6	4.5
				Dyn11	2000	11000	2.5	5
		11, 10.5, 10	6.3	Yd11	1950	12000	1.3	5.5
S9-1600/10（6）	1600	11, 10.5, 10, 6.3, 6	0.4	Yyn0	2400	14500	0.6	4.5
				Dyn11	2400	14000	2.5	6
		11, 10.5, 10	6.3	Yd11	2400	14500	1.3	5.5
S9-2000/10（6）	2000	11, 10.5, 10, 6.3, 6	0.4	Yyn0	3000	18000	0.8	6
				Dyn11	3000	18000	0.8	6
		11, 10.5, 10	6.3	Yd11	3000	18000	1.2	6
S9-2500/10（6）	2500	11, 10.5, 10, 6.3, 6	0.4	Yyn0	3500	25000	0.8	6
				Dyn11	3500	25000	0.8	6
		11, 10.5, 10	6.3	Yd11	3500	19000	1.2	5.5
S9-3150/10（6）	3150	11, 10.5, 10	6.3	Yd11	4100	23000	1.0	5.5

2. SC9 系列树脂浇注干式铜线配电变压器的主要技术数据

型　号	额定容量 /kVA	额定电压/kV		联结组标号	损耗/W		空载电流 （％）	阻抗电压 （％）
		一次	二次		空载	负载		
SC9-200/10	200				480	2670	1.2	4
SC9-250/10	250				550	2910	1.2	4
SC9-315/10	315				650	3200	1.2	4
SC9-400/10	400				750	3690	1.0	4
SC9-500/10	500				900	4500	1.0	4
SC9-630/10	630				1100	5420	0.9	4
SC9-630/10	630	10	0.4	Yyn0	1050	5500	0.9	6
SC9-800/10	800				1200	6430	0.9	6
SC9-1000/10	1000				1400	7510	0.8	6
SC9-1250/10	1250				1650	8960	0.8	6
SC9-1600/10	1600				1980	10850	0.7	6
SC9-2000/10	2000				2380	13360	0.6	6
SC9-2500/10	2500				2850	15880	0.6	6

3. S11-M·R 系列卷铁心全密封铜线配电变压器的主要技术数据

型　号	额定容量 /kVA	额定电压/kV		联结组 标号	损耗/W		空载电流 （%）	阻抗电压 （%）
		高压	低压		空载	负载		
S11-M·R-100	100				200	1480	0.85	
S11-M·R-125	125				235	1780	0.80	
S11-M·R-160	160	11,			280	2190	0.76	
S11-M·R-200	200	10.5,			335	2580	0.72	
S11-M·R-250	250	10,	0.4	Yyn0, Dyn11	390	3030	0.70	4
S11-M·R-315	315	6.3,			470	3630	0.65	
S11-M·R-400	400	6			560	4280	0.60	
S11-M·R-500	500				670	5130	0.55	
S11-M·R-630	630				805	6180	0.52	4.5

4. SBH15-M 系列非晶合金油浸式配电变压器的主要技术数据

型　号	额定容量 /kVA	额定电压/kV		联结组 标号	损耗/W		空载电流 （%）	阻抗电压 （%）
		高压	低压		空载	负载		
SH15-M-50/10	50				43	670	1.3	
SH15-M-100/10	100				75	1500	1.0	
SBH15-M-160/10	160				100	2200	0.7	
SBH15-M-200/10	200				120	2600	0.7	
SBH15-M-250/10	250	6			140	3050	0.5	4
SBH15-M-315/10	315	6.3			170	3650	0.5	
SBH15-M-400/10	400	6.6			200	4300	0.5	
SBH15-M-500/10	500	10	0.4	Dyn11	240	5150	0.3	
SBH15-M-630/10	630	10.5			320	6200	0.3	
SBH15-M-800/10	800	11			360	7500	0.3	
SBH15-M-1000/10	1000	(20)			450	10300	0.3	4.5
SBH15-M-1250/10	1250				530	12000	0.2	
SBH15-M-1600/10	1600				630	14500	0.2	
SBH15-M-2000/10	2000				750	17400	0.2	5
SBH15-M-2500/10	2500				900	20200	0.2	

注：型号含义 S—三相；B—箔绕线圈；H—非晶合金铁心；15—性能水平代号；M—密封式。

5. SCBH15 系列非晶合金干式配电变压器的主要技术数据

型　号	额定容量 /kVA	额定电压 /kV		联结组 标号	空载 损耗 /W	负载损耗/W			空载 电流 （%）	阻抗 电压 （%）
		高压	低压			绝缘耐热等级				
						B	F	H		
						100℃	125℃	145℃		
SCBH15-30	30				70	670	710	760	1.6	
SCBH15-50	50				90	940	1000	1070	1.4	
SCBH15-60	60				120	1290	1380	1480	1.3	
SCBH15-100	100	6			130	1480	1570	1690	1.2	
SCBH15-125	125	6.3			150	1740	1850	1980	1.1	
SCBH15-160	160	6.6	0.4	Dyn11	170	2000	2130	2280	1.1	4
SCBH15-200	200	10			200	2370	2530	2760	1.0	
SCBH15-250	250	10.5			230	2590	2700	2960	1.0	
SCBH15-315	315	11			280	3270	3470	3730	0.9	
SCBH15-400	400				310	3750	3990	4280	0.8	
SCBH15-500	500				360	4590	4880	5230	0.8	
SCBH15-630	630				420	5530	5880	6290	0.7	

（续）

型　　号	额定容量 /kVA	额定电压 /kV		联结组 标号	空载 损耗 /W	负载损耗/W			空载 电流 （%）	阻抗 电压 （%）
		高压	低压			绝缘耐热等级				
						B	F	H		
						100℃	125℃	145℃		
SCBH15-630	630	6	0.4	Dyn11	410	5610	5960	6400	0.7	6
SCBH15-800	800	6.3			480	6550	6960	7460	0.7	
SCBH15-1000	1000	6.6			550	7650	8130	8760	0.6	
SCBH15-1250	1250	10			650	9100	9690	10370	0.6	
SCBH15-1600	1600	10.5			760	11050	11730	12580	0.6	
SCBH15-2000	2000	11			1000	13600	14450	15560	0.5	
SCBH15-2500	2500				1200	16150	17170	18450	0.5	

注：型号含义　S—三相；C—成型固体（浇注式）；B—箔绕线圈；H—非晶合金铁心；15—损耗水平代号。

◇◇◇ 附录表2　LQJ-10 型电流互感器的主要技术数据 ◇◇◇

1. 额定二次负荷

铁心代号	额定二次负荷					
	0.5 级		1 级		3 级	
	电阻/Ω	容量/VA	电阻/Ω	容量/VA	电阻/Ω	容量/VA
0.5	0.4	10	0.6	15	—	—
3	—	—	—	—	1.2	30

2. 热稳定度和动稳定度

额定一次负荷/A	1s 热稳定倍数	动稳定倍数
5、10、15、20、30、40、50、60、75、100	90	225
100（150）、200、315（300）、400	75	160

注：括号内数据，仅限于老产品。

◇◇◇ 附录表3　部分常用高压断路器的主要技术数据 ◇◇◇

类别	型号	额定 电压/kV	额定 电流/A	开断 电流/kA	断流容 量/MVA	动稳定电流 峰值/kA	热稳定 电流/kA	固有分闸 时间/s≤	合闸时间 /s≤	配用操作 机构型号
少油 户外	SW2-35/1000	35 (40.5)	1000	16.5	1000	45	16.5（4s）	0.06	0.4	CT2-XG
	SW2-35/1500		1500	24.8	1500	63.4	24.8（4s）			
少油 户内	SN10-35 I	35 (40.5)	1000	16	1000	45	16（4s）	0.06	0.2	CT10
	SN10-35 II		1250	20	1250	50	20（4s）		0.25	CT10Ⅳ
	SN10-10 I	10 (12)	630	16	300	40	16（4s）	0.06	0.15	CT7、8
			1000	16	300	40	16（4s）		0.2	CD10 I
	SN10-10 II		1000	31.5	500	80	31.5（4s）	0.06	0.2	CD10 I、II
	SN10-10 III		1250	40	750	125	40（4s）	0.07	0.2	CD10 III
			2000	40	750	125	40（4s）			
			3000	40	750	125	40（4s）			

（续）

类别	型号	额定电压/kV	额定电流/A	开断电流/kA	断流容量/MVA	动稳定电流峰值/kA	热稳定电流/kA	固有分闸时间/s≤	合闸时间/s≤	配用操作机构型号
真空户内	ZN12-40.5	35 (40.5)	1250、1600	25	—	63	25 (4s)	0.07	0.1	CT12 等
			1600、2000	31.5	—	80	31.5 (4s)			
	ZN12-35		1250～2000	31.5	—	80	31.5 (4s)	0.075	0.1	
	ZN23-40.5		1600	25	—	63	25 (4s)	0.06	0.075	
	ZN3-10 Ⅰ	10 (12)	630	8	—	20	8 (4s)	0.07	0.15	CD10 等
	ZN3-10 Ⅱ		1000	20	—	50	20 (2s)	0.05	0.1	
	ZN4-10/1000		1000	17.3	—	44	17.3 (4s)	0.05	0.2	
	ZN4-10/1250		1250	20	—	50	20 (4s)			
	ZN5-10/630		630	20	—	50	20 (2s)			CT8 等
	ZN5-10/1000		1000	20	—	50	20 (2s)	0.05	0.1	
	ZN5-10/1250		1250	25	—	63	25 (2s)			
	ZN12-12/1600		1250 1600 2000	25	—	63	25 (4s)	0.06	0.1	CT8 等
	ZN24-12/1250-20		1250	20	—	50	20 (4s)			
	ZN24-12/1250、2000-31.5		1250、2000	31.5	—	80	31.5 (4s)	0.06	0.1	CT8 等
	ZN28-12/630～1600		630～1600	20	—	50	20 (4s)			
六氟化硫户内	LN2-35 Ⅰ	35 (40.5)	1250	16	—	40	16 (4s)			
	LN2-35 Ⅱ		1250	25	—	63	25 (4s)	0.06	0.15	CT12 Ⅱ
	LN2-35 Ⅲ		1600	25	—	63	25 (4s)			
	LN2-10	10 (12)	1250	25	—	63	25 (4s)	0.06	0.15	CT12Ⅰ、CT8Ⅰ

附录表4　RM10型低压熔断器的主要技术数据和保护特性曲线

1. 主要技术数据

型　号	熔管额定电压/V	额定电流/A		最大分断能力	
		熔管	熔　体	电流/kA	$\cos\varphi$
RM10-15	交流 220、380、500 直流 220、440	15	6、10、15	1.2	0.8
RM10-60		60	15、20、25、35、45、60	3.5	0.7
RM10-100		100	60、80、100	10	0.35
RM10-200		200	100、125、160、200	10	0.35
RM10-350		350	200、225、260、300、350	10	0.35
RM10-600		600	350、430、500、600	10	0.35

2. 保护特性曲线

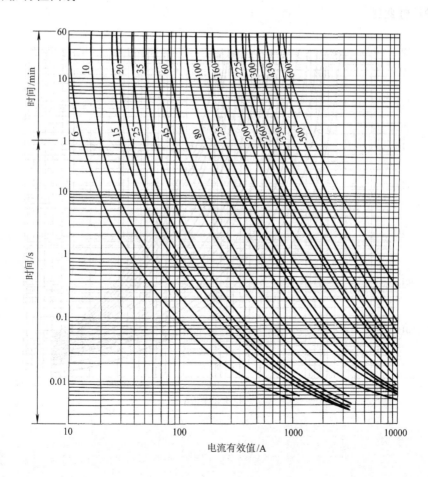

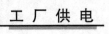
1. 主要技术数据

型　号	熔管额定电压/V	额定电流/A		最大分断电流/kA
		熔管	熔体	
RT0-100		100	30、40、50、60、80、100	
RT0-200		200	（80、100）、120、150、200	
RT0-400	交流380 直流440	400	（150、200）、250、300、350、400	50 （cosφ = 0.1 ~ 0.2）
RT0-600		600	（350、400）、450、500、550、600	
RT0-1000		1000	700、800、900、1000	

注：表中括号内的熔体电流尽量不采用。

2. 保护特性曲线

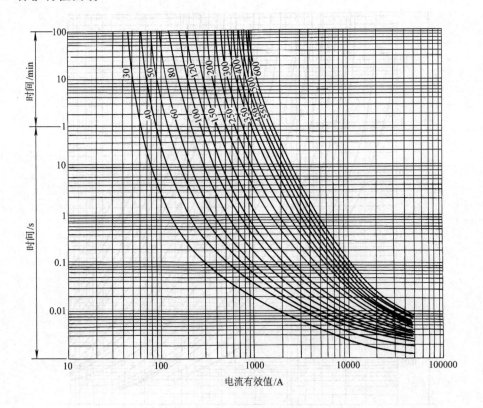

◈◈◈ 附录表6　部分低压断路器的主要技术数据 ◈◈◈

型　号	脱扣器额定电流/A	长延时动作整定电流/A	短延时动作整定电流/A	瞬时动作整定电流/A	单相接地短路动作电流/A	分断能力 电流/kA	分断能力 $\cos\varphi$
DW15-200	100	64～100	300～1000	300～1000 800～2000	—	20	0.35
	150	98～150	—	—			
	200	128～200	600～2000	600～2000 1600～4000			
DW15-400	200	128～200	600～2000	600～2000 1600～4000	—	25	0.35
	300	192～300	—	—			
	400	256～400	1200～4000	3200～8000			
DW15-600 （630）	300	192～300	900～3000	900～3000 1400～6000	—	30	0.35
	400	256～400	1200～4000	1200～4000 3200～8000			
	600	384～600	1800～6000				
DW15-1000	600	420～600	1800～6000	6000～12000	—	40（短延时30）	0.35
	800	560～800	2400～8000	8000～16000			
	1000	700～1000	3000～10000	10000～20000			
DW15-1500	1500	1050～1500	4500～15000	15000～30000	—		
DW15-2500	1500	1050～1500	4500～9000	10500～21000	—	60（短延时40）	0.2（短延时0.25）
	2000	1400～2000	6000～12000	14000～28000			
	2500	1750～2500	7500～15000	17500～35000			
DW15-4000	2500	1750～2500	7500～15000	17500～35000	—	80（短延时60）	0.2
	3000	2100～3000	9000～18000	21000～42000			
	4000	2800～4000	12000～24000	28000～56000			
DW16-630	100	64～100	—	300～600	50	30（380V） 20（660V）	0.25（380V） 0.3（660V）
	160	102～160		480～960	80		
	200	128～200		600～1200	100		
	250	160～250		750～1500	125		
	315	202～315		945～1890	158		
	400	256～400		1200～2400	200		
	630	403～630		1890～3780	315		

（续）

型　号	脱扣器额定电流/A	长延时动作整定电流/A	短延时动作整定电流/A	瞬时动作整定电流/A	单相接地短路动作电流/A	分 断 能 力	
						电流/kA	cosφ
DW16-2000	800	512～800	—	2400～4800	400	50	—
	1000	640～1000		3000～6000	500		
	1600	1024～1600		4800～9600	800		
	2000	1280～2000		6000～12000	1000		
DW16-4000	2500	1400～2500	—	7500～15000	1250	80	—
	3200	2048～3200		9600～19200	1600		
	4000	2560～4000		12000～24000	2000		
DW17-630（ME630）	630	200～400 350～630	3000～5000 5000～8000	1000～2000 1500～3000 2000～4000 4000～8000	—	50	0.25
DW17-800（ME800）	800	200～400 350～630 500～800	3000～5000 5000～8000	1500～3000 2000～4000 4000～8000	—	50	0.25
DW17-1000（ME1000）	1000	350～630 500～1000	3000～5000 5000～8000	1500～3000 2000～4000 4000～8000	—	50	0.25
DW17-1250（ME1250）	1250	500～1000 750～1250	3000～5000 5000～8000	2000～4000 4000～8000	—	50	0.25
DW17-1600（ME1600）	1600	500～1000 900～1600	3000～5000 5000～8000	4000～8000	—	50	0.25
DW17-2000（ME2000）	2000	500～1000 1000～2000	5000～8000 7000～12000	4000～8000 6000～12000	—	80	0.2
DW17-2500（ME2500）	2500	1500～2500	7000～12000 8000～12000	6000～12000	—	80	0.2
DW17-3200（ME3200）	3200	—	—	8000～16000	—	80	0.2
DW17-4000（ME4000）	4000	—	—	10000～20000	—	80	0.2

注：表中低压断路器的额定电压：DW15，直流220V，交流380V、660V、1140V；DW16，交流400V、660V；
　　DW17（ME），交流380V、660V。

◇◇◇　附录表7　外壳防护等级的分类代号　◇◇◇

项　目	代号组成格式
	IP □ □ └── 防水浸入的代号（第二位特征数字） └── 防固体侵入的代号（第一位特征数字） └── 外壳防护的代号（特征字母）

特征数字		含义说明
第一位特征数字	0	无防护
	1	防止直径大于 50mm 的固体异物
	2	防止直径大于 12.5mm 的固体异物
	3	防止直径大于 2.5mm 的固体异物
	4	防止直径大于 1mm 的固体异物
	5	防尘（尘埃进入量不致妨碍正常运转）
	6	尘密（无尘埃进入）
第二位特征数字	0	无防护
	1	防滴（垂直滴水对设备无有害影响）
	2	15°防滴（倾斜15°，垂直滴水无有害影响）
	3	防淋水（倾斜60°以内淋水无有害影响）
	4	防溅水（任何方向溅水无有害影响）
	5	防喷水（任何方向喷水无有害影响）
	6	防强烈喷水（任何方向强烈喷水无有害影响）
	7	防短时浸水影响（浸入规定压力的水中经规定时间后外壳进水量不致达到有害程度）
	8	防持续潜水影响（持续潜水后外壳进水量不致达到有害程度）

◇◇◇　附录表8　用电设备组的需要系数、二项式系数及功率因数参考值　◇◇◇

用电设备组名称	需要系数 K_d	二项式系数		最大容量设备台数 x[①]	$\cos\varphi$	$\tan\varphi$
		b	c			
小批生产的金属冷加工机床电动机	0.16 ~ 0.2	0.14	0.4	5	0.5	1.73
大批生产的金属冷加工机床电动机	0.18 ~ 0.25	0.14	0.5	5	0.5	1.73
小批生产的金属热加工机床电动机	0.25 ~ 0.3	0.24	0.4	5	0.6	1.33
大批生产的金属热加工机床电动机	0.3 ~ 0.35	0.26	0.5	5	0.65	1.17
通风机、水泵、空压机及电动发电机组电动机	0.7 ~ 0.8	0.65	0.25	5	0.8	0.75

（续）

用电设备组名称	需要系数 K_d	二项式系数		最大容量设备台数 x①	$\cos\varphi$	$\tan\varphi$
		b	c			
非连锁的连续运输机械及铸造车间整砂机械	0.5~0.6	0.4	0.4	5	0.75	0.88
连锁的连续运输机械及铸造车间整砂机械	0.65~0.7	0.6	0.2	5	0.75	0.88
锅炉房和机加工、机修、装配等类车间的起重机（$\varepsilon=25\%$）	0.1~0.15	0.06	0.2	3	0.5	1.73
铸造车间的起重机（$\varepsilon=25\%$）	0.15~0.25	0.09	0.3	3	0.5	1.73
自动连续装料的电阻炉设备	0.75~0.8	0.7	0.3	2	0.5	1.73
实验室用小型电热设备（电阻炉、干燥箱等）	0.7	0.7	0	—	1.0	0
工频感应电炉（未带无功补偿装置）	0.8	—	—	—	0.35	2.68
高频感应电炉（未带无功补偿装置）	0.8	—	—	—	0.6	1.33
电弧熔炉	0.9	—	—	—	0.87	0.57
点焊机、缝焊机	0.35	—	—	—	0.6	1.33
对焊机、铆钉加热机	0.35	—	—	—	0.7	1.02
自动弧焊变压器	0.5	—	—	—	0.4	2.29
单头手动弧焊变压器	0.35	—	—	—	0.35	2.68
多头手动弧焊变压器	0.4	—	—	—	0.35	2.68
单头弧焊电动发电机组	0.35	—	—	—	0.6	1.33
多头弧焊电动发电机组	0.7	—	—	—	0.75	0.88
生产厂房及办公室、阅览室、实验室照明②	0.8~1	—	—	—	1.0	0
变配电所、仓库照明②	0.5~0.7	—	—	—	1.0	0
宿舍、生活区照明②	0.6~0.8	—	—	—	1.0	0
室外照明、应急照明②	1	—	—	—	1.0	0

① 如果用电设备组的设备总台数 $n<2x$ 时，则最大容量设备台数取 $x=n/2$，且按"四舍五入"修约规则取整数。例如某机床电动机组 $n=7<2x=2\times5=10$，故取 $x=7/2\approx4$。

② 这里的 $\cos\varphi$ 和 $\tan\varphi$ 值均为白炽灯照明数据。如为荧光灯照明，则 $\cos\varphi=0.9$，$\tan\varphi=0.48$；如为高压汞灯、钠灯等照明，则 $\cos\varphi=0.5$，$\tan\varphi=1.73$。

◇◇◇ 附录表9 部分工厂的需要系数、功率因数及年最大有功负荷利用小时参考值 ◇◇◇

工厂类别	需要系数 K_d	功率因数 $\cos\varphi$	年最大有功负荷利用小时 T_{max}
汽轮机制造厂	0.38	0.88	5000
锅炉制造厂	0.27	0.73	4500
柴油机制造厂	0.32	0.74	4500
重型机械制造厂	0.35	0.79	3700
重型机床制造厂	0.32	0.71	3700

（续）

工　厂　类　别	需要系数 K_d	功率因数 $\cos\varphi$	年最大有功负荷利用小时 T_{max}
机床制造厂	0.2	0.65	3200
石油机械制造厂	0.45	0.78	3500
量具刃具制造厂	0.26	0.60	3800
工具制造厂	0.34	0.65	3800
电机制造厂	0.33	0.65	3000
电器开关制造厂	0.35	0.75	3400
电线电缆制造厂	0.35	0.73	3500
仪器仪表制造厂	0.37	0.81	3500
滚珠轴承制造厂	0.28	0.70	5800

❖❖❖ 附录表10　并联电容器的无功补偿率　❖❖❖

补偿前的功率因数 $\cos\varphi_1$	补偿后的功率因数 $\cos\varphi_2$								
	0.85	0.86	0.88	0.90	0.92	0.94	0.96	0.98	1.00
0.60	0.71	0.74	0.79	0.85	0.91	0.97	1.04	1.13	1.33
0.62	0.65	0.67	0.73	0.78	0.84	0.90	0.98	1.06	1.27
0.64	0.58	0.61	0.66	0.72	0.77	0.84	0.91	1.00	1.20
0.66	0.52	0.55	0.60	0.65	0.71	0.78	0.85	0.94	1.14
0.68	0.46	0.48	0.54	0.59	0.65	0.71	0.79	0.88	1.08
0.70	0.40	0.43	0.48	0.54	0.59	0.66	0.73	0.82	1.02
0.72	0.34	0.37	0.42	0.48	0.54	0.60	0.67	0.76	0.96
0.74	0.29	0.31	0.37	0.42	0.48	0.54	0.62	0.71	0.91
0.76	0.23	0.26	0.31	0.37	0.43	0.49	0.56	0.65	0.85
0.78	0.18	0.21	0.26	0.32	0.38	0.44	0.51	0.60	0.80
0.80	0.13	0.16	0.21	0.27	0.32	0.39	0.46	0.55	0.75
0.82	0.08	0.10	0.16	0.21	0.27	0.33	0.40	0.49	0.70
0.84	0.03	0.05	0.11	0.16	0.22	0.28	0.35	0.44	0.65
0.85	0.00	0.03	0.08	0.14	0.19	0.26	0.33	0.42	0.62
0.86	—	0.00	0.05	0.11	0.17	0.23	0.30	0.39	0.59
0.88	—	—	0.00	0.06	0.11	0.18	0.25	0.34	0.54
0.90	—	—	—	0.00	0.06	0.12	0.19	0.28	0.48

◇◇◇ 附录表 11 部分并联电容器的主要技术数据 ◇◇◇

型 号	额定容量 /kvar	额定电容 /μF	型 号	额定容量 /kvar	额定电容 /μF
BCMJ 0.4-4-3	4	80	BGMJ 0.4-3.3-3	3.3	66
BCMJ 0.4-5-3	5	100	BGMJ 0.4-5-3	5	99
BCMJ 0.4-8-3	8	160	BGMJ 0.4-10-3	10	198
BCMJ 0.4-10-3	10	200	BGMJ 0.4-12-3	12	230
BCMJ 0.4-15-3	15	300	BGMJ 0.4-15-3	15	298
BCMJ 0.4-20-3	20	400	BGMJ 0.4-20-3	20	398
BCMJ 0.4-25-3	25	500	BGMJ 0.4-25-3	25	498
BCMJ 0.4-30-3	30	600	BGMJ 0.4-30-3	30	598
BCMJ 0.4-40-3	40	800	BWF 0.4-14-1/3	14	279
BCMJ 0.4-50-3	50	1000	BWF 0.4-16-1/3	16	318
BKMJ 0.4-6-1/3	6	120	BWF 0.4-20-1/3	20	398
BKMJ 0.4-7.5-1/3	7.5	150	BWF 0.4-25-1/3	25	498
BKMJ 0.4-9-1/3	9	180	BWF 0.4-75-1/3	75	1500
BKMJ 0.4-12-1/3	12	240			
BKMJ 0.4-15-1/3	15	300	BWF 10.5-16-1	16	0.462
BKMJ 0.4-20-1/3	20	400	BWF 10.5-25-1	25	0.722
BKMJ 0.4-25-1/3	25	500	BWF 10.5-30-1	30	0.866
BKMJ 0.4-30-1/3	30	600	BWF 10.5-40-1	40	1.155
BKMJ 0.4-40-1/3	40	800	BWF 10.5-50-1	50	1.44
BGMJ 0.4-2.5-3	2.5	55	BWF 10.5-100-1	100	2.89

注：1. 额定频率为50Hz。

2. 型号中"1/3"表示有单相和三相两种。

◇◇◇ 附录表 12 三相线路导线和 ◇◇◇
电缆单位长度每相阻抗值

类 别		导线（线芯）截面积/mm²												
		2.5	4	6	10	16	25	35	50	70	95	120	150	185	240
导线 类型	导线 温度/℃	每相电阻/（Ω/km）												
LJ	50	—	—	—	—	2.07	1.33	0.96	0.66	0.48	0.36	0.28	0.23	0.18	0.14
LGJ	50	—	—	—	—	—	0.89	0.68	0.48	0.35	0.29	0.24	0.18	0.13

（续）

类　　别		导线（线芯）截面积/mm²													
		2.5	4	6	10	16	25	35	50	70	95	120	150	185	240
导线类型	导线温度/℃	每相电阻/（Ω/km）													
绝缘导线 铜芯	50	8.40	5.20	3.48	2.05	1.26	0.81	0.58	0.40	0.29	0.22	0.17	0.14	0.11	0.09
	60	8.70	5.38	3.61	2.12	1.30	0.84	0.60	0.41	0.30	0.23	0.18	0.14	0.12	0.09
	65	8.72	5.43	3.62	2.19	1.37	0.88	0.63	0.44	0.32	0.24	0.19	0.15	0.13	0.10
绝缘导线 铝芯	50	13.3	8.25	5.53	3.33	2.08	1.31	0.94	0.65	0.47	0.35	0.28	0.22	0.18	0.14
	60	13.8	8.55	5.73	3.45	2.16	1.36	0.97	0.67	0.49	0.36	0.29	0.23	0.19	0.14
	65	14.6	9.15	6.10	3.66	2.29	1.48	1.06	0.75	0.53	0.39	0.31	0.25	0.20	0.15
电力电缆 铜芯	55	—	—	—	—	1.31	0.84	0.60	0.42	0.30	0.22	0.17	0.14	0.12	0.09
	60	8.54	5.34	3.56	2.13	1.33	0.85	0.61	0.43	0.31	0.23	0.18	0.14	0.12	0.09
	75	8.98	5.61	3.75	3.25	1.40	0.90	0.64	0.45	0.32	0.24	0.19	0.15	0.13	0.10
	80	—	—	—	—	1.43	0.91	0.65	0.46	0.33	0.24	0.19	0.15	0.13	0.10
电力电缆 铝芯	55	—	—	—	—	2.21	1.41	1.01	0.71	0.51	0.37	0.29	0.24	0.20	0.15
	60	14.38	8.99	6.00	3.60	2.25	1.44	1.03	0.72	0.51	0.38	0.30	0.24	0.20	0.16
	75	15.13	9.45	6.31	3.78	2.36	1.51	1.08	0.76	0.54	0.41	0.31	0.25	0.21	0.16
	80	—	—	—	—	2.40	1.54	1.10	0.77	0.56	0.41	0.32	0.26	0.21	0.17
导线类型	线距/mm	每相电抗（Ω/mm²） （注：左边"线距"是指线间几何均距）													
LJ	600	—	—	—	—	0.36	0.35	0.34	0.33	0.32	0.31	0.30	0.29	0.28	0.28
	800	—	—	—	—	0.38	0.37	0.36	0.35	0.34	0.33	0.32	0.31	0.30	0.30
	1000	—	—	—	—	0.40	0.38	0.37	0.36	0.35	0.34	0.33	0.32	0.31	0.31
	1250	—	—	—	—	0.41	0.40	0.39	0.37	0.36	0.35	0.34	0.34	0.33	0.32
LGJ	1500	—	—	—	—	—	0.39	0.38	0.37	0.35	0.35	0.34	0.33	0.33	0.33
	2000	—	—	—	—	—	0.40	0.39	0.38	0.37	0.37	0.36	0.35	0.34	0.34
	2500	—	—	—	—	—	0.41	0.41	0.40	0.39	0.38	0.37	0.37	0.36	0.36
	3000	—	—	—	—	—	0.43	0.42	0.41	0.40	0.39	0.39	0.38	0.37	0.37
绝缘线 明敷	100	0.327	0.312	0.300	0.280	0.265	0.251	0.241	0.229	0.219	0.206	0.199	0.191	0.184	0.178
	150	0.353	0.338	0.325	0.306	0.290	0.277	0.266	0.251	0.242	0.231	0.223	0.216	0.209	0.200
	穿管敷设	0.127	0.119	0.112	0.108	0.102	0.099	0.095	0.091	0.087	0.085	0.083	0.082	0.081	0.080
纸绝缘电力电缆	1kV	0.098	0.091	0.087	0.081	0.077	0.067	0.065	0.063	0.062	0.062	0.062	0.062	0.062	0.062
	6kV	—	—	—	—	0.099	0.088	0.083	0.079	0.076	0.074	0.072	0.071	0.070	0.069
	10kV	—	—	—	—	0.110	0.098	0.092	0.087	0.083	0.080	0.078	0.077	0.075	0.075
塑料绝缘电力电缆	1kV	0.100	0.093	0.091	0.087	0.082	0.075	0.073	0.071	0.070	0.070	0.070	0.070	0.070	0.070
	6kV	—	—	—	—	0.124	0.111	0.105	0.099	0.093	0.089	0.087	0.083	0.082	0.080
	10kV	—	—	—	—	0.133	0.120	0.113	0.107	0.101	0.096	0.095	0.093	0.090	0.087

附录表 13　导体在正常和短路时的最高允许温度及热稳定系数

导体种类及材料			最高允许温度/℃		热稳定系数 C /A$\sqrt{s}$·mm^{-2}
			正　常	短　路	
母线	铜		70	300	171
	铜（接触面有锡层时）		85	200	164
	铝		70	200	87
油浸纸绝缘电缆	铜（铝）芯	1～3kV	80（80）	250（200）	148（84）
		6kV	65（65）	220（200）	145（90）
		10kV	60（60）	220（200）	148（92）
橡皮绝缘导线和电缆	铜芯		65	150	112
	铝芯		65	150	74
聚氯乙烯绝缘导线和电缆	铜芯		65	130	100
	铝芯		65	130	65
交联聚乙烯绝缘导线和电缆	铜芯		80	250	140
	铝芯		80	250	84
有中间接头的电缆（不包括聚氯乙烯绝缘电缆）	铜芯		—	150	—
	铝芯		—	150	—

附录表 14　架空裸导线的最小允许截面积

线　路　类　别		导线最小截面积/mm^2		
		铝及铝合金线	钢芯铝线	铜绞线
35kV 及以上线路		35	35	35
3～10kV 线路	居民区	35[①]	25	25
	非居民区	25	16	16
低压线路	一般	16[②]	16	16
	与铁路交叉跨越档	35	16	16

① DL/T 599—1996《城市中低压配电网改造技术导则》规定，中压架空线路宜采用铝绞线，主干线截面积应为 150～240mm^2，分支线截面积不宜小于 70mm^2。但此规定不是从机械强度要求考虑的，而是考虑到城市电网发展的需要。

② 低压架空铝绞线原规定最小截面积为 16mm^2。而 DL/T 599—1996 规定：低压架空线宜采用铝芯绝缘线，主干线截面积宜采用 150mm^2，次干线截面积宜采用 120mm^2，分支线截面积宜采用 50mm^2。这些规定也不是从机械强度考虑的，而是从安全运行和电网发展需要考虑的。

◈◈◈ 附录表 15　绝缘导线芯线的最小允许截面积 ◈◈◈

线 路 类 别			芯线最小截面积/mm²		
			铜芯软线	铜芯线	铝芯线
照明用灯头引下线		室内	0.5	1.0	2.5
		室外	1.0	1.0	2.5
移动式设备线路		生活用	0.75	—	—
		生产用	1.0	—	—
敷设在绝缘支持件上的绝缘导线（L 为支持点间距）	室内	$L \leqslant 2\text{m}$	—	1.0	2.5
	室外	$L \leqslant 2\text{m}$	1.5	2.5
		$2\text{m} < L \leqslant 6\text{m}$	—	2.5	4
		$6\text{m} < L \leqslant 15\text{m}$		4	6
		$15\text{m} < L \leqslant 25\text{m}$		6	10
穿管敷设的绝缘导线			1.0	1.0	2.5
沿墙明敷的塑料护套线			—	1.0	2.5
板孔穿线敷设的绝缘导线			—	1.0	2.5
PE 线和 PEN 线	有机械保护时			1.5	2.5
	无机械保护时	多芯线		2.5	4
		单芯干线		10	16

注：GB 50096—2011《住宅设计规范》规定：住宅导线应采用铜芯绝缘线，每套住宅进户线导线截面积不应小于 10mm²，分支回路导线截面积不应小于 2.5mm²。

◈◈◈ 附录表 16　LJ 型铝绞线和 LGJ 型钢芯铝绞线的允许载流量 ◈◈◈

（单位：A）

导线截面积/mm²	LJ 型铝绞线				LGJ 型钢芯铝绞线			
	环 境 温 度				环 境 温 度			
	25℃	30℃	35℃	40℃	25℃	30℃	35℃	40℃
10	75	70	66	61	—	—	—	—
16	105	99	92	85	105	98	92	85
25	135	127	119	109	135	127	119	109
35	170	160	150	138	170	159	149	137
50	215	202	189	174	220	207	193	178
70	265	249	233	215	275	259	228	222
95	325	305	286	247	335	315	295	272
120	375	352	330	304	380	357	335	307

（续）

导线截面积/mm²	LJ 型铝绞线				LGJ 型钢芯铝绞线			
	环 境 温 度				环 境 温 度			
	25℃	30℃	35℃	40℃	25℃	30℃	35℃	40℃
150	440	414	387	356	445	418	391	360
185	500	470	440	405	515	484	453	416
240	610	574	536	494	610	574	536	494
300	680	640	597	550	700	658	615	566

注：1. 导线正常工作温度按 70℃ 计。

2. 本表载流量按室外架设考虑，无日照，海拔高度 1000m 及以下。

◇◇◇ 附录表 17　LMY 型矩形硬铝母线的允许载流量 ◇◇◇

（单位：A）

每相母线条数	单条		双条		三条		四条	
母线放置方式	平放	竖放	平放	竖放	平放	竖放	平放	竖放
40×4	480	503	—	—	—	—	—	—
40×5	542	562	—	—	—	—	—	—
50×4	586	613	—	—	—	—	—	—
50×5	661	692	—	—	—	—	—	—
63×6.3	910	952	1409	1547	1866	2111	—	—
63×8	1038	1085	1623	1777	2113	2379	—	—
63×10	1168	1221	1825	1994	2381	2665	—	—
80×6.3	1128	1178	1724	1892	2211	2505	2558	3411
80×8	1274	1330	1946	2131	2491	2809	2861	3817
80×10	1427	1490	2175	2373	2774	3114	3167	4222
100×6.3	1371	1430	2054	2253	2633	2985	3032	4043
100×8	1542	1609	2298	2516	2933	3311	3359	4479
100×10	1728	1803	2558	2796	3181	3578	3622	4829
125×6.3	1674	1744	2446	2680	2079	3490	3525	4700
125×8	1876	1955	2725	2982	3375	3813	3847	5129
125×10	2089	2177	3005	3282	3725	4194	4225	5633

（母线尺寸宽×厚/(mm×mm)）

注：1. 本表载流量按导体最高允许工作温度 70℃、环境温度 25℃、无风、无日照条件下计算而得。如果环境温度不为 25℃，则应乘以下表的校正系数：

环境温度	+20℃	+30℃	+35℃	+40℃	+45℃	+50℃
校正系数	1.05	0.94	0.88	0.81	0.74	0.67

2. 当母线为四条时，平放和竖放时第二、三片间距均为 50mm。

附录表18　10kV 常用三芯电缆的允许载流量及校正系数

1. 10kV 常用三芯电缆的允许载流量

项目	电缆允许载流量/A							
绝缘类型	粘性油浸纸		不滴流纸		交联聚乙烯			
钢铠护套					无		有	
缆芯最高工作温度	60℃		65℃		90℃			
敷设方式	空气中	直埋	空气中	直埋	空气中	直埋	空气中	直埋
16	42	55	47	59	—	—	—	—
25	52	75	63	79	100	90	100	90
35	68	90	77	95	123	110	123	105
50	81	107	92	111	146	125	141	120
70	106	133	118	138	178	152	173	152
95	126	160	143	169	219	182	214	182
120	146	182	168	196	251	203	246	205
150	171	206	189	220	283	223	278	219
185	195	233	218	246	324	252	320	247
240	232	272	261	290	378	292	373	292
300	260	308	295	325	433	332	428	328
400	—	—	—	—	506	378	501	374
500	—	—	—	—	579	428	574	424
环境温度	40℃	25℃	40℃	25℃	40℃	25℃	40℃	25℃
土壤热阻系数/℃·m/W	—	1.2	—	1.2	—	2.0	—	2.0

注：缆芯截面积/mm² 列（16、25、35、50、70、95、120、150、185、240、300、400、500）。

注：1. 本表系铝芯电缆数值。铜芯电缆的允许载流量应乘以 1.29。

2. 如当地环境温度与本表不同时，其载流量校正系数如附录表18-2 所示。

3. 如当地土壤热阻系数不同时，其载流量校正系数如附录表18-3（以热阻系数1.2 为基准）所示。

4. 本表据 GB 50217—2007《电力工程电缆设计规范》编制。

2. 电缆在不同环境温度时的载流量校正系数

电缆敷设地点		空　气　中				土　壤　中			
环境温度		30℃	35℃	40℃	45℃	20℃	25℃	30℃	35℃
缆芯最高工作温度	60℃	1.22	1.11	1.0	0.86	1.07	1.0	0.93	0.85
	65℃	1.18	1.09	1.0	0.89	1.06	1.0	0.94	0.87
	70℃	1.15	1.08	1.0	0.91	1.05	1.0	0.94	0.88
	80℃	1.11	1.06	1.0	0.93	1.04	1.0	0.95	0.90
	90℃	1.09	1.05	1.0	0.94	1.04	1.0	0.96	0.92

3. 电缆在不同土壤热阻系数时的载流量校正系数

土壤热阻系数	分类特征（土壤特性和雨量）	校正系数
0.8	土壤很潮湿，经常下雨。如湿度大于9%的沙土，湿度大于14%的沙-泥土等	1.05
1.2	土壤潮湿，规律性下雨。如湿度大于7%但小于9%的沙土，湿度为12%～14%的沙-泥土等	1.0
1.5	土壤较干燥，雨量不大。如湿度为8%～12%的沙-泥土等	0.93
2.0	土壤干燥，少雨。如湿度大于4%但小于7%的沙土，湿度为4%～8%的沙-泥土等	0.87
3.0	多石地层，非常干燥。如湿度小于4%的沙土等	0.73

◇◇◇ 附录表19　绝缘导线明敷、穿钢 ◇◇◇ 管和穿硬塑料管时的允许载流量

1. 绝缘导线明敷时的允许载流量

（单位：A）

芯线截面积/mm²	橡皮绝缘线								塑料绝缘线							
	环 境 温 度															
	25℃		30℃		35℃		40℃		25℃		30℃		35℃		40℃	
	铜芯	铝芯	铜芯	铝芯	铜芯	铝芯	铜芯	铝芯	铜芯	铝芯	铜芯	铝芯	铜芯	铝芯	铜芯	铝芯
2.5	35	27	32	25	30	23	27	21	32	25	30	23	27	21	25	19
4	45	35	41	32	39	30	35	27	41	32	37	29	35	27	32	25
6	58	45	54	42	49	38	45	35	54	42	50	39	46	36	41	33
10	84	65	77	60	72	56	66	51	76	59	71	55	66	51	59	46
16	110	85	102	79	94	73	86	67	103	80	95	74	89	69	81	63
25	142	110	132	102	123	95	112	87	135	105	126	98	116	90	107	83
35	178	138	166	129	154	119	141	109	168	130	156	121	144	112	132	102
50	226	175	210	163	195	151	178	138	213	165	199	154	183	142	168	130
70	284	220	266	206	245	190	224	174	264	205	246	191	228	177	209	162
95	342	265	319	247	295	229	270	209	323	250	301	233	279	216	254	197
120	400	310	361	280	346	268	316	243	365	283	343	266	317	246	290	225
150	464	360	433	336	401	311	366	284	419	325	391	303	362	281	332	257
185	540	420	506	392	468	363	428	332	490	380	458	355	423	328	387	300
240	660	510	615	476	570	441	520	403	—	—	—	—	—	—	—	—

注：型号表示：铜芯橡皮线——BX，铝芯橡皮线——BLX，铜芯塑料线——BV，铝芯塑料线——BLV。

2. 橡皮绝缘导线穿钢管时的允许载流量

（单位：A）

芯线截面积 /mm²	芯线材质	2根单芯线 环境温度				2根穿管 管径/mm		3根单芯线 环境温度				3根穿管 管径/mm		4~5根单芯线 环境温度				4根穿管 管径/mm		5根穿管 管径/mm	
		25℃	30℃	35℃	40℃	SC	MT	25℃	30℃	35℃	40℃	SC	MT	25℃	30℃	35℃	40℃	SC	MT	SC	MT
2.5	铜	27	25	23	21	15	20	25	22	21	19	15	20	21	18	17	15	20	25	20	25
	铝	21	19	18	16			19	17	16	15			16	14	13	12				
4	铜	36	34	31	28	20	25	32	30	27	25	20	25	30	27	25	23	20	25	20	25
	铝	28	26	24	22			25	23	21	19			23	21	19	18				
6	铜	48	44	41	37	20	25	44	40	37	34	20	25	39	36	33	30	25	25	25	32
	铝	37	34	32	29			34	31	29	26			30	28	25	23				
10	铜	67	62	57	53	25	32	59	55	50	46	25	32	52	48	4	40	25	32	32	40
	铝	52	48	44	41			46	43	39	36			40	37	34	31				
16	铜	85	79	74	67	25	32	76	71	66	59	32	32	67	62	57	53	32	40	40	(50)
	铝	66	61	57	52			59	55	51	46			52	48	44	41				
25	铜	111	103	95	88	32	40	98	92	84	77	32	40	88	81	75	68	40	(50)	40	—
	铝	86	80	74	68			76	71	65	60			68	63	58	53				
35	铜	137	128	117	107	32	40	121	112	104	95	32	(50)	107	99	92	84	40	(50)	50	—
	铝	106	99	91	83			94	87	83	74			83	77	71	65				
50	铜	172	160	148	135	40	(50)	152	142	132	120	50	(50)	135	126	116	107	50	—	70	—
	铝	133	124	115	105			118	110	102	93			105	98	90	83				
70	铜	212	199	183	168	50	(50)	194	181	166	152	50	(50)	172	160	148	135	70	—	70	—
	铝	164	154	142	130			150	140	129	118			133	124	113	105				
95	铜	258	241	223	204	70	—	232	217	200	183	70	—	206	192	178	163	70	—	70	—
	铝	200	187	173	158			180	168	155	142			160	149	138	126				
120	铜	297	277	255	233	70	—	271	253	233	214	70	—	245	228	216	194	70	—	80	—
	铝	230	215	198	181			210	196	181	166			190	177	164	150				
150	铜	335	313	289	264	70	—	310	289	267	244	70	—	284	266	245	224	80	—	100	—
	铝	260	243	224	205			240	224	207	180			220	205	190	174				
185	铜	381	355	329	301	80	—	348	325	301	275	80	—	323	310	279	254	80	—	100	—
	铝	295	275	255	233			270	252	233	213			250	233	216	197				

注：1. 穿线管符号：SC——焊接钢管，管径按内径计；MT——电线管，管径按外径计。

2. 4~5根单芯线穿管的载流量，是指低压 TN-C 系统、TN-S 系统或 TN-C-S 系统中的相线载流量，其中 N 线或 PEN 线中可有不平衡电流通过。如果三相负荷平衡，则虽有 4 根或 5 根导线穿管，但导线的载流量仍按 3 根导线穿管考虑，而穿线管管径则按实际穿管导线数选择。

3. 塑料绝缘导线穿钢管时的允许载流量

（单位：A）

芯线截面积/mm²	芯线材质	2 根单芯线 环境温度				2 根穿管 管径/mm		3 根单芯线 环境温度				3 根穿管 管径/mm		4～5 根单芯线 环境温度				4 根穿管 管径/mm		5 根穿管 管径/mm	
		25℃	30℃	35℃	40℃	SC	MT	25℃	30℃	35℃	40℃	SC	MT	25℃	30℃	35℃	40℃	SC	MT	SC	MT
2.5	铜	26	23	21	19	15	15	23	21	19	18	15	15	19	18	16	14	15	15	15	20
	铝	20	18	17	15			19	16	15	14			15	14	12	11				
4	铜	35	32	30	27	15	15	31	28	26	23	15	15	28	26	23	21	15	20	20	20
	铝	27	25	23	21			24	22	20	18			22	20	19	17				
6	铜	45	41	39	35	15	20	41	37	35	32	15	20	36	34	31	28	20	25	25	25
	铝	35	32	30	27			32	29	27	25			28	26	24	22				
10	铜	63	58	54	49	20	25	57	53	49	44	20	25	49	45	41	39	25	25	25	32
	铝	49	45	42	38			44	41	38	34			38	35	32	30				
16	铜	81	75	70	63	25	25	72	67	62	57	25	32	65	59	55	50	25	32	32	40
	铝	63	58	54	49			56	52	48	44			50	46	43	39				
25	铜	103	95	89	81	25	32	90	84	77	71	32	32	84	77	72	66	32	40	32	(50)
	铝	80	74	69	63			70	65	60	55			65	60	56	51				
35	铜	129	120	111	102	32	40	116	108	99	92	32	40	103	95	89	81	40	(50)	40	—
	铝	100	93	86	79			90	84	77	71			80	74	69	63				
50	铜	161	150	139	126	40	50	142	132	123	112	40	(50)	129	120	111	102	50	(50)	50	—
	铝	125	116	108	98			110	102	95	87			100	93	86	79				
70	铜	200	186	173	157	50	50	184	172	159	146	50	(50)	164	150	141	129	50	—	70	—
	铝	155	144	134	122			143	133	123	113			127	118	109	100				
95	铜	245	228	212	194	50	(50)	219	204	190	173	50	—	196	183	169	155	70	—	70	—
	铝	190	177	164	150			170	158	147	134			152	142	131	120				
120	铜	284	264	245	224	50	(50)	252	235	217	199	50	—	222	206	191	173	70	—	80	—
	铝	220	205	190	174			195	182	168	154			172	160	148	136				
150	铜	323	301	279	254	70	—	290	271	250	228	70	—	258	241	223	204	70	—	80	—
	铝	250	233	216	197			225	210	194	177			200	187	173	158				
185	铜	368	343	317	290	70	—	329	307	284	259	70	—	297	277	255	233	80	—	80	—
	铝																				

注：同上表注。

4. 橡皮绝缘导线穿硬塑料管时的允许载流量

芯线截面积/mm²	芯线材质	2 根单芯线 环境温度				2 根穿管 管径/mm	3 根单芯线 环境温度				3 根穿管 管径/mm	4～5 根单芯线 环境温度				4 根穿管 管径/mm	5 根穿管 管径/mm
		25℃	30℃	35℃	40℃		25℃	30℃	35℃	40℃		25℃	30℃	35℃	40℃		
2.5	铜	25	22	21	19	15	22	19	18	17	15	19	18	16	14	20	25
	铝	19	17	16	15		17	15	14	13		15	14	12	11		

（续）

芯线截面积/mm²	芯线材质	2根单芯线环境温度 25℃	30℃	35℃	40℃	2根穿管管径/mm	3根单芯线环境温度 25℃	30℃	35℃	40℃	3根穿管管径/mm	4~5根单芯线环境温度 25℃	30℃	35℃	40℃	4根穿管管径/mm	5根穿管管径/mm
4	铜	32	30	27	25	20	30	27	25	23	20	26	23	22	20	20	25
	铝	25	23	21	19		23	21	19	18		20	18	17	15		
6	铜	43	39	36	34	20	37	35	32	28	20	34	31	28	26	25	32
	铝	33	30	28	26		29	27	25	22		26	24	22	20		
10	铜	57	53	49	44	25	52	48	44	40	25	45	41	38	35	32	32
	铝	44	41	38	34		40	37	34	31		35	32	30	27		
16	铜	75	70	65	58	32	67	62	57	53	32	59	55	50	46	32	40
	铝	58	54	50	45		52	48	44	41		46	43	39	36		
25	铜	99	92	85	77	32	88	81	75	68	32	77	72	66	61	40	40
	铝	77	71	66	60		68	63	58	53		60	56	51	47		
35	铜	123	114	106	97	40	108	101	93	85	40	95	89	83	75	40	50
	铝	95	88	82	75		84	78	72	66		74	69	64	58		
50	铜	155	145	133	121	40	139	129	120	111	50	123	114	106	97	50	65
	铝	120	112	103	94		108	100	93	86		95	88	82	75		
70	铜	197	184	170	156	50	174	163	150	137	50	155	144	133	122	65	75
	铝	153	143	132	121		135	126	116	106		120	112	103	94		
95	铜	237	222	205	187	50	213	199	183	168	65	194	181	166	152	75	80
	铝	184	172	159	143		165	154	142	130		150	140	129	118		
120	铜	271	253	233	214	65	245	228	212	194	65	219	204	190	173	80	80
	铝	210	196	181	166		190	177	164	150		170	158	147	134		
150	铜	323	301	277	254	75	293	273	253	231	75	264	246	228	209	80	90
	铝	250	233	215	197		227	212	196	179		205	191	177	162		
185	铜	364	339	313	288	80	320	307	284	259	80	299	279	258	236	100	100
	铝	282	263	243	223		255	238	220	201		232	216	200	183		

注：如前面附录表19-2的注2所述，如果三相负荷平衡，则虽有4根或5根导线穿管，但导线的载流量仍按3根导线穿管选择，而穿线管径则按实际穿管导线数选择。

5. 塑料绝缘导线穿硬塑料管时的允许载流量

芯线截面积/mm²	芯线材质	2根单芯线环境温度 25℃	30℃	35℃	40℃	2根穿管管径/mm	3根单芯线环境温度 25℃	30℃	35℃	40℃	3根穿管管径/mm	4~5根单芯线环境温度 25℃	30℃	35℃	40℃	4根穿管管径/mm	5根穿管管径/mm
2.5	铜	23	21	19	18	15	21	18	17	15	15	18	17	15	14	20	25
	铝	18	16	15	14		16	14	13	12		14	13	12	11		
4	铜	31	28	26	23	20	28	26	24	22	20	25	22	20	19	20	25
	铝	24	22	20	18		22	20	19	17		19	17	16	15		

（续）

芯线截面积/mm²	芯线材质	2根单芯线 环境温度				2根穿管管径/mm	3根单芯线 环境温度				3根穿管管径/mm	4~5根单芯线 环境温度				4根穿管管径/mm	5根穿管管径/mm
		25℃	30℃	35℃	40℃		25℃	30℃	35℃	40℃		25℃	30℃	35℃	40℃		
6	铜	40	36	34	31	20	35	32	30	27	20	32	30	27	25	25	32
	铝	31	28	26	24		27	25	23	21		25	23	21	19		
10	铜	54	50	46	43	25	49	45	42	39	25	43	39	36	34	32	32
	铝	42	39	36	33		38	35	32	30		33	30	28	26		
16	铜	71	66	61	51	32	63	58	54	49	32	57	53	49	44	32	40
	铝	55	51	47	43		49	45	42	38		44	41	38	34		
25	铜	94	88	81	74	32	84	77	72	66	40	74	68	63	58	40	50
	铝	73	68	63	57		65	60	56	51		57	53	49	45		
35	铜	116	108	99	92	40	103	95	89	81	40	90	84	77	71	50	65
	铝	90	84	77	71		80	74	69	63		70	65	60	55		
50	铜	147	137	126	116	50	132	123	114	103	50	116	108	99	92	65	65
	铝	114	106	98	90		102	95	89	80		90	84	77	71		
70	铜	187	174	161	147	50	168	156	144	132	50	148	138	128	116	65	75
	铝	145	135	125	114		130	121	112	102		115	107	98	90		
95	铜	226	210	195	178	65	204	190	175	160	65	181	168	156	142	75	75
	铝	175	163	151	138		158	147	136	124		140	130	121	110		
120	铜	266	241	223	205	65	232	217	200	183	65	206	192	178	163	75	80
	铝	206	187	173	158		180	168	155	142		160	149	138	126		
150	铜	297	277	255	233	75	267	249	231	210	75	230	222	206	188	80	90
	铝	230	215	198	181		207	193	179	163		185	172	160	146		
185	铜	342	319	295	270	75	303	283	262	239	80	273	255	236	215	90	100
	铝	265	247	220	209		235	219	203	185		212	198	13	167		

注：1. 同上表注。

2. 管径在工程中常用英寸（in）表示，管径的 SI 制（mm）与英制（in）近似对照如下：

SI 制/mm	15	20	25	32	40	50	65	70	80	90	100
英制/in	1/2	3/4	1	1(1/4)	1(1/2)	2	2(1/2)	2(3/4)	3	3(1/2)	4

附录表20　GL-11、15、21、25 型电流继电器的主要技术数据及其动作特性曲线

1. 主要技术收据

型　　号	额定电流/A	额　定　值		速断电流倍数	返回系数
		动作电流/A	10 倍动作电流的动作时间/s		
GL-11/10，-21/10	10	4、5、6、7、8、9、10	0.5、1、2、3、4	2~8	0.85
GL-11/5，-21/5	5	2、2.5、3、3.5、4、4.5、5			
GL-15/10，-25/10	10	4、5、6、7、8、9、10			0.8
GL-15/5，-25/5	5	2、2.5、3、3.5、4、4.5、5			

注：速断电流倍数 = 电磁元件动作电流（速断电流）/感应元件动作电流（整定电流）。

2. 动作特性曲线

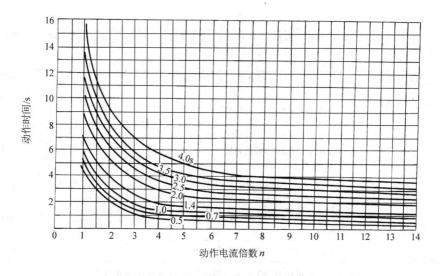

附录表21　爆炸性气体和粉尘危险区域的划分（据 GB 50058—2014）

分区代号		环　境　特　征
爆炸性气体环境	0 区	连续出现或长期出现爆炸性气体混合物的环境
	1 区	在正常运行时可能出现爆炸性气体混合物的环境
	2 区	在正常运行时不太可能出现爆炸性气体混合物的环境，或即使出现也仅是短时存在的爆炸性气体混合物的环境
爆炸性粉尘环境	20 区	空气中的可燃性粉尘云持续地或长期地或频繁地出现于爆炸性环境中的区域
	21 区	在正常运行时，空气中的可燃性粉尘云很可能偶尔出现于爆炸性环境中的区域
	22 区	在正常运行时，空气中的可燃性粉尘一般不可能出现于爆炸性环境中的区域，即使出现，持续时间也是短暂的

附录表 22　爆炸性危险环境内 1000V 以下的钢管配线的技术要求（据 GB 50058—2014）

项　　目		钢管配线用绝缘导线的最小截面			管子连接要求
		电　力	照　明	控　制	
爆炸危险区域	1 区 20 区 22 区	铜芯线 2.5mm² 及以上	铜芯线 2.5mm² 及以上	铜芯线 2.5mm² 及以上	钢管螺纹旋合不应少于 5 扣
	2 区 22 区	铜芯线 2.5mm² 及以上	铜芯线 1.5mm² 及以上	铜芯线 1.5mm² 及以上	钢管螺纹旋合不应少于 5 扣

注：1. 钢管应采用低压液体输送用镀锌焊接钢管（SC）。

　　2. 为了防腐蚀，钢管连接的螺纹部分应涂以铅油或磷化膏。

附录表 23　部分电力装置要求的工作接地电阻值

序　号	电力装置名称	接地的电力装置特点		接地电阻值
1	1kV 以上大电流接地系统	仅用于该系统的接地装置		$R_E \leqslant \dfrac{2000V}{I_k^{(1)}}$ 当 $I_k^{(1)} >$ 4000A 时 $R_E \leqslant 0.5\Omega$
2	1kV 以上小电流接地系统	仅用于该系统的接地装置		$R_E \leqslant \dfrac{250V}{I_E}$ 且 $R_E \leqslant 10\Omega$
3		与 1kV 以下系统共用的接地装置		$R_E \leqslant \dfrac{120V}{I_E}$ 且 $R_E \leqslant 10\Omega$
4	1kV 以下系统	与总容量在 100kVA 以上的发电机或变压器相连的接地装置		$R_E \leqslant 4\Omega$
5		上述（序号4）装置的重复接地		$R_E \leqslant 10\Omega$
6		与总容量在 100kVA 及以下的发电机或变压器相连的接地装置		$R_E \leqslant 10\Omega$
7		上述（序号6）装置的重复接地		$R_E \leqslant 30\Omega$
8	避雷装置	独立避雷针和避雷线		$R_E \leqslant 10\Omega$
9		变配电所装设的避雷器	与序号4装置共用	$R_E \leqslant 4\Omega$
10			与序号6装置共用	$R_E \leqslant 10\Omega$
11		线路上装设的避雷器或保护间隙	与电机无电气联系	$R_E \leqslant 10\Omega$
12			与电机有电气联系	$R_E \leqslant 5\Omega$
13	防雷建筑物	第一类防雷建筑		$R_{sh} \leqslant 10\Omega$
		第二类防雷建筑物		$R_{sh} \leqslant 10\Omega$
		第三类防雷建筑物		$R_{sh} \leqslant 30\Omega$

注：R_E 为工频接地电阻；R_{sh} 为冲击接地电阻；$I_k^{(1)}$ 为流经接地装置的单相短路电流；I_E 为单相接地电容电流，按式(1-3)计算。

◆◆◆ 附录表 24　土壤电阻率参考值 ◆◆◆

土 壤 名 称	电阻率/（Ω·m）	土 壤 名 称	电阻率/（Ω·m）
陶粘土	10	砂质粘土、可耕地	100
泥炭、泥灰岩、沼泽地	20	黄土	200
捣碎的木炭	40	含砂粘土、砂土	300
黑土、田园土、陶土	50	多石土壤	400
粘土	60	砂、砂砾	1000

◆◆◆ 附录表 25　垂直管形接地体的利用系数值 ◆◆◆

1. 敷设成一排时（未计入连接扁钢的影响）

管间距离与管子长度之比 a/l	管子根数 n	利用系数 η_E	管间距离与管子长度之比 a/l	管子根数 n	利用系数 η_E
1		0.83 ~ 0.87	1		0.67 ~ 0.72
2	2	0.90 ~ 0.92	2	5	0.79 ~ 0.83
3		0.93 ~ 0.95	3		0.85 ~ 0.88
1		0.76 ~ 0.80	1		0.56 ~ 0.62
2	3	0.85 ~ 0.88	2	10	0.72 ~ 0.77
3		0.90 ~ 0.92	3		0.79 ~ 0.83

2. 敷设成环形时（未计入连接扁钢的影响）

管间距离与管子长度之比 a/l	管子根数 n	利用系数 η_E	管间距离与管子长度之比 a/l	管子根数 n	利用系数 η_E
1		0.66 ~ 0.72	1		0.44 ~ 0.50
2	4	0.76 ~ 0.80	2	20	0.61 ~ 0.66
3		0.82 ~ 0.86	3		0.68 ~ 0.73
1		0.58 ~ 0.65	1		0.41 ~ 0.47
2	6	0.71 ~ 0.75	2	30	0.58 ~ 0.63
3		0.78 ~ 0.82	3		0.66 ~ 0.71
1		0.52 ~ 0.58	1		0.38 ~ 0.44
2	10	0.66 ~ 0.71	2	40	0.56 ~ 0.61
3		0.74 ~ 0.78	3		0.64 ~ 0.69

◆◆◆ 附录表 26　部分工业建筑一般照明标准值（据 GB 50034—2013） ◆◆◆

照明房间或场所		参考平面及其高度	照度标准值/lx	统一眩光值（UGR）	一般显色指数（Ra）	备　注
1. 通用房间或场所						
试验室	一般	0.75m 水平面	300	22	80	可另加局部照明
	精细	0.75m 水平面	500	19	80	可另加局部照明
检验室	一般	0.75m 水平面	300	22	80	可另加局部照明
	精细，有颜色要求	0.75m 水平面	750	19	80	可另加局部照明
计量室，测量室		0.75m 水平面	500	19	80	可另加局部照明

（续）

照明房间或场所		参考平面及其高度	照度标准值/lx	统一眩光值（UGR）	一般显色指数（Ra）	备 注
变、配电站	配电装置室	0.75m 水平面	200	—	80	
	变压器室	地面	100	—	60	
电源设备室，发电机室		地面	200	25	80	
控制室	一般控制室	0.75m 水平面	300	22	80	
	主控制室	0.75m 水平面	500	19	80	
电话站、网络中心		0.75m 水平面	500	19	80	
计算机站		0.75m 水平面	500	19	80	防光幕反射
动力站	风机房、空调机房	地面	100	—	60	
	水泵房	地面	100	—	60	
	冷冻站	地面	150	—	60	
	压缩空气站	地面	150	—	60	
	锅炉房、煤气站的操作层	地面	100	—	60	锅炉水位表照度不小于50lx
仓库	大件库	1.0m 水平面	50	—	20	
	一般件库	1.0m 水平面	100	—	60	
	半成品库	1.0m 水平面	150	—	80	
	精细件库（如工具、小零件）	1.0m 水平面	200	—	80	货架垂直照度不小于50lx
车辆加油站		地面	100	—	60	油表表面照度不小于50lx

2. 机、电工业

机械加工	粗加工	0.75m 水平面	200	22	60	可另加局部照明
	一般加工（公差≥0.1mm）	0.75m 水平面	300	22	60	应另加局部照明
	精密加工（公差<0.1mm）	0.75m 水平面	500	19	60	应另加局部照明
机电仪表装配	大件	0.75m 水平面	200	25	80	可另加局部照明
	一般件	0.75m 水平面	300	25	80	可另加局部照明
	精密	0.75m 水平面	500	22	80	应另加局部照明
	特精密	0.75m 水平面	750	19	80	应另加局部照明
电线、电缆制造		0.75m 水平面	300	25	60	
线圈绕制	大线圈	0.75m 水平面	300	25	80	
	中等线圈	0.75m 水平面	500	22	80	可另加局部照明
	精细线圈	0.75m 水平面	750	19	80	应另加局部照明
线圈浇注		0.75m 水平面	300	25	80	

（续）

照明房间或场所		参考平面及其高度	照度标准值/lx	统一眩光值（UGR）	一般显色指数（Ra）	备　注
焊接	一般	0.75m 水平面	200	—	60	
	精密	0.75m 水平面	300	—	60	
钣金		0.75m 水平面	300	—	60	
冲压、剪切		0.75m 水平面	300	—	60	
热处理		地面至 0.5m 水平面	200	—	20	
铸造	熔化、浇铸	地面至 0.5m 水平面	200	—	20	
	造型	地面至 0.5m 水平面	300	25	60	
精密铸造的制模、脱壳		地面至 0.5m 水平面	500	25	60	
锻　工		地面至 0.5m 水平面	200	—	20	
电　镀		0.75m 水平面	300	—	80	
喷漆	一般	0.75m 水平面	300	—	80	
	精细	0.75m 水平面	500	22	80	
酸洗、腐蚀、清洗		0.75m 水平面	300	—	80	
抛光	一般装饰性	0.75m 水平面	300	22	80	应防频闪
	精细	0.75m 水平面	500	22	80	应防频闪
复合材料加工、铺叠、装饰		0.75m 水平面	500	22	80	
机电修理	一般	0.75m 水平面	200	—	60	可另加局部照明
	精密	0.75m 水平面	300	22	60	可另加局部照明

3. 电力工业

照明房间或场所	参考平面及其高度	照度标准值/lx	统一眩光值（UGR）	一般显色指数（Ra）	备　注
火电厂锅炉房	地面	100	—	40	
发电机房	地面	200	—	60	
主控室	0.75m 水平面	500	19	80	

4. 电子工业

照明房间或场所	参考平面及其高度	照度标准值/lx	统一眩光值（UGR）	一般显色指数（Ra）	备　注
电子元器件	0.75m 水平面	500	19	80	应另加局部照明
电子零部件	0.75m 水平面	500	19	80	应另加局部照明
电子材料	0.75m 水平面	300	22	80	应另加局部照明
酸、碱、药液及粉配制	0.75m 水平面	300	—	80	

注：其他工业建筑的一般照明标准值参看 GB 50034—2013，此略。

附录表27 部分民用和公共建筑照明标准值(据 GB 50034—2013)

照明房间或场所		参考平面及其高度	照度标准值/lx	统一眩光值(UGR)	一般显色指数(Ra)
1. 住宅建筑					
起居室	一般活动	0.75m 水平面	100	—	80
	书写、阅读		300 *		
卧室	一般活动	0.75m 水平面	75	—	80
	床头、阅读		150 *		
餐厅		0.75m 餐桌面	150	—	80
厨房	一般活动	0.75m 水平面	100		80
	操作台	台面	150 *		
卫生间		0.75m 水平面	100		80

注: * 宜用混合照明,即一般照明加局部照明。(下同)

照明房间或场所		参考平面及其高度	照度标准值/lx	统一眩光值(UGR)	一般显色指数(Ra)
2. 商店建筑					
一般商店营业厅		0.75m 水平面	300	22	80
高档商店营业厅		0.75m 水平面	500	22	80
一般超市营业厅		0.75m 水平面	300	22	80
高档超市营业厅		0.75m 水平面	500	22	80
收款台		台面	500 *	—	80
3. 旅馆建筑					
客房	一般活动区	0.75m 水平面	75	—	80
	床头	0.75m 水平面	150	—	80
	写字台	台面	300 *	—	80
	卫生间	0.75m 水平面	150	—	80
中餐厅		0.75m 水平面	200	22	80
西餐厅		0.75m 水平面	150	—	80
酒吧间、咖啡厅		0.75m 水平面	75	—	80
多功能厅、宴会厅		0.75m 水平面	300	22	80
门厅		地面	200	—	80
总服务台		台面	300 *	—	80
休息厅		地面	200	22	80
客房层走廊		地面	50	—	80
厨房		台面	500 *	—	80
洗衣房		0.75m 水平面	200	—	80

（续）

照明房间或场所	参考平面及其高度	照度标准值/lx	统一眩光值（UGR）	一般显色指数（Ra）
4. 学校建筑				
教室、阅览室	课桌面	300	19	80
实验室	实验桌面	300	19	80
美术教室	桌面	500	19	90
多媒体教室	0.75m 水平面	300	19	80
教室黑板	黑板面	500*	—	80
5. 图书馆建筑				
一般阅览室、开放式阅览室	0.75m 水平面	300	19	80
多媒体阅览室	0.75m 水平面	300	19	80
老年阅览室	0.75m 水平面	500	19	80
珍善本、舆图阅览室	0.75m 水平面	500	19	80
陈列室、目录厅（室）、出纳厅	0.75m 水平面	300	19	80
档案库	0.75m 水平面	200	19	80
书库、书架	0.25m 垂直面	50	—	80
工作间	0.75m 水平面	300	19	80
6. 办公建筑				
普通办公室	0.75m 水平面	300	19	80
高档办公室	0.75m 水平面	500	19	80
会议室	0.75m 水平面	300	19	80
接待室、前台	0.75m 水平面	200	—	80
服务大厅、营业厅	0.75m 水平面	300	22	80
设计室	实际工作面	500	19	80
文件整理、复印、发行室	0.75m 水平面	300	—	80
资料、档案存放室	0.75m 水平面	200	—	80

注：其他民用建筑的照明标准值参看 GB 50034—2013，此略。

附录表 28　GC1-A、B-2G 型工厂配照灯的主要技术数据和计算图表

1. 主要规格数据

光源型号	光源功率	光源光通量	遮光角	灯具效率	最大距高比
GGY-125	125W	4750lm	0°	66%	1.35

2. 灯具外形及其配光曲线

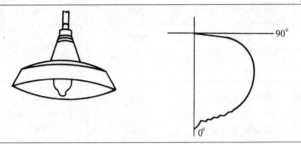

3. 灯具利用系数 u

顶棚反射比 ρ_c（%）		70			50			30		0
墙壁反射比 ρ_ω（%）		50	30	10	50	30	10	50	30	10	0
	1	0.66	0.64	0.61	0.64	0.61	0.59	0.61	0.59	0.57	0.54
	2	0.57	0.53	0.49	0.55	0.51	0.48	0.52	0.49	0.47	0.44
	3	0.49	0.44	0.40	0.47	0.43	0.39	0.45	0.41	0.38	0.36
室空间比（RCR）	4	0.43	0.38	0.33	0.42	0.37	0.33	0.40	0.36	0.32	0.30
地面反射比（$\rho_f =$ 20%）	5	0.38	0.32	0.28	0.37	0.31	0.27	0.35	0.31	0.27	0.25
	6	0.34	0.28	0.23	0.32	0.27	0.23	0.31	0.27	0.23	0.21
	7	0.30	0.24	0.20	0.29	0.23	0.19	0.28	0.23	0.19	0.18
	8	0.27	0.21	0.17	0.26	0.21	0.17	0.25	0.20	0.17	0.15
	9	0.24	0.19	0.15	0.23	0.18	0.15	0.23	0.18	0.15	0.13
	10	0.22	0.16	0.13	0.21	0.16	0.13	0.21	0.16	0.13	0.11

4. 灯具概算图表

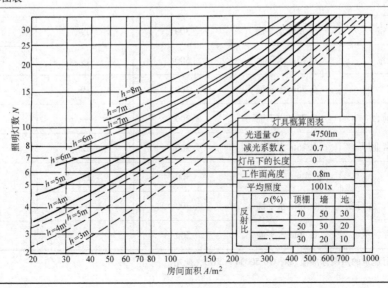

习题参考答案

第一章 工厂供电概论

1-1 T1，10.5/242kV；WL1，220kV；WL2，35kV。

1-2 G，6.3kV；T1，6.3/38.5kV；T2，35/11kV；T3，6/0.4kV。

1-3 昼夜电压偏差范围为 −5.26% ～ +7.89%；主变压器分接头宜换至"−5%"的位置运行，而晚上切除主变压器，投入联络线，由邻近变电所供电。

1-4 由于单相接地电容电流 $I_C = 26.1A < 30A$，因此无须改变电源中性点运行方式。

第三章 工厂的电力负荷及其计算

3-1 负荷计算结果如下表所示：

设备名称	设备容量 P_e/kW	需要系数 K_d	$\cos\varphi$	$\tan\varphi$	计算负荷			
					P_{30}/kW	$Q_{30}/kvar$	S_{30}/kVA	I_{30}/A
切削机床	800	0.2	0.5	1.73	160	277	320	486
通风机	56	0.8	0.8	0.75	44.8	33.6	56	85
车间总计	856	—	—	—	204.8	310.6	—	—
	取 $K_{\Sigma p}=0.9$，$K_{\Sigma q}=0.95$				184	295	348	529

3-2 负荷计算结果如下表所示：

设备名称	设备台数	设备容量 P_e/kW		需要系数 K_d	$\cos\varphi$	$\tan\varphi$	计算负荷			
		铭牌	换算				P_{30}/kW	$Q_{30}/kvar$	S_{30}/kVA	I_{30}/A
冷加工机床	52	200	200	0.2	0.5	1.73	40	69.2	—	—
行车	1	5.1	3.95	0.15	0.5	1.73	0.59	1.02	—	—
通风机	4	5	5	0.8	0.8	0.75	4	3	—	—
点焊机	3	10.5	8.47	0.35	0.6	1.33	2.96	3.94	—	—
车间总计	60	220.6	217.4	—	—	—	47.55	77.16	—	—
	取 $K_{\Sigma p}=0.9$，$K_{\Sigma q}=0.95$						42.8	73.3	84.9	129

3-3 两种计算方法的计算结果如下表所示：

计算方法	计算系数 K_d 或 b/c	$\cos\varphi$	$\tan\varphi$	计算负荷			
				P_{30}/kW	$Q_{30}/kvar$	S_{30}/kVA	I_{30}/A
需要系数法	0.2	0.5	1.73	17	29.4	34	51.7
二项式法	0.14/0.4	0.5	1.73	20.9	36.2	41.8	63.5

3-4　一相 3 台 1kW，另两相各 1 台 3kW。$P_{30} = 6.3$kW，$Q_{30} = 0$，$S_{30} = 6.3$kVA，$I_{30} =$ 9.57A（取 $K_d = 0.7$ 时）。

3-5　$P_{30} = 19.1$kW，$Q_{30} = 15.3$kvar，$S_{30} = 24.5$kVA，$I_{30} = 37.2$A（按 A 相计算）。

3-6　按变压器损耗简化公式计算：$P_{30(1)} = 425$kW，$Q_{30(1)} = 377$kvar，$\cos\varphi = 0.75$。为达到一次侧 $\cos\varphi = 0.90$ 的要求，二次侧按 $\cos\varphi = 0.92$ 计，需装设 $Q_c = 170$kvar 的并联电容器。

3-7　查附录表 9 得 $K_d = 0.35$，$\cos\varphi = 0.75$，$T_{max} = 3400$h，由此求得 $P_{30} = 2044$kW，$Q_{30} = 1799$kvar，$S_{30} = 2725$kVA。取年工作小时 $T_a = 2000$h（一班制），$\alpha = 0.75$，$\beta = 0.80$，由此求得 $W_{p.a} = 3066 \times 10^3$kW·h，$W_{q.a} = 2878 \times 10^3$kvar·h。

3-8　需装设 BWF10.5-30-1 型电容器 57 个。补偿后工厂的视在计算负荷 $S_{30} = 2667$kVA，比补偿前减少 1025kVA。

3-9　$I_{30} = 88$A，$I_{pk} = 287$A。

第四章　短路电流计算及变配电所电气设备选择

4-1　短路计算结果如下表所示：

短路计算点	短路电流/kA					短路容量/MVA
	$I_k^{(3)}$	$I''^{(3)}$	$I_\infty^{(3)}$	$i_{sh}^{(3)}$	$I_{sh}^{(3)}$	$S_k^{(3)}$
k－1	8.82	8.82	8.82	22.5	13.3	160
k－2	42	42	42	77.3	45.8	29.1

4-2　短路计算结果与习题 4-1 基本相同。

4-3　$\sigma_c = 45.8$MPa $< \sigma_{al} = 70$MPa，故该母线满足短路动稳定度的要求。

4-4　满足短路热稳定度的 $A_{min} = 374$mm^2，而母线实际截面积为 $A = 800$mm^2，故该母线完全满足短路热稳定度的要求。

4-5　初步选两台 S9-630/10 型配电变压器。如果选两台 S9-500/10 型，则在一台运行时，考虑到当地年平均气温较高，又是室内运行，实际容量 $S = 500$kVA × （0.92 - 0.05）$= 435$kVA $< S_{I+II} = 460$kVA，不满足一、二级负荷要求，故改选两台 S9-630/10 型。

4-6　应选 SN10-10Ⅱ/1000-500 型高压少油断路器。

第五章　工厂电力线路及其选择计算

5-1　相线截面积选为 95mm^2，其 $I_{al} = 152$A；PEN 线选为 50mm^2；穿线钢管选为 SC70mm。所选结果可表示为：BLV-500-（3×95 + 1×50）-SC70。

5-2　所选结果为 BLV-500-（3×120 + 1×70 + PE70）-PC80。

5-3　相线采用 LJ-50，其 $I_{al(30℃)} = 202$A $> I_{30} = 179$A，PEN 线可选 LJ-25；校验电压损耗 $\Delta U\% = 3.5\% < \Delta U\% = 5\%$，也满足要求。

5-4　按经济电流密度可选 LJ-70，其 $I_{al} = 233$A $> I_{30} = 89$A，满足发热条件；校验电压损耗 $\Delta U\% = 2\% < \Delta U\% = 5\%$，也满足要求。

5-5　按发热条件选 BLX-500-1×25mm^2 的导线，其 $I_{al} = 102$A，$\Delta U\% = 2.06\%$。

第六章　工厂供电系统的过电流保护

6-1　选 RT0-100/50 型熔断器，熔体电流为 50A；配电线选 BLV-500-1×6mm^2，穿硬塑

料管（PC），其内径选为 $\phi 20$mm。

6-2 选 DW16-630 型低压断路器，脱扣器额定电流为 315A，脱扣电流整定为 3 倍即 945A，保护灵敏度达 2.3，满足要求。

6-3 过电流保护动作电流整定为 8A，灵敏度为 2.7，满足要求。速断电流倍数整定为 4.5 倍，灵敏度为 1.6，略低于新规定灵敏度 2 的要求。

6-4 整定为 0.8s。

6-5 反时限过电流保护的动作电流整定为 6A，动作时间可整定为 0.5s；速断电流倍数整定为 6.7 倍。过电流保护灵敏度达 3.8，电流速断保护灵敏度达 1.94，均满足要求。

第七章 工厂供电系统的二次回路和自动装置

7-1 PA1:1-X:1；PA1:2-PJR:1；PA2:1-X:2；PA2:2-PJR:6；PA3:1-X:3（X:3 与 X:4 并联后接地）；PA3:2-PJR:8；PJR:1-PA1:1；PJR:2-X:5；PJR:3-PJR:8；PJR:4-X:7；PJR:6-PA2:2；PJR:7-X:9；PJR:8-PJR:3 与 PA3:2；X:1-PA1:1；X:2-PA2:1；X:3-PA3:1；X:4 左端与 X:3 左端并联后接地，右端空；X:5-PJR:2；X:7-PJR:4；X:9-PJR:7。

第八章 防雷、接地与电气安全

8-1 避雷针的保护半径约为 16.1m ＞15m，因此能保护该建筑物。

8-2 需补充装设人工接地装置的接地电阻值为 6Ω。可用 8 根直径 50mm、长 2.5m 的钢管垂直打入地下，用 40×4mm^2 的扁钢焊成一圈，管距 5m。经短路热稳定度校验，满足要求。

第九章 节约用电、计划用电及供电系统的运行维护

9-1 S9-1000/10 型电力变压器的经济负荷为 400kVA，经济负荷率为 0.4。

9-2 两台变压器经济运行的临界负荷 $S_{cr} = 326$kVA，而两变压器的总负荷为 $S_{30} = 520$kVA ＞S_{cr}，因此宜两台变压器并列运行。

9-3 电流互感器的电流比宜选为 75/5A，GN-15 型电流继电器的动作电流整定为 5A。

第十章 工厂的电气照明

10-1 由附录表 26 查得 $E_{av} = 200$lx。可选 36 盏灯均匀矩形布置，车间纵向间隔 3m 安装一排 4 盏灯，共 9 排，每排灯距 2.5m，边灯距墙 1.25m。

10-2 查附录表 28-4 的概算图表，可得 $N \approx 18$，而 $E_{av} = 200$lx，因此计算得 $n = 36$，布置与习题 10-1 相同。

10-3 选用 BLX-500-1×16 型铝芯塑料线。

参 考 文 献

[1] 刘介才. 工厂供电 [M]. 北京：机械工业出版社，2009.

[2] 刘介才. 工厂供电 [M]. 5 版. 北京：机械工业出版社，2010.

[3] 刘介才. 供配电技术 [M]. 3 版. 北京：机械工业出版社，2012.

[4] 苏文成. 工厂供电 [M]. 2 版. 北京：机械工业出版社，1999.

[5] 许晓慧. 智能电网导论 [M]. 北京：中国电力出版社，2009.

[6] 陈小虎. 工厂供电技术 [M]. 北京：高等教育出版社，2001.

[7] 王厚余. 低压电气装置的设计、安装和检验 [M]. 北京：中国电力出版社，2003.

[8] 中国航空工业规划设计研究院. 工业与民用配电设计手册 [M]. 3 版. 北京：中国电力出版社，2005.

[9] 刘介才. 工厂供电简明设计手册 [M]. 北京：机械工业出版社，1993.

[10] 刘介才. 供电工程师技术手册 [M]. 北京：机械工业出版社，1998.

[11] 刘介才. 工厂供用电实用手册 [M]. 北京：中国电力出版社，2001.

[12] 刘介才. 实用供配电技术手册 [M]. 北京：中国水利水电出版社，2002.

[13] 刘介才. 安全用电实用技术 [M]. 北京：中国电力出版社，2006.

[14] 电力工业部安全监察及生产协调司. 电力供应与使用法规汇编 [M]. 北京：中国电力出版社，1999.

[15] 电力工业部综合管理司. 用电检查技术标准汇编 [M]. 北京：中国电力出版社，2009.

[16] 中华人民共和国国家标准（含修订本）[S]. 北京：中国标准出版社，1983～2014.

[17] 电气规范标准汇编（含修订本）[M]. 北京：中国计划出版社，1999～2013.

[18] 电力装置工程施工及验收规范汇编 [M]. 北京：中国建筑工业出版社，2000～2014.

[19] 电力工业标准汇编 [M]. 北京：中国电力出版社，1996～2013.

[20] 中机中电设计研究院. 机械行业标准 JBJ6—1996 机械工厂电力设计规范 [S]. 北京：机械工业出版社，1996.

[21] 中国建筑东北设计研究院，等. 建筑行业标准 JGJ 16—2008 民用建筑电气设计规范 [S]. 北京：中国计划出版社，2008.

[22] 全国电气文件编制和图形符号标准化技术委员会. 电气简图用图形符号标准汇编 [M]. 北京：中国标准出版社，2008.

[23] 全国电压电流等级和频率标准化技术委员会. 电压电流频率和电能质量国家标准应用手册 [M]. 北京：中国电力出版社，2001.

[24] 建筑照明设计标准编制组. 建筑照明设计标准培训讲座 [M]. 北京：中国建筑工业出版社，2004.

[25] 工厂常用电气设备手册编写组. 工厂常用电气设备手册（含修订补充本）[M]. 北京：中国电力出版社，1997～2013.

[26] 国家电网公司. 国家电网公司电力安全工作规程（变电部分、线路部分）[M]. 北京：中国电力出版社，2009.

[27] 刘介才. 工厂供电设计指导 [M]. 2 版. 北京：机械工业出版社，2008.

[28] 刘介才. 电气照明设计指导 [M]. 北京：机械工业出版社，1999.

[29] 刘介才. 三相交流相序代号问题的商榷 [J]. 电工技术杂志，1997（3）：19～20.

[30] 刘介才. 浅谈电气图形符号的派生 [J]. 电世界，1993（8）：13.（本文收入朱光亚、周光召主编的大型文献《中国科学技术文库·电工技术卷》. 北京：科学技术文献出版社，1998.）

[31] 刘介才. 接地电阻简化计算公式辨析 [J]. 建筑电气，1998（2）：17～20.（本文被美国柯尔比科学文化信息中心推荐进入全球信息网络，网址：http://www.collby-usa.com.）

[32] 刘介才. 关于电气符号的"明文规定"[J]. 电气时代，2000（11）：25.

[33] 刘介才. 供电设计中若干问题的探讨 [J]. 四川省电工技术学会优秀论文集（1），1990：85～89.